Das Färben und Bleichen der Textilfasern in Apparaten

Von

Paul Weyrich

Mit 153 Abbildungen im Text

Berlin

Verlag von Julius Springer

1937

ISBN-13:978-3-642-90575-9   e-ISBN-13:978-3-642-92432-3
DOI: 10.1007/978-3-642-92432-3

Vorwort.

Zu dem umfangreichen, vorzüglichen Schrifttum der Gespinstfaserveredelung noch ein neues Werk zu fügen, erscheint zunächst recht überflüssig, sind doch die veredelungstechnischen Grundlagen die gleichen, ob das Material von Hand auf offener Kufe durch das ruhende Färbebad bewegt oder in Apparaten von der kreisenden Flotte durchdrungen wird. Die Bedingungen der Arbeitstechnik der Handfärberei und der in Apparaten sind aber so von einander abweichend, daß sich die Einzeldarstellung der Textilveredelung in Apparaten rechtfertigen läßt.

Seit dem Erscheinen des Werkes von E. J. Heuser über die Apparatefärberei vor fast 25 Jahren hat sich auf diesem Sondergebiet der Faserveredelung manches geändert. Die Fortschritte in färberei- wie auch maschinentechnischer Beziehung in den vergangenen Jahren sind derart groß, daß es als ein Mangel empfunden wurde, daß die diesbezügliche Literatur mit dem Wandel der Verhältnisse nicht gleichen Schritt gehalten hat. Diesem Mangel soll das vorliegende Werk abhelfen. Es ist entstanden aus einer mehr als 30jährigen Praxis auf allen Gebieten der Faserveredelung. Nicht als Lehrbuch ist es gedacht, sondern als ein Wegleiter für den jungen Färber auf den oft schwierigen Wegen seines Arbeitsgebietes; dem erfahrenen Fachmann wird das Buch aber auch in den ihn interessierenden Fragen Rat und Hilfe bringen.

Färbe-Rezepte wurden nicht gegeben, da die an einen Färbereibetrieb gestellten Anforderungen zu vielseitig sind, um alle zu berücksichtigen. Auch sind Farbstoffe und die in verwirrender Fülle auf dem Markt befindlichen Hilfsmittel im einzelnen nicht angeführt; nur einige Typen sind genannt, dafür aber die Bedingungen behandelt, auf deren Beachtung es zur Erzielung befriedigender Resultate vor allem ankommt.

Auf eine kurze Behandlung der Färbetheorien, die aber keinen Anspruch auf vollständige Berücksichtigung aller aufgestellten Theorien machen will, dafür stehen vorzügliche Sonderwerke zur Verfügung, habe ich geglaubt in dem der praktischen Apparatefärberei gewidmeten Buche nicht verzichten zu können. Mit der Kenntnis der Färbetheorien kann man zwar nicht schneller und auch nicht genauer nach Muster färben, aber sie erlaubt durch den Einblick in die sich zwischen Faser, Flotte und Farbstoff abspielenden Vorgänge das Wesen der Färberei tiefer zu erfassen, in schwierigen Fällen nicht empirisch zu probieren und das wertvolle Fasergut vor einer unter Umständen zu erwartenden Schädigung zu bewahren.

Die Gliederung des Abschnittes der Färbeapparate erfolgt nach den von der Faserart und -aufmachung an die Färbeapparate gestellten Gesichtspunkten. Dadurch sind die Apparate für loses Material, Faserbänder, Stranggarn, Kreuzspulen usw. für Wolle und Baumwolle in besonderen Unterabteilungen behandelt. Alle in der Praxis anzutreffenden Apparate anzuführen wäre unmöglich, es sind nur die Hauptvertreter für den jeweiligen Zweck genannt und deren Abbildungen im Text eingefügt. Die umfangreiche Patentliteratur auf dem Gebiete der Färbeapparate wurde unberücksichtigt gelassen, weil diese mehr eine Angelegenheit der Maschinenfabriken ist. Dagegen wurde mit einigen Beispielen die Entwicklung der Färbeapparate von den ersten einfachen bis zu den modernen leistungsfähigen Apparaten erwähnt, ohne auch hier Anspruch auf lückenlose Aufzählung aller erschienenen und wieder verschwundenen Typen zu machen.

Den Firmen, welche mir durch Überlassung von Druckschriften und Druckstöcken meine Arbeit erleichterten, sowie den Freunden, die mir über einzelne Punkte Auskunft erteilten, ferner der Verlagsbuchhandlung für die schöne Ausstattung des Buches, sei bestens gedankt.

Wuppertal-Elberfeld, November 1936.
z. Zt. Zofingen (Schweiz).

Paul Weyrich.

Inhaltsverzeichnis.

Inhaltsverzeichnis.

VII
Seite

I. Geschichtlicher Überblick der Entwicklung der Apparatefärberei.

Die Mechanisierung der handwerkerlichen Arbeitsvorgänge, die mit der von den Engländern Highs und Kay erfundenen, von Arkwright aber wirtschaftlich ausgenutzten Spinnmaschine und dem von dem englischen Geistlichen und Dichter Cartwright erfundenen mechanischen Webstuhl im letzten Drittel des 18. Jahrhunderts ihren Anfang nahm, erfolgte in der Färberei erst ein Jahrhundert später. In der Stückfärberei war die Umstellung des üblichen Handhaspels auf mechanischen Antrieb eine einfache Sache und auch die Erfindung des Jiggers hat die Stückfärberei schon frühzeitig mechanisiert. In der Färberei der losen Flocke und des Stranggarnes, die in früheren Zeiten neben der Stückfärberei allein ausgeführt wurde, blieb bis in die 80er Jahre des vorigen Jahrhunderts alles beim althergebrachten Handbetrieb. Zur Flockenfärberei, die übrigens bei der Wolle in bedeutend größerem Maßstabe ausgeführt wurde als bei Baumwolle, dienten feuergeheizte Kessel, in welchen das Material mit an langen Stangen befindlichen Haken durch die kochende Flotte „gehakt" wurde. Man kann sich leicht vorstellen, daß das Einhalten eines gleichmäßigen Kochens in den feuergeheizten Kesseln eine besondere Kunst war, von welcher der mehr oder weniger gute Ausfall der Färbung abhing. War das Feuer zu heftig, trat bei der Wolle schnell Verfilzung ein, kochte das Bad aber nicht genügend, wurden die damals üblichen Naturfarbstoffe nicht vollkommen fixiert, was eine schlechte Weiterverarbeitung des Materials nach sich zog. Aber auch die Bewegung der Flocken durch den Färbekessel war für den Ausfall der Ware von besonderer Wichtigkeit. So einfach uns modernen Färbern der Arbeitsvorgang des Hakens vorkommt, so erforderte er doch nach den zeitgenössischen Beschreibungen viel Erfahrung, um das Material so wenig als möglich zu verfilzen und hart werden zu lassen.

Auch früher verlangte der Spinner eine offene, weiche Faser, die sich ohne nennenswerte Verluste weiter verarbeiten ließ. Oft genug werden aber bei aller aufgewendeten Sorgfalt Partien aus der Färberei gekommen sein, die mit größter Geduld auf den Maschinen der Spinnerei gelockert werden mußten und nur mit viel Verlust zu einem minderen Garn versponnen werden konnten; in alten Jahrgängen der Fachzeitschriften ist jedenfalls sehr oft von verkochten und verfilzten Partien die Rede. Diese gewiß nicht seltenen Mißerfolge gaben den Färbermeistern der damaligen Zeit den Ansporn, Vorrichtungen zu ersinnen, welche ein Verkochen und Verfilzen der Fasern verhinderten und eine bessere Verarbeitung gewährleisteten.

Viel mag auf diesem Gebiete erdacht worden sein, aber fast nichts ist von all den Bemühungen der damaligen Färber auf uns gekommen. Es ist kaum anzunehmen, daß die verhältnismäßig einfachen Vorrichtungen, die ein schonendes Färben der Wollflocken ermöglichen, den alten Färbern ganz unbekannt gewesen sein sollten. Man hat diese Einrichtungen, die einen nicht unwesentlichen Vorsprung gegenüber der Konkurrenz bedeuteten, geheimgehalten, jedenfalls nicht patentieren lassen und durch die damit verbundene Veröffentlichung der Patentanmeldung der Allgemeinheit zur Verfügung gestellt.

Der erste, im Schrifttum bekanntgewordene Färbeapparat ist durch englisches Patent vom 18. Dezember 1858 dem Färbermeister Emil Weber in Mülhausen im Elsaß geschützt [1] (s. Abb. 1).

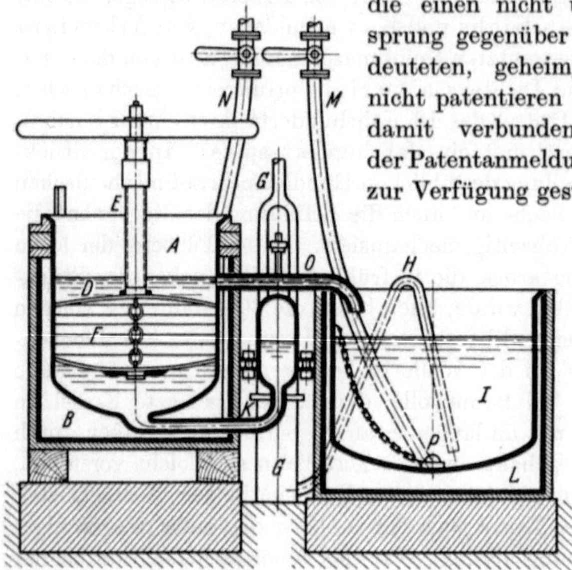

Abb. 1. Webers Färbeapparat aus dem Jahre 1858.

Dieser Apparat besteht aus zwei nebeneinander in verschiedenen Höhen aufgestellten Behältern A und L. A ist der Färbekessel, welcher in einen Doppelmantel B eingeschlossen ist und mit einem durchlöcherten Boden C und einer demselben entsprechenden durchlöcherten Scheibe D versehen ist. Der Boden C ruht lose auf einem Winkeleisenrand. Auf die durchlöcherte Scheibe D drückt eine Schraube, damit die zu färbenden Gewebe oder Gespinste, welche sich zwischen C und D befinden, schwach zusammengepreßt werden können. C und D sind durch eine Kette miteinander verbunden und bilden auf diese Weise mit den in Lagen dazwischen gepackten Stoffen eine Säule, welche aus dem Färbekessel herausgehoben werden kann. Die Druckpumpe G saugt aus dem Vorratsbehälter I die Farbflotte und drückt sie in den Färbekessel A, wo sie von unten nach oben durch das Färbegut geht und dann durch das Überlaufrohr O in den Vorratsbehälter wieder

---

[1] Dinglers pol. Journal Bd. 155 (1860) S. 269.

zurückfließt. Geheizt wird das Bad durch indirekten Dampf, der die in dem Doppelmantel befindliche Flüssigkeit zum Kochen bringt.

Der Erfinder fand in der Praxis, daß man bessere Resultate erhält, wenn man das Material nicht zu hoch schichtet, weil dann die Flüssigkeit nicht so abgeschwächt auf die oberen Schichten trifft; überdies sei ein geringerer Kraftaufwand erforderlich, um das Bad durch eine niedrige Schicht zu pressen. Um zu verhüten, daß die untenliegende Faserschicht eine dunklere Nuance annimmt als die obere, wird nach einem gewissen Zeitraum der Materialträger herausgenommen und umgekehrt, so daß jetzt die obere Schicht nach unten kommt.

Dieser Färbeapparat, der schon alle die Elemente eines modernen Apparates besitzt und dessen Leistungsfähigkeit z.B. bei losem Material und Stranggarn in damaliger Zeit recht bedeutsam gewesen sein mag, hat keinen allgemeinen Eingang in die Praxis gefunden, denn in späteren Jahrgängen der Fachzeitschriften findet man ihn nicht mehr erwähnt.

Das Färben in Apparaten erfordert eine klare, von Verunreinigungen freie Färbeflotte. Diese Voraussetzung war aber in der Zeit, als man mit natürlichen Farbstoffen und den verschiedensten Beizen arbeiten mußte, nicht gegeben, obwohl bei den oft sehr lange dauernden Beiz- und Färbevorgängen die Verwendung von Apparaten sehr angebracht gewesen wäre.

Das Färbegerät war daher immer der offene Kessel; die Färbeverfahren mit den Vorbeizen und Nachbehandlungen sehr zeitraubend und umständlich. Wohl waren die so erzeugten Färbungen in hohem Maße licht-, luft- und walkecht, doch gab die Spinnfähigkeit der losen Flocke zu vielen Klagen Anlaß, da das lange Kochen mit den spröden Holzteilchen der oft schlecht filtrierten Farbholzauskochungen die Wollfaser in ihrer Elastizität verminderte.

Bei der Baumwolle waren die Färbemethoden ebenfalls sehr kompliziert und zeitraubend. Durch die verschiedenen Beiz- und Färbbäder war es technisch fast ganz unmöglich, in Apparaten zu arbeiten.

Die Voraussetzungen für eine vermehrte Anwendung der mechanischen Färbeapparate mit ruhendem Material und bewegter Flotte gestalteten sich erst günstiger, als mit zunehmender Einführung der verschiedenen künstlichen Farbstoffe in die Färbereipraxis die Färbeverfahren vereinfacht wurden. Die ersten Alizarinfarbstoffe, die den bis dahin ausschließlich verwendeten Naturfarben ernstliche Konkurrenz machten, waren in der Anwendungsweise wohl einfacher als diese, erforderten aber auch eine Vorbeize, die bei der Baumwolle die Verwendung von Apparaten unmöglich machte.

Die sauren Wollfarbstoffe, deren erster als Orange im Jahre 1876 und die Höchster Ponceau 1878 in den Handel kamen, die substantiven Baumwollfarbstoffe, deren erster Vertreter das von Bötticher 1884 erfundene Kongorot war, die Entdeckung der Nachchromierungsmethode durch die Höchster Farbwerke im Jahre 1889, die technische Darstellung vieler Schwefelfarbstoffe gegen Ende des vorigen Jahrhunderts und die

Erfindung der Küpenfarbstoffe zu Anfang dieses Jahrhunderts ermöglichten der Färberei in einfacher Weise und kurzer Färbedauer alle nur erdenklichen Nuancen mit den höchsten Echtheitseigenschaften zu färben. Wir sehen dann auch, wie mit dem Aufkommen der künstlichen Farbstoffe das ·Färben in Apparaten allmählich an Interesse gewinnt. 1882 erhält die Firma Obermaier & Co. in Neustadt a. d. Hardt, damals in Lambrecht (Pfalz), ein Patent auf einen von dem Färbermeister Geßler in Metzingen erfundenen Apparat, der grundlegend für die Ausbildung der gesamten Apparatefärberei wurde.

Abb. 2 zeigt diesen Apparat in seiner ältesten Ausführung. Der Materialbehälter wird durch zwei auf einer gemeinsamen Bodenplatte befestigte Zylinder B und C mit gelochtem Mantel gebildet, deren innerer Zylinder oben durch ein Einsatzstück abgeschlossen ist, welches einer Schraube g als Mutter dient, durch die der Preßdeckel E, welcher auf das in dem ringförmigen Materialraum eingebrachte Fasergut M aufgelegt wird, festgelegt und nachgestellt werden kann. Der mit einer Dampfheizschlange ausgestattete Flottenbehälter A ist am Boden· an den Saug- und Druckstutzen einer Flügelpumpe G angeschlossen. Der Druckstutzen mündet axial in den Bottichboden ein und ist innerhalb des Bottichs mit einem Konus ausgestattet, auf dem der Materialbehälter BC mit dem Zylinder C aufgesetzt werden kann.

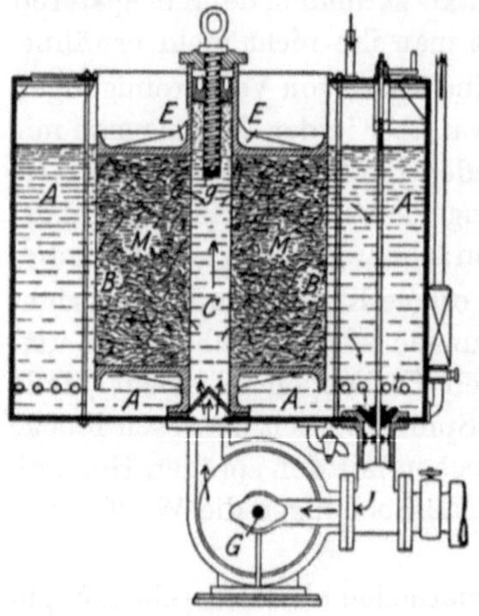

Abb. 2. Färbeapparat nach D. R. P. 23 177 vom 6. 12. 1882 der Firma Obermaier & Cie., Neustadt a. H.

Der Saugstutzen ist durch ein von Hand steuerbares Ventil abschließbar. Ist der gefüllte Materialbehälter in der aus der Abbildung ersichtlichen Weise in den Bottich A eingesetzt und das Ventil geschlossen, so saugt die Pumpe, sobald sie eingelassen wird, Flotte aus dem Flottenbehälter an und treibt sie durch das Fasergut in den Flottenbehälter A. Ist dieser mit Flotte gefüllt und wird nunmehr das Ventil geöffnet und der Flottenzulauf abgesperrt, so bewegt die Pumpe die Flotte in der durch Pfeile kenntlich gemachten Weise im Kreislauf durch das Fasergut. Ein Zulauf ermöglicht die Einführung einer Zusatzflotte in den Bottich A unmittelbar am Saugstutzenanschluß. Ist der Flottenkreislauf abgestellt, so wird die Flotte aus dem Bottich A abgelassen. Soll das ausgefärbte Fasergut einer Nachbehandlung unterzogen, z. B. gespült werden, so wiederholt sich der Arbeitsgang nach Anschluß der Pumpe an einen anderen Flüssigkeitsbehälter. Zur Entleerung des Materialträgers nach beendeter Färbung wird dieser aus dem Bottich *A* herausgehoben, der Preßdeckel entfernt und hierauf der Materialbehälter entleert. Um das Färbegut in dem letzteren selbst auch noch entwässern zu können, hat die Firma Obermaier & Co. der Färbevorrichtung später eine Schleuder hinzugefügt, in welche der Materialbehälter als Schleuderkessel eingesetzt werden kann.

Dieser Apparat gestattete mit Vorteil loses Material, Kardenband, Garn usw. zu färben. Die vorzügliche Beschaffenheit der darin gefärbten Materialien wurde sehr schnell erkannt, und so erschienen fast gleichzeitig mit dem Obermaierschen Apparat verschiedene andere Einrichtungen, die das Färben der mannigfaltigen Materialien ermöglichten und einige Jahre später wurden Apparate gebaut, in welchen Baumwollgarn auf Kops gefärbt werden konnten. 1890 verfolgte man mit großer Spannung und Interesse die Ergebnisse der Kopsfärberei, die seit kurzer Zeit in England und Deutschland ausgeführt wurden. Die nicht immer befriedigenden Resultate dieses Zweiges der Färberei führten bald zu der Erkenntnis, daß Garn auf Kreuzspulen mit weniger technischen Schwierigkeiten zu färben sei und so wurden ganz besonders für diese Spulenform Apparate konstruiert, die in heutiger Vollkommenheit auch bei schwierigen Farben beste Resultate ergeben. Groß war die Zahl der Apparatsysteme, welche auf dem Markt erschienen, die das anfängliche Mißtrauen der Färber gegen die gesamte Apparatefärberei verstärkten und der Entwicklung dieses Industriezweiges hemmend im Wege standen. Aber auch mangelnde Erfahrung mit der individuellen Eigenart der neuaufkommenden Farbstoffe und Färbemethoden und Unerfahrenheit in der zweckmäßigen Beschickung der Apparate führten zu großen Mißerfolgen und wurden so Hemmschuhe in der Entwicklung der Apparatefärberei.

II. Das Wasser in der Apparatefärberei.

Das Wasser, das bei den Veredelungsprozessen der Färberei und Bleicherei in vieltausendfachem Überschuß gegenüber den eigentlichen Veredelungsmitteln verwendet wird, ist für den Erfolg der Arbeit von sehr großer Wichtigkeit. Die modernen Färbe- und Bleichverfahren stellen schon beim Arbeiten auf offenen Kesseln große Ansprüche an die Qualität des Wassers, die für das Arbeiten in Apparaten mit kreisender Flotte noch gesteigert werden, denn das ruhende Material wirkt stets als Filter, das alle im Wasser vorhandenen oder sich während der Behandlung bildenden Trübungen anfiltriert. Je feiner nun die Trübungsstoffe sind, desto tiefer dringen sie in die Materialschicht ein und verkrusten dadurch einen noch größeren Faseranteil.

Für die Apparate mit kreisender Flotte muß das Wasser in erster

Linie absolut klar sein. Selbst die geringste, im Wasser nicht feststellbare Trübung führt in der Bleicherei zu leichten Anfiltrationen, welche genügen, um das Weiß zu beschmutzen. Es ist deshalb eine Reinigung des Wassers in geeigneten Filtern unbedingt durchzuführen.

Das Betriebswasser der Apparatefärberei soll aber auch möglichst weich sein, also nur geringe Mengen gelöster Kalk- und Magnesiumsalze enthalten. Je weicher das Wasser, desto besser der Färbereierfolg in bezug auf Egalität und Reinheit der Farben wie Fasern.

Die Härtebildner werden dem Veredelungsgut nicht allein dadurch schädlich, daß sie als unlösliche Verbindungen ausfallen und dieses verkrusten, sondern sie verbinden sich mit manchen Farbstoffen, z. B. mit einer ganzen Reihe von Küpenfarbstoffen und besonders gern mit Chromierungsfarbstoffen der Wollfärberei. Auf diese Weise wird der Farbstoff nicht nur dem eigentlichen Färbeprozeß entzogen, sondern die unlöslichen Farbstoff-Kalkverbindungen verursachen durch die Anfiltration abrußende Färbungen.

Kalkseife ist, wie überall in der Textilveredelung, auch in der Apparatefärberei eine unbeliebte Begleiterscheinung bei Verwendung von Seife in hartem Wasser. Schutzkolloide zur Verhütung der Kalkseifenschäden sind in der Apparatefärberei nicht in allen Fällen mit Vorteil anzuwenden, denn eine direkte Verhinderung der Kalkseifenbildung führen diese, unter den verschiedensten Phantasienamen im Handel befindlichen Mittel nicht herbei, sondern sie bringen sie nur in eine feinere Form, die von den Mitteln und von der Seife selbst in Lösung gehalten werden. Die starke Flottenbewegung in den Apparaten bringt den feinen Niederschlag nur noch tiefer in die Faserschicht.

Das zweckmäßigste zur Verhütung aller durch das Wasser hervorgerufenen Störungen ist dessen vollständige Enthärtung.

Für die Wollfärberei mit ihren sauren Färbebädern dürfte das Kalk-Soda-Enthärtungsverfahren, das bis auf drei deutsche Härtegrade enthärtet, ausreichend sein. Für die alkalischen Bäder der Baumwollfärberei ist ein 0° hartes Wasser besser als ein dreigrädiges. Hier ist die vollständige Enthärtung nach dem Austauschverfahren am Platze.

Die Aufbereitung des Betriebswassers hier im einzelnen zu behandeln, würde zu weit führen. Es besteht darüber ein umfangreiches Schrifttum, auf das besonders hingewiesen sei[1].

III. Die Werkstoffe für Färbe- und Bleichapparate.

Von entscheidender Wichtigkeit für die erfolgreiche Arbeit des Färbers und Bleichers ist neben der einwandfreien Handhabung der Ver-

---

[1] Ristenpart, E.: Das Wasser in der Textilindustrie, 1911. — Heermann, P.: Enzyklopädie der Textilchemischen Technologie, Berlin 1930, S. 829; — Textilchemische Untersuchungen, Berlin 1935.

edelungstechnik, der genauen Kenntnis des Fasergutes und dem störungsfrei arbeitenden Wasser jede Verhütung unkontrollierbarer Beeinflussung der Färbe- und Bleichvorgänge durch die Baustoffe der Arbeitsgeräte. Nur dann, wenn der Veredelungsvorgang allein von der Art des Fasergutes und der Zusammensetzung des Bades abhängt, ist der Veredler in der Lage, den vorgeschriebenen Farbton mit Sicherheit zu treffen oder eine Bleiche ohne Schaden für das Gut durchzuführen. Wird aber die Faserveredelung durch den Werkstoff des Arbeitsgerätes in irgendeiner Weise beeinflußt, so erfolgt diese immer im ungünstigen Sinne. Der Arbeitsprozeß erhält dadurch eine solche Unsicherheit, daß es dem Ausführenden trotz Aufbietung aller Sorgfalt fast unmöglich gemacht wird, die Arbeit zu einem befriedigenden Resultat zu führen.

Die Anforderungen, welche die Textilveredelung an die Werkstoffe ihrer Arbeitsgeräte stellt, sind außerordentlich hoch, denn die aggressive Wirkung vieler Chemikalien, namentlich der Schwefelsäure, wird durch die meist kochend heiße Anwendung der Bäder wesentlich verstärkt. Dazu kommt als verschärfende Wirkung die ständig wechselnde Beanspruchung der Werkstoffe durch verschiedene Bäderfolge im Verlauf eines Veredelungsvorganges.

Die Forderungen, die der Textilveredler an die Baustoffe seiner Arbeitsmaschinen stellt, können in folgenden sechs Punkten zusammengefaßt werden:

1. Der Baustoff darf nichts an die Bäder abgeben bzw. darin löslich sein.

2. Der Baustoff soll sich nicht mit anfärben oder Stoffe aus dem Bad aufnehmen.

3. Er soll die Wirksamkeit der Bäder nicht zerstören, und

4. bei Berührung mit dem Fasergut dieses durch Katalytwirkung zwischen Baustoff und der wirksamen Substanz des Bades nicht schädigen.

5. Der Baustoff muß schroffe Temperaturwechsel auch bei längerer Gebrauchsdauer, ohne Schaden zu nehmen, aushalten.

6. Soll der Baustoff auch bei starker Beanspruchung eine lange Lebensdauer haben.

Die Erscheinung, daß ein Werkstoff durch die Chemikalien der Färbebäder angegriffen wird und teilweise in Lösung geht, bezeichnet man ganz allgemein als „Korrosion", was soviel bedeutet wie Annagen oder Zerfressen.

Die Ursache der Korrosion beruht auf dem Bestreben der Metalle, Ionen in die sie berührende Lösung zu schicken. Sie ist abhängig sowohl von der Eigenschaft der Werkstoffe wie von der Konzentration der Wasserstoffionen der angewendeten Flüssigkeit. Ferner kann die Korrosion durch äußere Einflüsse gefördert werden, als solche kommen vor allem Temperaturerhöhung, Druck und auch elektrische Kräfte in Frage. Kommen z. B. Metalle oder Metallegierungen verschiedener Art bzw. Spannung im gleichen Apparat zur Anwendung, so ist die Korrosion um so größer, je weiter sie in der Spannungsreihe auseinanderliegen. Dasselbe ist auch der Fall, wenn eine Legierung aus zwei oder mehreren Gefügebestandteilen besteht. Einheitlich aus Mischkristallen gleicher Zusammensetzung bestehende Legierungen oder reine Metalle verhalten sich daher günstiger gegenüber der korrodierenden Einflüsse.

Treten im Verlauf einer Korrosion lösliche Verbindungen aus Metall und Flüssigkeit ein, so geht die Zerstörung des Metalls bis zu dessen vollständiger Lösung weiter. Sind die entstehenden Produkte aber unlöslich in der Flüssigkeit, so führen sie zu Deckschichten auf dem Metall, die je nach ihrer Dichtheit und Haftfestigkeit die weitere Korrosion vermindern oder ganz aufheben. Als Beispiel einer solchen schützenden Deckschicht sei die Oxydschicht erwähnt, die sich bei der Peroxydbleiche in Reinaluminiumbehältern auf der Metalloberfläche bildet. Noch größeren Schutz, selbst vor dem Angriff der stärker alkalischen Peroxydbäder der Baumwollbleiche, bietet die sich bildende Schicht von Aluminiumsilikat, welches das dem Bade zugesetzte Wasserglas hervorbringt.

Die Brauchbarkeit eines Werkstoffes ist abhängig vom Verwendungszweck des Apparates, wobei natürlich der Preis auch eine Berücksichtigung finden soll. Die sauren Wollfärbebäder erfordern widerstandsfähigere Werkstoffe als die alkalischen Bäder der Baumwollfärberei, und für die Bäder der Bleicherei mit ihren stark oxydierenden Chemikalien sind wieder andere Werkstoffe erforderlich. Soll aber ein Färbeapparat zu vielseitigem Gebrauch Verwendung finden, so muß der Werkstoff gegenüber allen Beanspruchungen widerstandsfähig sein.

Kupfer ist wohl als der älteste Werkstoff für Färbegefäße anzusprechen, denn längst vor Einführung der Dampfheizung wurde auf feuerbeheizten Kupferkesseln gefärbt. Es wurde dafür auch beibehalten, als die handwerkerliche Färberei immer mehr industrialisiert und durch Apparate mechanisiert wurde. Die ersten Obermaier-Färbeapparate für lose Wolle und die Topf- und Revolverapparate für Kammzug waren ganz aus Kupfer hergestellt. Kupfer wird von den sauren Bädern der Wollfärberei nur spurenweise angegriffen und hat hier eine verhältnismäßig lange Lebensdauer. Obwohl das Kupfer nur spurenweise in Lösung geht, genügt es, um zu mancherlei Störungen Anlaß zu geben. So sind viele Farbstoffe schon geringen Kupfermengen gegenüber sehr empfindlich und verändern ihren Farbton nach der häßlichen Seite hin, weshalb das Arbeiten in Apparaten aus Kupfer sehr unsicher wird. Dies trifft nicht nur für viele sauren Farbstoffe, sondern auch für manchen Nachchromierungsfarbstoff zu, einzig bei den neutral zu färbenden Metachromfarben ist eine Farbtonverschiebung in Kupferapparaten nicht zu befürchten. Zwar ist dieser nachteilige Einfluß des in Lösung gegangenen Kupfers leicht zu bannen durch einen Zusatz von Rhodan = Kalium oder = Ammonium, dadurch werden die löslichen Kupferionen in das in der Säure des Bades unlösliche Cuprorhodanit verwandelt und können in dieser Form nicht mehr auf die Farbstoffe einwirken.

Für die meisten Zwecke der Baumwollfärberei ist Kupfer als Baustoff der Apparate ganz ungeeignet. Obwohl es in den alkalischen Bädern nicht in Lösung geht, genügt seine Anwesenheit, um auf den Farbton vieler substantiver Farbstoffe nachteilig einzuwirken. Schwefelfarbstoffe können überhaupt nicht in Kupfergefäßen gefärbt werden, weil das Metall von dem Schwefelnatrium, das zum Lösen der Farbstoffe dient, sehr stark angegriffen wird. Deshalb sind in der Baumwollfärberei überall Apparate aus Eisen anzutreffen, in welchen sämtliche Farbstoffklassen mit meist unbeeinflußter Nuance gefärbt werden können.

Eisen ist Säuren gegenüber jedoch viel weniger widerstandsfähig als Kupfer und kann aus diesem Grunde für die Wollfärberei keine Verwendung finden. Auch den sauren Diazotierungsbädern in der Baumwollfärberei widersteht es auf die Dauer nicht, und basische Farbstoffe, die auf tanningebeizter Faser gefärbt werden sollen, werden durch die Einwirkung des Eisens auf die Tanninbeize ganz dunkel. Ferner kann die Nachbehandlung substantiver und Schwefelfarbstoffe mit Kupfervitriol in Eisenapparaten nicht vorgenommen werden, weil sich dabei Kupfer auf das Eisen niederschlägt und Eisen dafür in Lösung geht. Mit Kupfer überzogenes Eisen übt aber die gleichen unangenehmen Einflüsse auf die Farben aus wie ein ganz aus Kupfer bestehender Apparat.

Wenn es aus wirtschaftlichen Gründen erforderlich ist, die Entwicklungsbäder der Naphtol-AS-Farben aufzubewahren, um auf laufendem Bad arbeiten zu können, so verbietet die Empfindlichkeit mancher diazotierten Base gegenüber dem Eisen die Verwendung von Eisenapparaten und -vorratsbehältern. Namentlich die für das sog. Indrarot zu verwendende Echtrot-ITR-Base ist diazotiert sehr eisenempfindlich, und weil zur völligen Auskuppelung der Färbung bei Packapparaten und Kettbäumen verhältnismäßig starke Lösungen zur Anwendung kommen müssen, welche die Aufbewahrung zur Weiterbenutzung gebieten, ist das Arbeiten in Eisenapparaten unzweckmäßig.

Im allgemeinen wird für den Bau der Baumwollfärbeapparate nur Eisen verwendet, und zwar entweder Schmiedeeisen oder Gußeisen bzw. Gußstahl. Das Schmiedeeisen als reineres kohlenstoffärmeres Eisen ist der Korrosion aber ganz bedeutend stärker ausgesetzt als das kohlenstoffreichere Gußeisen, dessen Gußhaut ebenfalls vor äußeren Angriffen schützt. Das Rosten des Eisens ist eine Korrosion, die durch die Kohlensäure der Luft bei Gegenwart von Feuchtigkeit eingeleitet und von dem Luftsauerstoff weitergeführt wird. Durch die Wechselwirkung zwischen Beanspruchung durch die Bäder und Stillstand in Arbeitspausen wird Schmiedeeisen an Färbeapparaten sehr in Mitleidenschaft gezogen, weshalb man es durch eine Verbleiung zu schützen sucht. Weil dieser Schutz auch nicht von langer Dauer ist, hat man das Gußeisen bedeutend mehr für den Bau der Färbeapparate herangezogen. Dieses kann sogar, wie im Abschnitt der Bleiche beschrieben, für die Vorbleiche mit Peroxyden benutzt werden, weil es nur schwach zersetzend auf die Bleichbäder einwirkt.

Blei, das gegenüber chemischen Einflüssen sehr widerstandsfähig ist, ist trotzdem kein guter Werkstoff für Veredelungsapparate. Für den Bau ganzer Anlagen ist es auch nie gebraucht worden, sondern mehr für Rohrleitungen, Pumpen, Heizschlangen usw. In den heißen schwefel-, essig- und ameisensauren Bädern der Wollfärberei ist es spurenweise löslich. Die gelösten Bleispuren bilden auf der Wolle mit deren Schwefel dunkelgefärbte Verbindungen und erlauben nicht die Erzielung klarer Farbtöne.

In der Bleicherei mit der wechselnden Bäderfolge ist Blei ebenfalls nicht ganz unlöslich. Es ruft hier im Fasergut gelblichbräunliche Flecken hervor, die um so unangenehmer sind, weil sie nicht sofort entstehen und in der Ausgangskontrolle erkannt werden können. Erst durch Einwirkung des in der Atmosphäre enthaltenen Schwefelwasserstoffs auf die Bleispuren im Fasergut bilden sich bräunlich gefärbte Bleisulfide, die in den meisten Fällen erst nach der Verarbeitung der Garne zu wertvollen Fabrikaten sichtbar werden.

Holz hat lange Zeit eine führende Rolle als Werkstoff für den Bau von Wollfärbeapparaten gedient. Für die Zwecke der Baumwollfärberei hat es weniger Bedeutung erlangt, weil es zu den Baumwollfarbstoffen als pflanzliches Produkt große Affinität zeigt und sich immer kräftig mit anfärbt, was einen Nuancenwechsel ohne gründliche Reinigung der Apparate unmöglich macht. Die Reinigung, die durch Auskochen oder Ausbleichen geschehen muß, greift die Holzsubstanz stark an und vermindert die Lebensdauer der Apparate erheblich. In der Wollfärberei liegen die Verhältnisse insofern günstiger, weil das Holz als vegetabilische Substanz die Wollfarbstoffe weniger annimmt, immerhin ist aber auch hier ein scharfer Nuancenwechsel in den Apparaten unmöglich. Betriebe, die über eine genügende Anzahl von Apparaten verfügen, färben in den einzelnen Apparaten immer nur die gleichen oder ähnliche Farbtöne, sind aber nur wenige Apparate vorhanden, so hilft man sich, wenn man das schädigende Auskochen mit farbstoffzerstörenden Mitteln umgehen will, in der Weise, daß man nach dunklen Farben allmählich zu den helleren übergeht.

Durch den dauernden Gebrauch führen die kochenden sauren Bäder einen hydrolytischen Abbau der Holzsubstanz herbei, es entstehen lösliche, undefinierbare Produkte, die sich zunächst im Färbebad lösen, aber an den Stellen, wo das Färbebad auf die Wolle trifft, von dieser aufgenommen werden, wo sie als nicht mehr zu entfernende Flecken hervortreten. In einem 2—3 Jahre ständig benutzten Holzapparat ist die Zersetzung des Holzes soweit fortgeschritten, daß es nicht mehr möglich ist, ein sauberes Hellblau darin zu färben, und nach einer Lebensdauer von 7—8 Jahren kann man nur noch dunkle Farben in einem Holzapparat färben.

Versuche, die Holzwände mit korrosionsbeständigen Materialien zu überziehen, um die Nachteile des Holzes zu beseitigen, z. B. mit Hartgummi, Bakelitlacken usw. sind alle an der geringen Haftbarkeit der Überzüge am Holz gescheitert.

Holz ist auch in konstruktiver Hinsicht ein schlechter Werkstoff für Apparate, denn seine beschränkte Bildsamkeit erfordert zur Flottenführung die Heranziehung von Metall. So sind Pumpen, Propeller und die erforderlichen Rohrleitungen meist aus **Bronze** hergestellt, die gegenüber dem Kupfer eine größere Säurebeständigkeit besitzt.

Bronze gemeinhin ist eine Legierung von etwa 80% Kupfer und 20% Zinn. Die sog. säurefesten Bronzen haben meist kompliziertere Zusammensetzung und enthalten teils Beimischungen von Blei, Nickel oder Aluminium.

Obwohl eine gute Bronze von den kochenden sauren Flotten in sehr geringem Maße angegriffen wird und deshalb auf die Farbtonänderung kupferempfindlicher Farbstoffe kaum einen Einfluß ausübt, geben sie zu fast noch schlimmeren Fehlern Anlaß. Reines Kupfer bleibt in den Bädern blank, das in Lösung gehende Metall kann durch Rhodansalze unschädlich gemacht werden. Bronze dagegen überzieht sich, wenn nur mit sauren Farbstoffen im schwefelsauren Bad gearbeitet wird, allmählich mit einer grünlichgrauen, im nassen Zustande schleimigen Schicht, die getrocknet in ein feines Pulver zerrieben werden kann. Diese Schicht schützt das Metall aber nicht vor weiterem Angriff, denn sie wird mit jeder zu färbenden Partie dicker, und wenn sie eine gewisse Dicke erreicht hat, wird sie von der Flottenströmung abgeschwemmt und als feine Suspension im Bade verteilt. Das als Filter wirkende Fasergut hält aber die Verschmutzung zurück, die in hellen Färbungen häßlich grünliche Flecken hervorruft, die besonders bei Strangfärbungen sehr unangenehm werden können.

In der auf der Bronze entstehenden Schicht ist neben organischer Substanz etwas Zinnoxyd und zur Hauptsache Kupfersulfid nachzuweisen. Dieses entsteht sehr wahrscheinlich durch chemische Umsetzung des aus der Bronze sich in geringen Mengen lösenden Kupfers mit den Abbauprodukten der Wolle, die beim Färben in die sauren Bäder gelangen und die sich gern an Metallteilen im Apparat als schleimige Schicht absetzen. Weil die Wollabbauprodukte schwefelhaltig sind, besteht sehr wohl die Möglichkeit, daß diese mit dem Kupfer in Reaktion treten und an organische Substanz gebundenes Kupfersulfid bilden.

Mancher Färber hat gewiß schon oft Partien den Apparaten entnommen, die mit den grünlichen Bronzeflecken behaftet waren, ohne sich darüber klar zu werden, wie diese Flecken wohl entstanden sein können. Er hat wahrscheinlich die Ursache dem Holz zugeschoben, den Apparat zur Reinigung ausgekocht, dadurch das Übel aber nur noch verschlimmert, denn die ersten Partien nach einer Auskochung werden gewöhnlich noch viel stärker befleckt. In der Färberei kann ein Fehler nur dann erfolgreich beseitigt werden, wenn man seine Entstehung genau kennt. Kupfersulfid, das durch seine dunkle Farbe und Unlöslichkeit hier die Flecken verursacht, ist durch Oxydation leicht in lösliches Kupfersulfat überzuführen. Das in der Wollfärberei viel verwendete Kaliumbichromat ist ein ausgezeichnetes Oxydationsmittel, das zur Beseitigung der Bronzeflecken vorzügliche Dienste leistet. Man braucht nur nach einer Anzahl sauergefärbter Partien eine Nachchromierungsfarbe in dem Apparat zu färben, um das auf den Bronzeteilen befindliche Kupfersulfid in Kupfersulfat überzuführen, das löslich ist und keinen nachteiligen Einfluß ausübt. Werden in den Apparaten ständig Chromentwicklungsfarben gefärbt, so kann es nicht zu einer Bildung von Kupfersulfid kommen, weshalb bei solchen Färbungen nie Bronzeflecken wahrnehmbar sind.

Nickel in sehr reiner Form ist sehr gut beständig in Bädern der Wollfärberei und gibt zu keinen Flecken Anlaß, kommt aber wegen seines hohen Preises nur für kleinere Armaturen innerhalb des Flottenraumes zur Anwendung.

Größere Bedeutung haben Legierungen gefunden, deren Hauptbestandteil das Nickel ist, so das **Nickelin** mit ungefähr 32% Nickel und 68% Kupfer und das **Monellmetall** mit etwa 67% Nickel, 28% Kupfer, 5% Eisen sowie Spuren von Kohlenstoff und Silizium. Beide Legierungen zeigen gute Korrosionsbeständigkeit gegenüber den sauren Färbeflotten; Monellmetall hat nach den Untersuchungen von H. Müller[1] eine noch etwas bessere Säurebeständigkeit als Nickelin. Beide Legierungen werden durch die dauernd kochenden sauren Färbeflotten etwas angegriffen und zeigen bei längerer Benutzung durch ihren Kupfergehalt eine der Bronze ähnliche Erscheinung, indem sich auf der Oberfläche ein grünlichgrauer Belag bildet, der im Färbegut ähnliche Flecken hervorrufen kann wie Bronze. Die Fleckenbildung tritt bei diesen Metallen jedoch in bedeutend geringerem Maße auf.

Gut bewährt für die Zwecke der Wollfärberei hat sich ein aus Kunstharzen hergestellter Stoff der Säureschutzgesellschaft m. b. H. Berlin-Altglinike, der als „Haveg" bekannt geworden ist. Die Firma Eduard Esser in Görlitz stellt aus diesem Baustoff die verschiedensten Färbeapparate her.

Haveg ist gegen saure, neutrale und sodaalkalische Bäder, in seiner neueren Form auch gegen ätzalkalische Bäder unempfindlich. Es löst sich nicht in den Bädern, verursacht auch bei langer Gebrauchsdauer keinerlei Flecken und wird nur von gewissen, satt aufgefärbten Farbstoffen oberflächlich leicht angeschmutzt. Infolge der glatten Oberfläche ist diese Anschmutzung durch einfaches Ausbürsten leicht zu entfernen. Heiße und kalte Flotten können ohne Zwischenpausen gewechselt werden, ohne Gefahr der Rißbildung, des Springens und des Werfens. Wenn nach längerer Benutzung einmal ein Riß entsteht, so kann dieser durch Verkitten mit einem besonderen Havegkitt von jedem Färbereiarbeiter in kurzer Zeit wieder verstopft werden. Weil Haveg aus einer formbaren

---

[1] Müller, H.: Bleichapparate aus Edelstahlen. Reutlinger Jb. d. Text.-Ind. 1934/35, S. 96.

Masse in alle nur erdenklichen Formen gepreßt werden kann, besteht die Möglichkeit, auch komplizierte Einrichtungen an den Färbeapparaten daraus herzustellen.

Steinzeug (Pyroton). Infolge völliger Unempfindlichkeit gegenüber allen Bädern der Textilveredelung und seiner glatten porenfreien Oberfläche würde Steinzeug der vorzüglichste Werkstoff für Färbeapparate sein, wenn es möglich wäre, das Material in die dafür erforderlichen Formen zu bringen. Somit beschränkt sich seine Anwendung auf einfache Apparate und findet in den in diesem Buche besprochenen Arbeitsgebieten der Textilveredelung, hauptsächlich in der Bleicherei Anwendung, wo es ausgezeichnete Dienste leistet (s. d. Abschnitt Bleiche).

Im „Pyroton" hat die Deutsche Ton- und Steinzeug Werke A.-G., Krauschwitz b. Muskau O.-L., ein Spezialprodukt in den Handel gebracht, das schroffe Temperaturwechsel gut verträgt und nicht sofort reißt wie das gewöhnliche Steinzeug. Pumpen und Rohre aus diesem Material sind solchen aus Bronze oder Blei für Bleichereizwecke bedeutend überlegen, weil sie die Bäder in keiner Weise beeinflussen.

Versuche, das billige Eisen durch einen isolierenden Überzug vor dem Angriff der Chemikalien zu schützen, sind bei einfachen Wannen und Kesseln nicht ohne guten Erfolg geblieben, für den Bau von Färbeapparaten ist dieses Material aber kaum viel zur Anwendung gelangt. Als Schutzüberzüge kommen in erster Linie Hartgummi und auch Glasemaille in Betracht. Hartgummiüberzüge sind, wenn sie von Fabriken mit Spezialerfahrung ausgeführt wurden, sehr haltbar mit der Unterlage verbunden und nur durch ganz unsachgemäße Behandlung davon zu entfernen. Auch ist bei richtiger Ausführung der Arbeit die Haltbarkeit des Hartgummis in den heißen Bädern recht gut.

Färbegefäße aus Porzellanplatten, die nach besonderen Methoden in Zementwänden (Bruno Müller, Friedeberg; Alba-Porzellankufen G. m. b. H., Chemnitz) oder in weichgummiähnliche Massen (Keramchemie, Sirshahn, Westerwald) verlegt werden, sind für viele Zwecke der Textilveredelung sehr gute Werkstoffe, für die kompliziert gebauten Färbeapparate kommen sie jedoch nicht in Anwendung.

Stahllegierungen. In neuerer Zeit gewinnen gewisse Eisenlegierungen ungleich größere Bedeutung für den Bau der Veredelungsapparate als alle bisher bekannten Werkstoffe. Erwähnenswert ist zunächst als korrosionsbeständiger Guß das Termisilid der Firma Krupp in Essen mit 14—18% Silizium, das infolge seiner Legierungsart recht preiswürdig ist. Durch das geringe Formänderungsvermögen ist diesem Werkstoff leider eine Beschränkung des Anwendungsbereiches auferlegt, findet aber für Rohrleitungen, Pumpen, Armaturen ausgedehnte Anwendung.

Weiterhin hat sich für Gußteile an den Apparaten der „Nirostaguß" von Krupp mit 24% Chrom sowie etwas Kohlenstoff, Nickel und Molybdän als gut korrosionsbeständig erwiesen.

Die allergrößte Bedeutung haben die säurebeständigen Stahlsorten der Firma Krupp in Essen gefunden, die nach planmäßiger Forschungsarbeit erstmalig in den Jahren 1909—12 in den Essener Werkstätten hergestellt wurden. Die zunächst schwere Bearbeitbarkeit dieser Stähle gestattete ihre Anwendung in nur geringem Umfange als Gußstücke usw. Durch weitere Vervollkommnung gelang aber die Darstellung leicht bearbeitbarer Stahlsorten, die gewalzt, gezogen, gefräst und gebohrt werden können und die vor allen Dingen autogen, wie auch im elektrischen Lichtbogen, zu schweißen sind ohne die Korrosionsbeständigkeit an den Schweißnähten zu vermindern.

Die für die Veredelungsindustrie wichtigste Sorte der Kruppstähle ist die VA-Gruppe und von diesen sind es hauptsächlich der V2A- und V4A-Stahl. Die Marke V2A enthält etwa 20% Chrom, 7% Nickel und 0,2% Kohlenstoff. Durch Hinzulegierung von Molybdän entsteht die Marke V4A, die sich durch wesentlich höhere Korrosionsbeständigkeit auszeichnet als V2A und die für die Veredelungsapparate fast ausschließlich Verwendung findet.

Die Marke V14A bietet für gewisse chemische Angriffe, z.B. hypochlorithaltige Lösungen, Vorteile gegenüber V2A und V4A, ihr Anwendungsgebiet ist im übrigen aber begrenzt.

Über die Brauchbarkeit des V4A-Stahls in der Veredelungsindustrie im allgemeinen und ganz besonders für die schwefelsauren Bäder der Wollfärberei besteht, nachdem daraus hergestellte Apparate jahrelang in Benutzung sind, kein Zweifel mehr. K. Volz[1], der in Bechern aus V2A und V4A Färbeversuche durchführte, fand, daß die erhaltenen Färbungen keinen Unterschied gegenüber den Parallelversuchen in Porzellanbechern zeigten. Bei wenigen Palatinechtfarbstoffen sei bei scharfer Betrachtung ein äußerst schwierig zu erkennender Unterschied wahrzunehmen. H. Müller[2] hat es sich in seiner Arbeit über Bleichapparate aus Edelstahl zur Aufgabe gemacht, die Haltbarkeit von Schweißnähten in sauren Wollfärbeflotten festzustellen und hat damit die Verhältnisse der Praxis einbezogen, denn die Apparate haben alle mehr oder weniger Schweißnähte. Die Versuche ergaben, daß bei einer verstärkten Probe V2A-Blech an der Schweißnaht deutlich sichtbare Korrosion zeigte, während beim geschweißten V4A-Blech keine Spur davon zu erkennen war. Der äußeren Korrosion ging parallel ein Gewichtsverlust von 1,19% beim geschweißten V2A- und beim geschweißten V4A-Blech von nicht einmal 0,2%. Diese im Laboratorium ausgeführten Versuche bestätigen die Er-

---

[1] Volz, K.: Färben und Bleichen in Gefäßen aus nichtrostendem Stahl. Z. ges. Text.-Ind. 1931, S. 285.
[2] Müller H.: Zit. a. S. 12.

fahrungen der Praxis, nach welchen V4A-Stahl besser geeignet ist als V2A-Stahl, der, ungeschweißt, aber doch für manchen Zweck verwendbar ist.

Färbeversuche in Bechern, wie sie K. Volz ausführte, sind ohne weiteres für Rückschlüsse auf die Praxis der Apparatefärberei nicht brauchbar. Beim Arbeiten in Bechern liegen die Verhältnisse wie bei der Kufenfärberei, bei welcher das Färbegut nicht in innige Berührung mit dem Werkstoff kommt. In einem Wollfärbeapparat liegt das Material aber ständig in fester Berührung mit dem Werkstoff, z. B. hängen Stranggarne über den Stäben. Bei der normalen Färbeweise der sauren Egalisierungsfarbstoffe ist an den Berührungstellen keine Nuancenänderung erkennbar; die scharf sauer gefärbten Palatinecht- bzw. Neolanfarbstoffe zeigen aber an diesen Stellen Nuancenänderungen, die bei Garn nicht immer als belanglos übersehen werden können. Es sind nicht alle Vertreter dieser Farbstoffgruppe gleich beeinflußbar; der vorsichtige Färber wird darum nicht nach der alten, viel Schwefelsäure erforderlichen Färbemethode arbeiten, sondern durch Zusatz von Palatinecht- bzw. Neolansalz die Säuremenge um die Hälfte reduzieren.

Werkstoffe für Bleichapparate. In der Apparatebleicherei ist die Frage des Werkstoffes ebenso, wenn nicht noch wichtiger, als in der Apparatefärberei. Die Bleichbäder, mögen sie nun Chlor oder Peroxyd enthalten, werden bei Berührung mit gewissen Stoffen einer katalytischen Zersetzung unterworfen, die nicht allein die Wirksamkeit der Bäder schnell vermindert, indem an den Berührungsstellen eine intensive Sauerstoffentwicklung eintritt, sondern die auch eine sehr starke Faserschädigung nach sich zieht, wenn das Bleichgut bei der Behandlung in direkte Berührung mit den Fremdstoffen kommt. Deshalb wird die Materialfrage ganz besonders wichtig, wenn es sich um das Bleichen von Kettbäumen, Kreuzspulen und Kops handelt, bei welchen die Garnträger in direkter Berührung mit dem Bleichgut sind. Für Fasergut, das ohne Spindeln und Hülsen in offenen Bottichen gebleicht werden kann, z. B. lose Flocke oder Stranggarn, hat man im Steinzeug oder steinzeugplattierten Zementbottich einen idealen Werkstoff. Aber auch das seit altersher verwendete Holz ist nach wie vor brauchbar, wenn auch seine Lebensdauer beschränkt ist. Dafür gestattet sein billiger Preis den gelegentlichen Ersatz.

Im Reinaluminium mit 99,5% Al ist ein guter Werkstoff gegenüber den Peroxydbleichen vorhanden und selbst Hypochloritlösungen greifen dieses Metall nicht an und werden von ihm nicht zersetzt, wenn sie einen Zusatz von Wasserglas erhalten. Auf der Oberfläche des Aluminiums bildet sich dabei ein Überzug, der selbst in kochender, wasserglashaltiger Sodalösung nicht entfernbar ist. In dem schweizerischen Patent 145 125 gibt die Elektrochemische Fabrik Elfa in Aarau an, daß 2 g Ätznatron im Liter neben 8 g Wasserglas absolut nicht angreifen, wogegen die Natronlauge allein in dieser Konzentration stark angreifen würde. Darum ist für die Zwecke der Kochbleiche das Aluminium ungeeignet, weil die unter Druck stehende alkalische Beuchflotte stark angreifend wirkt. Aluminium ist deshalb bisher noch nicht als Werkstoff für die Baumwollbleiche verwendet worden. Erst die neueren Bleichmethoden, die auf eine alkalische Kochung ganz verzichten, haben es als Werkstoff der Bleicherei näher gebracht.

Lange Zeit hat man für die Hülsen und Spindeln Hartgummi verwendet, das aber neben seinen ziemlich erheblichen Kosten den Übelstand aufweist, durch alkalische Kochungen der Beuche rauh zu werden. Namentlich die Lochstellen der Hülsen litten sehr darunter, was Anlaß zu vermehrtem Abfall gab. Man war daher bestrebt, bessere Materialien zu finden und benutzte die für Färbeapparate aufkommenden Werkstoffe auch zur Bleiche, erfuhr damit aber manchen Mißerfolg. So berichtet Weyrich[1] folgendes Beispiel aus der Praxis:

Ein nickelner Färbeapparat wurde nach gründlicher Reinigung zum Bleichen benutzt. Nach Fertigstellen der Bleiche zeigten die an den Wandungen des Apparates gelegenen Spulen morsche Stellen, die durch mehrere Fadenlagen hindurchgingen. Auslegen des Apparates mit Baumwollstoffen brachte nicht den beabsichtigten Schutz, die zerstörende Wirkung ging durch den Stoff hindurch und machte diesen selbst schon nach einmaliger Benutzung völlig löcherig. Das an den geschwächten Stellen Oxyzellulose stattgefunden hatte, konnte einwandfrei nachgewiesen werden. Bei genauer Betrachtung der geschädigten Kreuzspulen und der Tücher wurden an den Morschflecken kleine schwarze Teilchen gefunden, welche sich bei näherer Untersuchung als Nickelhydroxyd erwiesen. Bei der Einwirkung der Chlorkalklösung auf Nickel entstehen auf dessen Oberfläche zunächst winzige grünliche Knötchen, die schnell schwarz werden, sich allmählich vergrößern und nach mehreren Stunden das ganze Blech bedecken. Gleichzeitig ist die Entwicklung kleiner Gasbläschen zu beobachten, die beim Hochsteigen geringe Teile des Hydroxyds mitreißen, so daß nach etwa 10 Stunden die Flüssigkeit davon ganz durchsetzt und geschwärzt ist.

Über die katalytischen Zersetzungen von Hypochloridlösungen durch Metalle sind eine große Anzahl von Arbeiten veröffentlicht worden, nach welchen man die Wirkung der Metalle, mit dem stärksten beginnend, folgendermaßen einreihen kann: Kobalt, Nickel, Kupfer, Zinn, Mangan, Eisen.

Galten zunächst die hochwertigen Nickellegierungen als brauchbar für die Spindeln und Blei oder Phosphorbronze für die Flottenumlaufeinrichtung der aus Holz bestehenden Bleichapparate, so werden heute die Edelstähle von Krupp dafür bevorzugt.

Eine große Anzahl von Untersuchungen beschäftigt sich mit der Verwendung dieser Stähle in der Bleicherei. K. Volz[2] kommt zu dem

---

[1] Weyrich, P.: Schädigung pflanzlicher Faser beim Bleichen mit Chlorkalklösung bei Gegenwart von Metallen. Z. ges. Text.-Ind. 1915, S. 176.
[2] Volz, K.: Z. ges. Text.-Ind. 1931, S. 285.

Schluß, daß die Stähle die geeignetsten Materialien für die Textilbleiche seien. Auch H. Russina[1] fand, daß Chlorflotten und V2A-Stahl absolut nicht miteinander reagieren. Das Warenprüfungsamt für Textilindustrie, Gladbach-Rheydt[2] stellte bei Bleichversuchen in Bechern aus V2A und V4A fest, daß in den Fällen Faserschädigung eintrat, wenn das Bleichgut mit den Lötstellen der Becher längere Zeit in Berührung kam.

In einer sehr ausführlichen Arbeit über das Verhalten der Kruppstähle gegenüber Chlorlaugen fanden R. Folgner und G. Schneider[3], daß V4A-Stahl besser dafür geeignet sei als V2A, denn bei einer Versuchsdauer von 116 Stunden mit in Chlorkalklösungen eingestellten Blechen wurde das wirksame Chlor der Lösung mit V2A um 82%, die mit V4A nur um 28% vermindert, während bei einem Leerversuch der Chlorgehalt um 27% zurückging. Auch die Gewichtsabnahme war beim V4A-Stahl entsprechend geringer. .Die Verfasser sind aber der Ansicht, daß vorkommende mikroskopisch kleine Schlackeneinschlüsse an der Oberfläche, sowie zwischen den zertrümmerten und erhaltenen Gefügekörnern der Stähle an den perforierten Stellen Lokalelemente entstehen können, die Anlaß zu örtlichen Korrosionen geben und dadurch Schädigung des Bleichgutes hervorrufen.

Aus der schon mehrfach erwähnten Arbeit von H. Müller im Reutlinger Jahrbuch für Textil-Industrie 1934/35 kann ebenfalls der Schluß gezogen werden, daß die VA-Stähle und ganz besonders der V4A-Stahl für die Bleiche bestens geeignet sind. Nickelin und Monellmetall sind danach sehr schlecht, weil sie stark angegriffen werden.

In der Peroxydbleiche erweisen sich die geschweißten Bleche sowohl von V2A wie auch V4A als gleichwertig, d. h., der Rückgang des Peroxydgehaltes ist in beiden Fällen gleich und stimmt mit dem Leerversuch fast genau überein. Nach H. Müller ist die Widerstandsfähigkeit der Stähle abhängig von der Glätte der Oberfläche; mechanisch aufgerauhte Stellen seien die ersten Ursachen der Zerstörung durch die Flotten. Schweißnähte seien glatt zu halten. Die Schweißtechnik sei entscheidend für die Lebensdauer der Apparate, denn alle Nähte, Auflagestellen und Fugen, an welchen sich Gasbläschen festsetzen könnten, zeigten zuerst Korrosionserscheinungen.

Aus den systematischen Arbeiten der verschiedenen Autoren geht eindeutig hervor und die Erfahrungen der Praxis der letzten Jahre haben es bestätigt, daß V4A-Stahl für alle Zwecke der Veredelungstechnik ein vorzüglicher Werkstoff ist, namentlich für solche Hilfsmittel, die in direkte Berührung mit dem Fasergut kommen.

Pflege der Stahlapparate. Um nun die VA-Ausführungen auf die Dauer neu-

---

[1] Russina, H.: Z. ges. Text.-Ind. 1931, S. 392.
[2] Leipziger Monatsschr. f. Text.-Ind. 1931, S. 254.
[3] Folgner, R. und G. Schneider: Melliand Textilber. 1932, S. 477.

wertig zu erhalten, ist eine gewisse Pflege unerläßlich; vor allem muß, auch von den mit dem Gut und den Flotten nicht in Berührung kommenden Teilen, jeglicher Fremdrost ferngehalten werden. Hilfsteile aus gewöhnlichem Eisen sind zu vermeiden oder wenigstens sorgfältig zu konservieren. Auch das von eisernen Rohrleitungen, Dachkonstruktionen usw. abtropfende Schwitzwasser sollte nicht auf VA-Teile auftropfen. Ferner soll wegen der Gefahr elektrolytischer Anfressungen anderes Metall, besonders Kupfer, nicht zusammen mit VA-Stahl angewendet werden; es ist schon vorgekommen, daß ein hineingefallener Eisennagel durch Elektrolytwirkung die ganzen Wände eines V4A-Apparates mit einer schwarzen Schicht überzogen hat und das in der Folge dieser Apparat bei gewissen Farben immer große Empfindlichkeit zeigte. Eine gelegentliche Reinigung der VA-Teile mit 5—10proz. Salpetersäure ist sehr zu empfehlen, welche Verschmutzungen jeglicher Art wirksam löst, ohne den VA-Stahl nicht im geringsten anzugreifen; anschließend ist mit klarem Wasser gründlich nachzuspülen.

Wärmeleitfähigkeit der Edelstähle. Die vorzüglichen Eigenschaften der Edelstähle in bezug auf Korrosionsbeständigkeit und Sauberkeit haben ihnen in den letzten Jahren bedeutende Aufnahme in der Textilveredelung verschafft. Weil nun die meisten Veredelungsprozesse in heißen bis kochenden Flotten erfolgen, sind die Wärmeverluste in Apparaten aus Stahl anscheinend recht bedeutend. Dies ist jedoch nicht der Fall, so unwahrscheinlich es auch klingen mag, denn die Wärmeleitfähigkeit der Stahlsorten ist gering.

Die Wärmeleitfähigkeit bzw. Wärmeleitzahl wird berechnet nach der Definition

$$\frac{\mathrm{cal}}{\mathrm{cm} \cdot \mathrm{sec} \cdot {}^\circ\mathrm{C}}.$$

Die Zahl gibt demnach diejenige Wärmemenge in cal (gWE) an, die in 1 Sekunde durch den Querschnitt von 1 cm² hindurchfließt, wenn senkrecht zu diesem Querschnitt auf der Strecke von 1 cm der Temperaturunterschied 1° C beträgt.

Die Wärmeleitfähigkeit der Edelstähle ist auf diese Weise zu 0,04—0,05 berechnet worden, während sie beispielsweise für

Ahornholz.	0,0004—0,001
Eichenholz	0,001
Kupfer	0,94
Eisen	0,13

beträgt.

Gegenüber Holz ist die Wärmeleitfähigkeit des Edelstahls 40mal größer und doch ist der Wärmeverlust einer kochenden Flotte in einem Stahlapparat nur um einige Grade höher als in einem gleichgroßen Holzapparat in der gleichen Zeit, trotzdem das Stahlblech nur 2 mm, die Holzwand aber 8 cm beträgt.

Bei einem praktischen Versuch zur Feststellung der Abkühlung wurden zwei Apparate gleichen Inhalts und gleicher Seiten- und Oberfläche, der eine aus 8 cm dickem Holz, der andere aus 2 mm starkem V4A-Blech, herangezogen. Nach Aufkochen der Flotte wurde bei abgestelltem Dampf, laufenden Motoren und gedeckten Apparaten der Temperaturabfall nachgeprüft, der bei dreistündiger Versuchsdauer beim Holzapparat 11° C und beim Stahlapparat 12° C betrug. Beim Stehen über Nacht kühlte die Flotte des Holzapparates um 28° C und die des Stahlapparates um 39° C ab. Die um 1° C größere Abkühlung der Färbeflotte des Stahlapparates nach dreistündiger Färbedauer ist praktisch bedeutungslos, sie rechtfertigt nicht eine Isolierung der Stahlwände gegen Wärmeverluste, die den Stahl der Sicht entziehen und eine evtl. auftretende Korrosion zu spät erkennbar machen würde. Wenn man jedoch auf stehenden Bädern arbeitet, ist die um 11° C größere Abkühlung im Stahlapparat im Wärmeaufwand einer Färbung nicht ganz ohne Einfluß.

So vorteilhaft die geringere Wärmeleitfähigkeit der Stähle für den Bau der Apparate ist, so nachteilig ist sie für die Herstellung der Heizschlangen bei indirekter Heizung. Gegenüber Eisen ist die Wärmedurchlässigkeit etwa 3 mal geringer, man muß deshalb die Heizschlangen aus Edelstahl um das 3fache größer machen als solche aus Eisen, um in der gleichen Zeit die Bäder anzuheizen. Wegen der größeren Festigkeit können aber die Wandstärken der Heizschlangen aus Stahl dünner genommen werden als bei Eisen, weshalb man in der Praxis mit weniger als die 3fach größere Heizfläche auskommt.

IV. Das Bleichen in Apparaten.

Das Bleichen der Textilien verfolgt den Zweck, die den Fasern anhaftenden färbenden Begleitstoffe zu entfernen oder zu entfärben, um entweder ein sauberes klares Weiß darauf zu erzielen, oder um die dunkel gefärbten Faserbegleitstoffe soweit aufzuhellen, daß das Material in einer hellen Farbe gefärbt werden kann. Die Vorbleiche für Farben erfordert im allgemeinen nicht die intensive Behandlung, welche eine Vollbleiche auf Weiß benötigt. Darum besteht die Vorbleiche meist auch nur in einem abgekürzten Verfahren der Weißbleiche.

Die wirksamsten Bleichmethoden beruhen auf Oxydationswirkung der Bleichmittel, welche bei Gegenwart des Fasermaterials Sauerstoff an dieses abgeben, der im Entstehungszustande zunächst die Faserfremdstoffe oxydiert, dann aber, wenn diese Arbeit erledigt ist, auch die Fasersubstanz selbst angreift und sie u. U. stark in Mitleidenschaft ziehen kann.

Oxydierend wirkende Bleichmittel sind die unterchlorigsauren Salze, von welchen die des Kalziums als Chlorkalk schon sehr lange bekannt sind, während die des Natriums als Hypochloritbleichlauge oder Elektrolytlauge erst in jüngerer Zeit mehr Anwendung finden. Ferner sind alle Peroxyde oxydierend wirkende Bleichmittel.

Geringere Bleichwirkung entfalten reduzierende Mittel, die entweder die die Faser begleitenden Fremdstoffe in weniger gefärbte Verbindungen überführen, ohne diese von der Faser zu entfernen (so die gasförmige schweflige Säure und das Bisulfit) oder sie verwandeln durch ihre Reduktionskraft die Fremdstoffe in lösliche Körper, die durch nachfolgende Spülbäder aus der Faser entfernt werden. Als Bleichmittel solcher Wirkung hat sich ein Hydrosulfitpräparat, das Blankit der I. G. Farbenindustrie, in der Praxis der Wollbleiche gut bewährt.

Der grundverschiedene Aufbau in chemischer und physikalischer Struktur der Fasern bedingt für jedes Material ein anderes Bleichverfahren. Pflanzliche Fasern können mit Chlor, aber auch ebensogut mit Superoxyden rein Weiß gebleicht werden. Wolle dagegen wird durch Chlor nicht gebleicht, sondern chloriert, d. h., durch Aufnahme von Chlor in ihrem chemischen Aufbau so stark verändert, daß sie ganz andere Eigenschaften bekommt, wenn das Chloren in mäßigen Grenzen erfolgt; wird aber stark gechlort, so geht die Änderung des Wollmoleküls bis zur völligen Zerstörung der Wollsubstanz vor sich. Tierische Fasern sind nur mit Wasserstoffsuperoxyd erfolgreich weiß zu bleichen.

A. Bleichen der Wolle in Apparaten.

Allgemeines. Mit der technischen Vollendung der Darstellungsmethoden der Superoxyde hat das Bleichen der Wolle sehr an Bedeutung gewonnen, denn nur damit ist es möglich, ein schönes dauerhaftes Weiß zu erreichen. Die früher ausschließlich durch Schwefeln in der Schwefelkammer durchgeführte Bleiche ergab kein schönes Vollweiß, außerdem war die nur auf Reduktion beruhende Aufhellung der Faser nicht von langer Dauer, denn durch allmähliche Rückoxydation kam die alte Färbung zum großen Teil wieder zurück.

Die Peroxyde dagegen zerstören die dunklen Fremdstoffe der Faser zufolge ihrer Sauerstoffabgabe gründlich, der Bleicheffekt ist von Dauer. Durch nachfolgende Reduktionsbehandlung mit Blankit ist der Weißgrad noch zu steigern, und wenn zum Schluß der Bleichoperation noch ein Schwefeln angeschlossen wird, so gelangt man zu einem noch etwas intensiverem Weiß.

Abb. 3. Bleichanlage aus Pyroton. (Deutsche Ton- und Steinwerkzeuge A.-G. Krauschwitz b. Muskau O.-L.)

Die langsame und milde Bleichwirkung der Peroxydbäder im Verein mit der für Flüssigkeiten leichten Durchdringbarkeit wollener Faserschichten gestattet die Anwendung einfacher Zirkulationsbottiche für das Bleichen aller Verarbeitungsstadien der Wolle. So wird sowohl lose Flocke und Kammzug, wie auch fertiges Gespinst als Garn oder Spulen, einfach in die Bottiche eingeschichtet und gebleicht.

Als Werkstoff für die Bottiche der Wollbleiche kommt nur ganz indifferentes Material in Frage. Holz ist nur bedingt brauchbar, es fasert nach einiger Zeit aus, gibt die Zellulosefasern an die Wolle ab, wo sie recht störend wirken können. Am besten geeignet sind: Steinzeug, Reinaluminium, Reinnickel oder Edelstahl V4A. Alle anderen Werkstoffe sind

unbrauchbar, weil sie entweder die Bäder zersetzen oder Flecken verursachen.

Eine Bleichanlage ganz aus Steinzeug, die in der Abb. 3 verbildlicht
ist, stellt das sauberste und zweckmäßigste dar, das es auf diesem Gebiete
gibt. Sie schließt jegliche Fleckenbildung und Sauerstoffverluste aus und
braucht, weil nur mittlere Temperaturen zur Anwendung kommen, nicht
einmal gegen schroffe Temperaturwechsel beständig zu sein. Die Deutschen Ton- und Steinzeugwerke in Krauschwitz bei Muskau O.-L. und die
Deutsche Steinzeugwarenfabrik in Mannheim-Friedrichsfeld liefern Behälter, Pumpen und Rohrleitungen für solche Anlagen.

Edelstahl als Baustoff ist sehr gut, doch sehr teuer und kann gut durch
Reinaluminium mit wenigstens 99,5% Al ersetzt werden. Die Ober-
schicht des Aluminiums wird vollkommen immun, wenn man die Anlage
zunächst mit einer heißen Wasserglaslösung behandelt, bevor die erste
Partie darin gebleicht wird. Anlagen solcher Art baut die Elektrochemische Werke A.-G. in Höll-
riegelskreuth.

In Abb. 4 ist ein Zirkulationsbottich im Schnitt dargestellt.
Der Bleichbottich, der aus einem
der genannten Baustoffe hergestellt werden kann, hat etwa
10 cm über dem Boden einen Sieb-
oder Lattenboden, auf welchem
das Material aufgeschichtet wird.
Nach Beschickung des Bottichs
mit dem Bleichgut wird dieses
mit einem Loch- oder Latten-
deckel abgedeckt, der mit der
Bottichwand so befestigt werden

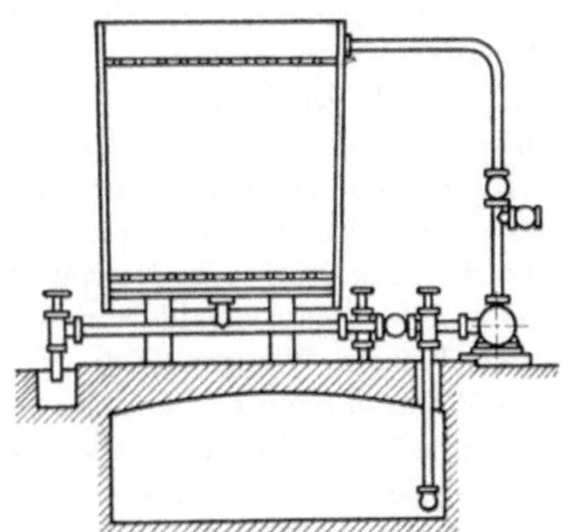

Abb. 4. Bleichbottich mit Umlaufleitung.
(Zittauer Maschinenfabrik A.-G. Zittau.)

muß, daß er durch den Auftrieb des Materials nicht nach oben gedrückt
wird und das Bleichgut ständig unter der Flotte hält. Durch die Flot-
tenumleitung wird das Bleichbad im nicht zu starken, gleichmäßigen
Strome auf das Bleichgut gepumpt, durch das sie infolge ihrer Schwere
sickert, um sich unterhalb des Siebbodens zu sammeln, wo sie die
Pumpe aufs neue ansaugt.

Handelt es sich um empfindliches Material, z. B. weiche Garne aus
feinen Fasern, das nicht gepreßt werden darf, wird vorteilhaft der Bottich
nicht in hoher Schicht gepackt, sondern durch gelochte Zwischenböden
in mehrere kleinere Schichten unterteilt.

Die Heizung des Bleichbades erfolgt durch indirekten Dampf, entweder durch eine Schlange, die in dem Raum zwischen Boden und Siebboden liegt, oder durch ein besonderes Wärmeaustauschgefäß, das in die

Umlaufleitung eingebaut ist und von der Flotte ständig durchströmt wird.

Das verwendete Wasser muß nicht weich, sondern kann mittelhart sein, weil die Härtebildner des Wassers, besonders die Magnesiumverbindungen, der Selbstzersetzung der Peroxydbäder entgegenwirken. Es muß aber von kristallener Klarheit sein, denn auch die geringste Trübung, die mit den üblichen Kontrollapparaten nicht erkennbar ist, wird von dem Fasermaterial abfiltriert und weil dieses durch seine lockere Schichtung immer etwas Kanäle bildet, geht die Anfiltrierung durch die ganze Schicht und verursacht Trübungen und Flecken in dem erzielten Weiß.

Außer der vollständigen Abwesenheit jeglicher Trübungsstoffe muß das Wasser auch frei von Eisen sein. Die geringsten, im Wasser gelösten Eisenspuren werden von der Faser zurückgehalten, wo das Eisen, durch die gelbliche Farbe seines Oxydes, den Weißgrad mehr oder weniger vermindert. Mit einem eisenhaltigen Wasser ist kein schönes Weiß zu erzielen, darum ist es unerläßlich, ein derartiges Wasser durch geeignete Methoden vorher zu enteisenen und dafür Sorge zu tragen, daß es aus den Leitungen nicht wieder neues Eisen aufnehmen kann. Für die Zwecke der Bleichereiwasserleitung sind aus diesem Grunde nur verzinkte Eisen- oder Kupferrohre zu verwenden.

Gebleicht wird mit Wasserstoffsuperoxyd, dabei ist es ganz gleichgültig, ob Wasserstoff- oder Natriumsuperoxyd Verwendung findet. Aus letzterem bildet sich, sobald es in Wasser gelöst wird, durch Umsetzung mit dem Wasser, Wasserstoffsuperoxyd und Natronlauge. Diese würde auf die Wolle außerordentlich stark schädigend einwirken, wenn sie nicht vorher mit Schwefelsäure neutralisiert wird.

Zur Erzielung eines einwandfreien Bleicheffektes ist die Wolle zunächst sorgfältig zu reinigen. Fettrückstände ergeben unegalen Bleichausfall und mechanisch anhaftende Verunreinigungen, die in Garnen häufig zu finden sind, können durch katalytische Wirkung eine heftige Sauerstoffentwicklung veranlassen, die das Bad vorzeitig erschöpft und die Wolle selbst schädigen kann. Diese Vorreinigung erfolgt entweder im Bleichbottich selbst oder bei Garnen auf der Kufe durch Anwendung lauwarmer Salmiakbäder, denen man zur Erhöhung der Waschwirkung Seife oder ein seifenähnliches Produkt zufügt.

Stabilisatoren. Von großer Wichtigkeit zur Erzielung eines schönen Weiß und zur wirtschaftlichen Gestaltung der Bleiche ist die langsame Sauerstoffabgabe aus dem Peroxyd an das Material. Geht diese stürmisch vor sich, so entweicht ein großer Teil des Sauerstoffs unausgenutzt als Gas aus den Bädern und bedeutet einen großen finanziellen Verlust. Weil die Wollbleiche in schwach alkalischen Flotten bei einem pH-Wert (s. S. 196) von etwa neun die besten Resultate ergibt, die Peroxyde aber in alkalischen Medien die Neigung zu schneller Sauerstoffabgabe besitzen, müssen den Bädern Körper zugefügt werden, welche dieser Zersetzung entgegenwirken. Solche Körper bezeichnet man als Stabilisatoren. Früher verwendete man für diesen Zweck mit Vorliebe das Wasserglas. Durch seine stark alkalische Wirkung und durch die Ausscheidung von Kieselsäure macht es die Faser aber hart und spröde.

An Stelle des Wasserglas sind eine große Zahl anderer Körper als Stabilisatoren in Vorschlag gekommen, über die Folgner und Schneider[1] ausführlich berichten. Nach diesen beiden Forschern nimmt die Stabilisierwirkung einer Substanz in dem Maße zu, wie diese zur Bildung von Per-Verbindungen befähigt ist. Im höchsten Grade kommt diese Eigenschaft der Pyrophosphorsäure zu, deren Natriumsalz, das Natriumpyrophosphat, auch ausgedehnte Anwendung in der Wollbleiche findet. Aber auch gewisse organische Körper, wie das Igepon T und Fettalkoholsulfonate, z. B. Laurinalkoholsulfonat, sollen ein gutes Stabilisiervermögen besitzen.

Die Firma Böhme, Fettchemie G. m. b. H. in Chemnitz bringt unter dem Namen „Homogenit W" einen auf Fettalkoholbasis aufgebauten Stabilisator für die Wollbleiche in den Handel, der durch seine starke Schaumkraft auch noch gut reinigend auf das Fasermaterial einwirkt, und mit dem es möglich ist, die Wollbleiche lediglich in ammoniakalischer Flotte unter größter Schonung der Wollsubstanz durchzuführen.

Ein anderer organischer Stabilisator ist das Biancal der Firma Bauer, Gaebel & Co., Köln-Radertal, das als eine Naphthalinsulfopersäure anzusprechen ist und 9—10% Sauerstoff in organisch gebundener Form enthält. Durch seinen Sauerstoffgehalt wirkt dieser Körper schon für sich allein bleichend und besitzt vorzügliche stabilisierende Eigenschaften auf Wasserstoffsuperoxydlösungen.

Die beste Stabilisierwirkung übt das

Wasserglas	bei	4 g
Natriumpyrophosphat	„	1,5 „
Homogenit W	„	2,5 „
Biancal	„	1,5 „

im Liter-Flotte aus.

Die für die Wollbleiche geeignetste Alkalität ist bei Anwendung von Wasserglas schon vorhanden. Die anderen Stabilisatoren erfordern einen Zusatz von Ammoniak, der so zu bemessen ist, daß für 50 cm³ Bad 1,5—2 cm³ $^1/_{10}$ normale Säure beim Titrieren verbraucht wird. Die Bestimmung des pH-Wertes, der zwischen 8 und 9 liegen soll, ist mit dem Folienkolorimeter zweckmäßig und schnell durchführbar (s. S. 199).

Konzentration der Bleichflotten. Die Konzentration der Bleichbäder richtet sich nach der zu bleichenden Ware und nach der Anforderung an

---

[1] Folgner und Schneider: Wasserstoffsuperoxydstabilisatoren in der Wollbleicherei. Melliand Textilber. 1933, S. 452.

das Weiß. Sie schwankt zwischen 5 und 30 g 100proz. Wasserstoffsuperoxyd. Normalerweise wird aber eine Konzentration von 12 g Peroxyd
eingehalten, die mit 30 ccm 40proz. bzw. 40 ccm 30proz. Ware pro Liter-
Flotte herzustellen ist. Der Ansatz der Bleichflotte erfolgt in besonderen
Behältern in der Weise, daß zunächst das Wasser auf 45—50°C erwärmt
wird. Danach wird der vorher gelöste Stabilisator, dann die nötige Menge
Wasserstoffsuperoxyd und zuletzt das Ammoniak zugesetzt, vom letzteren pro Liter-Flotte etwa 1—1,5 cm³.

Soll mit Natriumsuperoxyd gearbeitet werden, so erfolgt der Ansatz
des Bleichbades derartig, daß man zunächst auf 100 l kaltem Wasser für
jedes Kilogramm Natriumsuperoxyd

$$\begin{array}{llll}
1,350 \text{ kg Schwefelsäure} & 66° & \text{Bé} & \text{oder} \\
1,400 \;,, & \;,, & 65,5° & ,, \\
1,430 \;,, & \;,, & 65° & ,, \\
1,470 \;,, & \;,, & 64,5° & ,, \\
1,500 \;,, & \;,, & 64° & ,, \\
1,650 \;,, & \;,, & 60° & ,,
\end{array}$$

gibt und in diese Säureflotte das Natriumsuperoxyd in kleinen Mengen
so vorsichtig einstreut, daß es zu keiner starken örtlichen Erwärmung
und zum sichtbaren Entweichen von gasförmigem Sauerstoff kommt,
sondern daß das gesamte entstandene Wasserstoffsuperoxyd in der Bleichflotte gelöst bleibt. Für die Konzentration von 12 g Wasserstoffsuperoxyd 100proz. im Liter sind, da der Sauerstoffgehalt des Natriumperoxyds 19,5 % beträgt und das aus einem Kilogramm zu erzeugende Wasserstoffsuperoxyd etwa 410 g ausmacht, rd. 3 kg Natriumperoxyd für 100 l
Bad zu verwenden. Während des ganzen Lösungsvorganges muß das Bad
deutlich sauer reagieren, was dauernd zu kontrollieren ist. Nach erfolgter
Lösung wird der Stabilisator zugesetzt, das Bad auf 45—50° C erwärmt,
und mit Ammoniak schwach alkalisch gemacht. Die starke Peroxydkonzentration von 12 g im Liter bringt durch den chemischen Umsatz des
Natriumperoxyds mit der Schwefelsäure etwa 55 g Glaubersalz pro Liter
ins Bad. Diese erhebliche Menge Salz ist der leichten Bewegung der Flotte
durch das Material recht hinderlich, weshalb man es in der Praxis vorzieht, mit dem Wasserstoffsuperoxyd zu arbeiten, das keine Salze in das
Bad bringt.

Die fertig hergerichtete Bleichflotte wird nun auf das Bleichgut gelassen und etwa 6 Stunden umgepumpt, wobei die Temperatur ständig
auf 50° C zu halten ist. Gegebenenfalls läßt man ohne Zirkulation in
abkühlender Flotte über Nacht einwirken. Nach beendeter Bleichdauer
wird das Bad zur späteren weiteren Verwendung in den Flottenaufbewah-
rungsbehälter gepumpt. Das erste Spülwasser, das man etwa 20 Minuten
durch die Ware zirkulieren läßt, enthält reichliche Mengen Superoxyd
und kann zur Auffüllung des Bleichbades Verwendung finden. Jetzt wird
gründlich mit ständig zufließendem Wasser solange gespült, bis das ab-

laufende Wasser frei von Peroxyd ist. Dieses ist daran zu erkennen, wenn eine mit Schwefelsäure angesäuerte Probe des Spülwassers auf Zusatz einiger Tropfen Kaliumpermanganatlösung dauernd rosa gefärbt bleibt.

Nachbleiche mit Reduktionsmitteln. Zur Steigerung des Weißgrades wird gewöhnlich eine Reduktionsbleiche mit Blankit angeschlossen. Man bereitet ein Bad mit 2—4 g Blankit im Liter und behandelt darin die Wolle 3—8 Stunden evtl. über Nacht bei 35° C. Das Blankitbad ist möglichst wenig zu bewegen, weil es durch starke Berührung mit der Luft oxydiert und unwirksam wird. Man läßt nur im Anfang der Einwirkungsdauer die Flotte durch das Material zirkulieren und stellt dann die Pumpe ab. Die Haltbarkeit des Blankitbades kann man durch Zusatz von 1 g Natriumbisulfit pro Liter Flotte erhöhen, wodurch auch der Bleicheffekt verbessert wird. Eine Weiterbenutzung des Bades ist zwecklos, weil das Blankit in den meisten Fällen verbraucht ist.

Nach der Blankitbehandlung wird das Bleichgut mit ständig zufließendem Wasser gründlich gespült, hierauf schwach gesäuert (½—1 l Schwefelsäure für 1000 l Wasser) und wieder gespült.

Das nach dieser Methode erzielte Weiß ist bei einer nicht zu dunklen Farbe der Rohwolle von großer Schönheit und sehr guter Beständigkeit, selbst nach längerem Lagern behält die Wolle den klaren Weißton, denn alle die der Wolle anhaftenden färbenden Fremdstoffe sind entweder zerstört oder von der Faser abgelöst.

Durch ein nachfolgendes Schwefeln kann der Bleicheffekt noch etwas gesteigert werden. Zu diesem Zweck wird die Ware nach der Blankitbehandlung nicht gesäuert, sondern nur gespült. Danach nicht zu stark ausgeschleudert und gleichmäßig ausgebreitet in die Schwefelkammer gehängt, wo für je 100 kg Ware etwa 6—8 kg Stangenschwefel in besonderen eisernen Pfannen verbrannt werden. Die entwickelnde schweflige Säure reduziert die noch vorhandenen geringen Spuren gelblicher Färbung und führt zu einem Extraweiß.

Ob nun durch nachträgliches Spülen die von der Faser aufgenommene schweflige Säure und die durch Oxydation daraus entstandene Schwefelsäure wieder ausgewaschen werden sollen, entscheidet von Fall zu Fall der erreichte Weißgrad und der Verwendungszweck des Materials. Gewöhnlich geht durch ein Spülen, besonders, wenn zur besseren Entfernung der Säuren dem Spülwasser etwas Alkali zugesetzt wird, das Weiß wieder zurück.

Der Vollständigkeit wegen sei erwähnt, daß auf einer geschwefelten Ware keine egale Färbung zu erzielen ist. Erfordert eine helle klare Nuance eine Vorbleiche, so hat, wenn ein Schwefeln nicht zu umgehen ist, dieses nach dem Färben zu erfolgen, wobei aber Voraussetzung ist, daß schwefelechte Farbstoffe in Anwendung kommen. Ferner sei darauf hingewiesen, daß geschwefelte Garne in der Buntweberei und -strickerei sich dadurch unangenehm bemerkbar machen können, daß sie angrenzende farbige Fäden im Laufe der Zeit im Farbton verändern, weil sehr viele Farbstoffe nicht schwefelecht sind. In solchen Fällen ist auf ein Schwefeln zu verzichten.

Die starken Peroxydbleichbäder, deren Gehalt durch den Bleichprozeß verhältnismäßig wenig zurückgeht, werden zur Weiterbenutzung aufbewahrt. Um stets mit gleicher Peroxydkonzentration zu arbeiten, muß der noch vorhandene Gehalt an Wasserstoffsuperoxyd durch Titration mit Kaliumpermanganatlösung bestimmt werden. Diese Bestimmung erfolgt am besten mit einer Lösung von 18,6 g Kaliumpermanganat im Liter Wasser auf folgende Weise: 10 ccm Flotte werden mit einer Pipette dem Bad entnommen und mit ebensoviel Schwefelsäure 1 : 3 in ein Becherglas gebracht und aus einer Bürette oder Teilpipette solange vorsichtig von der Permanganatlösung zugegeben, bis eine Rosafärbung der Flüssigkeit bestehen bleibt. Die verbrauchten Kubikzentimeter Permanganatlösung geben direkt den Gehalt der Flotte an 100proz. Wasserstoffsuperoxyd pro Liter an. Hieraus ist dann leicht auf 30 bzw. 40proz. Handelsware umzurechnen und der Nachsatz aus der Flottenmenge zu bestimmen.

B. Bleichen der Baumwolle in Apparaten.

Die zur Hauptsache aus Zellulose bestehende Baumwollfaser enthält als Verunreinigung gewisse Pektinstoffe, welche ihr den bekannten graubräunlichen Farbton verleihen. In der Faser sind außerdem noch Fette und Wachse enthalten, die ihr den geschätzten weichen Griff und die wertvolle Geschmeidigkeit geben.

Zweck und Ziel der Bleiche ist es nun, die färbenden Fremdstoffe zu entfärben oder zu entfernen, wobei die Fette und Wachse der Faser möglichst erhalten bleiben sollen und die Zellulose selbst nicht angegriffen werden darf.

In der Baumwollbleicherei sind zwei grundsätzlich voneinander verschiedene Bleichverfahren in Anwendung:

a) das ältere Verfahren mit alkalischer Kochung der Ware unter Druck (Beuchbleiche);

b) die neueren Verfahren ohne alkalische Druckkochung (Superoxydbleiche, kombinierte Chlor-Superoxydbleiche).

Die Beuchbleiche entfernt durch die alkalische Kochung unter Druck zum großen Teil die färbenden Begleitstoffe der Faser, die dadurch so weitgehend aufgehellt wird, daß sie mit Chlorbleichflotten leicht auf Reinweiß zu bleichen ist. Weil aber auch die natürlichen Fette und Wachse mehr oder weniger aus der Faser entfernt werden, resultiert immer ein hartes Material, das, sofern es sich um unversponnene Faser handelt, nur äußerst schwer zu verspinnen ist und das, wenn es als Garn gebleicht wurde, auch in der Weberei, Wirkerei usw. die Weiterverarbeitung empfindlich zu stören vermag. Zwar ist es möglich, durch eine Behandlung mit Weichmachungsmitteln der ausgekochten Faser eine gewisse Weichheit wiederzugeben, doch reicht diese längst nicht an die eigenartige, natürliche Geschmeidigkeit der Faser heran. Für die Baumwoll-Halbfabrikate ist man in neuerer Zeit mehr und mehr von der Beuchbleiche abgekommen und bleicht nach Verfahren ohne Druckkochung, die in den Apparaten mit kreisender Flotte besser anwendbar sind als die zeitraubende Beuchbleiche, die in der Ausrüstung fertiger Gewebe nach wie vor ihre Bedeutung beibehalten hat. Es ist deshalb hier auf die ausführliche Besprechung der Beuchbleiche[1] verzichtet worden.

Bleichen ohne Beuche.

Kaltbleiche mit Hypochlorit. Die älteste Ausführungsform der Bleiche ohne Beuche ist die mit Hypochlorit, die besonders für unversponnene Faser, aber auch für Stranggarn und Spulen eine Zeitlang in Anwendung kam. Eine Hauptschwierigkeit dieses Verfahrens ist die schlechte Netzbarkeit der rohen Baumwollfaser mit der kalten Hypochloritflotte, die sehr oft zu ungleichmäßigem Bleichausfall führt. Besonderes Einnetzen des Materials in kochenden Netzbädern verteuert das Verfahren, das durch seine Einfachheit auch möglichst billig zu stehen kommen soll. Der Zusatz eines Kalt-Netzmittels, das sich den Chlorbädern gegenüber vollkommen indifferent verhält, das seine Netzwirkung nicht verliert und auch die Bleichbäder nicht zersetzt, wie beispielsweise Humektol C (I. G. Farbenindustrie), Floranit WP (Böhme Fettchemie, Chemnitz), gestattet mit der auf etwa 30° C erwärmten Chlorflotte in Apparaten nach dem Aufstecksystem und bei Kettbäumen direkt auf das trockene Material zu gehen, nicht aber die Anwendung in Packapparaten oder in Zirkulationsbottichen, weil es trotz bester Netzwirkung nicht gelingt, die Luft restlos aus dem Materialblock herauszubringen und ungenetzte bzw. ungebleichte Stellen zurückbleiben.

Chlorkalk ist für die Hypochlorit-Kaltbleiche ganz ungeeignet, denn der Kalk bildet mit den von der Faser abgelösten Zersetzungsprodukten der Faserfremdstoffe gern schwer lösliche Verbindungen, auch sind viele Netzmittel nicht vollkommen kalkbeständig, was beides zu Betriebsstörungen während der Weiterverarbeitung führt. Es ist darum dem Natrium-Hypochlorit der Vorzug zu geben, das entweder als fertige Chlorbleichlauge mit 150—200 g aktivem Chlor je Liter von chemischen Fabriken bezogen wird, oder das man sich selbst bereitet durch Elektrolyse von Kochsalzlösung oder durch Einleiten von gasförmigem Chlor in Natronlauge.

Der Gehalt der Bleichflotte an wirksamem Chlor erfordert eine höhere Konzentration als bei gebeuchter Ware. Während man hier mit 2—3 g bleichendem Chlor im Liter auskommt, können bei der Kaltbleiche bis zu 8 g im Liter ohne Gefahr für die Baumwolle vorhanden sein, wobei allerdings vorausgesetzt werden muß, daß das Flottenverhältnis die übliche Grenze von 1:10 nicht wesentlich übersteigt.

---

[1] Sehr ausführliche Angaben über die Beuchbleiche in W. Kind: Das Bleichen der Pflanzenfasern. Berlin 1935.

Neben der auf Oxydationswirkung beruhenden Bleichung, die bei Überoxydation zu Oxyzellulose und dadurch zu Faserschwächung führt, verläuft bei der Kaltbleiche auch eine Chlorierung der eiweißartigen Fremdstoffe der Baumwolle, die den größten Teil der im Bade vorhandenen Chlormenge verbraucht. Der anfänglich sehr hohe Aktivchlorgehalt nimmt sehr schnell ab und man ist gezwungen, durch Titration den noch vorhandenen Chlorgehalt zu ermitteln und gegebenenfalls bei zu starker Erschöpfung frische Chlorlauge nachzusetzen.

Die durch Oxydation und Chlorierung der Faserfremdstoffe in größeren Mengen entstehenden Verbindungen besitzen teilweise sauren Charakter und führen die anfänglich alkalische Reaktion der Bleichbäder in eine saure über. In sauren Hypochloritbädern ist aber die Gefahr einer Faserschwächung ganz bedeutend größer als in alkalischen. Darum ist es zweckmäßig, durch Zusatz von Ätznatron in Mengen von 1—3 g pro Liter Bad, in Form von reiner Natronlauge, die alkalische Reaktion der Bäder bis zum Schluß der Bleiche zu erhalten. Dieser Zusatz verhindert nicht nur die Oxyzellulosebildung, sondern bringt auch evtl. vorhandene Samenschalen zur Quellung, die dadurch besser durchgebleicht bzw. zerstört werden.

Für die Haltbarkeit der nach dem Hypochlorit-Kaltbleichverfahren behandelten Baumwolle und der Lagerbeständigkeit des Weiß ist es von großer Wichtigkeit, daß die durch die Chlorierung der eiweißartigen Körper der Rohbaumwolle entstandenen Chloramine wieder vollständig zerstört werden. Verbleiben sie auch nur zum Teil in der Faser, so gilbt das Weiß in kürzerer oder längerer Zeit nach; es kann aber auch nachträglich noch Faserschwächung eintreten, weil die Chloramine unter gewissen Umständen Salzsäure abzuspalten vermögen.

In alten Anwendungsvorschriften der Hypochlorit-Kaltbleiche findet man zur Erhöhung der Lagerbeständigkeit des Weiß, also zur Zerstörung der Chloramine, die Angaben, daß nach dem Spülen, Absäuren und nochmaligem Spülen mit 10—12% Bisulfitlauge behandelt werden muß, an das sich ein gründliches Fertigspülen anzuschließen hat. Trotzdem ist die Haltbarkeit des Weiß nur beschränkt, weshalb das Verfahren keine allgemeine Anwendung fand.

Die neuere Zeit, welche die Peroxyd- und die kombinierte Chlor-Peroxydbleiche brachte, hat durch die von verschiedenen Forschern betriebene Untersuchung der Bleichvorgänge zu der Erkenntnis geführt, daß die Chlorierungsprodukte der Nichtzellulosekörper in heißen, schwach alkalischen Bädern besser und leichter von der Faser zu lösen sind als beim Beuchprozeß. Die Alkalität der Peroxydbäder ist ausreichend zur Entfernung der chlorierten Faserfremdstoffe.

Superoxydbleiche.

Allgemeines über die Peroxydbleiche. Solange die Chlorbleiche bekannt ist, ist sie auch anrüchig, und es hat nie an Versuchen gefehlt, sie durch andere Verfahren zu ersetzen, obwohl sie, wenn recht ausgeführt, gar nichts Schädigendes für die Faser hat. Die Bleichversuche mit Natrium- und Wasserstoffsuperoxyd sind deshalb schon sehr alt, aber ihre Einführung in die Praxis scheiterte immer an dem hohen Preis der Chemikalien. Erst als es gelang, diese Peroxyde zu niedrigen Preisen herzustellen, haben sie in der Bleicherei von Baumwolle und Leinen an Bedeutung gewonnen.

Bahnbrechend auf dem Gebiet der Superoxydbleiche dürfte das Verfahren des Franzosen Gagedois sein, der es Anfang dieses Jahrhunderts zuerst auf Leinen anwandte, um damit die Rasenbleiche zu ersetzen und der es dann später auch auf Baumwolle übertrug. Sein D.R.P. 130 437 vom 20. Dezember 1900 bildete die Grundlage für die meisten, heute angewandten Peroxydbleichverfahren.

Bei der Peroxydbleiche besteht der Bleichprozeß nicht in einer Entfernung aller Fremdstoffe, die, wie die natürlichen Fette und Wachse, den Fasern die wertvolle und geschätzte Weichheit verleihen, sondern hier werden nur die dunklen Begleitstoffe gebleicht, wodurch eine viel geringere Gewichtseinbuße eintritt als bei der Kochbleiche. Der Hauptvorteil der Peroxydbleiche aber ist der wunderbar weiche Griff, der das Material behält und der bei vielen Fertigfabrikaten so sehr geschätzt ist.

Als Bleichmittel dienen Natrium- wie auch Wasserstoffsuperoxyd. Andere Peroxyde, wie Natriumperborat, haben keine technische Bedeutung erlangt. Welches von den beiden genannten Peroxyden zu wählen ist, entscheidet nicht der reine Chemikalienpreis, sondern die Frage, ob und welche anderen Chemikalien benötigt werden, um die Flotten auf eine gewisse Reaktion einzustellen und zu stabilisieren. Reaktion und Stabilisierung gegen vorzeitige Sauerstoffabspaltung sind aber für den Bleichverlauf von entscheidender Bedeutung. Natriumperoxyd gibt beim Lösen in Wasser neben Wasserstoffsuperoxyd eine starke Natronlauge, während das Wasserstoffsuperoxyd des Handels schwach sauer eingestellt ist. Haltbarkeit der Lösungen sowie die Bleichgeschwindigkeit und Bleichwirkung sind aber ganz abhängig von der Reaktion. Zunehmende Alkalität vermindert die Haltbarkeit der Peroxydflotten, steigert aber die Bleichgeschwindigkeit und Bleichwirkung, die auf eine Sauerstoffabspaltung der Peroxyde beruht. Des Ferneren ist die Bleichwirkung abhängig von der Temperatur. Da die kalten Flotten fast keine Bleichenergie zeigen, macht sich eine Erwärmung notwendig. Die Temperatursteigerung hat langsam zu erfolgen, damit der Sauerstoff nicht vorzeitig abgespalten und völlig unwirksam gasförmig entweicht. Je heißer das Bad zur Anwendung kommen soll, desto weniger alkalisch soll es im allgemeinen sein; die Sauerstoffabspaltung nimmt sonst einen zu schnellen und stürmischen Verlauf, wobei sich die Flotte unter Aufbrausen völlig zersetzen kann.

Die Abspaltung des Sauerstoffs in alkalischen Flotten läßt sich durch Zugabe sog. Stabilisatoren weitgehend regeln. Als Stabilisator wird in der Baumwollbleiche meist das Wasserglas verwendet; doch sind dafür auch eine große Anzahl anderer Mittel empfohlen worden, deren Wirksamkeit mehr oder weniger umstritten ist.

Russina[1] beobachtete, daß beim Bleichen ungebeuchter Baumwolle mit Peroxyden keine Stabilisierung der Bäder erforderlich sei, weil rohe Baumwolle eine bessere Stabilisierwirkung besitze als alle dem Bade zu diesem Zwecke zugesetzten Chemikalien. Dagegen besitze die gebeuchte Baumwolle die Eigenschaft, den Sauerstoffgehalt nicht stabilisierter Peroxydbäder sehr schnell zu vermindern. Demnach müsse die Rohbaumwolle Körper enthalten, welche eine sehr gute Schutzwirkung auf die Sauerstoffabspaltung ausüben. Diese Beobachtung konnte durch Anwendung in der Praxis als zutreffend bestätigt werden.

Über die wichtigen Fragen der Stabilisierung, Reaktion und Temperatur beim Bleichen mit Superoxyden sind umfangreiche Arbeiten geschrieben worden, die in dem schon erwähnten Werk von W. Kind: „Das Bleichen der Pflanzenfasern" zusammengestellt sind und dort eine eingehende Besprechung gefunden haben, weshalb auf dieses Werk auch hier verwiesen sei.

In der Bleichereipraxis wird heute das Natrium- und das Wasserstoffsuperoxyd meist gemeinsam verwendet, wobei man es in der Hand hat, die Alkalität des Bades durch das Natriumperoxyd in den weitesten Grenzen zu regeln. Das früher allein verwendete Natriumperoxyd macht beim Lösen in Wasser zu viel Natronlauge frei, die in der heißen, oxydierenden Flotte schädigend wirken kann, vor allem aber die natürlichen Fettstoffe aus der Faser herauslöst und so Ware hervorbringt, die im Griff der Beuchbleiche sehr nahe kommt. Um aus Natriumperoxyd nicht zu scharf alkalische Flotten zu erhalten und Sauerstoffverluste beim Lösen möglichst zu vermeiden, lauteten die Vorschriften früher immer dahin, 1 kg Natriumperoxyd in einer Lösung von 1,35 kg konzentrierter Schwefelsäure in 100 l kaltem Wasser einzustreuen und die Flotte nach Bedarf auf schwach alkalische Reaktion mit etwas Natronlauge oder einem kleinen Überschuß von Natriumperoxyd einzustellen. Das bei dieser Lösung aus Schwefelsäure und Natrium entstehende Glaubersalz wirkte aber auf die vom Wasserglas als Stabilisator stammende, kolloidalgelöste Kieselsäure ausfällend, weshalb dann sehr häufig das ganze Bleichgut von einer Kieselsäuregallerte eingehüllt war zum großen Schrecken des meist ahnungslosen Bleichers.

---

[1] Russina: Leipzig. Mschr. f. Textil-Ind. 1927, S. 109.

Das für die Peroxydbleiche zu verwendende Wasser soll eine Härte von nicht mehr als 2° d.H. besitzen. Ein solches Wasser hat sich in der Praxis besser bewährt als ein absolut härtefreies. Steht nur solches zur Verfügung, so setzt man diesem vor Zugabe der Bleichchemikalien pro 1000 l 30 g Magnesiumsulfat zu, denn die Magnesiumsalze üben eine gute Stabilisierwirkung aus. Einfacher aber ist es noch, wenn man dem härtefreien Wasser so viel hartes Wasser beimischt, bis das Bleichwasser eine Härte von nicht mehr als 2° d.H. besitzt. Härteres Wasser oder mehr Magnesiumsulfat anzuwenden, als oben angegeben, ist unzweckmäßig, weil Kalk bzw. Magnesium mit dem Wasserglas unlösliche Silikate bilden, die sich auf die Faser absetzen und den schönen weichen Griff beeinträchtigen. Selbstverständlich muß das Wasser auch frei von Eisen sein, denn seine Gegenwart macht die Erzielung eines reinen Weiß unmöglich und übt auf die Haltbarkeit der Bleichflotte durch katalytische Zersetzung größten Nachteil aus.

Die Frage der Baustoffe für die Peroxydbleiche ist von entscheidender Bedeutung für das Gelingen des Verfahrens. Peroxydbäder sind sehr empfindlich gegen katalytische Einflüsse. Bei der Berührung mit gewissen Metallen wird an den Stellen ganz energisch Sauerstoff in Freiheit gesetzt, der gasförmig entweicht und für den Bleichprozeß verloren ist. Wenn nun gleichzeitig Bleichgut an den Metallen der Apparatur anliegt, so wird durch die äußerst starke Sauerstoffentwicklung die Zellulose bis zur völlig morschen Oxyzellulose oxydiert. Kupfer und blankes Eisen scheiden für die Peroxydbleiche vollkommen aus, weil ihnen die stärkste Katalytwirkung zukommt. Von den praktisch in Betracht kommenden Metallen sind dies Blei, Reinnickel und dann vor allen Dingen die VA-Stähle von Krupp, welch letztere vor den erstgenannten Metallen der Vorzug zu geben ist, da sie, wie die Praxis erwiesen hat, jegliche Fleckenbildung und Schädigung der Faser ausschließen. Blei ist gegen alkalische Flotten nicht ganz unempfindlich, auch kann es unter Umständen Bleiperoxyd bilden, das, wenn es von der Faser berührt wird, auch zu Schädigungen führt. Holz wird mit zunehmender Gebrauchsdauer durch die heißen alkalischen Bleichbäder ausgelaugt und faserig. Steinzeug ist ein sehr guter Baustoff für die Bleichbehälter, kommt aber für große Bottiche nur in zusammengefügter Form in Frage, was aber gewisse Nachteile wegen Undichtwerden der Fugen bei den wechselnden Temperaturen der Bäder in sich schließt. Auch Reinaluminium mit einem Gehalt von 99,5% Al kann für die Zwecke der Peroxydbleiche verwendet werden. Obwohl Aluminium von ätzalkalischen Lösungen sehr leicht angegriffen wird, fällt dies bei den Peroxydbleichbädern dahin, weil das gleichzeitig verwendete Wasserglas an der Oberfläche des Metalls eine feine Schicht von Aluminiumsilikat bildet, die das darunter liegende Metall vor jedem weiteren Angriff schützt.

Peroxydbleiche in Eisenkesseln. H. O. Kauffmann[1] berichtet über die Verwendung von eisernen Beuchkesseln in der Peroxydbleiche, wie sie in Amerika ausgeübt wird. Alte Beuchkessel, die durch die Einführung der Peroxydbleiche überflüssig wurden, haben sich beim Beuchen im Laufe der Jahre mit einer harten Kalkschicht überzogen, welche eine ausgezeichnete Schutzwirkung vor der katalytischen Zersetzung ausübt. Diese alten Kessel sind ohne weiteres für die Peroxydbleiche brauchbar. Bei neuen eisernen Kochkesseln ist das Metall durch einen An-

---

[1] Kauffmann, H. O.: Peroxydbleiche in Eisenkesseln. Melliand Textilber. 1930, S. 372.

strich mit einer Mischung von Kalk und Zement zu überziehen. Nachdem dieser Anstrich 16—24 Stunden angetrocknet ist, wird der Kessel mit einem Zusatz von Wasserglas und Soda ausgekocht und etwa 4 Stunden bei dieser Temperatur unter Umwälzung der Flotte gehalten. Dann läßt man das Bad ab und die Kesselwände trocknen. Die Teile der Anlage, die von dem Anstrich nicht erfaßt werden, wie Rohre, Pumpe und Ventile, überziehen sich bei der Auskochung mit einem feinen Belag von Kalksilikat, das von dem noch nicht völlig getrockneten Kalkanstrich stammt. Dieser feine Belag soll schon vollkommen ausreichend sein, um das Bad vor allzu schneller Zersetzung zu schützen. Wohl wird bei der ersten Bleiche etwas mehr Peroxyd verbraucht, doch wird der Belag mit jeder Bleiche dicker und dichter, so daß bald eine ganz stabile Bleiche durchgeführt werden kann.

Die Deutsche Gold- und Silberscheideanstalt vorm. Roeßler in Frankfurt a. M. hat eine Methode ausgearbeitet, nach welcher eiserne Beuchkessel innen zementiert werden können, wobei die voneinander abweichenden Ausdehnungen des Eisens und des Zementes bei wechselnder Temperatur weitgehende Berücksichtigung findet. Die nach dieser Methode zementierten Kessel bieten Gewähr dafür, daß der Zement nicht von dem Metall abbröckelt, womit eine größere Betriebssicherheit der Bleiche erreicht wird.

Ausführung der Peroxydbleiche. Zur Erzielung eines Vollweiß auf nicht gebeuchtem Material müssen, wenn mit Peroxyden allein gearbeitet werden soll, zwei Bleichbäder angewandt werden, weil bei der ersten Bleiche nur $\frac{1}{2}$—$\frac{3}{4}$ Weiß entsteht. Das erste Bleichbad erhält dann gewöhnlich eine höhere Alkalität als das zweite und dieses wieder einen etwas höheren Sauerstoffgehalt als das erste. Das erste Bad ist das Reinigungs- und Vorbleichbad, das zweite Bad aber das eigentliche Bleichbad. Aus Sparsamkeitsgründen wird in der Praxis meist derart gearbeitet, daß man das zweite Bad, in welchem eine Partie fertig gebleicht wurde, als erstes Bad für eine neue Partie verwendet, nachdem man es durch einen Zusatz von Natronlauge stärker alkalisch und durch etwas Wasserstoffsuperoxyd aufgefrischt hat. Indessen enthält dieses Bad in der Regel noch soviel Sauerstoff, daß es als Reinigungs- und Vorbleichbad, auch ohne Wasserstoffsuperoxydzusatz, verwendet werden kann. Unerläßlich ist aber der Zusatz eines in der Hitze wirksamen Netzmittels (Nekal), um eine völlige Netzung und somit gleichmäßige Vorbleiche des trocken in den Kessel gepackten Materials zu erzielen. Die Flottenzirkulation erfolgt bei der Peroxydbleiche in Zirkulationsbottichen, wie auch in alten Beuchkesseln, immer von oben nach unten. Wird in Beuchkesseln gearbeitet, läßt man den Deckel entweder fort oder legt ihn nur lose auf das Mannloch. Dies geschieht nicht etwa aus dem Grunde, weil durch den sich entwickelnden Sauerstoff der Druck im Kessel plötzlich zu groß werden könnte, sondern weil bei Temperaturen über 100° C das Bleichbad zu schnell und zu ungleichmäßig seine Wirkung verliert.

Die Erwärmung der Flotte darf nicht mit direktem Dampf geschehen, denn die Verunreinigungen, die der Dampf aus den Leitungen in das Bad führt, geben zu katalytischen Zersetzungen der Bleichflotte Anlaß. Dann ist aber auch festgestellt worden, daß gespannter Dampf über

110° C das Bleichbad schnell zersetzt. Es geht ein Teil des aktiven Sauerstoffs verloren, den man durch eine größere Menge des Bleichmittels von vornherein zu ersetzen hat, um den gleichen Bleicheffekt zu erreichen, was die Chemikalienkosten erhöht. Ferner wird durch das Einblasen von Dampf die Flotte dauernd verdünnt und dadurch die Bleichwirkung verschlechtert. Die Erwärmung des Bades hat deshalb indirekt zu erfolgen, und zwar durch Heizschlangen, die am besten aus Reinnickel oder Edelstahl bestehen. Bleischlangen wären auch noch brauchbar, doch kommt es häufig vor, daß sie mit der Zeit aufplatzen und den Dampf direkt ins Bad einlassen. Sind die Heizschlangen im Bleichgefäß unterhalb des Siebbodens angebracht, so überzeuge man sich von Zeit zu Zeit von deren absoluter Dichte, indem man bei leerem Behälter Dampf hindurchläßt. Am ausströmenden Dampf ist eine evtl. undichte Stelle sofort sichtbar. Ist die Schlange auch nur an einer kleinen Stelle undicht, so entwickelt der heiße direkte Dampf vorzeitig Sauerstoff, der sich in Form von Gas unterhalb des Siebbodens ansammelt und durch das darüberliegende Material nicht entweichen kann. Die Folge davon ist eine ganz ungleichmäßige Zirkulation des Bades, weil die Pumpe das Gas nicht fördert, was gleichbedeutend ist mit völlig ungleichem Ausfall des Bleicheffektes. Dieselbe Erscheinung kann auch bei zu schneller Erwärmung der Flotte eintreten. Der aufmerksame Bleicher erkennt die zu starke Erhitzung des Bades unterhalb des Siebbodens allerdings daran, daß, weil jetzt die Pumpe wegen der Gasbildung nicht recht arbeitet, das Bad im Bottich höher steigt und evtl. zum Überlaufen kommt. In solchen Fällen ist die Dampfzufuhr für einige Zeit abzustellen.

Zur Vermeidung dieser oft unangenehmen Erscheinungen kann man im Bottich ein dünnes Rohr aus indifferentem Metall (Edelstahl oder Aluminium) anbringen, das mit seiner unteren Öffnung direkt unterhalb des Siebbodens mündet und mit seiner oberen Öffnung über den Flottenspiegel hinausragt. Durch dieses Rohr können dann die unterhalb des Siebbodens entstehenden Gase entweichen. Zweckmäßiger ist es aber noch, die Erwärmung der Flotte in der Zirkulationsleitung selbst bzw. in besonderen Vorwärmern, wie sie bei den großen Beuchkesseln üblich sind, vorzunehmen, wobei dann der an den Heizrohren entstehende gasförmige Sauerstoff nach oben entweicht und im Bleichgut selbst als Gasblasen dem Flottendurchgang nicht hinderlich ist.

Ansatz der Peroxydbleichflotte. Die Bleichchemikalien werden in einem besonderen Ansatzgefäß aus Holz oder Edelstahl gelöst und gemischt, und zwar in der Reihenfolge:

Ätzalkali bzw. Natriumsuperoxyd,

Wasserglas,

Wasserstoffsuperoxyd,

Netzmittel.

Kommt Natriumsuperoxyd zur Anwendung, so muß dieses in kaltes Wasser eingestreut und durch Rühren gelöst werden, erst dann ist diese Lösung auf 50—60° C zu erwärmen. Würde man das Natriumperoxyd in das warme Wasser einstreuen, würde sehr viel Sauerstoff verloren gehen. Um Zeit zu gewinnen, wird deshalb an Stelle des Natriumperoxyds Wasserstoffperoxyd und zum Alkalischmachen des Bades Natronlauge verwandt, weil man dann alle Chemikalien in das schon vorgewärmte Wasser geben und den Bleichansatz sofort auf das Bleichgut ablassen kann.

Die anzuwendenden Mengen der Bleichmittel sind abhängig von dem Bleichgut und von den an das Weiß gestellten Anforderungen. Weiße amerikanische Baumwolle, sog. Louisisana, ist mit weniger Sauerstoff zu bleichen als beispielsweise die dunklere Makoware. Auch das Flottenverhältnis, in welchem gearbeitet wird, hat auf den Chemikalienverbrauch einen gewissen Einfluß.

Als Grundrezept bei einem Flottenverhältnis von 1 : 5 bis 1 : 8 mag folgendes dienen: Auf 1000 l Flotte verwende man für das erste Bad

    1,5 kg Natriumperoxyd,
      5 l Wasserglas,
      1 l Wasserstoffsuperoxyd 40 Vol.%,
    250 g Nekal oder
      1 l eines guten Netzmittels.

Dort, wo an Stelle des Natriumperoxyds Natronlauge verwendet werden soll, nehme man

    1,5 kg Ätznatron bzw. die dieser Menge entsprechende Lauge = 3,15 l 40° Bé
          starker Lauge,
    5   l Wasserglas,
    2,5 l Wasserstoffsuperoxyd 40 Vol.% und die angegebenen Netzmittel.

Für das zweite Bleichbad verwende man etwa

    0,5 kg Natriumperoxyd,
    3   l Wasserglas,
    2½ l Wasserstoffsuperoxyd 40 Vol.%,

oder

    0,5 kg Ätznatron bzw. 1,1 l Natronlauge 40° Bé,
    3   l Wasserglas,
    3   l Wasserstoffsuperoxyd 40 Vol.%

(hier sei erwähnt, daß aus einem Kilogramm Natriumperoxyd beim Lösen in kaltem Wasser praktisch 420 g Wasserstoffsuperoxyd entstehen. Demnach entspricht ein Kilogramm Natriumperoxyd fast genau einem Liter Wasserstoffsuperoxyd 40 Vol.%).

Ist die Lösung fertiggestellt, so läßt man sie auf das Bleichgut und erwärmt langsam auf 90—95° C unter ständiger Zirkulation der Flotte. Bei der angegebenen Temperatur läßt man jeweils etwa 3 Stunden einwirken. Nach dem ersten Bad erfolgt eine warme Zwischenspülung und nach dem zweiten Bad wird mit zwei bis drei frischen, warmen Spülwässern fertiggespült.

Soll das zweite Bad für eine neue Partie als erstes Bad Verwendung finden, so wird es heiß in den dazu bestimmten, mit Material beschickten Behälter gepumpt unter gleichzeitiger Zugabe des nötigen Netzmittels. Nach einigem Umpumpen der Flotte wird dann allmählich noch 1 kg Ätznatron bzw. 2,15 l Natronlauge 40° Bé und 2—3 l Wasserglas nachgesetzt. Ob auch gleichzeitig noch etwas Wasserstoffsuperoxyd zur Verstärkung der Bleichwirkung zugesetzt werden muß, entscheiden die örtlichen Verhältnisse. Das Bad wird dann wieder auf 90—95° C erwärmt und 3 Stunden bei dieser Temperatur durch das Gut bewegt.

Das nach diesem Verfahren erzielte Weiß ist ein schönes Reinweiß, dessen Lagerbeständigkeit sehr gut ist. Die dabei entstehende Gewichtsverminderung beträgt nur etwa 3% und der Griff des gebleichten Materials ist ausgezeichnet weich und duftig.

Durch Verminderung oder Erhöhung der angegebenen Mengen Peroxyd kann die Bleicheigenschaft der Bäder so verfeinert werden, daß man den Aufwand an Peroxyd je nach der Qualität der zu bleichenden Baumwolle wählt oder sich nach den gestellten Ansprüchen richtet, um eine geringere oder höhere Bleichwirkung zu erzielen. Auf diese Weise kann das Verfahren den jeweilig vorliegenden Verhältnissen angepaßt und dementsprechend noch weiter verbilligt werden.

Vorbleiche in Färbeapparaten mit Peroxyd.

Die Vorbleiche für helle Farben kann bei Kreuzspulen und Kettbäumen in allen Färbeapparaten, die nach dem Aufsteck- oder Säulensystem arbeiten, mit Peroxyden ausgeführt werden, wenn diese Apparate entsprechend vorbehandelt sind, um die katalytische Zersetzung der Sauerstoff-Flotte zu verhüten. Sind die Färbebehälter und Spulenträger aus Gußeisen, so sind sie ohne weiteres verwendbar, weil die Katalytwirkung des Gußeisens nur ganz gering ist; sind jedoch die Apparatteile aus Schmiedeeisen, so schütze man sie durch einen Anstrich mit einer Zement-Kalkmischung in der gleichen Weise, wie bei der Peroxydbleiche in Eisenkesseln a. S. 31 beschrieben wurde.

Voraussetzung bei der Bleiche in Färbeapparaten ist natürlich, daß das Garn auf Hülsen bzw. Bäumen aufgespult ist, die aus einem dem Bleichbade gegenüber indifferenten Material, am besten Reinnickel oder Edelstahl bestehen und daß das Baumwollmaterial im Verlauf der Behandlung nicht mit dem Eisen der Apparate in direkte Berührung kommt.

Die Arbeitsweise ist genau so durchzuführen wie sie bei der Zirkulationsbleiche schon beschrieben wurde, nur wird man u. U. das Bad etwas anders zusammensetzen, weil man ja in einem Bade vor- und nicht in zwei Bädern auf Reinweiß bleichen will. Der Ansatz kann etwa folgendermaßen sein: Auf 1000 l-Bad

1 kg Ätznatron bzw. 2¼ l Natronlauge 40° Bé,

3—5 l Wasserglas,
3 l Wasserstoffsuperoxyd 40 Vol.%,
Netzmittel.

Das Bleichbad kann entweder im Flottenbehälter selbst oder besser in einem Flottenansatzgefäß angesetzt werden, indem man in das 50—60° C warme Wasser die Chemikalien in obiger Reihenfolge nacheinander eingibt. Dann bringt man sofort den Garnträger in das Bad, bzw. dieses auf das im Apparat befindliche Gut und zirkuliert, genau so wie beim Färben, mit wechselnder Flottenrichtung durch das Material. Die Temperatur des Bades wird dabei langsam auf 90—95 ° C gesteigert, die man dann 1—1½ Stunden beibehält. Nach dieser Zeit ist die Baumwolle soweit gebleicht und alle Schalenreste entfernt, daß nach zwei- bis dreimaligem Spülen mit warmem Wasser jede helle Nuance darauf gefärbt werden kann. Bei einer Doppelbleiche ist es auch möglich, in den Färbeapparaten auf Reinweiß zu bleichen, doch ist es zweckmäßiger, hierfür Spezialapparate zu verwenden.

Eine Vorbehandlung der Spulen oder Kettbäume, wie etwa Vornetzen, alkalisches Auskochen, ist nicht erforderlich, da das in der Flotte vorhandene Netzmittel im Verein mit der alkalischen Reaktion des Bades eine gute Durchnetzung herbeiführt. Es ist allerdings dabei zu beachten, daß die Kanten der Spulen abgerundet sind, da es sonst oftmals Spulen gibt, die an den Kanten ungenügend durchgebleicht sind. Die Ursachen dieses Fehlers, der auch beim Färben eintritt, sind auf S. 101 eingehend beschrieben.

Chlor-Superoxydbleiche.

Zur Verbilligung der Peroxydbleiche, die, wie im vorhergehenden Abschnitt erläutert, für Vollweiß zwei Peroxydbäder erfordert, nehmen die meisten Bleichverfahren Hypochlorit zur Hilfe, mit welchem man die Baumwolle zunächst gründlich vorbleicht. Man könnte das Hypochlorit auch nach dem Peroxydbad zur Anwendung bringen, doch ist das dabei erzielte Weiß weniger gut lagerbeständig und zeigt große Neigung zum Vergilben. Darum ist es empfehlenswerter, mit Hypochlorit vorzubleichen und das Peroxydbad daran anschließen zu lassen.

Die Bleichware wird zunächst mit einer verhältnismäßig starken Hypochloritlösung behandelt, wobei die unter Kaltbleiche auf S. 27 angegebenen Richtlinien zu beachten sind. Vor allen Dingen ist für gleichmäßige Einwirkung der Chlorlösung auf das ungekochte Material zu sorgen, wenn man Mißerfolge verhüten will. Es ist schwierig, wie dies bei der Kaltbleiche schon gesagt wurde, ungekochte Baumwolle mit kalter Chlorlösung zu netzen, wird diese aber auf etwa 30° C angewärmt, was die Faser ohne Schaden erträgt, und gleichzeitig ein gutes Netzmittel zugesetzt, so erreicht man in Apparaten, bei welchen die Flotte mit Druck durch das Material gefördert wird, gleichmäßige Benetzung und Vorbleiche. In Zirkulationsbottichen, in welchen die Flotte nur durch ihre eigene Schwere von oben nach unten durch das Material dringt, ist diese Arbeitsweise völlig unmöglich, weil roh eingeschichtete Baumwolle, sei es nun lose Faser, Stranggarn od. dgl. ganz ungleichmäßig benetzt und demzufolge auch gebleicht wird. Aus diesem Grunde muß das Material, wenn man es in Zirkulationsbottichen mit der Chlorsuperoxydbleiche behandeln will, unter allen Umständen besonders vorgenetzt werden, was bei Stranggarn auf der offenen Wanne bei mittleren Temperaturen erfolgen kann. Durch diese Arbeitsweise, die allerdings mehr Aufwand an Zeit erfordert, wird ein besseres Weiß erzielt, als wenn im Abkochkessel mit Wasser und Netzmittel gekocht wird, weil beim Kochen der Rohbaumwolle gewisse Fremdstoffe, die sich im warmen Netzbade von der Faser ablösen, wieder auf die Faser ziehen.

Für das Chloren des vorher gut genetzten Bleichgutes im Zirkulationsbottich ist das einfache Durchpumpen, wie auch die Berieselungsmethode mit dem Osmotor, gleich gut zu verwenden. Für das spätere Peroxydbad kommt jedoch nur das Umpumpen in Frage, denn beim Berieselungssystem würde das Peroxyd durch die kurze Flotte zu konzentriert werden, da es bei der Sauerstoffbleiche in erster Linie auf das vom Warengewicht in Anwendung gebrachte Peroxyd ankommt, das in kurzer Flotte ungleich energischer wirkt, als in der längeren der Zirkulationsmethode.

Eine Apparatur, in welcher die Flotten der Chlorsuperoxydbleiche mit Druck durch das in Großbehältern ruhende Bleichgut gefördert wird, führte A. Mohr[1] zuerst in einer holländischen Stückbleiche ein und wurde ihm unter D.R.P. 311 546 geschützt. Die Zittauer Maschinenfabrik, welche den Bau dieser Apparate übernommen hat, baut solche mit einem Fassungsvermögen von 1000—4000 kg. Sie hat die anfänglich komplizierte Anlage vereinfacht und sie auch für die Bleiche von Baumwolle in anderer Aufmachung als am Stück dienstbar gemacht. In Abb. 5 ist das Schema einer solchen Anlage dargestellt. Der große Kessel, der einem Beuchkessel gleicht, ist innen homogen verbleit und noch mit einem Holzmantel ausgestattet, um die direkte Berührung des Gutes mit dem Metall zu vermeiden. Das Bleichgut liegt zwischen Siebboden und versperrbarem Siebdeckel. Wesentlich für die ganze Anlage ist eine Luftpumpe zum Entlüften des Fasermaterials und die wirksame Flottenpumpe, die mit einem Überdruck von 2—3 at einen raschen Flottenumlauf in beiden Richtungen ermöglicht. Pumpe und Rohrleitungen, die durch eine Anzahl von Hähnen mit den Vorratsbehältern der

---

[1] Mohr, A.: Von der Kochbleiche zur Kaltbleiche. Melliand Textilber. 1925, Heft 12.

Bleichflotten in Verbindung stehen, sind aus einem gegen die verschiedenartigen Flotten widerstandsfähigen Werkstoff gefertigt.

Das trocken in den Kessel sorgfältig eingepackte Bleichgut wird mit der etwas angewärmten, mit Netzmittel versehenen Hypochloritlösung von 6—8 g aktivem Chlor im Liter überpumpt unter gleichzeitiger gründlicher Entlüftung des Kesselinhaltes. Ist diese vollkommen erreicht, wird mit einem gelinden Überdruck etwa 1½ Stunde lang zirkulieren gelassen. Die gute Entlüftung und die Druckzirkulation ermöglicht die gleichmäßige Benetzung des Fasermaterials, so daß mit großer Sicherheit eine tadellose Bleiche erzielt wird.

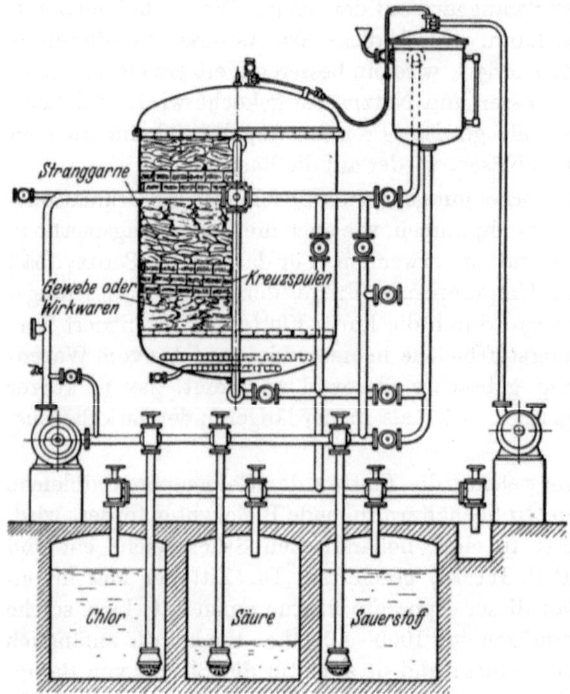

Abb. 5. Querschnitt durch die Bleichereianlage der Chlor-Peroxydbleiche, Typ „HC". (Zittauer Maschinenfabrik A.-G., Zittau.)

Nach genügender Einwirkung der Chlorlauge wird die Flotte in den Flottenbehälter abgelassen und dort aufbewahrt, um sie nach Auffrischung mit konzentrierter Chlorlauge für spätere Partien zu verwenden. Das im Kessel ohne Umpacken gespülte Gut kann mit Säure nachbehandelt und nach weiterem Spülen mit der langsam auf 70—80° C anzuwärmenden Sauerstoff-Flotte fertiggebleicht werden, wobei die Flottenzirkulation wieder unter Druck erfolgt. Nachdem das Peroxydbad durch die Sauerstoffabgabe unwirksam wurde, was gewöhnlich nach einer etwa dreistündigen Einwirkung der Fall ist, wird das Bad abgelassen und durch Zufließenlassen von reinem, möglichst kalkfreiem Wasser der Kesselinhalt so lange gespült, bis das Spülwasser klar abläuft.

In dieser Apparatur können mit Vorteil Stranggarn, lose Baumwolle, Kardenband und Stück nach dem geschilderten Verfahren zu einem schönen Vollweiß gebleicht werden. Sind Spulen zu bleichen, so empfiehlt es sich wegen der gleichmäßigen Materialverteilung und der dadurch bewirkten besseren Flottenführung, diese zwischen die oben angeführten Materialien zu schichten, wie dies in der Abb. 5 angedeutet ist.

Das Absäuren nach dem Chloren und Spülen zur Unschädlichmachung des Chlors ist bei der Chlorsuperoxydbleiche nicht unbedingt erforderlich. Es genügt ein gutes Spülen, um überschüssiges Chlor größtenteils zu entfernen. Nun wird aber beim Chloren ungebeuchter Baumwolle, worauf schon bei der Kaltbleiche mit Hypochlorit hingewiesen wurde, durch die stickstoffhaltigen Verunreinigungen der Faser sehr viel Chlor gebunden, so daß in der Bleichflotte nicht mehr viel aktives Chlor zurückbleibt, folglich aus dem Material auch nur wenig Chlor durch Spülen entfernt werden kann. Diese restlichen Chlormengen können deshalb vom Peroxyd aus der Faser beseitigt werden, da es als ein sehr gutes Antichlor wirkt.

Wohl wird Peroxyd durch Hypochlorit verbraucht, aber nicht in dem Sinne, daß eine dem aktiven Chlor äquivalente Menge Peroxyd unwirksam wird, sondern durch die Einwirkung der beiden Bleichmittel aufeinander wird Sauerstoff frei nach der Gleichung:

$$H_2O_2 + 2\,NaOCL = 2\,NaCL + H_2O + 2\,O$$

der im Entstehungszustande erhöhte Bleichwirkung ausübt. Peroxyd als Antichlor wirkt demnach aktivierend auf die im Bleichgut noch vorhandenen Hypochloritreste ein und macht deren Sauerstoffgehalt der Bleiche noch dienstbar.

Die Zerstörung bzw. die Entfernung der beim Chloren der rohen Baumwollfaser reichlich entstehenden chlorierten Stickstoffverbindungen (Chloramine) gelingt durch die Einwirkung von Peroxyd bei gewöhnlicher Temperatur nicht. Die genannten Körper sind aber nach Kauffmann und Bute[1] in alkalischen, heißen Flotten leicht löslich. Sie werden deshalb durch die Einwirkung der heißen alkalischen Peroxydbäder vollständiger und leichter von der Faser entfernt, als dies durch die Druckbeuche mit anschließender Chlorbleiche möglich ist.

Ce—Es-Bleiche der Firma Böhme Fettchemie G. m. b. H. Chemnitz. Aus dieser Erkenntnis heraus verzichtet die Firma Böhme, Fettchemie G. m. b. H. Chemnitz, bei der ihr patentierten sog. Ce—Es-Bleiche gänzlich auf das Spülen zwischen Hypochlorit- und Peroxydbad. Sie gibt an, daß die durch das Chloren entstandenen Chlorierungsprodukte der Zellulosebegleitkörper auf derselben Oxydationsstufe stehen, wie Wasserstoffsuperoxyd und die alkalische Peroxydlösung nicht zersetzen, sondern im Gegenteil derart aktivieren, daß mit wenig Wasserstoffsuperoxyd eine verblüffende Bleichwirkung erzielt werden kann. Die Firma verwendet als Stabilisator kein Wasserglas, sondern das von ihr in den Handel ge-

---

[1] Forschungsheft d. Deutschen Forschungs-Institutes f. Textil-Ind. Reutlingen.

brachte Homogenit B (ein auf Fettalkohol aufgebautes Produkt mit stabilisierenden und reinigenden Eigenschaften) und erreicht dadurch ein außerordentlich weiches und geschmeidiges Material.

Waibel-I.-G.-Bleichverfahren. Die einfachste und technisch in kürzester Zeit durchführbare Chlor-Superoxydbleiche wurde von W. Waibel in Frankfurt a. M. ausgearbeitet und der I. G. Farbenindustrie unter D.R.P. 615 680 vom 14. Juni 1931 ab geschützt. Dieses Verfahren verwendet bei der ungebeuchten Baumwolle, mit oder ohne Anwendung von Netzmitteln, warme Hypochloritbäder, deren Alkalität einen Gehalt von 1—3 g NaOH im Liter entspricht. Die Temperatur dieser Bäder wird bei der Anwendung allmählich von 30° bis auf 70° C erhöht, und, wenn im Bade durch Jodkaliumstärkepapier kein aktives Chlor mehr nachweisbar ist, dieser Flotte unmittelbar Wasserstoffsuperoxyd zugesetzt, wobei Mengen von 250—1000 cm³ der 40 Vol.-proz. Ware pro 1000 l-Bad im allgemeinen ausreichend sind. Bei weiterer Steigerung der Temperatur auf annähernd 90—95° C innerhalb 1—2 Stunden läßt man das Bad auf das Bleichgut einwirken. Eine Zugabe von Stabilisatoren ist nach der Patentschrift nicht erforderlich, weil die in der Flotte befindlichen Chlorierungsprodukte der Rohbaumwolle einen vorzüglichen Schutz gegen vorzeitige Sauerstoffabspaltung bieten.

Bisher hat man sich beim Arbeiten mit Hypochlorit immer ängstlich gehütet, diese Bäder warm anzuwenden, weil mit steigender Temperatur die Bleichgeschwindigkeit und damit aber auch die Gefahr der Oxyzellulosebildung rasch zunimmt. Warmes Chloren setzt eine gleichmäßige Einwirkungsmöglichkeit voraus, sonst sind örtliche Faserschwächungen unvermeidlich. In Zirkulationsbleichbottichen ist die Flottenbewegung viel zu langsam und wegen der Kanalbildung auch zu ungleichmäßig, um warme Chlorbäder ohne Schaden für das Gut anwenden zu können. Dagegen ist bei Apparaten mit energischer Flottenbewegung, wo alles Material ganz gleichmäßig mit allen Teilen der Flotte schnell in Berührung kommt, das warme Chloren ohne Schaden für das Material durchführbar. Auch das kurze Flottenverhältnis, mit welchem die Apparate gewöhnlich arbeiten, macht diese Einbadbleiche für die Behandlung in Apparaten sehr geeignet. Allerdings hat die gesamte zur Anwendung kommende Chlormenge sich auch nach dem Bleichgut und dessen Verunreinigungen zu richten und den betrieblichen Verhältnissen anzupassen.

Das Anwärmen der Chlorflotte hat mit zur Folge, daß ein Teil des Hypochlorits durch Umwandlung in nichtbleichendes Chlorat, die mit steigender Erwärmung schneller verläuft, verloren geht. Doch kommt die gesteigerte Reaktionsfähigkeit im Bleichbad vorwiegend dem eigentlichen Bleichprozeß zugute.

Bei Ausführung dieser Einbadbleiche ist ein Vornetzen des Materials

nicht nötig, es genügt dem auf 30° C erwärmten Chlorbad, das 2—5 g
aktives Chlor und 1—3 g NaOH im Liter enthält, ein Netzmittel beizu-
geben, das durch das Hypochlorit nicht zerstört wird, aber auch auf
Peroxyd nicht zersetzend einwirkt. Dann wird im Verlauf von etwa
1½ Stunden ganz allmählich auf 60—70° C erwärmt. Ist diese Temperatur erreicht und zeigt die Prüfung mit Jodkaliumstärkepapier noch
freies Chlor im Bade, so läßt man unter weiterer Erhöhung der Temperatur noch solange zirkulieren, bis kein Chlor mehr nachweisbar ist.
Nach einem Zuwarten von etwa 10 Minuten wird dann dem Bade
Wasserstoffsuperoxyd zugesetzt, wobei sich die in obigen Grenzen angegebene Menge nach dem gewünschten Bleichgrad und dem Bleichgut
richtet. Bei weiterer Erwärmung läßt man dieses Bad noch 1—1½ Stunde
einwirken.

Obwohl warme Chlorbäder zur Anwendung kommen, ist eine Faserschädigung so gut wie ausgeschlossen. Es ist eine ganz eigenartige Erscheinung, daß die mit dieser Bleiche behandelten Garne niemals in der
Festigkeit ab-, sondern immer 10—20%, gegenüber dem Rohgarn, zu-
nehmen. Auch werden, wie bei den vorher schon geschilderten Chlor-
superoxydbleichverfahren, die chlorierten Fremdkörper der Baumwolle
durch das alkalische Peroxydbad von der Faser entfernt, so daß auch
in diesem Falle ein lagerbeständiges, nicht vergilbendes Weiß erzielt
wird.

Apparate für das Bleichen der Baumwolle in Wickelform.

Nachdem die verschiedenen Bleichmethoden einer eingehenden Betrachtung unterzogen wurden, seien noch die mechanischen Hilfsmittel
für die verschiedenen Aufmachungsformen der Baumwolle, die in der
Bleicherei Anwendung finden, besprochen.

Das Bleichen von losem Material als Flocke, von Stranggarn, Kreuzspulen und Kops in Zirkulationsbottichen wurde schon beschrieben. Hier
sei noch erwähnt, daß lose Baumwolle nicht nur als Flocke, sondern auch
in den sog. Batteurwickeln gebleicht werden kann. Die für diesen Zweck
loser gewickelten Bänder werden in einem Zirkulationsbottich mehrere
Stunden mit einer heißen Netzmittelflotte eingenetzt und nach Spülung
mit kaltem Wasser nach der Kaltbleichmethode mit Hypochlorit gebleicht. Das Arbeiten mit Batteurwickeln ist handlicher und weniger
zeitraubend als das der losen Flocke, denn die etwa 17 kg schweren Wickel
lassen sich bequem in den Bottich einpacken und mit Hilfe einer kleinen Winde ebenso leicht wieder herausnehmen. Nachdem sie geschleudert wurden, werden sie auf dem Zupfwolf in Flocken gerissen
und nicht zu scharf ausgetrocknet, um der Faser die gute Spinnfähigkeit zu erhalten.

Kardenband, nach der Methode der Hypochloritkaltbleiche behandelt, gibt ebenfalls gut verspinnbare Faser; doch zeigen sich die Bandpakete oftmals ungenügend durchgebleicht und müssen dann einer nochmaligen Bleiche unterzogen werden, wobei sehr leicht Überoxydation, vor allem aber eine harte, spröde Faser, entstehen kann.

Die außergewöhnlich großen Schwierigkeiten, welche das Bleichen von Kardenband bei der Beuchbleiche und auch bei der kalten Hypzochloritbleiche bereitet, hat in den Bleichereibetrieben der Spinnerei zu kostspieligen Versuchen zur Auffindung brauchbarer Verfahren geführt,

Abb. 6. Kettbaumbleichereianlage. (B. Thies, Coesfeld.)

die dann als wertvolles Erfahrungsgut aus erklärlichen Gründen geheimgehalten werden.

Die mancherlei Unzuträglichkeiten der alten Kardenbandbleicherei, die hauptsächlich in schlechter Verspinnbarkeit der Bänder zum Ausdruck kamen, und die den Erfolg der Bleiche oft genug in Frage stellten, werden grundlegend beseitigt bei Anwendung der Waibel-I.G.-Bleichmethode, die aber nur dann Erfolg hat, wenn die Bänder nach dem Verfahren der Firma B. Thies in Coesfeld auf Kettbäumen aufgezettelt sind (s. darüber Näheres S. 130). In Kettbaumbleichapparaten ist genügend starke Flottenbewegung, um mit warmen Chlorbädern arbeiten zu können, und weil bei diesem Bleichverfahren nur wenig Alkali und kein Wasserglas zur Anwendung kommt, wird eine Faser erhalten, die wenn sie in dem Kardenbandtrockner der Firma A. Fleißner in Asch

(Böhmen) getrocknet wird, von solcher Weichheit und Geschmeidigkeit ist, daß sie sich ohne jeden Anstand in der Spinnerei verarbeiten läßt. Diese Ausführungsform der Kardenbandbleiche dürfte in kurzer Zeit das schwierige Problem dieses Arbeitsgebietes grundlegend umgestalten.

Die Bleichapparate für Kettbäume der Firma B. Thies in Coesfeld, in welchen die aufgezettelten Kardenbänder behandelt werden, arbeiten in derselben Weise wie die auf S. 169 beschriebenen Färbeapparate bzw. deren Hilfsapparate. Sie stehen mit der Vakuumstation in Verbindung und arbeiten vollkommen automatisch. Die Abb. 6 verbildlicht eine solche Bleichereianlage der genannten Firma.

Abb. 7. Anlage zum Bleichen von Kettbäumen, Kreuzspulen usw.
(Obermaier & Cie., Neustadt a. H.)

Das Bleichen von Garn auf Kettbäumen ist in den letzten Jahren wohl der wichtigste Zweig der Garnbleicherei geworden, denn die Behandlung von Kettbäumen bietet gegenüber der Bleiche von Stranggarn, Kreuzspulen oder Kops durch Lohn- und Zeitersparnis beim Beschicken und Entladen der Apparate große Vorteile, lassen sich doch 80—120 kg, ja unter Umständen sogar 200 kg Garn auf einem Kettbaum mit Hilfe eines Laufkranes viel leichter befördern, als das gleiche Garnquantum im Strang oder Spulenform. Die Apparate werden, je nach den Erfordernissen, mit einer Fassung von 1, 2 oder 4 Bäumen gebaut, so daß große Quantitäten in einer einzigen Partie gebleicht werden können. Bei abgeändertem Materialträger, also an Stelle von Kettbäumen, Spulenigel, sind in den gleichen Apparaten auch Kreuzspulen oder Kops nach dem Aufstecksystem zu behandeln.

Wie bei den Färbeapparaten, sind auch bei der Bleiche von Kettbäumen Apparate mit stehenden und liegenden Bäumen gebräuchlich. Welches von diesen Systemen benutzt werden soll, entscheiden die räumlichen Verhältnisse des Betriebes; auf das Bleichen selbst haben sie keinen Einfluß. Die Vor- und Nachteile der liegenden bzw. stehenden Bauart sind bei den Färbeapparaten auf S. 161 geschildert und treffen auch für die Bleiche zu.

Die bisher üblichen Kettbaum- Bleichanlagen, die aus verschiedenen Einzelapparaten bestehen, auf welchen wegen der ununterbrochenen Arbeit die einzelnen Bleichprozesse nacheinander durchgeführt werden (in Abb. 7 ist eine solche Anlage der Firma Obermaier & Co. in Neustadt abgebildet), dürften durch die Einbad-Chlor-Peroxydmethode überholt sein (s. S. 40). Hier genügt lediglich ein Apparat zur Durchführung der ganzen Bleiche, die mit 2½—3 Stunden fast

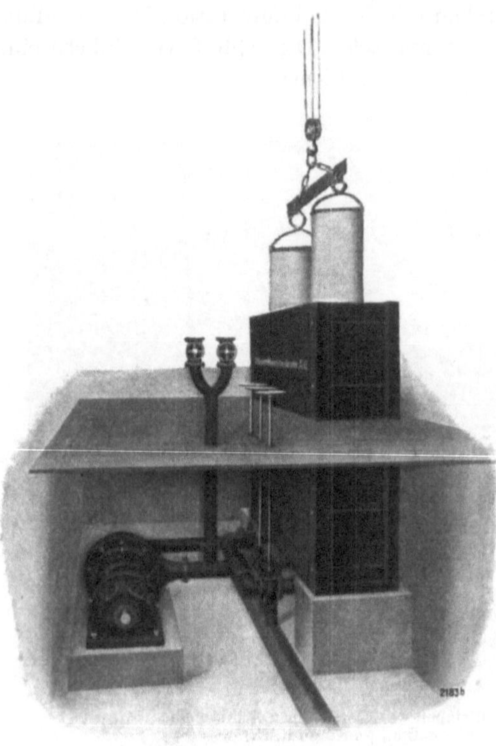

Abb. 8. Bleichapparat aus Holz für stehende Kettbäume.
(Zittauer Maschinenfabrik A.-G., Zittau.)

nur die Hälfte der Zeit beansprucht, die früher für das Auskochen allein nötig war. Die Einbadbleiche kann in Apparaten mit Holzbehälter (s. Abb. 8), aber auch in solchen aus Eisen ausgeführt werden, sofern es sich dabei um Gußeisen handelt und dieses durch einen Zement-Kalkanstrich in der auf S. 31 beschriebenen Art vor der direkten Berührung mit der Flotte geschützt ist. Der größeren Sicherheit wegen ist ein Bleichbehälter aus Holz vorzuziehen, die Flottenführungsteile dieses Apparates müssen dann aber aus einem indifferenten Metall, am besten Edelstahl, bestehen, noch besser aber ist es, wenn der ganze Apparat

Abb. 9. Bleichapparat für Baumwollkreuzspulen „GV“.
(Zittauer Maschinenfabrik A.-G., Zittau.)

aus diesem Werkstoff gebaut ist. Die Anschaffungskosten sind wohl höher, doch hat man eine fast unverwüstliche Anlage, die durch fehlerfreie Bleiche manche Betriebsunkosten ersparen.

Die Vorbleiche von Baumwollgarn auf Kreuzspulen in Färbeapparaten mit Peroxyd wurde schon auf S. 35 erwähnt. Ein ausgezeichneter Apparat zur Vollbleiche der Kreuzspulen ist der in Abb. 9 dargestellte der Zittauer Maschinenfabrik A.-G., der in allen Teilen aus nichtrostendem Stahl besteht. Er ermöglicht das Bleichen von großen, konischen Kreuzspulen mit hohem Garngewicht. Die Spulen werden auf Aufschiebestäben aus Stahl säulenförmig aufeinandergereiht, wobei die den Formen der Spulen angepaßten Zwischenteller die freien Hülsenenden aufnehmen. In dem Schema der Abb. 10 sind diese Zwischenteller nicht gezeichnet. Dadurch, daß die Spulen im Apparat fest eingespannt sind, wird die

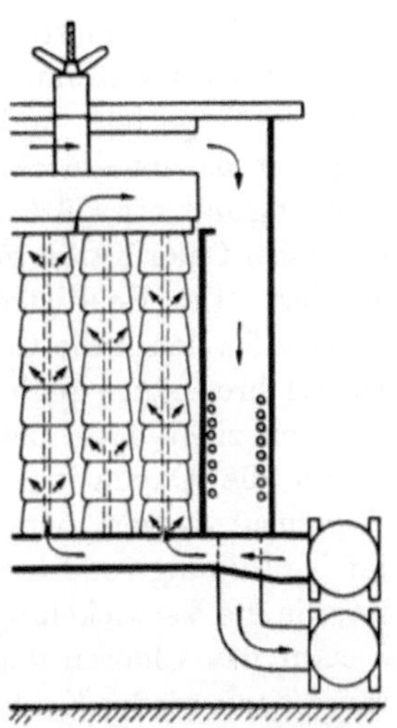

Abb. 10. Schema des Spulenaufbaus und des Flottenweges im Bleichapparat „GV“.
(Zittauer Maschinenfabrik A.-G. Zittau.)

Bleichflotte gezwungen, überall gleichmäßig durch das Garn zu treten. Die Flottenförderung erfolgt durch eine kräftig wirkende Pumpe einseitig von innen nach außen durch die Spulen. Das außerordentlich kurze Flottenverhältnis (1:4 bis 1:5) ist für den Ansatz der Behandlungsflotte von großem Vorteil und gibt außerdem eine Ersparnis an Dampf und Wasser. Der Apparat hat sich bei der Einbad-Chlor-Peroxydbleiche sehr gut bewährt und ergibt ein in jeder Beziehung einwandfreies Bleichresultat.

C. Bleichen von Leinen.

Leinen wird praktisch nur in Form von Garn oder Stück gebleicht und gefärbt. Die Veredelung im Vorstadium der Verarbeitung, wie bei der Baumwolle, kommt hier nicht in Betracht.

Im Vergleich zur Baumwolle ist das Leinen viel schwieriger zu bleichen und erfordert größere Erfahrungen und Kenntnisse und besonders vorsichtiges und gewissenhaftes Arbeiten. Gerade über die Leinenbleiche besteht ein umfangreiches Schrifttum, das in dem Standardwerk über das Bleichen der Pflanzenfasern von W. Kind eingehende Berücksichtigung findet.

Die Leinengarnbleiche, die theoretisch in Apparaten mit bewegter Flotte durchführbar wäre, wurde bis vor nicht langer Zeit nur in Strangform vorgenommen, wobei das Arbeiten in Zirkulationsbottichen, wie bei der Baumwolle, aber aus dem Grunde ausgeschlossen ist, weil das aktive Chlor der Flotte durch die Faserfremdstoffe so schnell dem Bad entzogen wird, daß nur verbrauchte Bleichflüssigkeit in das Innere des Garnblocks gelangt und somit ganz ungleicher Bleicheffekt entsteht. Man hat darum die Garne, nachdem sie in einem Beuchkessel einer Kochung mit etwa 8% Soda unter leichtem Druck unterzogen waren, in langen Chlorflotten mit 8—10 g Chlor im Liter zuerst auf dem Reel gechlort. Das Reel ist ein Rollenkasten, der kantige Trägstangen besitzt, auf welchen die Garne hängend nur zu einem Viertel bis zu einem Drittel ihrer Länge in die Bleichlauge eintauchen. Langsames Drehen der Stangen zieht dann den ganzen Strangumfang durch das Bleichbad. Durch die Oxydation bzw. Chlorierung der Faserverunreinigungen (Ligninsubstanzen) wird das Bad schnell sauer und es entwickelt sich, infolge Bildung von Chloraminen ein scharfer Geruch, welcher die Arbeiter, die die Verwickelung der Garne zu verhüten haben, stark belästigt.

Auf das Chloren folgt nach dem Spülen ein Säuren mit Schwefelsäure, dann wieder Kochen mit 5% Soda, Chloren mit 4 g Chlor/Liter, das aber schon im Zirkulationsbottich erfolgen kann, weil die Hauptmenge der Fremdstoffe entfernt ist, die den Faden schwammig macht und dadurch die gleichmäßige Flottenzirkulation hemmt. Nach dem Chloren folgt wieder Säuren, woran sich ein abermaliges Kochen mit 2,5% Soda,

Chloren mit 1 g Chlor/Liter und Säuren anschließt. Das nach dem dreimaligen Rundgang der Bleichbäder entstandene Weiß ist ein $^3/_4$-Weiß. Zum Bleichen auf $^4/_4$-Weiß erfolgt jetzt zweckmäßig eine Auslage der Garne auf den Rasen mit anschließendem nochmaligen Rundgang der Operationen, bestehend aus einem Brühen mit 1,5% Soda, Chloren mit 0,5 g Chlor/Liter und Entchloren mit Bisulfit.

Die drei bis vier Rundgänge der einzelnen Bleichbäder erfordern ein vielmaliges Umpacken in die verschiedenen Behälter und somit sehr viel Handarbeit. Die mehrmalige alkalische Kochung verursacht eine Gewichtseinbuße bis zu 25% vom Rohmaterial.

Durch Einschieben von Peroxydbädern, die in Zirkulationsbottichen auf das Bleichgut gegeben werden, hat man das Verfahren der Leinenbleiche zu vereinfachen gewußt, vor allem aber die großen Gewichtsverluste auf ein etwas geringeres Maß reduziert. Die Bleiche für ein $^4/_4$-Weiß gestaltet sich dann etwa folgendermaßen:

1. Kochen mit 8% Soda.
2. Chloren auf dem Reel mit 5—8 g Chlor/Liter.
3. Säuren mit Schwefelsäure.
4. Peroxydbleiche, für 100 kg Ware:
   0,5 kg Natriumsuperoxyd,
   0,7 l   Wasserstoffsuperoxyd 40 Vol.%,
   1 l   Wasserglas,
   5—6 Stunden bei 80° C.
5. Chloren mit 3—4 g Chlor/Liter im Zirkulationsbottich.
6. Säuren mit Schwefelsäure.
7. Peroxydbad, Ansatz wie oben.
8. Absäuren und Spülen.

I. G.-Korte-Bleichverfahren für Leinen. Während die genannten, kurz angedeuteten Bleichverfahren für Leinengarn auf Kreuzspulen und Kettbäumen, also in der eigentlichen Apparatbleiche wegen der unbefriedigenden Erfolge keine Verwendung fanden, hat ein neues, das sog. I. G.-Korte-Verfahren dies durch bessere Resultate ermöglicht und die ganze Leinenbleiche auf eine neue Grundlage gestellt. Das Charakteristische dieses Verfahrens ist die Anwendung stark saurer Chlorbäder, welche chlorierend auf die Faserfremdstoffe (Lignin) einwirken. Die dabei entstehenden Chlorierungsprodukte sind in alkalischen Lösungen leicht löslich und demzufolge durch eine alkalische Nachbehandlung leicht aus der Faser, die auch in fester Wickelung als Kreuzspule oder Kettbaum vorliegen kann, zu entfernen.

Das Arbeiten in stark sauren Chlorflotten hat, so befremdlich es auch klingt, keine Faserschädigung zur Folge, denn die Oxydationswirkung tritt gegenüber der Chlorierung der Fremdstoffe zurück. Nach W. Kind[1] wirken saure Chlorflotten bei einer gewissen Azidi-

---

[1] Kind, W.: Das Bleichen der Pflanzenfasern. S. 117. Berlin: Julius Springer 1932.

tät weniger schädigend auf die Fasern ein als neutrale oder angesäuerte Bäder.

Die praktische Erfahrung mit der sauren Chlorbleiche hat denn auch die Erhaltung der Festigkeit im Vergleich mit der herkömmlichen Bleiche vollauf bestätigt. Das nach dem Verfahren erzielte Bleichgarn rückt infolge der weit höheren Festigkeit im Rahmen der Qualifizierung (schwere Kette, Ia mechanische Kette, mechanische Kette), 2—3 Stufen höher, ein in bezug auf die Qualität des Bleichgutes nicht zu verkennender wirtschaftlicher Vorteil der sauren Chlorbleiche[1]. Auch der Gewichtsverlust ist bei diesem Verfahren geringer und erreicht eine Höhe von etwa 12—15% im Gegensatz von 20—25% bei der alten Bleiche.

Die Azidität bzw. die Wasserstoffionenkonzentration der Chlorbäder soll unter dem pH-Wert 5 liegen. In der Patentschrift wird als Beispiel die Zugabe von 8—15 cm³ konzentrierter Salzsäure pro Liter genannt. Die Einwirkung erfolgt bei gewöhnlicher Temperatur. Das Verfahren, das auf dem Lizenzwege von der I. G. Farbenindustrie erworben werden kann, erfordert strenge Beachtung und gewissenhafte Durchführung der Arbeitsbedingungen. Seine Hauptvorgänge bilden etwa folgende Reihe:

1. Alkalibehandlung (vorteilhaft sind dazu alte Peroxydbäder zu verwenden).
2. Saure Chlorbleiche.
3. Brühen mit Sodalösung oder Sulfitlösung.
4. Chlorbad gewöhnlicher Zusammensetzung (pH-Wert größer als 7).
5. Nachbleiche mit Peroxyd.

Die saure Chlorbleiche bedingt naturgemäß einen widerstandsfähigen Werkstoff für die Apparate, der nur im Kruppstahl V4A vorhanden ist. Die Zittauer Maschinenfabrik baut daraus einen Bleichapparat für große Leinenkreuzspulen, die im Säulensystem auf perforierte Röhren aufgeschoben werden. Das Fassungsvermögen des Apparates beträgt etwa 500 kg bei einem Flottenverhältnis von 1:5. Der Apparat, der dem in Abb. 9 gezeigten sehr ähnlich ist, kann geschlossen werden, wodurch Geruchsbelästigung durch freies Chlor und den scharf riechenden Chloraminen auf ein Mindestmaß beschränkt bleibt.

V. Die Färbeapparate.

Leitgedanke zur Entwicklung der gesamten Apparatefärberei war von jeher in erster Linie Schonung des Färbegutes, Erhaltung der wertvollen Eigenschaften der Fasern und somit Hebung der Qualität des endgültigen Textilfabrikates. Mit der Schonung des Materials ergab sich ganz von selbst eine bessere und schnellere Weiterverarbeitung desselben in den nachfolgenden Fabrikationsgängen bei geringstem Abfall und Ausschuß.

---

[1] Münch, M.: Die Verwertung der rein chlorierenden Wirkung von Hypochlorit in der Textilindustrie. Färb.-Kalender 1934, S. 35.

Die dadurch erzielten finanziellen Vorteile waren bedeutender als die bei der Veredelung selbst erzielten Ersparnisse an Dampf, Farbstoffen und Chemikalien sowie durch Verminderung der Handarbeit.

Die Erhaltung der wertvollen Fasereigenschaften beruht einzig und allein darauf, daß das Fasergut vollkommen ruhig liegt und die Flotten durch dasselbe bewegt werden, während bei der gewöhnlichen Art des Färbens das Material durch die ruhende Flotte bewegt wird. Die Färbeapparate haben es überhaupt erst ermöglicht, Textilmaterialien in Form von Wickeln zu behandeln, z. B. Halbgespinste wie Kardenband, Kamm-zug oder Vorgarn, ferner fertiges Gespinst auf Kopsen, Kreuzspulen, Sonnenspulen usw. Bei der Veredelung von Garnen in Spulenform ist das zeitraubende Haspeln der Garne auf Stränge für die Zwecke der Färberei und das Wiederabspulen der gefärbten Stränge auf Spulen zum Zwecke des Webens umgangen, wodurch erhebliche Ersparnisse an Löhnen und Abfällen erzielt werden. Auch das Färben von fertigen Webketten, auf sog. Kettbäumen, ist nur in Färbeapparaten mit kreisender Flotte möglich.

Nach der Anordnung des Materials in den Apparaten werden drei Haupttypen unterschieden. Entweder wird das Gut in Behälter gepackt, deren Böden, Deckel oder Wände durchlocht sind, so daß ein möglichst gleichmäßiger Block entsteht, den die Flotte zu durchdringen hat (Packapparat). Oder Stranggarne werden auf ein oder zwei Stäbe aufgehängt, die mit gleichmäßigem Abstand auf gleicher Höhe in den Apparat eingelegt und befestigt werden, wodurch ein lockerer Materialblock entsteht, der von der Flotte leicht und sehr gleichmäßig durchströmt werden kann (Hängesystem). Bei dem dritten Apparattyp werden gewickelte Materialien mit ihrem zentralen Kanal auf die gelochten Spindeln des Apparates gesteckt, durch welche die Flotte zu- und abgeführt wird (Aufsteckapparat).

Zur Förderung der Flotte durch das Material dienen heute nur noch Pumpen verschiedener Art oder Propeller. Die früher versuchte Zirkulation durch Schleuderkraft in Färbezentrifugen ist bald wieder verlassen worden, ebenfalls wird die Bewegung der Flotte durch Dampfstrahl-Injektoren heute nicht mehr angetroffen. Länger hat sich die Beförderungsart der Flotte mittels Druck- oder Saugluft gehalten, aber auch diese ist bei den modernen Apparaten nicht mehr anzutreffen. Höchstens wird bei dem einen oder anderen System beim Einnetzen des Materials, besonders der Spulen und Kettbäume, die Flotte durch Vakuum in das Material gesaugt, was den Vorteil der schnellen Entlüftung und somit schnelles und vollständiges Einnetzen des Materials bringt.

Die Strömung der Flotte durch das Färbegut ist entweder eine ununterbrochen kreisende oder eine abwechselnd hin- und hergehende, wobei in letzterem Falle die Änderung der Strömungsrichtung von Hand, oder in genau gleichmäßigen Zeitabständen durch mechanische oder elektrische Schaltwerke erfolgt. Die wechselnde Richtung des Flottenweges bezweckt eine gleichmäßigere Verteilung der Flotte im Material, um ungleichmäßigen Durchfärbungen möglichst vorzubeugen, die bei einseitiger Flottenrichtung durch Entstehung von Kanälen, welche der Flotte geringeren Widerstand bieten, eher möglich ist.

Weil im Laufe der Entwicklung der Apparatefärberei sich für die Wolle und Baumwolle verschiedene Apparattypen herausgebildet haben, die für die einzelnen Verarbeitungsstadien der Fasern im Prinzip gleich, mit Rücksicht auf die Verschiedenartigkeit der Fasern und der dadurch bedingten Arbeitsweise in der Bauart aber voneinander abweichen, sollen im folgenden die Apparate nach Wolle und Baumwolle getrennt behandelt werden, und zwar je nach dem Verarbeitungsstadium in der vorher schon angedeuteten Reihenfolge:

Packapparate,
Hängeapparate,
Aufsteckapparate,

wobei auch der geschichtlichen Entwicklung kurz gedacht sein soll.

A. Die Musterentnahme beim Färben in Apparaten.

In fast allen Fällen ist der Färber gezwungen, seine Aufträge genau nach einer Farbvorlage zu färben, namentlich in Lohnfärbereien ist dies die Regel. Dort, wo gewisse Farbtonabweichungen ohne Bedeutung sind, kann der Färber wohl auch nach einem gut eingestellten „Rezept" arbeiten und die sich dabei immer ergebenden Abweichungen vernachlässigen.

Die absolut genaue Reproduzierung einer Färbung nach gleichem Rezept und gleichem Material ist technisch gar nicht möglich, denn die Färbevorgänge sind von so vielen, manchmal kleinlichen Dingen abhängig, daß die Außerachtlassung irgendeines dieser „Imponderabilien" ändernd auf den Farbton wirkt. Der Färber wird demnach fast stets durch ein der Partie entnommenes Muster sich von der Färbung überzeugen und mit kleinen Farbstoff-Nachsätzen genau auf Muster färben müssen.

Die Musterentnahme ist in offenen Bottichen einfach, weil das ganze Färbegut an jeder Stelle frei zugänglich ist. In Färbeapparaten dagegen gestaltet sich die Musterentnahme weniger einfach. Alle Apparate besitzen an zweckentsprechender Stelle Musteröffnungen, durch welche die Proben genommen werden können.

Bei losem Material, Kammzug oder Kardenband steckt man die Proben in kleine Gazebeutel, die an langen Schnüren befestigt sind. Diese Gazebeutel werden dann so zwischen das Material gesteckt, daß sie sich leicht herausziehen lassen.

Bei Stranggarn, das in Apparaten nach dem Hängesystem gefärbt wird, befestigt man dünne Strängchen an langen Schnüren und mit einem Faden des Materials am unteren Stab. Auf diese Weise erhält man Muster, die zwischen dem Garnblock hängend genau im Ton der Partie gefärbt sind. Zur ersten groben Musterung kann man auch Garnteile, ebenfalls an Schnüren gebunden, oberhalb des Garnblocks schwimmend im Bade belassen, die Muster stimmen aber nie ganz genau mit der Partie überein, und ist zur Feinnuancierung immer die Musterung nach der ersten Art erforderlich. Kreuzspulfärbungen werden zur Musterung so vorbereitet, daß man dünne Fadenbündel des zu färbenden Garnes mit Hilfe einer Sacknadel durch die Garnschicht einer Spule zieht. Man achte aber darauf, daß die Fadenbündel, die zum bequemen Herausziehen an langen Schnüren angebunden sind, breit und nicht wie eine dicke Kordel durch die Garnschicht der Spule gezogen werden, andernfalls entsteht innerhalb der Garnschicht eine harte Stelle, die der Farbflotte geringeren Durchlaß gewährt, die Muster, die über den Stand der Färbung Aufschluß geben sollten, sind dann alle zu hell. Man kann aber auch so vorgehen, daß man eine ganze Spule herausnimmt und etwas Garn abwickelt oder die oberste Schicht abstreift.

B. Apparate für die Wollfärberei.

Allgemeines. Die Beanspruchung der einzelnen Wollfasern beim Färben in ruhender Flotte ist durch die Bewegung des Materials so groß, daß eine gewisse Verfilzung der Fasern nicht zu verhindern ist. Diese von der Art und der Dauer der Behandlung in den Färbebädern abhängige „Ineinander-Verschlingung" der Fasern wird um so größer sein, je feiner und somit wertvoller das Material ist. Nichts ist für die Wolle nachteiliger als langes Hantieren in kochenden Färbebädern, darum sind die Vorteile der Apparatefärberei ganz besonders für die Wollindustrie von größter wirtschaftlicher Bedeutung, denn das festliegende Material kann durch die ruhig hindurchzirkulierende Flotte nicht im geringsten verfilzt werden und die Fasern behalten alle natürlichen Eigenschaften der Weichheit, Geschmeidigkeit, Kräuselung usw. bei.

Vermöge ihres chemischen und physikalischen Aufbaues verhält sich die Wollfaser in den heißen Färbebädern grundverschieden von der Baumwolle, obwohl bei beiden Fasern der durch das eindringende Wasser der Flotte hervorgerufene Quellungsgrad nicht sehr voneinander verschieden ist. Baumwolle ballt sich in den Färbebädern zu festen, harten Massen zusammen, Garnwickel werden in Wasser steinhart und bieten dem Flottendurchgang erheblichen Widerstand. Dagegen bleibt die Wolle infolge ihrer Elastizität und Formbarkeit in heißem Wasser weich. Wollfasermassen behalten auch im nassen Zustande ein lockeres, von der

Flotte leicht zu durchdringendes Gefüge. Darum ist es bei Wollfärbe-apparaten möglich, mit geringerem Pumpendruck als bei der Baumwolle auszukommen, ja der geringere Pumpendruck zeitigt bessere Resultate in der Schonung des Materials, denn durch starkes Zusammenpressen in kochenden Flotten verliert die Wolle ihre Weichheit, Geschmeidigkeit, Spinn- und Walkfähigkeit, da die länger kochendheiße Behandlung im gepreßten Zustande einer starken Dekaturwirkung gleichkommt. Hieraus erklärt sich auch, daß man mancherorts von der alten Färbeweise der losen Wolle im offenen Kessel, also im schwimmenden Zustand, auch heute noch nicht abgehen will.

Die Verarbeitungsformen der Wolle, welche in Apparaten mit krei-sender Flotte gefärbt werden, sind sowohl lose Flocke und Kammzug als auch fertiges Gespinst in Form von Stranggarn und auf Spulen. Die Färbeapparate für die verschiedenen Faseraufmachungen sind in der Konstruktion oft sehr voneinander abweichend. Sind sie für universelle Verwendung eingerichtet, so sind doch die Materialträger den jeweiligen Bedürfnissen des Materials angepaßt.

Färbeapparate für lose Wolle. Für sehr viele Textilfabrikate wird die Wolle in der „Flocke" gefärbt. Darunter versteht man die von den Scha-fen geschorene „Vliese" und auch die Abgänge der Wollkämmerei, die sich aus kleinen Fasern zusammensetzen.

Bevor die vom Schafe geschorenen Vliese der Färberei zugeführt werden können, müssen die in ihnen enthaltenen Verunreinigungen, und zwar sowohl die von außen in sie hineingekommenen mechanischen (Staub, Sand, Stroh und Pflanzenteile, Kot) als auch die aus dem Körper des Tieres selbst stammenden, der Wollschweiß und das Wollfett, aus ihnen entfernt werden.

Bei der sog. „rückengewaschenen" (Wolle von Schafen, die vor der Schur gewaschen wurden) und bei den sog. „scoured"-Wollen (nach der Schur wurden die zusammenhängenden Vliese mit warmem Wasser ausgelaugt) ist ein großer Teil der mechanischen Verunreinigungen und des Wollschweißes schon entfernt.

In der Schweiß- oder Schmutzwolle sind aber noch alle Verunreini-gungen, die bis zu 50 % und noch mehr betragen können, enthalten und durch die Vorwäsche zu entfernen.

Nach der Sortierung, die reine Handarbeit ist, und die nach der Faserfeinheit in verschiedenen Qualitäten erfolgt, geht das Material durch einen Schweißwollöffner, in welchem die durch Schmutz verkleb-ten Fasern gelockert und z. T. schon die gröbsten mechanischen Ver-unreinigungen entfernt werden; dann erfolgt die Vorwäsche.

Das Waschen der Rohwolle. Es ist ein alter Erfahrungsgrundsatz, daß zur Erlangung eines tadellosen Färberesultates auf unversponnener Wolle ein gut gewaschenes Material vorliegen muß. Jede in der Wolle

zurückbleibende Verunreinigung verklebt durch das saure Färben die
Fasern noch mehr und stört die nachfolgenden Arbeitsgänge. Darum
soll die Rohwollwäsche, soweit sie für den Färber von Wichtigkeit ist,
in den wesentlichen Zügen behandelt werden.

Da der Fettschweiß der Rohwolle z. T. aus wasserlöslichen Salzen
(Pottasche), z. T. aber aus schwerlöslichen oder überhaupt nur emulgier-
baren Fettbestandteilen besteht, zerfällt das Waschen der Wolle in das
Einweichen und den eigentlichen Waschprozeß. Bei ersterem lösen sich
die wasserlöslichen Substanzen, beim Waschen werden die Fettbestand-
teile emulgiert und durch das nachfolgende gründliche Spülen wird dann
die Faser von der überschüssigen Waschlauge befreit. Völlig entfettet
wird die Wolle dabei nicht, darf auch nicht erfolgen, denn ein Mindest-
fettgehalt von 1—2% ist unbedingt für die Erhaltung der Geschmeidigkeit der Faser erforderlich.

Die in der Praxis üblichen Wollwaschmethoden sind außerordentlich
verschieden und abhängig

    1. von der Herkunft und der Beschaffenheit der rohen Wolle,

    2. von der Reinheit des zur Verfügung stehenden Wassers,

    3. von den verwendeten Waschmitteln,

    4. von der Waschmaschine und

    5. von der Temperatur, bei welcher gewaschen wird.

Bestimmte Regeln lassen sich dabei nicht aufstellen, da diese fünf
Faktoren außerordentlich verschieden sind. Wichtig ist eine gute Seife in
möglichst weichem Wasser zu verwenden und nachfolgendes gutes Ausspülen. Zweckmäßig sind ein genügend großer Einweichbottich, zwei
Waschbehälter hintereinander mit entsprechendem Nachsatz der Wasch-
mittellösung während der Wäsche und die Rundspülmaschine. Die
Temperatur der Waschbäder ist für feineres Material 48° C, für gröberes
bis 55° C.

Alle Behälter müssen jeden Abend gereinigt und die Waschflotten vor
Arbeitsbeginn frisch angesetzt werden. Die Zurückgewinnung der Pottasche und des Wollfettes aus den Bädern, die für große Wollwäscherei-
betriebe sehr wichtig ist, sei hier nur nebenbei erwähnt. Darüber besteht ein umfangreiches Schrifttum, auf das einzugehen hier zu weit
führen würde.

In neuerer Zeit ist darauf hingewiesen worden, daß gerade beim
Waschen der Schweißwolle die Seife wegen ihrer Unbeständigkeit gegenüber den Härtebildnern des Wassers äußerst störend wirkt, daß nieder-
geschlagene Kalkseife gewisse Farbstoffe bindet und so Anlaß zu ab-
schmutzenden Färbungen und verklebten Fasern gibt, die in der Spinnerei
nur schwer zu verarbeiten sind. Kalkseifenausscheidungen können sich
aber auch aus den von der Wolle mitgeführten Verunreinigungen bilden,
die teilweise aus Kalk- und Magnesiumverbindungen bestehen, so daß

also auch bei Verwendung von enthärtetem Wasser beim ganzen Waschprozeß die Gefahr einer Kalkseifenausscheidung besteht.

Die den Waschbädern zugesetzte Soda bietet keinen Schutz gegenüber den Seifenausscheidungen, sie unterstützt wohl die Waschkraft der Seife etwas, schließt aber andererseits die ungeheure Gefahr der Wollschädigung in sich, denn die Wolle ist als ein tierischer, eiweißähnlicher Körper gegen Alkalien äußerst empfindlich. Leider ist eine bei der Wäsche entstehende Alkalischädigung immer erst in den nachfolgenden Verarbeitungsstadien erkennbar, in den seltensten Fällen wird ihre wahre Ursache sofort erkannt, weshalb gewöhnlich derjenige für den Schaden verantwortlich gemacht wird, dessen Abteilung die Ware zuletzt passierte.

Durch Verwendung einer der modernen kalkbeständigen Waschmittel wie Igepon T, Gardinol KD usw. zum Waschen der Rohwolle werden die

Abb. 11. Rundwaschmaschine für loses Material.
(Zittauer Maschinenfabrik A.-G., Zittau.)

unangenehmen Nachteile der Seifenwäsche zum großen Teil ausgeschaltet. Dabei braucht auf die Mitbenutzung der Seife nicht einmal ganz verzichtet zu werden, denn durch diese Mittel wird die Seife derartig stabilisiert, daß Kalkausscheidungen in so feiner Form ausfallen, daß sie beim nachfolgenden Spülen weitgehend entfernt werden. Mit diesen Mitteln allein zu waschen ist nur für die äußerst feinen, empfindlichen Wollqualitäten empfehlenswert. Man verwendet dabei 1—2 g derselben pro Liter Waschflotte. Im allgemeinen wird das Waschen mit einem dieser Waschmittel unter gleichzeitiger Anwendung von etwa 1—2 g Soda im Liter vorgenommen. Dabei wird eine offene, sehr reine und gut entfettete Wolle erzielt. Zweckmäßig ist es, auch dem Spülwasser etwa 0,2—0,3 g der genannten Hilfsmittel pro Liter zuzusetzen. Die von der Wolle noch mitgeführten Verunreinigungen werden dadurch in Schwebe gehalten und können sich nicht auf das Material ablagern. Auch die Verarbeitungsfähigkeit der Wolle wird dadurch günstig beeinflußt.

Zur Wollwäsche stehen den Textilbetrieben mit größerem Tagesbedarf an gewaschener Wolle (von ungefähr 750 und mehr kg reiner Wolle täglich) die sog. Leviathane zur Verfügung. Für Betriebe mit geringerem Tagesbedarf an gewaschener Wolle sind aber die großen Wollwaschbatterien zu unwirtschaftlich, man behilft sich dort meist mit von Hand betriebenen Einweichbottichen und einer Rundspülmaschine, wenn man nicht auf eine Wollwäsche ganz verzichtet und das Material im gewaschenen Zustand kauft.

Zur Vermeidung der Handarbeit, die das Arbeiten in einfachen Einweichbottichen mit anschließender Rundwaschmaschine (Abb. 11) erfordert, baut die Firma F. Bernhardt in Leisnig Wollwaschbatterien für geringe Tagesleistungen, die den großen Leviathanen in der Arbeitsweise und im Aufbau ähnlich sind. Je nach der gewünschten Tagesleistung kommen fünf verschiedene Größen dieser Maschinen in Anwendung, deren Leistung zwischen 75—600 kg reiner gewaschener Wolle in 8 Stunden schwankt.

Diese Maschinen werden von der Firma mit „Hexe" bezeichnet. Hexe 1 ist die kleinste Maschine und leistet etwa 75 kg (s. Abb. 12). Sie besteht aus einem Einweichbottich und einer ovalen Spülmaschine. Der Einweichbottich hat keine Einrichtung zur mechanischen Bewegung der in der Flotte weichenden Wolle. Der eigentliche Reinigungsvorgang erfolgt noch nicht im Einweichbottich, denn hier soll die Wolle in der Hauptsache in der

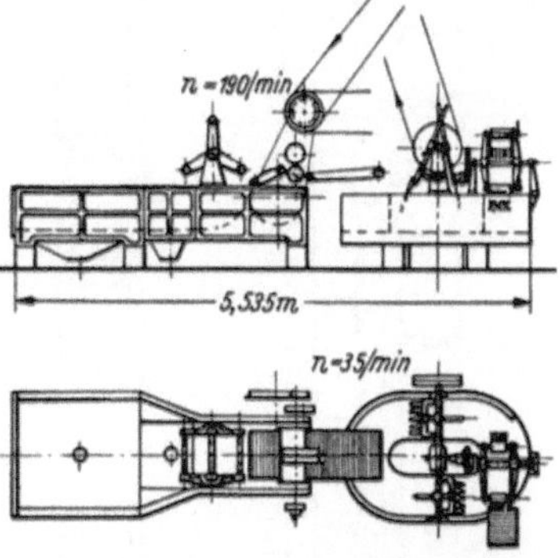

Abb. 12. Hexe 1. Waschmaschine für lose Wolle. Leistung 50—75 kg reine Wolle. (F. Bernhardt, Leisnig.)

warmen Waschflotte liegen und dabei Schweiß und Schmutz aufgeweicht werden. Eine zeitweise Bewegung des Materials von Hand mit einem Stock fördert diesen Vorgang. Nach etwa 25 Minuten Weichen der Wolle wird sie mittels einer Holzgabel nach dem schmäler werdenden Ausheberkanal vorgeschoben. Der Ausheber und damit auch die Wollpresse werden in Betrieb gesetzt. Der Ausheber legt die ausgegabelte Wolle auf den Zuführlattentisch der Wollpresse. Beim Passieren der Quetschwalzen werden der aufgeweichte Schmutz und die mitgeführte Lauge von der Wolle abgepreßt. Vom Ausgangstisch der Presse fällt die Wolle in die ovale Spülmaschine, bei der inzwischen das Gabelwerk in Betrieb gesetzt wurde. In dieser Maschine wird die Wolle mit fließendem Wasser gespült, und zwar je nach Art und Schmutzgehalt der Wolle 20—30 Minuten lang. Man hat es ganz in der Hand, durch entsprechende Bemessung der Spüldauer die Wolle so lange zu spülen, bis sie tadellos rein ist. Ist dies erreicht, so wird der an der Spülmaschine befindliche selbsttätige Aushebeapparat ebenfalls in Betrieb gesetzt. Das Gabelwerk der Maschine arbeitet dabei weiter und treibt die Wolle den Gabeln des Aushebeapparates zu. Der Ausheber liefert die ausgegabelte Wolle über einen Lattentisch in Transportkörbe oder sonstige Behälter ab.

Ist die Spülmaschine leer gegabelt, so werden Wollpresse und Ausheber des Einweichbottichs wieder in Tätigkeit gesetzt und die Spüle, deren Ausheber stillgesetzt wurde, aufs neue gefüllt. So geht wechselweise der Betrieb in der Spüle vor sich, bis die im Einweichbottich eingeweichte Wolle sämtlich die Wollpresse passiert hat. Man füllt dann den Einweichbottich wieder von neuem mit Schmutzwolle und der Betrieb zwischen diesem und der Spülmaschine geht dann wechselweise weiter.

Die Maschinen mit größerer Tagesleistung haben neben entsprechend größeren Einweichbottichen zwischen diesen und den Spülmaschinen selbsttätige Wollwaschbottiche eingeschaltet, in welchen die vom Einweichbottich kommende Wolle in warmer, mit Waschchemikalien versetzter

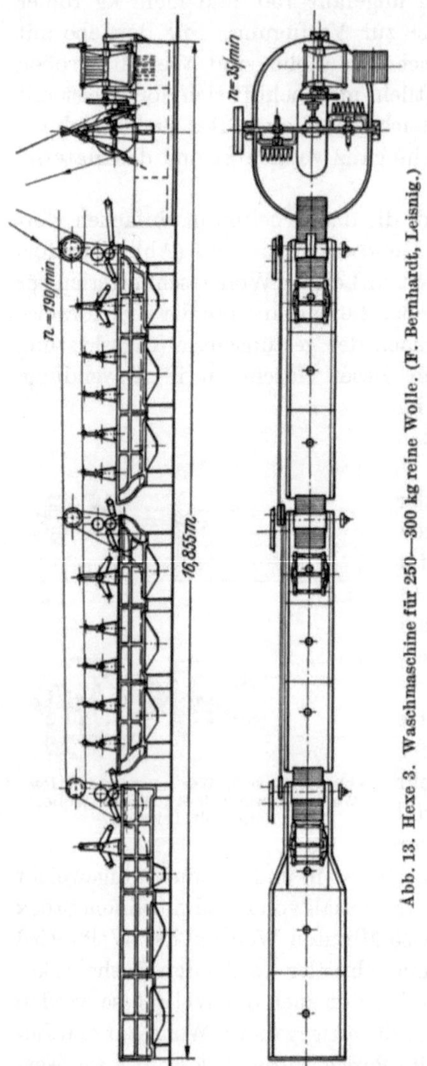

Abb. 13. Hexe 3. Waschmaschine für 250—300 kg reine Wolle. (F. Bernhardt, Leisnig.)

Flotte gewaschen wird. Diese Waschbottiche, von welchen je nach Größe der Maschinen bis zu drei vorhanden sind, besitzen je vier Transportgabeln, welche die Wolle vorwärts bewegen und dabei eine starke mechanische Wirkung ausüben. Am Ende eines jeden Waschbottichs sitzt wieder eine Wollpresse genau wie beim Einweichbassin. Die Transportgabelwerke der Waschbottiche arbeiten so, daß sie ganz selbsttätig die von der Presse des vorhergehenden Bottichs in das Waschbad fallende Wolle durch das Bassin bewegen, wo sie durch einen Selbstausheber der Wollpresse zugeführt wird. So hat z. B. die Hexe 3 neben dem Einweichbottich zwei Waschbassins mit je vier Transportgabeln und einer ovalen Spülmaschine. Während ihres Weges durch die Maschine wird die Wolle dreimal abgequetscht·und unterliegt außerdem einer verstärkten mechanischen Waschwirkung durch die vorhandenen 2 ×4 Transportgabeln. Ihre Leistung beträgt 250—300 kg reine Wolle in 8 Stunden. Abb. 13 zeigt diese Maschine im Schnitt.

Überguß-Färbeapparate. Die Färbeapparate für lose Wolle sind meist einfachster Konstruktion, in welchen das Material ohne Pressung zwischen Siebboden und einem lose aufliegenden Siebdeckel ruht. Zur Durchdringung der Materialschicht wird in erster Linie die Schwerkraft ausgenützt, indem die über das Material gehobene Flotte durch dieses hindurchsickert.

Der einfachste und älteste bekannt gewordene Apparat dieser Art ist der von Alfred Dreze in Pepinster, der unter D.R.P. 65 976 geschützt wurde (s. Abb. 14).

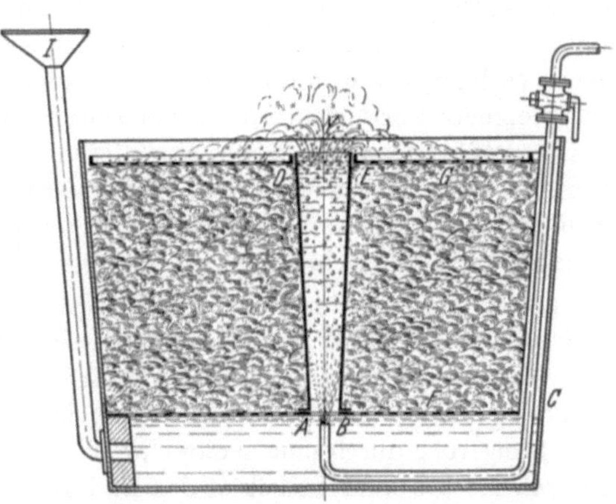

Abb. 14. Überguß-Färbeapparat mit Injektorbetrieb von Alfred Dreze.

Dieser Apparat, der heute jede Bedeutung verloren hat, besteht aus einem Steigrohr $ABDE$, das mit dem Siebboden F verbunden ist. Ringförmig um das Steigrohr wird in dem Bottich C das Material eingelegt und mit dem Deckelsieb G abgedeckt.· Ein Dampfinjektor mündet von unten in das nach oben sich erweiternde Steigrohr. Wenn das Dampfventil geöffnet wird, nimmt der Dampfstrahl die Farbflotte mit nach oben, wo sie gegen ein kleines Schirmdach stößt, von dem sie sich glockenförmig über das Deckelsieb ergießt und von da durch das Material in den Raum zwischen Bodensieb und Bottichboden sickert, um aufs neue im Kreislauf das Material zu durchströmen. Durch das mit Trichter versehene Rohr I kann die Farbflotte verstärkt werden.

Dieser Drezesche Apparat wurde mit verschiedenen Abänderungen auch von anderen Firmen gebaut. Man brachte den Injektor und das Flottensteigrohr außerhalb des Färberaumes an, baute die Apparate statt rund eckig, obwohl für Holz die runde Faßbindung die einfachste und billigste Bauart ist; man gab den Bottichen Einsätze, in welchen zwischen Siebboden und -deckel die Ware gepackt wurde. Die

Einsätze ermöglichten durch Herausnehmen nach dem Färben eine größere Produktion, wenn ein zweiter Einsatz vorhanden war.

Bei allen diesen Apparaten diente ein Dampfinjektor als Betriebskraft, der die Stoßkraft des Dampfes ausnutzte, um den Kreislauf der Flotte zu bewirken. Außerdem heizt aber der Dampf, so daß die Einhaltung bestimmter niedriger Temperaturen nicht möglich war, selbst ein langsames Erhitzen, wie es bei Anwendung schwer egalisierender Farbstoffe unerläßlich ist, gestatteten diese Injektorapparate nicht, denn die lebhafte Flottenbewegung, die bei solchen Farbstoffen notwendig ist, erheischt starke Dampfzufuhr. Immerhin haben diese Apparate eine ziemliche Verbreitung gefunden, denn bei losem Material wird eine Ungleichheit der Farbe durch den späteren Spinnprozeß wieder ausgeglichen.

Die färberischen Schwierigkeiten, die hauptsächlich durch den ungleichen Farbausfall zum Ausdruck kamen, führten dazu, durch Einbau von Pumpen oder Propellern in den Kreislauf der Flotte die Erwärmung derselben unabhängig von deren Förderung zu machen und diese beliebig zu regulieren. Außerdem gestattete die energischere Flottenzirkulation auch schwerer zu egalisierende Farben auf diesen Apparaten zu färben; verbessert wurde die Gleichmäßigkeit des Farbausfalls, wenn durch geeignete Vorrichtungen die Flottenrichtung beidseitig durch das Material geführt werden konnte. Von diesen mit mechanischer Flottenförderung ausgerüsteten Apparaten sind eine ganz Anzahl verschiedener Typen entwickelt worden, auch der älteste bekannte Färbeapparat von Weber (Abb. 1) gehört hierher.

Ein nach diesem Prinzip arbeitender Apparat wurde im Jahre 1901 der Firma Eduard Esser & Co. in Görlitz unter D. R. P. 131 705 geschützt, der auch heute noch fast ausschließlich für das Färben der losen Wolle Anwendung findet. Die Flottenförderung besorgt bei diesem Apparat ein im Steigerohr durch eine senkrechte Welle angetriebener Propeller, der durch Rechts- und Linkslauf das Bad abwechselnd von oben nach unten und umgekehrt von unten nach oben durch das Material fördert. Der Apparat besteht aus einem runden Holzbottich, unter dem unteren Siebboden aus Kupfer befindet sich das Dampfheizrohr. Mit dem Siebboden ist das kupferne Steigrohr verbunden, in welchem der Propeller aus Phosphorbronze mit seiner Welle eingebaut ist. Bei der ältesten Ausführung dieses Apparates wird der Propeller durch Seilantrieb von einem seitlich am Bottich befindlichen Vorgelege getrieben. Bei der heutigen Bauart ist dieser Seilantrieb durch eine auskuppelbare horizontale Welle ersetzt, die entweder durch ein seitlich angebrachtes Vorgelege oder durch einen direkt gekuppelten Elektromotor getrieben wird. Der kupferne Siebdeckel läßt sich über das Flottensteigerohr streifen und gestattet im hochgehobenen Zustande ein bequemes Beschicken und Entleeren des Bottichs. Er ist am Umfang mit Sperrklinken ausgerüstet, welche in entsprechend geformte, im Bottich befestigte Bronzezahnstangen eingreifen. Der Siebdeckel stellt sich dadurch in der Höhe selbsttätig für jedes Materialquantum ein und folgt der beim Färben zusammensinkenden Wolle nach. Gegen das Abheben durch den Flottendruck ist er aber gesichert. Durch den geringen Druck des Siebdeckels und den geringen Flottendruck der Propeller bleibt die Wolle vor Dekatureffekten bewahrt, wodurch die Elastizität, Offenheit und Spinnfähigkeit der Faser voll erhalten bleibt. Abb. 15 zeigt diesen Apparat in Ansicht und Abb. 16 im Querschnitt.

So einfach dieser Apparat im Aufbau und Unterhaltung ist, so birgt er durch die Verwendung von verhältnismäßig viel Kupfer und Bronze die gefürchteten Gefahren der Metallfleckenbildung auf dem Material in sich. Wenn auch die Metallflecken bei mittleren und dunkleren Nuancen auf loser Wolle nicht sehr störend wirken, da sie durch den Spinnprozeß fast ganz verschwinden, sind sie bei hellen Farbtönen sehr unerwünscht. Man hat deshalb unter möglichster Vermeidung von Metall rechteckige Färbeapparate gebaut, in welchen nur der Propeller und seine Antriebswelle aus Bronze bestehen. Diese Bottiche sind durch Zwischenwände derartig

Abb. 15. Färbeapparat für lose Wolle, Lumpen usw. (Eduard Esser & Co. G. m. b. H., Görlitz.)

unterteilt, daß in ein oder zwei größeren Räumen das Material eingepackt wird, während ein kleiner schmaler Raum der Flottenzirkulation dient, in dem auch die Heizrohre untergebracht sind. In diesem Heiz- oder Mischraum werden nachzusetzende Chemikalien- und Farbstofflösungen mit der Flotte weitgehend vermischt, so daß sie nicht in konzentrierter Form auf das Material gelangen und dort Flecken hervorrufen können. Auch die Unterbringung der Heizrohre in diesen Raum ist von großem Vorteil, weil ein evtl. beim Kochen zugeführter überschüssiger Dampf nicht direkt auf das Material trifft, das dadurch an den getroffenen Stellen stark verfilzt würde. Ferner können in Appa-

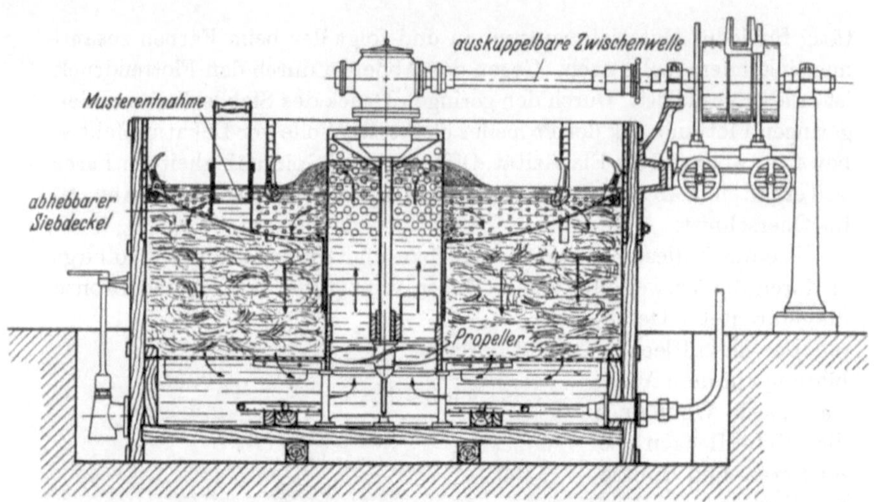

Abb. 16. Schnitt durch den Färbeapparat für lose Wolle. (Ed. Esser & Co. G. m. b. H. Görlitz.)

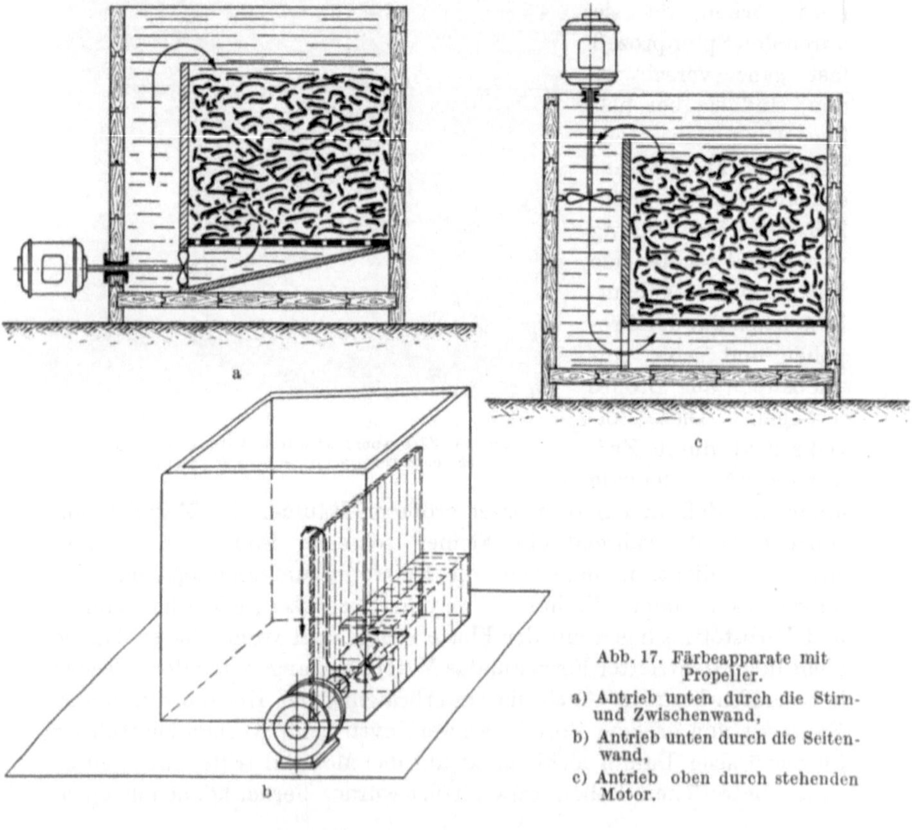

Abb. 17. Färbeapparate mit
Propeller.

a) Antrieb unten durch die Stirn-
und Zwischenwand,

b) Antrieb unten durch die Seitenwand,

c) Antrieb oben durch stehenden
Motor.

raten dieser Bauart besondere Materialträger verwendet werden, die außerhalb der Apparate zu beladen und entleeren sind, während ein anderer Materialträger sich im Apparat befindet und gefärbt wird. Dadurch ist eine bedeutend größere und schnellere Produktion erreichbar. Zum Schluß bietet diese Apparatkonstruktion den nicht zu unterschätzenden Vorteil, durch Verwendung entsprechend gebauter Materialträger auch Kreuzspulen im Pack- und Aufstecksystem sowie auch Stranggarn darin färben zu können.

Die bei diesen Apparaten anfänglich zur Flottenförderung angebaute Pumpe wurde durch Propeller ersetzt, da der damit erzeugte Druck,

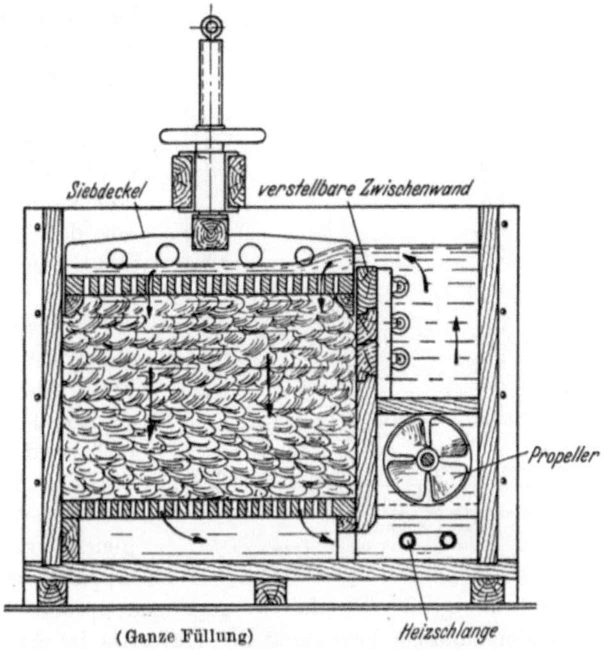

Abb. 18 a. Färbeapparat für lose Wolle, Lumpen usw.
(Ed. Esser & Co. G. m b. H. Görlitz.)

der allerdings viel geringer ist als bei Pumpen, trotzdem genügt, um die Flotte durch das lose geschichtete Material zu befördern.

Die Anordnung der Propeller-Antriebswelle ist entweder horizontal, und zwar so, daß der Propeller in einem entsprechend großen Loch der Zwischenwand läuft (Abb. 17a) oder er geht seitlich in den Mischraum, der aber dann nochmals durch einen Boden horizontal unterteilt ist, wobei der dadurch entstehende untere Raum wiederum durch eine Lochwand, in welcher der Propeller läuft, vom Färberaum getrennt ist (Abb. 17b). Eine dritte Anordnung verwendet den Vertikalantrieb, wobei ein hängend befestigter Motor den auf langer, fliegender Welle sitzenden Propeller treibt (Abb. 17c). Nach dem hohen Stand der heutigen Elektromotorentechnik ist dies der idealste Antrieb für Wollfärbeapparate, da er jede Stopfbüchse mit ihren Nachteilen vermeidet. Schmierfett kommt bei entsprechendem Bau des Motors und seiner Lager nicht in die Farbflotte, wo es sonst zu bösen Flecken Anlaß geben könnte.

Der in den Abb. 18a und 18b im Schnitt gezeigte Apparat der Firma Eduard Esser & Co. in Görlitz, weist noch den Vorteil auf, daß die Scheidewand verstellbar ist, d.h. sie kann durch Wegnahme entsprechender Leisten verkleinert werden, so daß auch das Färben kleinerer Partien bei gleichem Flottenverhältnis möglich ist, nur muß, wenn wieder größere Partien gefärbt werden sollen, für gute gegenseitige Abdichtung der wiedereingefügten Leisten gesorgt werden, andernfalls kann es passieren, daß die Flotte durch die Undichtigkeiten tritt und die oberste Schicht der Ware zu wenig Flotte erhält und ungenügend durchgefärbt wird.

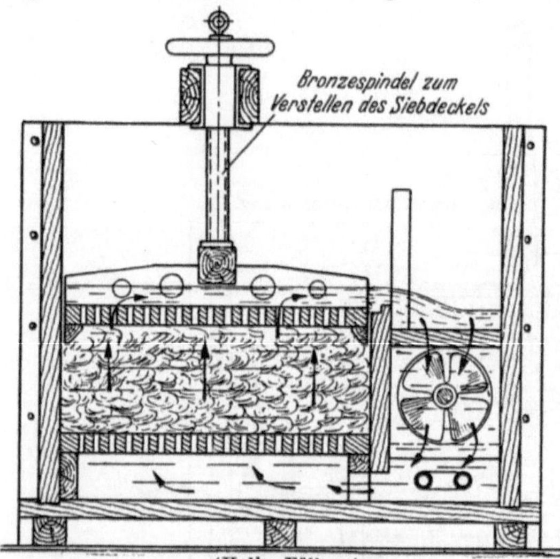

(Halbe Füllung)
Abb. 18b. Färbeapparat für lose Wolle, Lumpen usw.
(Ed. Esser & Co. G. m. b. H., Görlitz.)

Beim Einpacken der losen Wolle, ganz gleich um welchen Apparat es sich dabei handelt, muß mit großer Sorgfalt vorgegangen werden. Man muß für möglichst gleichmäßige Verteilung des Materials im Apparat sorgen, auch ist ein starkes Zusammenpressen der Ware tunlichst zu vermeiden, besonders, wenn es sich um feine Qualitäten handelt, da sich durch festes Pressen unter der Einwirkung des kochenden Färbebades ein Dekaturprozeß einstellt, der die Spinnfähigkeit und Haltbarkeit der Wolle beeinträchtigt. Die im feuchten Zustande zum Färben kommende, also vorgewaschene Wolle, bedarf in der Regel keiner Pressung; trockene Wolle, die in diesem Zustand ein großes Volumen einnimmt, wird während des Einpackens mit Wasser übergossen, wobei sie genügend stark zusammensinkt. Nur für grobe Wollen und bei Apparaten, welche die Flotte unter Druck durch das Material fördern, wendet man ein Zusammenpressen an. Bei diesen mit Druck arbeitenden Apparaten ist es aber nicht zu verhindern, daß die im Material eingeschlossene Luft nicht restlos entweichen kann. Die zurückbleibenden Luftbläschen verwehren der Flotte den Zutritt zur Wolle an diesen Stellen, wodurch dann überall kleinere und größere ungefärbte Flecken entstehen. Solche mit Druck arbeitenden Apparate sind die in Abb. 79 auf S. 126 gezeigten sog. Obermaier-Apparate, wenn sie aus Kupfer und Bronze gebaut sind. Sie werden aber heute nicht mehr sehr viel für die Zwecke der Wollfärberei verwendet.

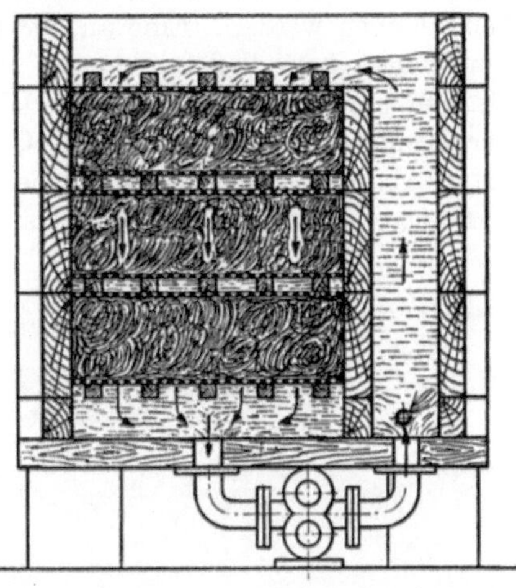

Abb. 19. Färben loser Wolle in mehreren Schichten.

Bei feinen und feinsten Wollqualitäten ist das Färben in einer höheren Schicht, das sonst bei loser Wolle allgemein üblich ist, nicht zweckmäßig. Je feiner das Material, desto mehr sinkt es beim Färben zusammen und desto schwieriger ist es der Flotte gemacht, überall gleichmäßig hinzugelangen. Darum ist das Packen in mehreren dünneren Schichten durch Einlegen von gelochten Zwischenböden, wie es in Abb. 19 angedeutet ist, sehr vorteilhaft. Dadurch wird eine gleichmäßige Färbung bei größter Schonung, auch der feinen Wollqualitäten, ermöglicht.

Küpenfärbeapparate für lose Wolle. Eine besondere Apparategattung für lose Wolle ist die sog. Zirkulationsküpe, welche für das Färben mit Indigo und den Wollküpenfarbstoffen Verwendung findet. Diese Farbstoffgruppe gewinnt immer mehr an Bedeutung, wird doch durch das lauwarme, nur schwach alkalische Bad die Wollfaser in ihren geschätzten Eigenschaften in keiner Weise beeinträchtigt und ganz besonders wird

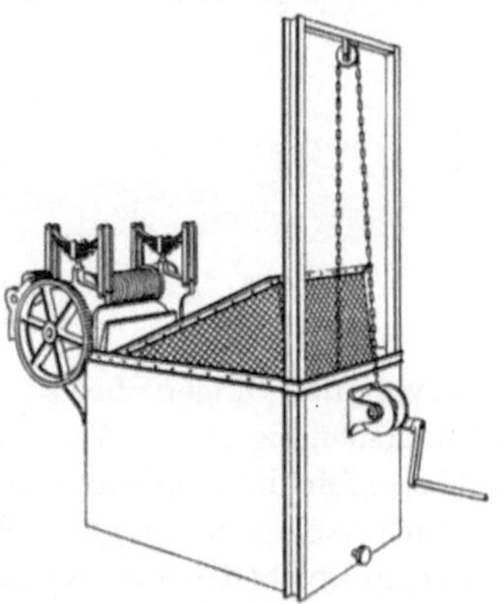

Abb. 20. Ältester Küpenfärbeapparat für lose Wolle.

die vorzügliche Spinnfähigkeit derart gefärbter Wollen geschätzt.

Der erste Apparat dieser Art war ganz für die Zwecke der Indigofärberei von der Firma Wagner & Hamburger in Görlitz gebaut worden, die ihn unter D.R.P. 182 388 im Jahre 1902 geschützt bekam. Dieser

Apparat hatte noch keine Pumpe zur Flottenbewegung. Ein korbartiger Materialträger ist, wie die Abb. 20 erkennen läßt, auf der einen Seite drehbar mit der Bottichwand verbunden und kann mittels einer Winde um die Gelenkbolzen gedreht, d.h. in die Flotte gesenkt bzw. aus derselben gehoben werden. Eine an der Bottichwand montierte oder auf einem Wagen befindliche Quetsche dient zur Entfernung der überschüssigen Flotte aus der gefärbten Wolle, welche aus dem gehobenen Materialbehälter direkt zwischen die Quetschwalzen gebracht wird. Das sofortige Abquetschen nach dem Färben mit Küpenfarben ist notwendig, weil die Oxydation anderenfalls langsamer und unvollkommen vor sich

Abb. 21. Mechanische Färbeküpe mit Pumpe und Quetschwerk.
(Zittauer Maschinenfabrik A.-G., Zittau.)

geht, vor allen Dingen aber zur Verhütung reibunechter Färbungen, denn die überschüssig in der Ware zurückbleibende Flotte scheidet den Farbstoff oberflächlich auf die Faser ab, was die Reibunechtheit verursacht.

Nach Verlassen der Quetsche fällt das Material in darunter gestellte Körbe, in welchen es zur Oxydation sich selbst überlassen bleibt. Danach erfolgt entweder ein Waschen auf der Rundwaschmaschine, wie sie Abb. 11 auf S. 54 zeigt, oder das Material wird zur Vertiefung des Farbtones wieder in die Küpe zurückgebracht, es erhält den zweiten Zug. Solcher Züge sind beim Indigo, der eine verhältnismäßig geringe Affinität zur Faser hat, drei oder vier nötig, wenn dunkle Färbungen ausgeführt werden müssen. Wegen dieses mehrmaligen Zurückgehens in die Küpe brauchten die alten Färbeküpen keine Flottenzirkulation, denn eine zunächst auftretende Ungleichmäßigkeit wurde durch den nächsten Zug ausgeglichen.

Die neueren Wollküpenfarbstoffe besitzen eine größere Affinität zur Faser und können durch die modernen Färbeverfahren auch in einem Zug in tiefen Tönen ausgefärbt werden. Aus diesem Grunde müssen die dafür benötigten Apparate Flottenzirkulation besitzen, um auch in einem Arbeitsgang eine möglichst gleichmäßige Färbung zu erreichen. Die modernen Wollfärbeküpen sind darum alle mit einer Pumpe versehen. Abb. 21 zeigt einen solchen Apparat der Zittauer Maschinenfabrik A.-G. mit angebauter Quetsche, dessen Prinzip der alten, oben beschriebenen Küpe genau entspricht. Eine seitlich angebrachte Pumpe befördert die Flotte wechselseitig durch das Material. Der Materialträger ist am Boden gegen das äußere Färbegefäß abgedichtet, wodurch die Flotte gezwungen wird, das zwischen Siebboden und -deckel ruhende Material in wechselnder Richtung zu passieren.

C. Apparate für die Kammzugfärberei.

Allgemeines. Die Wollkämmerei, eine Vorstufe der Spinnerei, kämmt auf verschiedenen Maschinengruppen aus der rohen, nach Faserfeinheit sortierten, vorher gewaschenen und getrockneten Wolle alle mechanischen Verunreinigungen und die kurzstapeligen Fäserchen heraus. Das Endprodukt der Wollkämmerei ist ein lockeres Band parallel nebeneinander liegender, je nach Qualität gleichmäßig feiner und langer Wollfasern. Dieses Faserband ist der Kammzug, eine Vorstufe der Kammgarne.

Die Kammzugfärberei, gewöhnlich eine Abteilung der Kammgarnspinnereien, hat, wie bei der losen Wolle, den Vorteil, daß Ungleichmäßigkeiten in der Farbe durch den nachfolgenden Spinnprozeß so vermischt werden, daß sie im fertigen Garn nicht mehr bemerkbar sind. Ein peinlich mustergetreues Färben ist bei den für Kammzug meist verwendeten echten Farben nicht immer möglich, auch gar nicht erforderlich, da geringe Abweichungen durch ein gemeinsames Weiterverarbeiten mit einer zweiten, evtl. dritten, entsprechend anders gehaltenen Partie sich leicht verbessern lassen. In der Praxis der Kammzugfärberei geht man zur Erreichung der Musterkonformität gewöhnlich so vor, daß man z.B. eine Partie von 600 kg in vier Unterpartien von je 150 kg einteilt und jede für sich färbt. Stimmt die erste nicht genau nach Muster, wird nicht nuanciert, sondern aus dem Apparat herausgenommen. Dagegen wird bei der zweiten Partie der Farbstoffverbrauch so geändert, daß die erste Abweichung ausgeglichen wird, stimmt auch die zweite Partie noch nicht recht, so wird auch diese nicht nuanciert. Bei einiger Übung wird man die dritte Partie in ziemlicher Übereinstimmung mit dem Muster herausbringen. Nun werden von allen drei Partien gleichschwere Muster durch Zusammenkrempeln mittels Handkratzen gleichmäßig zusammengemischt, evtl. auf Musterfilzmaschinen ein Filzmuster gemacht und mit der Vorlage verglichen. Hierbei wird sich in den meisten Fällen immer noch ein Nuancenunterschied zeigen. Die vierte Partie muß nun aber so gehalten werden, daß die noch bestehende Abweichung vom Muster durch die Zumischung der letzten Partie ausgeglichen wird. Man erhält auf diese Weise ohne langwieriges, faserschädigendes Nuancieren musterkonformes Material mit guter Spinnfähigkeit.

Im Kammzug gefärbte Wolle erlaubt die Herstellung großer Mengen absolut gleichmäßig gefärbter Garne, die in der Garnfärberei in einer einzigen Partie überhaupt nicht gefärbt werden könnten. Auch die Herstellung melierter und buntgezwirnter Kammgarne erfolgt nur über die Kammzugfärberei. Die so hergestellten Garne, besonders die weichen, offenen sog. Zephirgarne, wie sie die Strickwarenindustrie verbraucht, und die Handarbeitsgarne sind offener und voluminöser als die im Strang gefärbten Garne gleicher Qualität. Denn ganz besonders bei den feinen Qualitäten tritt trotz größter Sorgfalt beim Färben der Garne, auch in Apparaten, eine leichte Verfilzung der Fasern ein, die bei kammzuggefärbter Wolle gänzlich entfällt. Andererseits aber zeigt der gefärbte Kammzug eine geringere Spinnfähigkeit gegenüber ungefärbtem Zug, die besonders bei Färbungen mit Chromentwicklungsfarbstoffen unter Umständen recht unangenehm sein kann.

Entwicklung der Kammzug-Färbeapparate. Bei der Kammzugfärberei handelt es sich nicht allein darum, der Wolle den verlangten Farbton zu geben, sondern das Material muß nach dem Färben die Eigenschaft besitzen, die ein gutes und regelmäßiges Spinnen ermöglichen, und welche zur Hauptsache in Weichheit, Offenheit und Egalität des Zuges bestehen. Unter letzter Eigenschaft ist hier nicht die egale Färbung gemeint, sondern die, daß der Zug nicht verzogen ist und keine dicken und dünnen Stellen aufweist. Die Beibehaltung der oben geschilderten Eigenschaften des Kammzuges hat den Färbern der Zeit ohne Färbeapparate viel Sorge bereitet. So lesen wir in Weigels Musterzeitung von 1875 von „den Bemühungen, gekämmte Wolle vor allen zufälligen Beschädigungen zu bewahren, welche dieselbe bei der gegenwärtigen Methode, im Strang zu färben, ausgesetzt ist". Danach ist eine Methode erfunden worden, nach welcher der Zug nicht mehr zu Strängen gehaspelt wird, sondern die Bänder sind nebeneinander auf Tischen ohne Ende aufgelegt, auf welchen sie die verschiedenen Bäder durchlaufen. Die Durchlauf- und Eintauchzeiten sind in der Art berechnet, daß die ungefärbte Wolle am Anfang des Apparates eintritt, um ohne Unterbrechung fortzugehen und am Ende des Apparates gefärbt herauskommt. Diese Maschine, die also ein Färben am laufenden Band ermöglichen sollte, wird wohl keine hervorragend schönen Resultate ergeben haben, denn man hat das Färben des Kammzuges in Strangform noch lange beibehalten. 1887 wird in Reimanns Färberzeitung noch eingehend die Kammzugfärberei in Strangform mit allen ihren Schwierigkeiten beschrieben. Danach wird der Kammzug auf Häspeln von 1¼ m Umfang so gehaspelt, daß Umgang neben Umgang und nicht übereinander zu liegen kommt. 12—15 Umgänge bilden einen Strang, der unterbunden wird. Gewaschen wird entweder auf dem Stock oder durch Einlegen in die Waschflotte, wobei jeder Strang durch einen losen Knoten verbunden wird. Nach dem Waschen, Spülen und Schleudern werden die Stränge auf Stöcke gehängt und beim Färben so behandelt wie in der Garnfärberei. Das Umziehen erfolgt nur in kurzen Stücken, andernfalls kann der durch das eingesaugte Wasser beschwerte Zug sich ausziehen, ja sogar leicht ganz auseinandergehen und als Abfall auf den Boden des Färbekessels sich ansammeln. Manche Färber bedienten sich besonderer Vorrichtungen. Sie ließen sich z. B. aus Kupfer ringförmige Platten von dem ungefähren Durchmesser der Färbekessel machen, ähnlich den Ringen der Kochmaschinen. An diesen Ringen waren Ösen angebracht, in welche die Enden der Farbstöcke gesteckt wurden. Diese ganze Vorrichtung wurde in den Kessel hineingelassen, so daß der Kammzug von der Flotte ganz bedeckt war. Umgezogen wurde nicht, sondern eine bestimmte Zeit darin ruhen gelassen. Stark gekocht durfte nicht werden, da dies außerordentlich das Filzen und Hartwerden des Kammzuges begünstigte. Wenn man bedenkt, daß früher jede Farbpartie mit Beizen angesotten und dann mit Farbhölzern oder Beizenfarbstoffen gefärbt werden mußte, die Kochzeiten von 2—3 Stunden kaum zu unterschreiten waren, so zeugten spinnfähige Kammzüge von großem färberischen Können.

Das verlustbringende Arbeiten in Strangform hat zu mancherlei Versuchen geführt, dieses äußerst empfindliche Material in schonenderer Weise zu behandeln. So wurde außer der oben angeführten Methode am laufenden Band im Jahre 1883 Eugen Rümmelin eine Vorrichtung patentiert (D.R.P. 27 149), nach welcher Kamm-

züge auf Etagenhäspel aufgewickelt werden, die in Lagern, welche sich in der Färbekufe befinden, drehbar gelagert sind (s. Abb. 22).

Der Etagenhaspel besteht aus einer langen Achse und 2 Rosetten mit je 4 Armen und aus 4 Stäben, die je zwei dieser Arme verbinden. Auf diesem so gebildeten

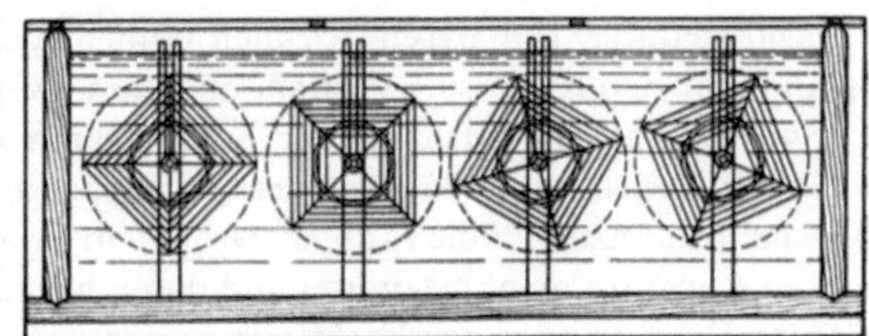

Abb. 22. Vorrichtung zum Färben von Kammzug nach Rümmelin vom Jahre 1883.

Haspelkreuz werden die zu färbenden Kammzugbänder von einer Seite zur anderen so aufgewickelt, daß Umgang neben Umgang nebeneinander zu liegen kommt und einen vollständigen Mantel um denselben bilden. Durch Auflegen von vier neuen Stäben mit einem kleinen Abstand vom aufgewickelten Zug wird nunmehr ein neues Haspelkreuz gebildet und das Band, ohne es abzureißen, auf diesem weiter gewickelt, bis auch dieser Haspel gefüllt ist. Mit Auflegen von weiteren 4 Stäben und Aufwickeln des Kammzuges wird solange fortgefahren, bis der ganze Haspel gefüllt ist. Das Einhängen der Häspel in die Bottiche erfolgt derartig, daß sie nicht gänzlich unter die Flotte tauchen, sondern etwa ein Viertel ihrer Höhe aus dem Bade herausragen. Zur Förderung der Gleichmäßigkeit werden die Häspel während des Färbens langsam gedreht.

Dieser Apparat erfüllte zwar nicht die Forderung des Grundsatzes der Apparatefärberei, nach welcher die Flotte durch das ruhende Material geführt werden muß. Gegenüber der Färberei in Strangform brachte diese Einrichtung sicherlich beachtliche Verbesserungen, aber eine große Verbreitung hat der Apparat nicht gefunden, denn ein Jahr zuvor kam die Firma Obermaier & Cie. mit ihrem Färbeapparat auf den Markt (s. S. 4), der, in kupferner Ausführung, für das Färben von Kammzug in Packsystem in der Praxis steigende Beachtung und Verwendung fand.

Man muß sich wundern, daß fast 20 Jahre später, nachdem schon eine ganze
Anzahl guter Färbeapparate bekannt waren, eine Färbevorrichtung für Kammzug
patentiert werden konnte, die auf das alte Prinzip des bewegten Materials aufgebaut war. Hierbei wurde das Material auf eine große Trommel gewickelt und
zum Schutz mit einem feinen Drahtgewebe überdeckt. Die Mantelfläche der
Trommel hatte horizontale Scheidewände, die eine Art Wasserrad bildeten, dessen
Schaufeln bei der Drehung das Bad herausschöpfte und wieder ausfließen ließ.
Dadurch entstand eine Bewegung des Materials und
eine solche der Flotte (s. Abb. 23). Der Apparat hat
keine Bedeutung erlangt.

Abb. 23. Vorrichtung zum Färben
von Kammzug.

Die weitere Vervollkommnung der Kammzugfärberei ging dann von den Packapparaten zu den sog. Topfapparaten, die aber
auch nichts anderes sind als Packapparate
mit kleinen Materialbehältern, und schließlich zu den sog. Röhrenapparaten, welche
nach dem Prinzip der Aufsteckapparate arbeiten und eine sehr gleichmäßige Färbung
bei schonendster Behandlung der ganzen Färbepartie ermöglichen.

Packapparate. Die ersten, wirklich brauchbaren Färbeapparate fanden auch für den Kammzug Verwendung, und zwar sowohl die einfachen
Übergußapparate als auch die der Firma Obermaier & Co., welche die
Flotte mit Druck durch das ringförmige, gepackte Material pressen. Die
üblichen Kammzugbobinen, deren Größe ein zweckmäßiges Einpacken
in diese Apparate nicht erlaubten und deren harte Wickelung ein gleichmäßiges Durchsickern der Farbflotte verhinderte, mußten zu kleineren
und loseren Bobinen umgewickelt werden, mit welchen die Materialräume
der Apparate gleichmäßig gefüllt werden konnten. Selbst heute noch
werden zum Färben heller zarter Farben die hölzernen Packapparate
gern gebraucht, bei welchen durch Einlegen gelochter Zwischenböden
die Materialschicht in mehrere dünne Schichten aufgeteilt werden kann,
und zwar finden diese Apparate deshalb gern Verwendung, weil bei ihnen
durch Verwendung von wenig Metall eine Trübung der Nuancen weniger
zu befürchten ist. Auch unterliegt in solchen Apparaten der Kammzug
keiner Pressung und keinem Druck, so daß die Spinnfähigkeit der Faser
in keiner Weise beeinträchtigt wird.

Topfapparate. Eine Zeitlang haben auch die sog. Topfapparate für die
Kammzugfärberei eine gewisse Bedeutung erlangt. Bei diesem Apparatsystem wird jede Kammzugbobine in einen besonderen Topf gepackt,
dessen Durchmesser dem ihrigen genau entsprechen muß, so daß sie
an den Wandungen dicht anliegt. Boden und Deckel der Töpfe sind
perforiert, letzterer kann etwas auf die Wickel niedergepreßt werden,
um das Material unverwirrt in seiner Lage zu erhalten. Einen der älte-

sten Topfapparate, der nach dem Übergußprinzip arbeitet, zeigt Abb. 24. Er besteht aus einem Bassin, über welchem, in zwei Reihen

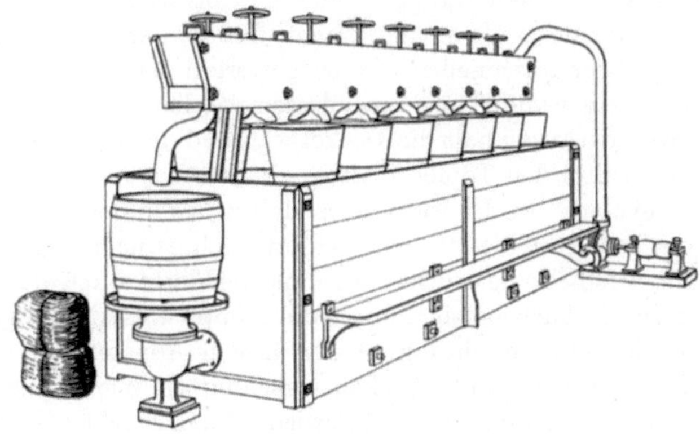

Abb. 24. Einer der ältesten Kammzug-Färbeapparate nach dem Topfsystem.
(Aus G. Ullmann: Die Apparatefärberei. 1905.)

nebeneinander angeordnet, die Töpfe mit den Kammzugbobinen sitzen, die um ihre horizontale Achsen drehbar sind. Über den zwei Topfrei-hen ist ein rinnen-artiger Verteiler an-gebracht, aus dessen Boden Rohre zu den einzelnen Töpfen führen. Die Flotte ergießt sich durch diese Rohre auf die Deckelsiebe, sickert durch die Bobinen in das Flottengefäß zu-rück und wird wieder in die Verteilungs-rinne gepumpt. Durch Umkehrung der Töpfe um ihre Horizontalachsen fließt die Flotte von der anderen Seite aus durch das Mate-rial. Da jedes Rohr abgesperrt werden

Abb. 25. Färbeapparat für Kammzug, sog. Revolverapparat
kleines Modell, ganz aus Edelstahl.
(Obermaier & C.e., Neustadt a. H.)

kann, können große und kleine Partien gefärbt werden.

Viel Verbreitung hat ein Topffärbeapparat der Firma Obermaier & Cie.

gefunden, der in der Praxis den Namen „Revolverapparat" erhalten hat. Er ist durch Abb. 25 veranschaulicht.

Um einen senkrechten Hauptzylinder sind bis zu zwanzig kleine, je eine Bobine fassende Töpfe so angebracht, daß an der Stelle, wo sie an den Hauptzylinder anschließen, dieser perforiert ist, ebenso sind die Deckel, mit welchen die Töpfe verschlossen werden, gelocht. Eine geeignete Sperrvorrichtung hält die Deckel während des Färbens fest, wodurch die Wickel in den Töpfen in stets gleicher Lage verbleiben. Der beladene „Revolver" wird mittels eines Hebezeugs in den Färbebottich gesetzt, wo er genau auf die Öffnung des Flottenrohres dicht aufgeschraubt wird. Bei Inbetriebsetzung drückt die Pumpe die Flotte durch die Bobinen und gelangt in den Färbebottich, wo sie die Pumpe wieder ansaugt. Eine Umkehrung der Flottenrichtung ist bei diesem Apparat nur dadurch möglich, daß man jeden mit Stricken verschnürten Wickel aus seinem Topf herausnimmt und ihn umgekehrt wieder hineinsteckt. Gleichzeitig können dabei die Wickel der unteren Töpfe mit denen der oberen vertauscht werden.

Bei allen Topfapparaten ist die Hauptbedingung zur Erzielung möglichst egaler Färbungen eine gleichmäßig feste Wickelung und eine absolut gleiche Größe der Bobinen, denn gar zu leicht kann es vorkommen, daß durch losere Wickelung oder etwas geringeren Durchmesser der Bobinen die Flotte in diesem Topf einen leichteren Durchgang findet, wodurch alle anderen Bobinen ungenügend durchgefärbt werden. Weil diese Apparate früher nur aus Kupfer und Bronze gebaut wurden, bestand die ewige Gefahr der Fleckenbildung, weshalb sie bei vielen Färbern nicht beliebt waren. Durch Verwendung von rostfreiem säurebeständigem Stahl gewinnt der Obermaiersche Revolverapparat in gewissen Gegenden, wo man von jeher gern damit gefärbt hat, wieder mehr an Bedeutung.

Das Färben des Kammzuges in Pack- und Topfapparaten fand, trotzdem Färber und Fabrikanten die vorzüglichen Eigenschaften des darin gefärbten Zuges längst erkannt hatten, nicht die Verwendung, die man hätte erwarten dürfen. Noch 1904 berichtet Dr. Zänker[1], daß viele Färbereien lieber nach der althergebrachten Methode des Färbens in Strangform auf der Kufe arbeiten als in Apparaten. Man hatte eine Scheu vor Apparaten und fühlte sich sehr unsicher beim Abmustern. Hierbei mag wohl die alte Gewohnheit mitbestimmend gewesen sein, nach der man das Material ständig vor Augen haben mußte, aber auch die damals bekannten Farbstoffe mögen in ihrem färberischen Verhalten den heutigen nicht ebenbürtig gewesen sein und durch ihr schnelleres Aufziehen die verhältnismäßig dicken Materialschichten nicht genügend gleichmäßig durchgefärbt haben.

Aufsteckapparate. Mit der Einführung der sog. Röhrenapparate in die Kammzugfärberei wurden manche vorher bestehende Schwierigkeiten beseitigt. Das Wesentliche dieser Apparate ist, daß die Bobinen mit ihrer zylindrischen Öffnung in der Mitte auf etwas engere, perforierte Rohre

---

[1] Dr. Zänker: Das Färben von Kammzug. Färber-Ztg. 1904, S. 312.

gesteckt werden. Mehrere Bobinen werden ohne Zwischenlage übereinander geschichtet, eine Platte bildet nach oben den Abschluß. Man steckt das Ganze entweder in den Färbebottich ein oder baut die Wickelsäulen in demselben auf, um dann mit einer Pumpe die Flotte durch das Material zu fördern. Die verhältnismäßig dünne Materialschicht, welche die Flotte von dem zentralen Rohr aus zu passieren hat, bietet einen geringen Widerstand, so daß der Flottendurchgang überall mit gleicher Geschwindigkeit erfolgen kann, wodurch gleichmäßiges Anfärben erreicht wird. Die Idee zur Ausführung eines solchen Apparates wurde 1886 F. Pasquay[1] in Wesselheim i. Elsaß durch englisches Patent geschützt und ist dieser Apparat wohl als der älteste, sog. Röhrenapparat für Kammzug anzusprechen, der in der Folgezeit zunehmende Bedeutung fand und heute, sehr vervollkommnet, ausgedehnte Verwendung findet. Eine der wichtigsten Verbesserungen der letzten Jahre bei diesem Apparatsystem ist die Verwendung von säurebeständigem Stahl, denn die bis dahin aus Bronze angefertigten Röhren und sonstige Metallteile machten das Färben von empfindlichen, zarten und klaren Farben wegen der Bildung häßlicher Metallflecken fast unmöglich; bei der Ausführung aus Edelstahl fällt die gefürchtete Fleckenbildung dahin und steht der Anwendung der Röhrenapparate bei allen Farbtönen nichts mehr im Wege.

Zur Erläuterung der Bauart und Wirkungsweise der Röhrenapparate diene folgendes: In einem rechteckigen Bottich sind zwei Reihen aufrechtstehender, perforierter Röhren angebracht, auf welche 2 oder 3 Kammzugbobinen aufgesteckt werden können. Die Röhren haben unten horizontale Teller, auf die die unteren Bobinen beim Einsetzen aufgesetzt werden. Jede Röhre ist aus dem Apparat herauszunehmen; die dabei entstehende Öffnung kann verschlossen und somit auch kleine Partien gefärbt werden. Unter dem Bottichboden befinden sich die Flottenzu- und -ableitungsröhren, die mit der Pumpe und jeder der Materialröhren in Verbindung stehen. Während des Betriebes saugt die Pumpe bei der einen Bobinenreihe die Flotte durch das Material von außen nach innen und drückt sie durch die andere Bobinenreihe von innen nach außen. Die Zirkulation der Flotte geschieht bei den älteren Apparaten durch Rotationspumpe, welche durch automatische Umschaltung eine auf genaue Zeitdauer einstellbare wechselseitige Flottenbewegung gestattet. Zum Zweck des Musterns muß das Bad in einen Hochbehälter zurückgepumpt werden. In kürzester Zeit ist der Färbebottich frei von Flotte, so daß bequem beliebige Muster entnommen werden können. Nach Beendigung des Färbeprozesses wird die Flotte entweder abgelassen oder zur weiteren Verwendung in den Flottenbehälter zurückgepumpt.

---

[1] Roumens Journal 1886, S. 193.

Abb. 26 zeigt die innere Einrichtung des Kammzugfärbeapparates der Firma Ed. Esser & Co. in Görlitz.

Wie aus der Abbildung ersichtlich, besitzt der Apparat eine besondere Flottenheizkammer, in der auch der Farbstoffnachsatz erfolgt und der somit auch als Mischraum dient. Auch die Pumpenanschlüsse münden in diesen Raum, der von dem eigentlichen Färberaum durch gelochte Wände getrennt ist. Die wallende Bewegung der Flotte in der Nähe der Heizrohre, sowie die heftige Strömung an den Flottenanschlußstellen wird dadurch von den Bobinen ferngehalten. Der Übertritt der Flotte vom Heizraum in den Färberaum erfolgt durch die kleinen Löcher der Trennwand in langsamer, über die ganze Bottichlänge und -höhe

Abb. 26. Kammzugfärbeapparat. *A* Druckhauben. *B* Heizkammer.
C Heizschlange. (Eduard Esser & Co. G. m. b. H., Görlitz.)

gleichmäßig verteilter Bewegung. Dadurch wird jede Verfilzung der äußeren Schicht der Bobinen verhindert, die um so größer wird, je feiner das Wollmaterial ist.

Die Flottenbewegung erfolgt bei diesem Apparat durch eine Kreiselpumpe von innen nach außen und kann durch Umstellung der Strömungsrichtung mittels eines der Firma Ed. Esser & Co. geschützten Umschaltorgans, das automatisch, wie auch von Hand bedient werden kann, von außen nach innen erfolgen.

Bei solchen Apparaten, die keine besondere Heiz- und Mischkammer besitzen, sondern in welchen die Flotte unmittelbar in den Färberaum strömt, ist die Gefahr der Verfilzung der äußeren Bobinenschicht durch die strömende Flotte sehr groß, wenn die Bobinen ungeschützt in den Apparat eingesetzt werden. Jede Beschädigung des Zuges hat für die Weiterverarbeitung nachteilige Folgen, die als noppige Stellen im fertigen Garn erscheinen. Einen wirksamen Schutz vor jeder Beschädigung und Verfilzung während des Färbens bieten feingelochte Metallmäntel, die um die Bobinenrohre herum angeordnet sind und in welche die Kammzugwickel eingesetzt werden. In manchen Färbereien hilft man sich auch in der Weise, daß man um jede Bobine ein Baumwolltuch wickelt, das an den Seitenflächen der Bobinen zugeschnürt wird. Diese Tücher bleiben auch während des Ausschleuderns und des Weitertransportes um die Wickel und üben auch nach dem Färbeprozeß noch ihre schützende Wirkung aus.

Die Beschickung der Röhrenapparate erfolgt in der Weise, daß die Bobinen, die einen schwach konischen Holzkern haben müssen, dessen kleinster Durchmesser etwas größer ist als der der Röhren, auf die Röhren geschoben werden. Weil die handelsüblichen Kammzugbobinen keinen Holzkern besitzen, wird in den Färbereien der Kammzug auf besonderen Umwickelmaschinen auf diesen Holzkern aufgewickelt. Man kann aber auch so vorgehen, daß man aus den Bobinen die inneren Kernschichten herauszieht und diese außen um die Bobine wieder herumwickelt. Der auf diese Weise entstandene innere Kanal wird zum Überschieben auf die Röhre benutzt.

Beim Einsetzen der ersten Bobine wird gleichzeitig an jedem Rohr ein Ring mit Zugschnüren eingesetzt, der das Herausnehmen der Kammzugbobinen nach dem Färben sehr erleichtert.

Sind die Röhren mit den Bobinen aufgefüllt, so werden auf die obersten Bobinen zum Abschluß der Röhren Deckel gesetzt, die je nach Fabrikat des Apparates entweder festgeschraubt werden oder die durch ihre eigene Schwere auf das Material drücken und beim Zusammensinken desselben selbsttätig nachfolgen. Die Röhren haben eine hutartige Erhöhung, in die das Bobinenrohr hineingeht, wenn die Deckel, dem Material folgend, nach unten sinken. Deckel mit Schraubverschluß sinken nicht selbsttätig nach, sondern verlangen ein jeweiliges Nachstellen von Hand, sie bieten außerdem durch die Spindelöffnung im oberen Teil der hutartigen Erhöhung die Gefahr, daß bei saugender Pumpe Luft angesaugt wird, die sich später in die Röhren preßt und den glatten Durchgang der Flotte durch das Material hemmt, bei dem Flottenweg von innen nach außen, also bei drückender Pumpe, spritzt bei den Gewindespindeln, wenn die Apparate älter geworden sind, immer etwas Flotte heraus, was als sehr lästig empfunden wird. Alle diese geschilderten Nachteile fallen bei geschlossenen Deckeln weg.

Die Beheizung geschieht in der Regel mittels indirektem Dampf.

Zum Ablassen der Flotte dient ein Ablaßhahn oder Ventil. Will man die Flotte nach dem Färben aufbewahren, so schaltet man zwischen Pumpe und Bottich einen Dreiweghahn, mittels dessen die Flotte in einen höher stehenden Behälter gepumpt werden kann, in welchem auch die Bäder angesetzt werden.

Zum Zusetzen von Säure oder kleiner Farbstoffmengen dient ein Zusatzbehälter. Zwei säurebeständige Röhrchen führen in die Saug- bzw. Druckleitung der Pumpe oder, wenn vorhanden, in den Mischraum des Apparates.

Die Flottenzirkulation erfolgt wechselseitig entweder durch Rotationspumpen, die durch einfache mechanische Umschaltung die Umkehrung des Flottenweges herbeiführen, oder durch Zentrifugalpumpen, die aber ein besonderes Umsteuerorgan erforderlich machen.

Die unter dem Druck der Pumpe stehende Flotte bewirkt eine Strekkung des Zuges beim Weg von innen nach außen, der auf die inneren Schichten der Wickel nicht zu deren Vorteil einwirkt; die Fasern werden

Abb. 27. Kammzug-Färbeapparat mit Propeller (Ansicht). (H. Krantz, Maschinenfabrik, Aachen.)

dadurch, daß der Umfang des Zuges im Innern sich vergrößert, gestreckt und der Zug unter Umständen dünner. Zur Verhütung dieses Nachteiles verwendet man an Stelle der Pumpen zur Förderung der Flotte Propeller, die im Höchstfall einen Druck von 0,4 at erzeugen, der, im Gegensatz zum Druck einer Pumpe, als gering zu bezeichnen ist, der aber vollkommen ausreicht, Kammzugbobinen gewöhnlicher Größe durchzufärben.

Die Firma H. Krantz in Aachen baut einen solchen Apparat mit Propellerantrieb, der ganz aus V4A-Stahl hergestellt ist und Garantie für fleckenlose Färbung bietet. Abb. 27 veranschaulicht diesen Apparat in Ansicht und Abb. 28 im Querschnitt.

Der Apparat ist unterteilt in einen Materialraum und einen kleineren Flottenmisch- und Heizraum mit Dampfrohr für direkte Heizung. Der

Doppelboden des Materialraumes ist eingerichtet zur Aufnahme der Bobinenröhren und zur Befestigung der perforierten Mäntel, die zum Schutz der Wolle vor Verfilzung dienen.

Der Propeller besitzt besondere Schaufelprofile, die den erforderlichen Druck und eine kräftige Flottenbewegung erzeugen. Der Antrieb des Propellers erfolgt durch einen direkt gekuppelten Elektromotor, der durch einen elektrischen Wendeschütz nach Verlauf einer gewissen Zeit um-

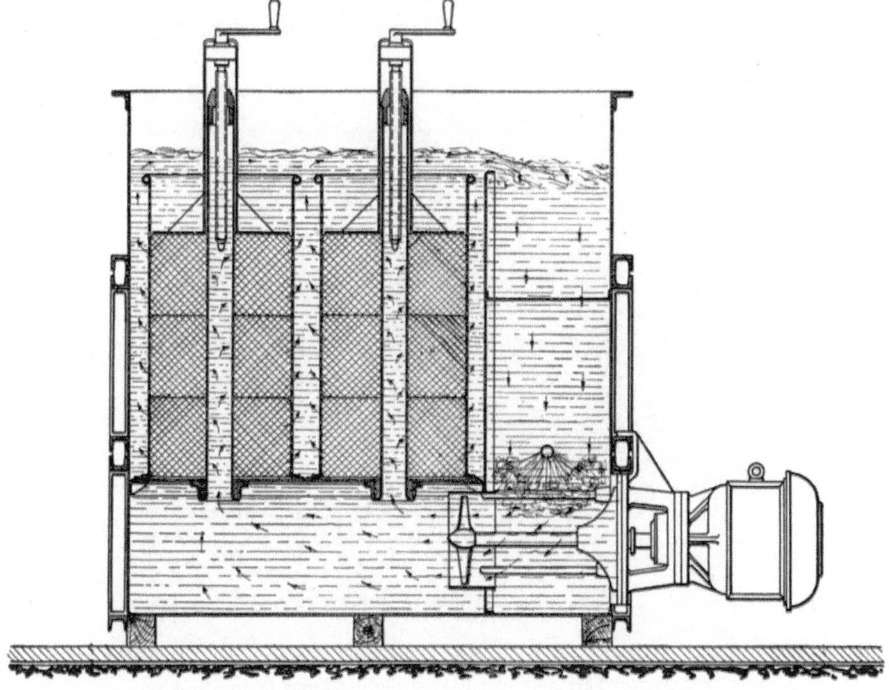

Abb. 28. Kammzug-Färbeapparat mit Propeller. (Schnitt.) (H. Krantz, Maschinenfabrik Aachen.)

gesteuert wird, der aber auch jeder Zeit von Hand durch eine Druckknopfsteuerung umgeschaltet werden kann.

Die Inneneinrichtung besteht aus den perforierten Mänteln und Röhren und den Boden- und Deckeltellern mit Anpreßvorrichtung. Die Mäntel und Röhren sind im Doppelboden befestigt, jedoch leicht herausnehmbar. Die Deckelteller sind mit einem verlängerten Hut versehen, so daß beispielsweise statt drei nur zwei Bobinen auf die Röhren gesteckt werden können.

Einen ähnlichen Apparat zum Färben von Kammzug baut die Firma Obermaier & Cie., Neustadt a. H. Der Apparat, den Abb. 29 verbildlicht, ist ebenfalls mit Propeller ausgerüstet, welcher eine wechselnde

Drehrichtung durch eine einfache elektrische Umsteuerung zuläßt. Zur Verhinderung des Ansaugens von Luft sind die Deckel als Taucherglocken ausgebildet.

Bemerkenswert ist, daß durch die große unter leichtem Druck stehende Flottenmenge des Propellertriebes Zellwoll- und Wollstra-Kammzüge gleichmäßiger mit Schwefel- und Küpenfarbstoffen durchgefärbt werden als mit Flottenförderung mittels Pumpe, welche das Material verhältnismäßig fester zusammenpreßt und dadurch der Färbeflotte schwierigeren Durchgang durch die Materialschicht erlaubt.

Abb. 29. Kammzug-Färbeapparat mit Propeller der Firma Obermaier & Cie.

Bei allen den vorerwähnten Kammzug-Färbeapparaten ist zur Erzielung möglichst egaler Färbungen der beste Flottenweg der von innen nach außen, weil hierbei die Flotte in ganzer Höhe der Materialsäule unter gleichmäßigem Druck mit gleicher Geschwindigkeit durch das Material gefördert wird. In entgegengesetzter Richtung von außen nach innen ist dagegen der Flottendruck und die Geschwindigkeit viel geringer; außerdem ist die Saugwirkung auf den unteren Teil der Röhren stärker wie auf den oberen. Dadurch nimmt mit steigender Höhe der Materialsäule die Durchgangsgeschwindigkeit der Flotte ab und die Färbungen fallen deshalb in den oberen Partien leicht heller aus (s. Abb. 30).

Wird der Flottendruck aus dem Inneren der Kammzugwickel auf deren äußeren Umfang verlegt und die Flotte einseitig von außen nach

innen gefördert, so ist auch bei hohen, aus 7 oder 8, bis je 7 kg schweren
Bobinen bestehenden Materialsäulen gleichmäßige Färbung zu erzielen.
Bei dieser Flottenführung ist nicht nur die Geschwindigkeit in allen
Teilen der Schicht gleich, sondern die Flotte nimmt nach dem Innern
der Bobinen an Geschwindigkeit zu und gleicht dadurch die abnehmende

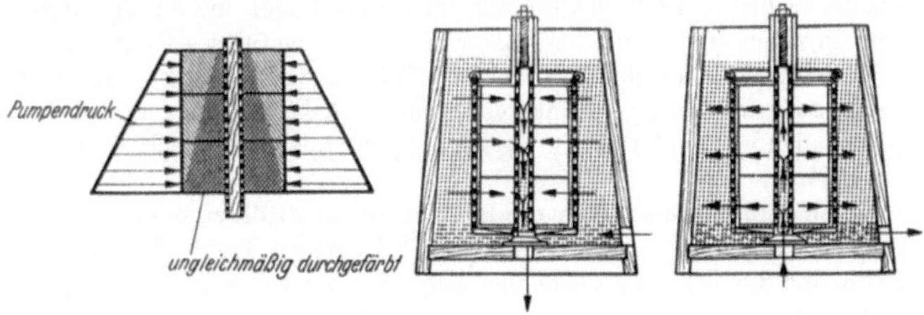

Abb. 30. Flottenweg und -druck durch die Kammzugbobinen in Apparaten nach dem
Röhrensystem, schematisch dargestellt.

Flottenkonzentration aus, die auf dem Wege von innen nach außen,
entsprechend der Zunahme des Bobinendurchmessers, abnimmt, was zur
Herbeiführung gleichmäßiger Färbungen nicht beiträgt. Nur beim Arbeiten nach dem Metachromverfahren ist diese Flottenführung nicht
empfehlenswert, denn das aus dem Ammonsalzen gasförmig frei werdende
Ammoniak kann aus der nassen, von außen unter Druck stehenden

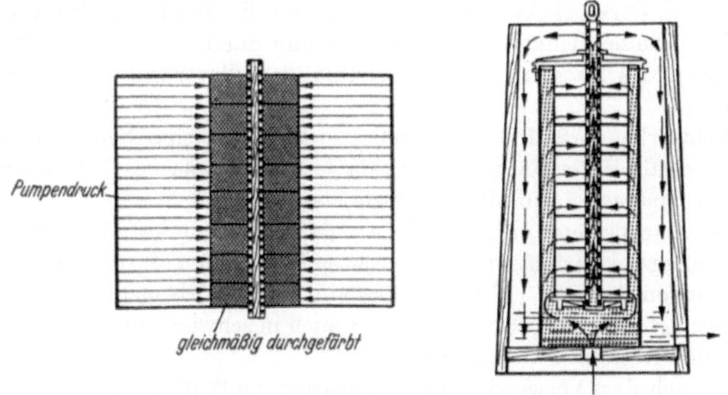

Abb. 31. Flottenweg und -druck durch die Kammzugbobinen im Kammzug-
Färbeapparat. (Obermaier & Cie., Neustadt a. H.)

Wollschicht nicht oder nur unvollkommen entweichen, es bleiben Gas-
einschlüsse zurück, an welchen die Wolle fast ungefärbt bleibt.

Einen Färbeapparat, der die Flotte einseitig von außen nach innen
durch die Kammzugwickel drückt, baut die Firma Obermaier & Cie. Die
Bobinen werden, auf Röhren aufgesteckt, in geschlossenen Zylindern

untergebracht (s. die Skizze in Abb. 31), von welchen je nach Größe der zu färbenden Partie ein oder mehrere in einem Färbebehälter eingebaut sind. Bei Beginn des Färbens füllt sich zunächst der außen um die Bobinen liegende Raum bis zum Deckel des Zylinders mit Flotte. Alsdann zirkuliert diese von außen durch die Bobinen und tritt über die Aufsteckröhre oberhalb des Deckels aus dem Zylinder, um durch Pumpe oder Propeller aufs neue dem Material wieder zugeführt zu werden.

Beim Beschicken der Zylinder mit Bobinen werden diese mit einer Presse auf ein bestimmtes Maß zusammengedrückt, dadurch entfällt das Nachstellen von Preßdeckeln, wie bei andern Apparaten üblich, während des Färbens.

Nach dem Färben werden die Bobinen mit den Röhren mittels Hebewerk herausgehoben und durch Lösen des unteren Tragbodens an der Röhre und durch Herausziehen der nach unten konisch gehaltenen Röhre entladen.

D. Apparate für die Wollgarnfärberei.

Allgemeines. Im Gegensatz zur losen Flocke und Kammzug, deren Färbungen nicht absolut gleichmäßig zu sein brauchen, weil der nachfolgende Spinnprozeß die Fasern so vielfach untereinander vermischt, daß Unterschiede in der Nuance praktisch nicht mehr sichtbar sind, wird von den Färbungen am fertigen Garn größte Gleichmäßigkeit verlangt, namentlich dann, wenn es zu einfarbigen Textilien in der Weberei, Strickerei, Wirkerei usw. verarbeitet werden soll. In solchen „Uniwaren" wird die Einheitlichkeit der Farbenwirkung durch die geringste Zweifarbigkeit des Materials so stark gestört, daß die Ware direkt wertlos wird.

Mehrfarbige Textilfabrikate stellen nicht die gleich hohen Ansprüche an die Egalität der Färbung, doch darf auch bei solchen Geweben eine gewisse Toleranz darin nicht überschritten werden.

Die Garnfärberei erfordert darum größte Aufmerksamkeit zur Erreichung egaler Färbungen, die bei echten Farbstoffen oft recht schwierig zu erlangen ist. Bei richtiger Anwendung der Färbemethoden in gut arbeitenden Färbeapparaten wird aber auch in schwierigen Fällen immer ein gutes Resultat zu erzielen sein.

Je nach dem Verwendungszweck werden die Wollgarne entweder als Stranggarn oder auf Spulenwickel in Form von Kops und Kreuzspulen gefärbt.

Die alte Methode der Garnfärberei auf offener Kufe kann bei Verwendung der sauren Egalisierungsfarbstoffe ohne besondere Schwierigkeiten egale Färbungen hervorbringen, die den gestellten Anforderungen entsprechen. Die aber in neuerer Zeit immer mehr gesteigerten Echtheitsansprüche zwingen den Färber zur Anwendung echterer Farbstoffe, die durch ihre größere Affinität zur Faser schneller aufziehen, deshalb sehr leicht unegal färben und die sich nicht, wie die Egalisierungsfarbstoffe, „verkochen" lassen, d. h. die durch Kochen nicht ausegalisiert werden können. Hilfsmittel, die im Apparat ausgezeichnete Dienste leisten, bewirken auf offener Kufe das Gegenteil, weil sie vielfach schäumend wirken, das Garn hoch treiben, so daß es mehr über der Flotte schwimmt, als in ihr hängt. Garne mit hohen Nummern und solche aus feinem Wollmaterial sind äußerst heikel in der Behandlung auf der Kufe, sie neigen stark zur Verfilzung und beeinträchtigen dadurch sehr die Weiterverarbeitung. In keinem Gebiet der Färberei kommen die Unterschiede zwischen einer auf der offenen Kufe und einer im Apparat gefärbten Partie deutlicher zum Ausdruck wie bei den weichen Zephirgarnen, wie sie die Strickwarenindustrie verarbeitet. Aber auch die färbereitechnischen Schwierigkeiten zur Erlangung einwandfreier Färbungen sind in den Apparaten ungleich geringer als auf der Kufe, denn dadurch, daß die Garne während der ganzen Färbedauer in der sich ruhig bewegenden Flotte befinden, werden sie in jeder Weise geschont und bei vorsichtiger Anwendung der Zusatzsäuren können selbst schwer zu egalisierende Farbstoffe egal gefärbt werden.

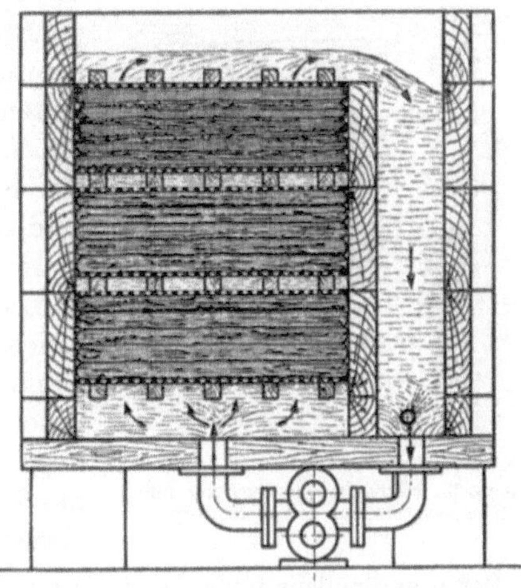

Abb. 32. Färben von Woll-Stranggarn im Packapparat in mehreren Schichten.

Stranggarn-Färbeapparate. Die früher einmal versuchten Vorrichtungen, auf Stäben oder Walzen hängende Wollgarne durch die Flotte zu bewegen, schalten völlig aus, weil sie in bezug auf Verfilzung noch schlechtere Resultate ergeben als die Handfärberei.

Apparate mit kreisender Flotte für Wollgarne sind entweder solche nach dem Packsystem oder zweckmäßiger noch diejenigen, in welchen die Garne über Stäben hängend in den Apparat eingebracht werden (Hängesystem).

Die Packapparate sind nur für gröbere Wollgarne geeignet. So werden z. B. Strickgarne für Strümpfe und Socken und gröbere Webgarne früher und auch heute noch viel in Packapparaten gefärbt, wobei die Apparate den Vorzug genießen, deren Materialraum durch horizontale, gelochte Zwischenböden unterteilt sind. Kreuzweises Übereinanderschichten der Stränge in den nicht allzu hohen Einzelschichten fördert das Egalisieren der Farben. Die Skizze in Abb. 32 deutet die Lagerung der Garne in Packapparaten an.

Mit der steigenden Beliebtheit der Strickwarenbekleidung hat auch das Färben der Garne hierfür an Bedeutung ständig zugenommen. Diese Garne dürfen jedoch nicht in Packapparaten gefärbt werden, in welchen sie, auch wenn ohne Pressung und Pumpendruck gearbeitet wird, verdrückt und unansehnlich werden. Die meist aus sehr feinen Fasern gesponnenen weichen Garne werden in solchen Apparaten auch nicht genügend egal, denn je feiner die Faser, desto mehr sinkt sie beim heißen Färben zusammen, bildet dichtere Massen, durch welche das Bad nur widerstrebend hindurchgeht. Kanalbildungen sind dabei nicht ausgeschlossen, die stets zu bunten Färbungen führen.

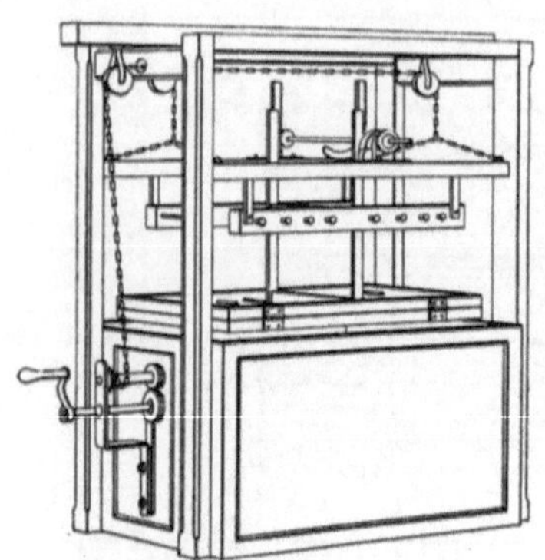

Abb. 33. Färbeeinrichtung nach dem Hängesystem von Georg Rudolph.

Apparate nach dem Hängesystem. Die färberischen Unvollkommenheiten der Packapparate vermeiden die Apparate, in welchen die Garne auf Stäben hängend gefärbt werden. In diesen kann das Material nicht zusammensinken und weil es locker gehängt ist, kann die Flotte leicht und gleichmäßig hindurch; es gibt auch keine Preßstellen, die die Garne verdrücken könnten, darum sind die Erfolge der gleichmäßigen Färbung und absoluten Schonung des hochwertigen Materials ganz ausgezeichnet.

Der ursprüngliche Gedanke zu dieser Färbeeinrichtung stammt von Georg Rudolph in Böhringen (Sachsen) und wurde unter D.R.P. 72 964 im Jahre 1892 geschützt.

Diese Einrichtung, die in Abb. 33 gezeigt ist, war hauptsächlich für die Küpenfärberei gebaut. Der obere Stabträgerrahmen ist unbeweglich. Die Garnstäbe gehen durch ihn hindurch und sind mit der Hand drehbar. Der untere Stabträgerrahmen ist mittels Zahnstangen hoch und tief verstellbar. Beim Beschicken des Apparates wird der untere Stabträgerrahmen so eingestellt, daß das Garn etwa 10 cm von der unteren Stabreihe frei herabhängt. Mit einer Hebevorrichtung läßt man den gefüllten Garnträger in die Küpe ein, hebt ihn dann durch eine Drehung am Aufzug etwa 10 cm hoch und läßt ihn sofort wieder fallen. Das auf den oberen Stäben liegende Garn hebt sich beim Fallen des Garnträgers von den Stäben ab und sinkt langsam auf diese zurück. Durch das abwechselnde Heben und Fallen wird eine gleichmäßige Färbung des Garnes erzielt.

Obwohl diese Einrichtung nicht den Forderungen der Apparatefärberei nach bewegter Flotte entspricht, zeigt sie schon alle die Teile, welche die heutigen Wollgarn-Färbeapparate auszeichnen: den besonderen Garnträger mit oberem und unterem Stab, den letzteren so angeordnet, daß das Garn mit einem Spielraum von einigen Zentimetern aufgehängt werden kann.

Bei späteren Apparaten wurde das Heben und Senken des Materialträgers mechanisch ausgeführt, doch haben diese Vorrichtungen keine Bedeutung erlangt, höchstens in der Indigofärberei, wo mit ihrer Hilfe die ganze Partie geschlossen in die Küpe gesenkt und nach kurzer Imprägnierungszeit zur Vergrünung wieder herausgezogen werden konnte, also gegenüber der üblichen Handarbeit sehr viel Zeit ersparte. Bei anderen Färbeverfahren hatte diese Einrichtung keinen Erfolg, weil der Ausfall in Egalität nur mäßig war und feine, weiche Garne trotz der ruhigen Bewegung erheblich verfilzten.

Die Weiterentwicklung dieses Färbesystems durch Zufügen einer Flottenumwälzung führte zum eigentlichen Färbeapparat. Der erste dieser Art, der Joseph Hussong in Camden (New Jersey) durch D.R.P. 132 913 unter Schutz gestellt wurde (Abb. 34), hatte aber noch den großen Nachteil, daß die Flotte nur von oben nach unten durch das Material bewegt wurde. Die Auflagestellen der Garne auf den Stäben erhielten zu wenig Flotte und blieben aus diesem Grunde heller oder ganz ungefärbt. Ein oberhalb der Garne angebrachter Boden hatte über jedem Garnstab eine Öffnung, durch welche die Flotte direkt auf das Garn gelangte. Der Siebboden hatte, je weiter er sich von dem Heiz- und Propellerraum entfernte, größere Löcher, um eine möglichst gleichmäßige Flottenströmung in allen

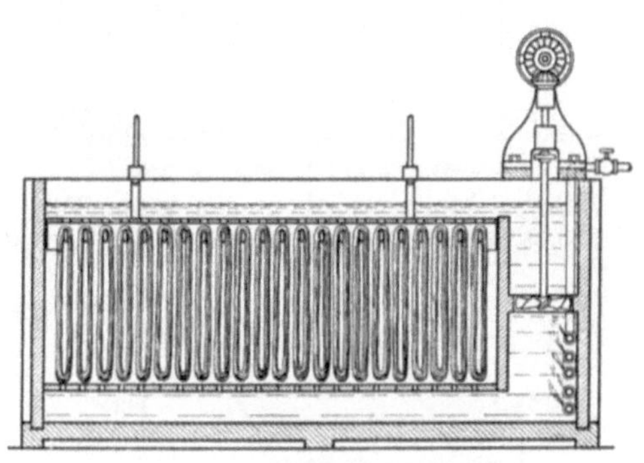

Abb. 34. Färbeapparat nach dem Hängesystem von Joseph Housson.

Teilen des Materials zu erwirken. Um den Apparat zu entladen, mußte die Flotte abgelassen werden, weil jeder Stab einzeln herauszunehmen ist. Dies wird recht unangenehm, wenn beispielsweise nach dem Färben festgestellt werden muß, daß die Partie nicht gleichmäßig gefärbt erscheint oder die Nuance nicht vollkommen getroffen ist.

Die Firma Ed. Esser & Co. in Görlitz hat durch Verwendung besonderer Garnträger und wechselseitiger Flottenzirkulation den modernen Wollgarn-Färbeapparat geschaffen (D.R.P. 219 074 vom 10. 12. 1907), der grundlegend für alle anderen Apparate nach diesem System wurde.

Garn auf 2 Stäben mit Spielraum aufzuhängen, war zwar nicht neu, aber daß beim Flottengang von unten nach oben der Garnblock in seiner Gesamtheit abgehoben und dadurch diese Auflagestellen durchgefärbt werden, war bis dahin nicht bekannt. Bei dem wechselseitigen Flottenlauf hebt die aufwärtsgehende Flotte die Stränge um den freien Spielraum, mit dem sie aufgehängt sind, von den oberen Stäben ab, während mit abwärts gerichteter Bewegung die Garne auf die Stäbe zurücksinken, wodurch abwechselnd die oberen und unteren Auflagestellen mit gefärbt werden, wie es in den Abb. 35 und 36 zu erkennen ist.

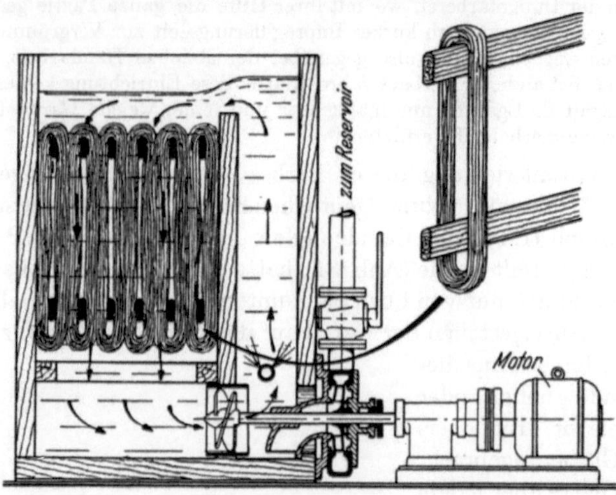

Flottenrichtung von **oben** nach **unten.** Färben der **unteren** Aufliegestelle.

Abb. 35. Querschnitt durch den Wollstranggarn-Färbeapparat nach dem Hängesystem.
(Ed. Esser & Co. G. m. b. H. Görlitz.)

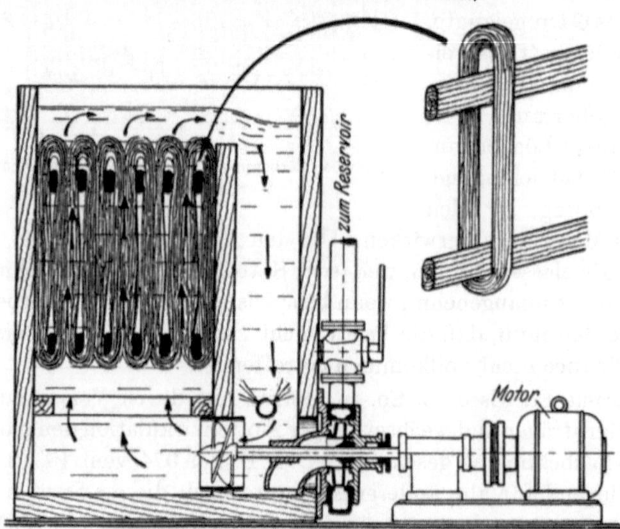

Flottenrichtung von **unten** nach **oben.** Färben der **oberen** Aufliegestelle.

Abb. 36. Querschnitt durch den Wollstranggarn-Färbeapparat nach dem Hängesystem.
(Ed. Esser & Co. G. m. b. H. Görlitz.)

Der Apparat besteht aus einem Bottich und einem besonderen Materialträger. Ersterer ist durch eine Zwischenwand, die nicht bis zur ganzen Höhe der Außenwände reicht, in 2 Kammern eingeteilt. Die größere Kammer nimmt den Materialträger auf, die kleinere dient der Flottenzirkulation, sowie der -mischung und -heizung. Der Materialträger ist an beiden Seiten oben und unten mit Tragleisten oder Schlitzen zur Aufnahme der Stäbe versehen, in welche mit gleichem Abstand voneinander die mit Garn behängten Stäbe eingelegt und so befestigt werden, daß sie sich gegeneinander nicht verschieben können. Um die verschieden lang geweiften Stränge immer mit gleichem Spielraum hängen zu können, sind mehrere Schlitzreihen übereinander vorhanden oder die Tragleisten nach oben oder unten verstellbar.

Die gleichmäßig Strang neben Strang lose aufgehängten Garne werden von der strömenden Flotte etwas aufgebauscht und bieten ihr dadurch einen ganz gleichmäßigen Widerstand, so daß die Durchlässigkeit im Garnblock überall die gleiche bleibt und sich auch bei längerem Färben nicht verändert. Deshalb macht auch das Nuancieren auf Muster keine besonderen Schwierigkeiten, wenn die färbereitechnischen Eigenarten der dazu verwendeten Farbstoffe berücksichtigt werden. Ein schnell ziehender, schlecht egalisierender Farbstoff darf selbstverständlich auch hier nicht der kochenden Flotte zugesetzt werden. Farbstoffnachsätze erfolgen in den Mischraum, wenn die Flotte von unten nach oben durch das Material geht, wodurch die konzentrierte Farbstofflösung schon weitgehend mit dem Färbebad vermischt wird.

Weil die Zirkulation der Flotte in der Längsrichtung des Fadens erfolgt, wird jede Pressung der Garne vermieden, deren Qualität in keiner Weise beeinträchtigt, so daß selbst bei hohen Garnnummern vorzügliche Spulfähigkeit resultiert.

Der Materialträger, der mit Hebewerk in den Bottich gehoben wird, ruht mit seiner Unterkante auf einem im Bottich befindlichen Rahmen und wird durch Anziehen einiger Überwurfschrauben nach unten abgedichtet. Um den Durchgang der Flotte durch die ganze Höhe des Materialblockes zu erzwingen, ist am oberen Teil des Garnträgers eine Leiste angebracht, die sich beim Einsetzen in den Bottich ganz dicht an die Bottichwand anlegt und so der Flotte den sonst leichten Durchgang zwischen Materialträger und Bottichwand versperrt. Diese Abdichtung kann aber auch derartig erfolgen, daß die beiden Wände des Materialträgers durch eine sie verbindende rechts- und linksgängige Spindelschraube fest gegen die Bottichwand geschraubt werden.

Am Materialträger sind unterhalb und oberhalb der Garne Siebböden angebracht, denen die Aufgabe zufällt, die durch die Flottenströmung erzeugten Wirbel zu mindern und der Flotte einen ruhigen, wirbelfreien Strom durch das Material zu geben. Gar zu leicht treten durch die Strömungswirbel, wenn, was in einer Lohnfärberei die Regel ist, die Apparate nicht mit der erforderlichen Garnmenge beladen werden, Verschiebungen in der Garnauflage ein. Das Färbebad findet dann leichteren

Durchgang an den dünneren Stellen, während die beiseite geschobenen, dichter hängenden Stränge von der Flotte kaum noch passiert werden und so ganz streifige Färbungen entstehen. Darum wenden die Maschinenfabriken, welche solche Apparate bauen, alle Sorgfalt bei der Konstruktion auf, um Wirbel und einseitige Strömungen zu vermeiden. Dazu gehört in erster Linie die Anordnung der Propeller, deren verschiedene Formen in den Abb. 17a, b u. c veranschaulicht sind. Welcher Art des Antriebes der Vorzug zu geben ist, ist schwer zu entscheiden, da alle ihre besonderen Vorteile, aber auch Nachteile besitzen.

Die Firma Obermaier & Cie., welche den Propeller in der Wand zwischen Material- und Mischkammer laufen läßt, beseitigt die Wirbelbildung durch den schräg nach hinten ansteigenden Boden der Materialkammer (Abb. 17a).

Die seitliche Anordnung des Propellerantriebes, wie sie Abb. 17b andeutet, ist bei Apparaten aus Holz nur solange gut, als die Apparate noch neu sind. Ist das Holz durch längeren Gebrauch geschwunden, werden die Fugen undicht und gestatten der Flotte leichteren Durchgang als durch das einen gewissen Widerstand bietende Material, weshalb die Holzapparate mit zunehmendem Alter immer schwieriger egale Färbungen ergeben. Auch verursacht diese Konstruktion starke Wirbelbildung, die durch entsprechende Gegenmaßnahmen, wie Einbau von Strahlreglern, Siebwand im unteren offenen Teil der Zwischenwand, behoben werden muß.

Der vertikale Antrieb des Propellers (Abb. 17c), von deutschen Firmen wenig, von ausländischen dagegen viel angewandt, verursacht ebenfalls starke Wirbelung der Flotte, die in gleicher Art, wie vorher angegeben, vermindert werden kann.

Die ältere Ausführungsform dieser Apparate aus Holz und Bronzearmaturen veranlaßt die diesen Baustoffen anhaftenden Fehler, die als Flecken an den Stellen zum Ausdruck kommen, wo die Flotte auf das Material trifft, also an den Aufhängestellen oben und unten. (S. im Abschnitt „Die Werkstoffe“ unter Holz und Bronze auf S. 11.)

Der Hauptnachteil der Färbeapparate aus Holz ist die Unmöglichkeit eines krassen Farbenwechsels; man ist gezwungen, entweder stets den gleichen oder nahezu gleichen Farbton im selben Apparat zu färben, oder den Wechsel der Nuancen stufenweise vorzunehmen, indem von hell über mittel nach dunkel und dann wieder umgekehrt allmählich von den dunklen nach den hellen Ausfärbungen gewechselt wird. Auskochen der Holzapparate mit Hydrosulfit und Soda ist dem durch die kochenden sauren Färbebäder verändertem Holz nicht zuträglich, weil bei der ersten nach dem Auskochen zu färbenden Partie die Fleckenbildung in vermehrtem Maße auftritt.

Diese als äußerst lästig und unwirtschaftlich empfundenen Nachteile gaben Veranlassung, indifferente Stoffe für den Bau der Apparate anzuwenden. Zuerst war es die Firma Eduard Esser & Co. in Görlitz, die das Holz durch Haveg ersetzte. Die Firmen Obermaier & Cie. in Neustadt a.

d. H., H. Krantz in Aachen und noch viele andere verwenden den Edelstahl V4A. Alle die genannten Baustoffe verschaffen dem Wollfärber große Erleichterung in seiner Arbeit, weil sie keine Flecken bilden und auch keinen Farbstoff aufnehmen, denn auch die kleinsten Farbstoffnachsätze beim Nuancieren sind deutlich erkennbar. Die Konstruktion, die Art der Garnaufhängung und die Flottenführung der Wollstranggarn-Färbeapparate aus indifferenten Baustoffen ist genau dieselbe wie bei den Apparaten aus Holz. Jedoch erlauben diese schwundlosen Baustoffe ein viel genaueres Zusammenfügen der Einzelteile, welche der Flottenzirkulation und somit dem egalen Ausfall der Partien zugutekommt,

Abb. 37. Wollgarn-Färbeapparat aus Edelstahl (H. Krantz, Maschinenfabrik, Aachen.)

Abb. 38. Wollgarnfärbeapparat nach dem Hängesystem aus Edelstahl. (Obermaier & Cie., Neustadt a. H.)

der auch nach einer langen Gebrauchsdauer der Apparate mit stets gleicher Sicherheit erreicht wird. Ganz besonders sind die Garnträger durch die stabilen Baustoffe verbessert worden, sie werden nicht wie die aus Holz schon nach verhältnismäßig kurzer Zeit klapperig und rauh, wodurch die an den Wänden hängenden Stränge aufgerauht und filzig werden, und durch den unsicheren Halt der Garnstäbe die ganze Färbung in Frage stellen. Die hohen Anschaffungskosten dieser Apparate machen sich durch die mancherlei erzielten Vorteile, vor allem aber durch das sichere Färben und der Faserschonung in kurzer Zeit wieder bezahlt. Eine

Färberei, deren Leistungsfähigkeit eine größere Anzahl von Apparaten erforderlich macht, braucht nun nicht ganz auf solche aus Holz zu verzichten, sie wird die dunklen Farben Marine, Braun, Schwarz usw. nach wie vor darauf mit Erfolg färben; aber eine Gruppe für die verschiedensten Partiegrößen, zweckmäßig sogar noch miteinander kuppelbarer Stahlapparate, ist für die Wendigkeit innerhalb des Betriebes von nicht zu unterschätzender Bedeutung.

Abb. 37 zeigt den Apparat aus Edelstahl der Firma H. Krantz in Aachen, und in Abb. 38 ist ein solcher der Firma Obermaier & Cie. in Neustadt a. d. H. veranschaulicht.

Apparate nach dem Hängesystem für große Färbepartien. Außer den genannten großen Vorteilen bringen die Apparate aus Stahl und „Haveg" einen von den Wollgarnfärbern lange gehegten Wunsch in Erfüllung, kleine, große und größte Partien in wirtschaftlicher Weise färben zu können; indem die kleinen Partien in den Einzelapparaten, große und größte Partien aber in einer Gruppe zusammengekuppelter Apparate gefärbt werden können. Früher mußten für jede Partie-

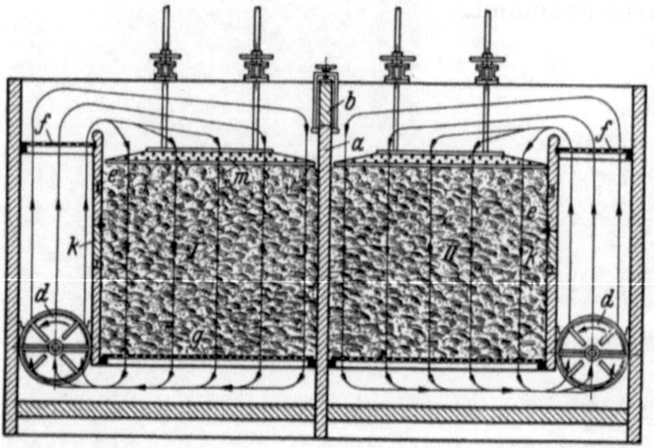

Abb. 39. Gekuppelte Färbeapparate. (August Riedel, Neumünster.)

größe die entsprechend großen Apparate bereitgestellt sein. Große Partien, etwa solche über 100 kg im Strang absolut einheitlich zu färben, war unmöglich, weil mit der Größe des Fassungsraumes die Schwierigkeiten der gleichmäßigen Flottenführung zunahmen, weshalb in großen Apparaten fast nur unegale Partien entstanden. Man war deshalb gezwungen, solche Aufträge in mehreren kleinen zu erledigen, was aber aus webereitechnischen oder organisatorischen Gründen von den Auftraggebern meist nicht erwünscht war. Sind aber Apparate mit kleineren Fassungsvermögen so untereinander zu verbinden, daß ein intensiver Flottenaustausch von einem zum anderen stattfinden kann, so werden bessere Egalitätserfolge erreicht, als in einem entsprechend groß gebauten Einzelapparat.

Stahl und „Haveg" als Baustoff erlauben die Kupplung der Apparate untereinander. Wie die verschiedenen Maschinenfabriken diese Kupplung zur Anwendung bringen, soll nachstehend kurz erläutert werden.

In Abb. 39 ist zunächst eine ganz einfache Verbindung zweier Apparate gezeigt, und zwar besteht diese darin, daß das obere Teil b der Wand a, welche die beiden Apparate voneinander trennt, zu entfernen ist, wenn in beiden Kammern gleichzeitig gefärbt werden soll, während bei eingesetztem Oberteil in jedem Apparat für sich gefärbt werden kann. Diese einfache Vorrichtung ist unter D.R.P. 465 628 August Riedel in Neumünster geschützt.

Die Firma H. Krantz in Aachen verbindet die Einzelapparate durch Leitungen aus weiten Stahlrohren, wobei ein besonderer Mischpropeller,

Abb. 40. Zwei gekuppelte Stranggarn-Färbeapparate aus Edelstahl mit je zwei Materialträgern und Färbekammern. (H. Krantz, Maschinenfabrik, Aachen.)

der in die Rohrleitung eingebaut ist, für gründliche Mischung der Flotte sorgt.

Abb. 40 zeigt eine Gruppe von 2 Apparaten mit je 2 Materialkammern, deren jede 50 kg Garn faßt. Man sieht deutlich die außen an den Apparaten angebrachten Rohrleitungen mit den Absperrventilen rechts und den Mischpropeller in der Mitte. Dieser Mischpropeller saugt beispielsweise durch das untere Rohr der Flotte beider Apparate an und führt sie gemischt durch die oberen Rohre diesen wieder zu. Das Kupplungsschema in Abb. 41 veranschaulicht den Flottengang der einzelnen Apparate und die Wirkungsweise der Mischvorrichtung.

Die Firma Obermaier & Cie. in Neustadt a. d. H. kuppelt die Apparate durch kurze Verbindungsstücke, die durch ein einfaches Organ geschlossen und geöffnet werden können (Abb. 42).

Die Flottenmischung besorgen die Propeller der Apparate. Wenn z. B. drei nebeneinander stehende Einzelapparate vereinigt werden, müssen die beiden außenstehenden in der Flottenmischkammer über dem Propeller einen horizontalen Boden besitzen, welcher der Flotte den Weg zum eigenen Propeller versperrt. Diese geht dann durch das seitlich angebrachte obere Rohr (s. Kupplungsschema in Abb. 43) in den Mischraum des mittleren Apparates, wo die Vermischung der Flotte aller beteiligten Apparate stattfindet. Weil nun alle Propeller in der gleichen Drehrichtung laufen, saugen sie aus der Mischkammer des mittleren Apparates durch das untere Rohr die Flotte an und bringen sie von unten nach oben durch das Material. Bei umgekehrter Drehrichtung der Propeller geht die Flotte durch das untere Rohr in die mittlere Mischkammer und von dort in alle drei Apparate von oben nach unten durch das Material. Nachsätze an Chemikalien und Farbstoff erfolgen in der mittleren Mischkammer. Soll in jedem Apparat für sich gefärbt werden, so werden die Öffnungen in den horizontalen Mischkammerböden, die bei der Kupplung geschlossen waren, geöffnet und die seitlichen Verbindungswege an den Apparaten geschlossen. Dadurch hat jeder Apparat seine eigene Zirkulation.

Das Beschicken der Hängeapparate. Wie schon erwähnt, besitzen die Apparate nach dem Hängesystem besondere Garnträger, welche außerhalb des eigentlichen Färberaumes mit den Garnen beschickt werden. Dadurch ist die Möglichkeit gegeben, bei Verwendung zweier Garnträger ohne lange Pausen zwischen den Färbungen zu arbeiten, denn während der eine Garnträger sich im Apparat befindet und gefärbt wird, kann man den anderen entleeren und mit neuem Garn beschicken. Die Verteilung der zu färbenden Garne hat gleichmäßig über sämtliche

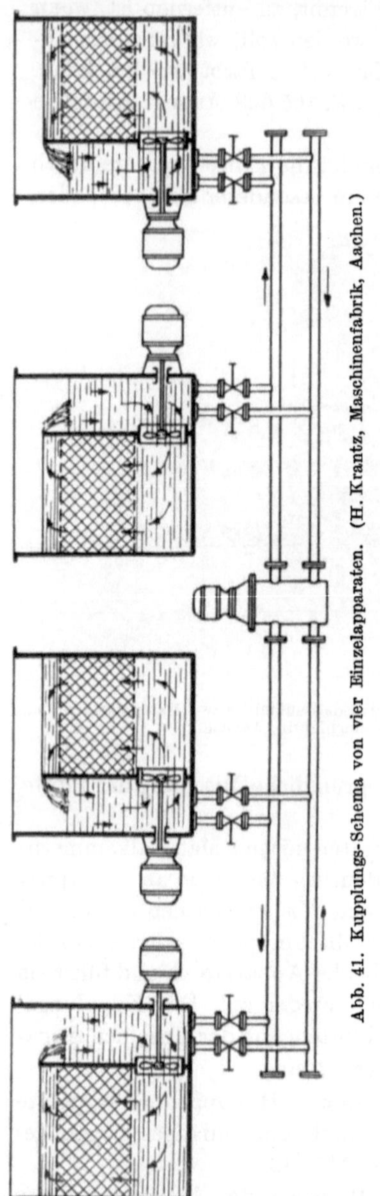

Abb. 41. Kupplungs-Schema von vier Einzelapparaten. (H. Krantz, Maschinenfabrik, Aachen.)

Stäbe zu erfolgen. Sind mehrere Qualitäten Garn in gleicher Farbe einzufärben, so verteile man die Partien gleichmäßig, wobei durch Kenntlichmachung der einzelnen Partien mit farbigen Kennfäden eine spätere Vermischung verhütet werden muß.

Abb. 42. Zwei miteinander gekuppelte Wollgarn-Färbeapparate.
(Obermaier & Cie., Neustadt a. H.)

Die älteren Apparate dieser Gattung haben die Garnstäbe alle in gleicher Höhe angebracht. Die dabei entstehende gleichmäßige Garnfläche schließt die Gefahr des Anfiltrierens ungelöster Teilchen in der Farbflotte in sich. An den Stellen, an welchen das Bad bei seinem Kreislauf immer zuerst auf das Garn trifft, also an den Aufhängestellen oben und unten, entstehen unter Umständen Flecken.

Mit ihrem Stahlapparat machte die Firma Obermaier & Cie. eine Änderung in der Garnaufhängung bekannt, indem sie die Garnstäbe nicht in gleicher Höhe, sondern versetzt in den Materialträger anordnet. Durch Versetzen der Stäbe (d. h. den einen tief, den nächsten in die einige Zentimeter höher liegende Stabträgerleiste) wird der Abstand

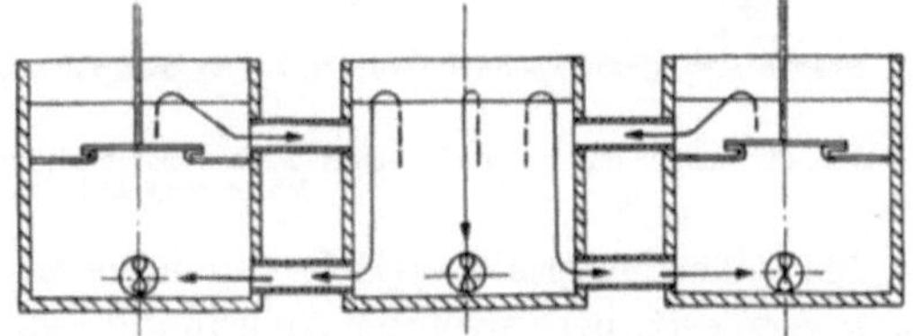

Abb. 43. Kupplungsschema dreier Einzelapparate für
Wollstranggarn. (Obermaier & Cie., Neustadt a. H.)

der Stäbe voneinander verdoppelt und die Oberfläche des Garnblocks weitgehend aufgelockert. Eine Anfiltrierung etwa im Bade vorhandener ungelöster Anteile kann demnach weniger gut stattfinden, sondern sie verteilen sich, ähnlich wie beim Arbeiten auf der Kufe, über das ganze Material und kommen als störende Flecken nicht zur Geltung.

Die gleiche Einrichtung hat auch die Firma H. Krantz in Aachen
an ihren Wollgarn-Färbeapparaten angebracht, die in Abb. 44 verbildlicht ist.

Die versetzte Stabanordnung bringt auch noch eine bessere Flotten-
verteilung in den noch mehr aufgelockerten Garnblock und wirkt dadurch sehr günstig auf die Egalisierung auch schwerer zu färbender Farbstoffe ein. Werden die Stäbe, wie bei den alten Modellen der Apparate
nicht anders möglich, alle in gleicher Höhe in die Tragleisten eingelegt,
so ist je nach deren Abstand voneinander und der Stärke der Stäbe

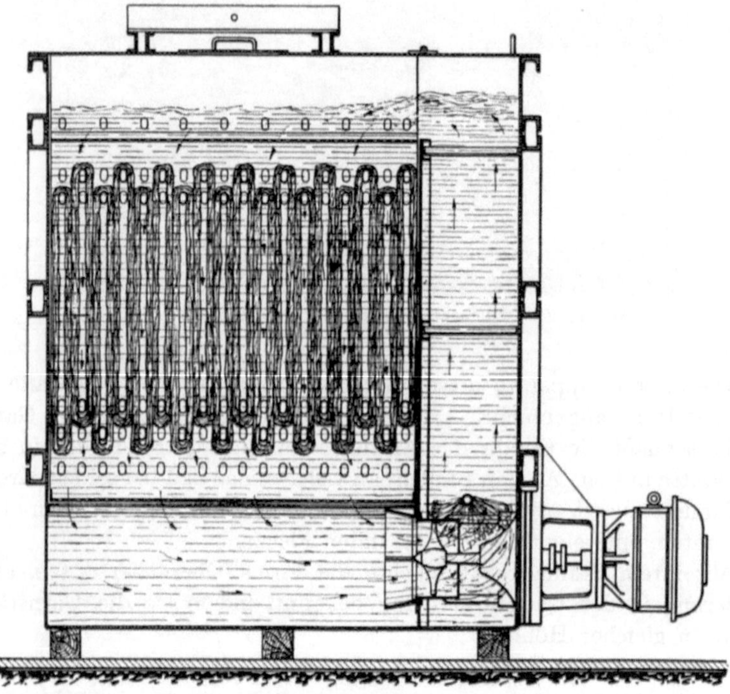

Abb. 44. Schnitt durch einen Wollgarn-Färbeapparat mit hoch und tiefgesetzten Garnstäben.
(H. Krantz, Maschinenfabrik, Aachen.)

$\frac{1}{4}$ bis $\frac{1}{3}$ der Materialoberfläche durch die Masse der Stäbe dem Flottenweg versperrt, bei versetzter Anordnung reduziert sich dies aber um die
Hälfte, so daß nur noch $\frac{1}{8}$ bis $\frac{1}{6}$ der Oberfläche von den Stäben ein-
genommen wird, die Flotte findet somit einen gleichmäßigeren Weg
durch das Material.

Müssen die Apparate mit Garnmengen unter ihrem Fassungsvermögen
beschickt werden, wie es in der Lohnfärberei sehr häufig vorkommt, so
kann die Flottenströmung eine Verschiebung der Garne auf den Stäben
herbeiführen, was mit Bestimmtheit unegale Färbungen bringt. Die auf

diese Weise in dem ohnehin schon lockeren Garnblock entstehenden
Kanäle benutzt die Flotte für ihren Durchgang und färbt die dichter
hängenden Stränge nur ungenügend an, oder die Flotte schießt durch
den Block hindurch, ohne das
Garn vom oberen Stab abzuheben, das hier hell oder ganz ungefärbt bleibt. Diese Mängel
können durch eine schräge Auf-
hängung der Garne behoben werden. Die unteren Stäbe werden
dabei nicht in die für sie bestimmten Raste eingelegt, sondern um
2 oder 3 Raste verschoben. Dadurch entsteht wohl auf der einen
Seite des Blockes oben und auf
der entgegengesetzten Seite unten eine Lücke, was aber gar
nichts ausmacht; auch bei geringer Beschickung bleiben die
Garne in ihrer Lage und färben
tadellos egal. Die Schrägaufhän-
gung ist der Firma Obermaier &
Cie. in Neustadt a. d. H. patentiert.

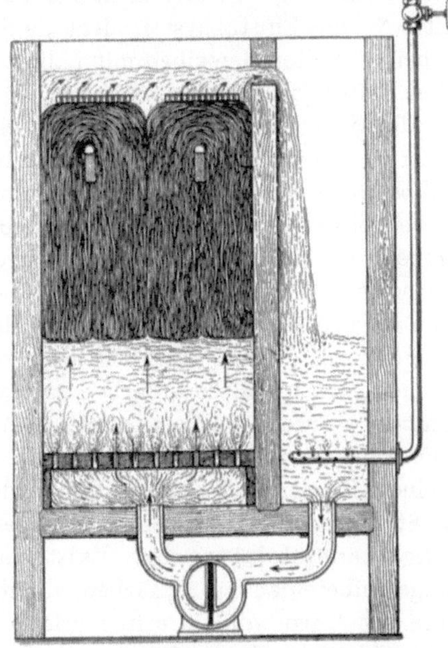

Abb. 45. Wollgarn-Färbeapparat nach dem
Reitersystem (aufwärtsgehende Flottenströmung).
(H. Krantz, Maschinenfabrik, Aachen.)

Hängeapparate mit einem
Stab. Färbeapparate nach dem
Hängesystem, die sich nur eines Garnstabes bedienen, begünstigen bei
dem unbedingt notwendigen beidseitigen Flottenwege die Verschiebung
der Fadenlagen gegeneinander, was sich namentlich bei den hohen Garnnummern aus feinem Wollmaterial beim Umspu-
len bemerkbar macht durch einen Mehrbetrag an
Spullöhnen und Abfall. Die Egalisiererfolge gewöhnlicher saurer Färbungen sind noch gut, wenn
der Garnträger während des Färbens von Zeit zu
Zeit herausgenommen und um seine vertikale Achse
gedreht, wieder eingesetzt wird. Die von unten
nach oben gehende Flotte drückt die Garne gegen
den oberen Siebboden, was empfindlichem Material
wenig zuträglich ist und Druckstellen veranlaßt;
die abwärts gerichtete Flotte streckt die Garne

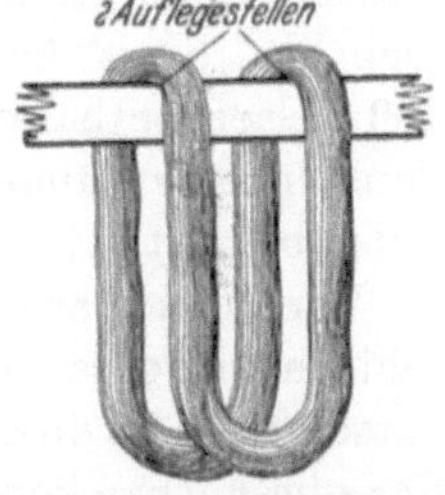

Abb. 46. So wird das Garn
nach dem Reitersystem
über den Stab gelegt.

wohl wieder etwas an, doch werden sie nie so glatt, wie beim Hängesystem mit 2 Stäben.

Streng genommen ist die Anwendung nur eines Stabes halb Hängesystem (bei abwärts gehender Flotte) und halb Packsystem (bei aufwärts steigender Flotte). Bei der praktischen Anwendung des Einstabsystems werden die Stränge entweder lang gehängt, oder sie werden vorher doppelt zusammengelegt und in kurzer Form auf die Stäbe gehängt. Eine dritte Art des Einstabsystems legt die Stränge über die Stäbe, so daß sie zu beiden Seiten derselben mit halber Länge herunterhängen (Krantzsches Reitersystem, Abb. 45 und 46).

Alle Wollgarn-Färbeapparate mit einem Stab besitzen einige Zentimeter über den Stäben, die auch hier in Rasten befestigt werden, einen Siebboden, welcher die Garne bei aufwärtsgehender Flotte daran hindert, zu weit abgehoben zu werden, anderenfalls würden sich die Stränge bei Umkehrung der Flottenrichtung umlegen und ungleiche Strömung und ebensolche Färbung hervorrufen. Nach dem Reitersystem, wie auch beim Färben in kurzer Form durch Zusammenlegen der Stränge, muß jeder Strang einzeln sorgfältig über den Stab gelegt und beim Abnehmen nach beendetem Färben auch wieder jeder Strang einzeln abgenommen werden, was außerordentlich viel Zeit in Anspruch nimmt. Auch müssen beim Reitersystem die Apparate wirklich gefüllt sein. Kleinere Partien sind kaum zu färben, denn bei zu viel Spielraum werden die Stränge von den Stäben heruntergespült, und wenn dies nicht rechtzeitig erkannt, total verwirrt. Es ist zwar empfohlen worden, in mehreren Etagen übereinander zu färben, durch Nichtbeschickung einer Etage wäre das Garn wohl in seiner erforderlichen Dichte zu hängen, doch widerspricht das Färben in mehreren Etagen ganz dem Hängesystem und gibt bei weitem nicht die schönen Erfolge, welche man in den Apparaten mit 2 Aufhängestäben erzielt.

E. Färben der Garne in Spulenform.

Grundsätzliches zur Spulenfärberei. Bei Beendigung des Spinnprozesses werden die fertigen Garne auf Spulen aufgespult, die man allgemein als „Kops" bezeichnet. Es sind dies verhältnismäßig kleine, 50 bis 100 g Garn enthaltende Wickel, die am oberen Ende spitz zulaufen und deren innerer Kanal aus einer perforierten oder nicht perforierten Papierhülse besteht.

Wird das Garn mehrere Kops hintereinander auf besonderen Maschinen in gekreuzter Wickelung auf perforierte Hülsen aufgespult, so entsteht die Kreuzspule. Kops und Kreuzspulen sind die Hauptformen der zum Färben kommenden Spulen. Dazu gesellen sich noch die Fleyer- oder Vorgarnspulen der Baumwollspinnerei, auf welchen sich noch nicht fertig ausgesponnenes Garn befindet. Diese Spulenart kommt jedoch nur wenig zur Ausfärbung.

Gefärbt werden Kops und Kreuzspulen in Apparaten nach dem Packsystem und Aufstecksystem. In Packapparaten bilden die Spulen eine geschlossene Masse, welche von der Flotte durchdrungen werden muß. In Aufsteckapparaten wird jede Spule mit ihrem inneren Hohlkanal auf eine perforierte Hohlspindel gesteckt, die der Flottenzu- und -abführung dient. Das Färbebad passiert radial die verhältnismäßig dünne Garnschicht der Spulen, die dadurch mit sehr gutem Erfolg egal gefärbt werden.

Die Anfänge der Spulenfärberei gehen in die neunziger Jahre des vorigen Jahrhunderts zurück, wo man, ermutigt durch die guten Färbereierfolge unversponnenen Materials und Stranggarn in Packapparaten dazu überging, zunächst die Kops, wie sie die Spinnmaschine liefert, zu färben. Man erwartete sehr große Vorteile von der Kopsfärberei, durch welche zunächst das Abhaspeln der Garne zu Strängen erspart wurde. Dann kam das Färben in Strangform in Fortfall, das immer mit einer mehr oder weniger starken Verwirrung, bei Wollgarnen Verfilzung, verbunden war, welche das Abspulen von den Strängen sehr erschwerte und viel Abfall verursachte.

Schon in den ersten Beschreibungen der neu aufkommenden Apparate um 1890 war man allgemein der Ansicht, daß die Kopsfärberei so viele Vorteile in sich berge, daß man in kurzer Zeit nicht mehr auf diese verzichten wolle. Aus den Angaben der damaligen Autoren schälte sich aber auch der Gedanke heraus, daß das Färben der Kops in Packapparaten sehr viele Nachteile besitze. In der Färberei komme es im allgemeinen mehr auf die Qualität als auf die Quantität an und gute Färbungen der Kops seien nur dann zu erwarten, wenn jeder Garnwickel sozusagen für sich gefärbt, also auf Spindeln aufgesteckt und einzeln von der Flotte durchdrungen würde. Die Packapparate seien nur für Stapelfarben, bei welchen es auf die Gleichmäßigkeit der Ausfärbung nicht so sehr ankomme, gut brauchbar.

Obwohl in damaliger Zeit Baumwollkops auch mit Indigo in Packapparaten gefärbt wurden, blieb ihr Anwendungsgebiet fast nur den damals allein bekannten substantiven Farbstoffen vorbehalten. In der Wollfärberei, wo für die auf Kops zu färbenden Garne nur die echten Beizen- und Nachchromierungsfarben in Frage kamen, wurden in Packapparaten die denkbar schlechtesten Resultate erzielt.

Es wurde schon darauf hingewiesen, das die Textilindustrie an die gefärbten Garne hohe Anforderungen in bezug auf Egalität der Farbe stellt. Der Stranggarnfärber besitzt die Möglichkeit der Verbesserung einer Färbung, wenn er die Ungleichmäßigkeit der Garne erkennt, was bei Wolle schon im geschleuderten Zustande möglich ist.

Bei der Garnfärberei in Spulenform ist die Erkennung unegaler Färbungen bedeutend schwieriger, ja fast unmöglich; von außen scheinen alle Spulen gleichmäßig gefärbt, wie sie aber im Innern sind, ist nicht zu erkennen. Wohl kann man Stichproben mit verdächtig aussehenden Spulen machen, man kann sie abhaspeln, aufschneiden oder durchbrechen, und wenn auch diese Spulen wirklich ohne Tadel sind, so hat man doch noch keine Gewähr dafür, daß nun die ganze Partie aus gleichen einwandfreien Spulen besteht.

Die Fehlerursachen sind nicht etwa allein in unrichtiger Apparatkonstruktion oder falscher Färbeweise, als vielmehr in der Spinnerei zu suchen, und zwar ist es die ungleiche Wickelung der Kops, welche in den weitaus meisten Fällen die Schuld an dem ungleichen Farbausfall trägt.

Sehr häufig kommt es vor, daß eine Anzahl ein und derselben Kiste entnommener Kops härter gewickelt sind als die übrigen; nicht selten findet sich eine ungleichmäßige Wickelung im selben Kops, indem der Fuß der Kops fester gewickelt ist als die Mitte und die Spitze. Derartige Differenzen in der Wickelung müssen sich unfehlbar auf die Färbungen übertragen und besonders in der Echtfärberei ist auch die sorgfältigste Färbemethode im besten Apparat nicht imstande, diese Unregelmäßigkeit auszugleichen.

Der Weber, der eine solche mangelhaft gefärbte Partie zu verarbeiten hat, sieht den Spulen ihre innere Beschaffenheit auch erst an, wenn es schon zu spät ist, und da er meist im Akkordlohn arbeitet, hat er kein Interesse daran, die entstandenen Schußstreifen aus der Ware wieder zu entfernen und sich mit dem Heraussuchen der unegalen Kops zu befassen. Der Färber war deshalb gezwungen, um die Reklamationen, an denen er selbst keine Schuld trägt, zu beseitigen, Spulmaschinen anzuschaffen und die Kops mit gleichmäßig fester Wickelung umzuspulen.

Zu den färberischen Schwierigkeiten gesellt sich noch der Aufwand von viel Handarbeit bei den Aufsteckapparaten. Jeder Kops mit nur 30—100 g Garn muß einzeln aufgesteckt und wieder abgenommen werden. Die kleinen Aufsteckspindeln mit den kleinen Löchern verstopfen sich schnell, verursachen dadurch unegale Färbungen, das Reinigen der Spindeln nimmt viel Zeit in Anspruch und die Raumausnutzung in den Färbeapparaten ist nicht besonders günstig. Alle diese Nachteile haben der Kopsfärberei wenig Freunde verschafft und sie an der allgemeinen Einführung gehindert.

Wenn die Färberei dazu übergehen mußte, zur Erzielung gleichmäßig gefärbter Spulen die angelieferten Kops umzuspulen, zu diesem Zweck entsprechende Maschinen anzuschaffen, die Spullöhne, Verzinsung und Amortisation der Spulmaschine in der Kalkulation zu berücksichtigen, so lag es selbstverständlich sehr nahe, statt auf Kops, auf Kreuzspulen umzuspulen. Diese Spulenform hat zufolge ihrer gekreuzten Fadenlage ein lockeres Gefüge und dadurch eine bessere Durchlässigkeit für die Farbflotte, als die parallele Fadenlage der Kops, die zwischen den einzelnen Fäden nur wenig Raum lassen und der Spule ein dichtes und festes Gefüge geben. Weil ferner bei den Kreuzspul-Färbeapparaten alle Flottenführungshülsen größer dimensioniert sind, die sich weniger leicht verstopfen, gegebenenfalls schneller gereinigt werden können, das Beschicken der Apparate mit den schwereren Kreuzspulen weniger Zeit beansprucht, der Rauminhalt der Apparate besser ausgenutzt werden kann und die färbereitechnischen Erfolge auch bei schwierigeren Farbstoffen und Färbeweisen den in der Kopsfärberei ganz bedeutend überlegen sind, hat das Färben von Garn auf Kreuzspulen einen gewaltigen Aufschwung genommen.

Die Kreuzspule ist aber nicht allein für die Färberei die günstigere Spulenform, sondern auch der weiterverarbeitenden Textilindustrie bringt sie sehr wertvolle Vorteile. Wenn beim Spulen der Garne von den Kops auf die Kreuzspule der Faden reißt oder zu Ende geht, steht nur diese eine Kreuzspulspindel still. Bricht dagegen beim Zetteln einer Kette ein Faden ab, oder geht eine Spule zu Ende, stehen gleichzeitig mehrere hundert Fäden still, denn zum Anknüpfen eines Fadens muß die ganze Maschine abgestellt werden. Man kann sich leicht vorstellen, wie lange es dauert, wenn eine Kette aus Kops geschärt wird, wenn diese ungleichmäßig zu Ende gehen und die Zettelmaschine jedesmal stillgelegt werden muß. Dies ist auch der Grund, weshalb in der modernen Weberei die großen Kreuzspulen den kleinen vorgezogen werden. Die Spulen, die man heute bis zu 1,5 kg Garngewicht durchzufärben vermag, ergeben bei einer Aufsteckung in die Zettelgatter 3—4 normallange Webeketten.

Es werden ja wohl viele Schußkops gefärbt, doch ziehen die meisten Firmen auch für diesen Zweck das in der Kreuzspule gefärbte Garn vor und spulen die Schußkanetten auf besonderen Maschinen um.

Färben der Spulen in Packapparaten und Aufsteckapparaten. Die beiden voneinander grundverschiedenen Apparatsysteme der Spulenfärberei sind die des Packsystems und des Aufstecksystems.

Die Packapparate, in welchen die Spulen einen großen Block bilden, erfordern zur gleichmäßigen Durchdringung des Färbegutes auch ein absolut gleichmäßiges Einpacken des Materials, was bei Spulen nicht immer leicht durchführbar ist.

Der große Materialblock der Packapparate erlaubt bei dichtem Material, wie es beispielsweise bei der Baumwolle vorliegt, nur die Verwendung leicht egalisierender Farbstoffe. In den Anfängen der Spulenfärberei waren es die substantiven Farbstoffe, welche auf Baumwollspulen in Packapparaten nach Art des in Abb. 79 auf S. 126 veranschaulichten Obermaierschen Apparates gute Resultate zeitigten. Auch die Nachbehandlung durch Diazotieren und Entwickeln, sowie mit Metallsalzen usw. bereitete bei passendem Baustoff der Apparate wenig Schwierigkeiten, die aber bei Anwendung der später erscheinenden Schwefelfarbstoffe wuchsen und mit den Küpenfarbstoffen sich so steigerten, daß an ein Egalfärben der Spulen in Packapparaten nicht zu denken war. Weil heute aber auch die billigste Buntwebereiware küpenfarbig sein muß, die gleichmäßige Färbung der ganzen Partie aber nur in Aufsteckapparaten mit großer Sicherheit zu erreichen ist, haben die Packapparate für die Baumwollkreuzspulen nur noch für dunkle Stapelnuancen bei substantiven und Schwefelfarben einige Bedeutung. (Näheres darüber im Abschnitt der Baumwollfärbe-Apparate S. 121.)

In der Wollfärberei liegen die Verhältnisse etwas anders. Die Wollkreuzspule, die infolge der Formbarkeit der Wolle in den heißen Farbflotten weich bleibt (eine Baumwollkreuzspule ist im nassen Zustande fester und härter als im trockenen), bietet dem Durchgang der Flotte geringeren Widerstand; außerdem ist es für Wollgarne vorteilhafter, mit weicher Wickelung aufzuspulen, denn vor allem die feinen Garne erleiden bei fester Spulung durch die Fadenspannung, mit welcher sie aufgespult werden, erhebliche Faserschwächung, die besonders im Innern der Spule auftritt und auf die Weiterverarbeitung und Qualität des Fertigfabrikates nachteiligen Einfluß ausübt. Diese für die Wollkreuzspule günstige weiche Wickelung gestattet das Färben in Packapparaten

Abb. 47. Färbeapparat nach dem Packsystem mit übereinandergesetzten Materialkästen.

erfolgreich durchzuführen und in gewissen Textilbezirken werden diese Apparate wegen der schnelleren Beschikkung und größeren Produktion auch in der Echtfärberei den Aufsteckapparaten vorgezogen.

Vorteilhaft sind die Färbeapparate, bei welchen das Packen in besonderen Kästen erfolgen kann, da diese räumlich geeigneter und handlicher sind, und die ein gleichmäßigeres Pakken erlauben, als große Materialräume. Die Kästen haben einen Lochboden oder besser einen aus Korbgeflecht und werden übereinandergestellt, so daß das Färben in mehreren Schichten erfolgt, was, wie schon bei der losen Wolle und der Garnfärberei gesagt wurde, weitgehende Sicherheit für die Erzielung gleichmäßiger Färbungen bietet.

Einen solchen aus mehreren übereinander zu stellenden Kästen bestehenden Färbeapparat zeigt Abb. 47. Die Kästen werden durch Anpreßvorrichtungen und entsprechenden Belag der Stoßflächen beim Übereinanderstellen gegenseitig abgedichtet. Für den Flottenkreislauf dient eine Rotationspumpe mit Vor- und Rückwärtsgang. Abb. 48 zeigt schematisch, wie die Kreuzspulen in diesen Apparat eingelegt werden.

Das Einpacken der Spulen erfolgt waagerecht und muß mit vollkommener Gleichmäßigkeit derart erfolgen, daß die auf die untere Lage aufgeschichteten Spulen auf Luke zu liegen kommen. Die Spulenhülsen werden beim Einpacken in den Färbeapparat durch Stäbchen aus Holz oder Hartgummi ausgefüllt, damit sie gegen Zusammendrücken oder Verkleben geschützt und widerstandsfähiger gegen Verbiegen und Zerbrechen bleiben.

Die freien Hülsenenden werden in das Garn der Nachbarspule gedrückt, wodurch freie Zwischenräume zwischen den Stirnseiten der Spulen vermieden werden. Alle etwa entstehenden Zwischenräume sind mit Füllmaterial (Woll- oder Baumwollabfälle) auszufüllen, damit die durchströmende Flotte überall gleichen Widerstand findet und keine Kanäle bilden kann.

Praktisch ist es, statt auf Papierhülsen, das Garn auf Holzkerne, über die ein Schlauch aus dickem Baumwollgewebe gezogen wurde, zu spulen. Der Holzkern wird vor dem Färben entfernt. Die jetzt hülsenlose Spule kann sehr gleichmäßig in den Apparat eingelegt und bei geschicktem Packen jeder leere Zwischenraum vermieden werden. Nach dem Trocknen wird eine Papierhülse oder Holzkern in die zentrale Öffnung der Spule geschoben. Eine Deformation der Spulen ist bei richtiger

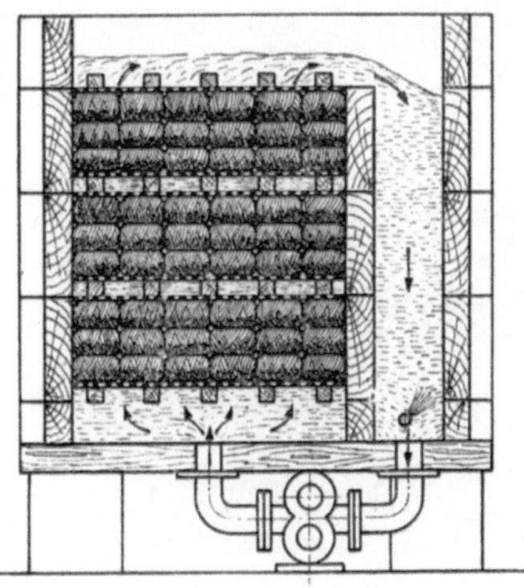

Abb. 48. Färben von Woll-Kreuzspulen im Packapparat in mehreren Schichten.

Kreuzwickelung ganz ausgeschlossen, denn nach dem Einschieben der Hülsen werden sie wieder rund.

Die Verwendung von Gewebeschläuchen an Stelle der Papphülsen birgt den großen Nachteil in sich, daß das Material der Schläuche je nach den verwendeten Farbstoffen und der Farbtiefe mit angefärbt wird. Dadurch ist man bei der Wiederverwendung derselben einigermaßen gehindert, wenn man nicht vorzieht, die Schläuche vorher alle zu entfärben, was jedoch mit Kosten verbunden ist, welche die Färberei verteuert. Will man auf die Verwendung von Papphülsen und Stoffschläuchen beim Färben der Wollkreuzspulen ganz verzichten, was technisch durchaus möglich ist, muß man dafür besorgt sein, die zentrale Öffnung der Spulen so zu erhalten, daß nach dem Färben eine Papphülse wieder eingeschoben werden kann, denn ohne diese ist das ordentliche Weiterverarbeiten der Spulen nicht denkbar. Die Papphülse, auf welcher das Garn in üblicher Weise aufgespult wird, wird vor dem Einpacken in den Apparat entfernt, dafür aber ein Faden eingezogen, mit dessen Hilfe das spätere Einschieben einer Hülse leichter gestaltet werden kann. Für diese Arbeiten verwendet man vorteilhaft einen kleinen Apparat der Zittauer Maschinenfabrik A.-G., wie ihn die Abb. 49 und 50 zeigen: Ein hölzernes Gestell hält einen eisernen Stift, der in der Mitte durch eine Flügelschraube festgestellt werden kann. Die schwächere Hälfte des Stiftes ist am Ende hakenförmig gebogen, um damit in die Schleife eines Garnfadens einhaken zu können, während die andere, stärkere Hälfte am

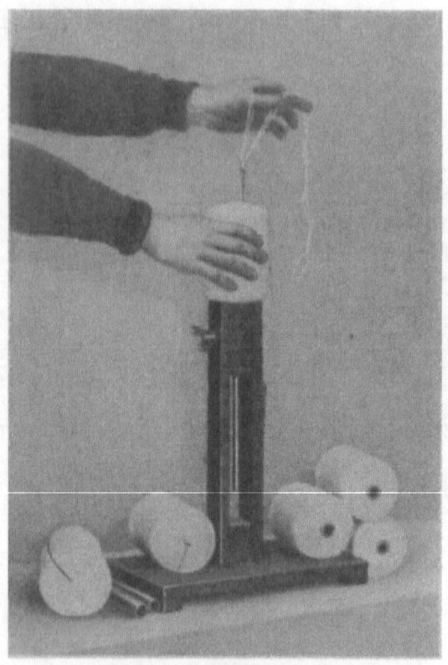

Abb. 49. Herausziehen der Papphülse vor dem Färben. (Zittauer Maschinenfabrik A.-G. Zittau.)

Abb. 50. Einschieben der Papphülse nach dem Färben. (Zittauer Maschinenfabrik A.-G. Zittau.)

Ende eine Feder hat, um eine auf den Stift aufgesetzte, unten ausgehohlte Nadel festhalten zu können. Diese Nadel läuft nach oben spitz zu und endet in einem Haken.

Beim Herausziehen der Papphülse steht die schwächere Seite des Stiftes nach oben (Abb. 49). Die Papphülse der darüber gesteckten Spule wird unten mit den Fingern festgehalten und die Spule selbst nach oben geschoben, so daß sie von der Hülse abgleitet und der oben mit der anderen Hand in dem Haken festgehaltene Doppelfaden, der an einem Ende eine Schleife haben muß, durch die Spulenöffnung hindurchgeht. Die links neben dem Apparat liegenden Spulen zeigen, wie der Faden während des Färbens gebunden sein muß.

Beim Einstoßen der Papphülse steht das stärkere Ende des Stiftes nach oben (Abb. 50). Die neue Papphülse, die etwas schwächer als die vor dem Färben verwendete sein muß, wird darüber geschoben und die

Nadel am oberen Ende des Stiftes aufgesetzt. Der Faden wird aufgeknüpft und die an dem einen Spulenende herausragende Schleife oben am Nadelende eingehakt. Während die eine Hand den Faden straff hält, schiebt die andere Hand die Spule über die nach unten immer stärker werdende Nadel und schließlich über die auf dem Stifte daruntersitzende Papphülse.

Färben der Spulen in Apparaten nach dem Aufstecksystem. So einfach es erscheinen mag, Garnwickel von ihrem zentralen Kanal aus mit der Färbeflotte radial zu durchdringen, um bei der verhältnismäßig dünnen Garnschicht eine einwandfreie Anfärbung aller Anteile der Spulen zu erreichen, so zeigen sich bei der Ausführung der Arbeit doch mancherlei Fehlerquellen, welche den guten Erfolg einer Färbung oft stark vermindern. Diese Mißerfolge sind teils in der Apparatekonstruktion, in nicht richtiger Färbeweise und auch in den Spulen selbst zu suchen. Bei den Kops wurde ganz allgemein auf die darin enthaltenen Fehler schon auf S. 94 hingewiesen und ist bei den Baumwollkops im besonderen noch auf S. 136 erwähnt.

Aber auch von den Kreuzspulfärbepartien, die in Aufsteckapparaten zu färben sind, wobei es ganz gleichgültig ist, ob es sich um Baumwolle, Wolle oder einer anderen Faser handelt, muß verlangt werden, daß alle ihre Spulen gleichmäßig fest gespult und daß selbstverständlich auch innerhalb der Spulen selbst alle Schichten mit gleicher Fadenspannung aufgespult sind. Selbst geringe Unterschiede in der Wickelung, die aber in der Spulerei nie ganz zu verhüten sind, werden bei den Apparaten älteren Systems, bei welchen die Spulen auf perforierte Spindeln gesteckt werden und die Abdichtung der freien Hülsenenden durch Einstecken von Konussen erfolgt, nicht ausgeglichen, so daß immer ungleich gefärbte Spulen entstehen.

Fehler beim Färben nach dem Aufstecksystem, verursacht durch die Spulerei. Welche Fehler durch die Spulerei und die Arbeitsweise der Apparate entstehen können, schildert Dr. W. Zänker in anschaulicher Weise[1]. Danach entstehen durch ungleiche Fadenspannung feste und lose gewickelte Spulen. Durch die lose Spule geht dann natürlich mehr Farbflotte als durch die feste. Erstere wird infolgedessen dunkler als letztere. Dies ist schematisch in Abb. 51 dargestellt.

In Abb. 52 stand die Hülse beim Spulen zu weit nach einer Seite auf dem Dorn, wodurch an der anderen Seite freie Hülsenlöcher entstanden. In diesem Falle bleibt beim Färben die Spule heller, da der größte Teil der Farbflotte durch die freiliegenden Öffnungen zirkuliert.

Ebenfalls freie Hülsenlöcher sowohl an einer wie auch an beiden Seiten können durch verschiedene andere Fehler entstehen. In Abb. 53

---

[1] Dr. Zänker, W.: Die Fehler beim Färben von Kreuzspulen und die Möglichkeit ihrer Verhütung. Dtsch. Färber-Ztg. 1926, S. 915.

bemerkte die Spulerin, nachdem eine Schicht aufgewickelt war, erst,
daß sie den Faden nicht in den Fadenführer gelegt hatte. Durch die
freien Hülsenlöcher entsteht beim Färben derselbe Fehler wie bei Abb. 52.
Die Spulen bleiben beide heller.

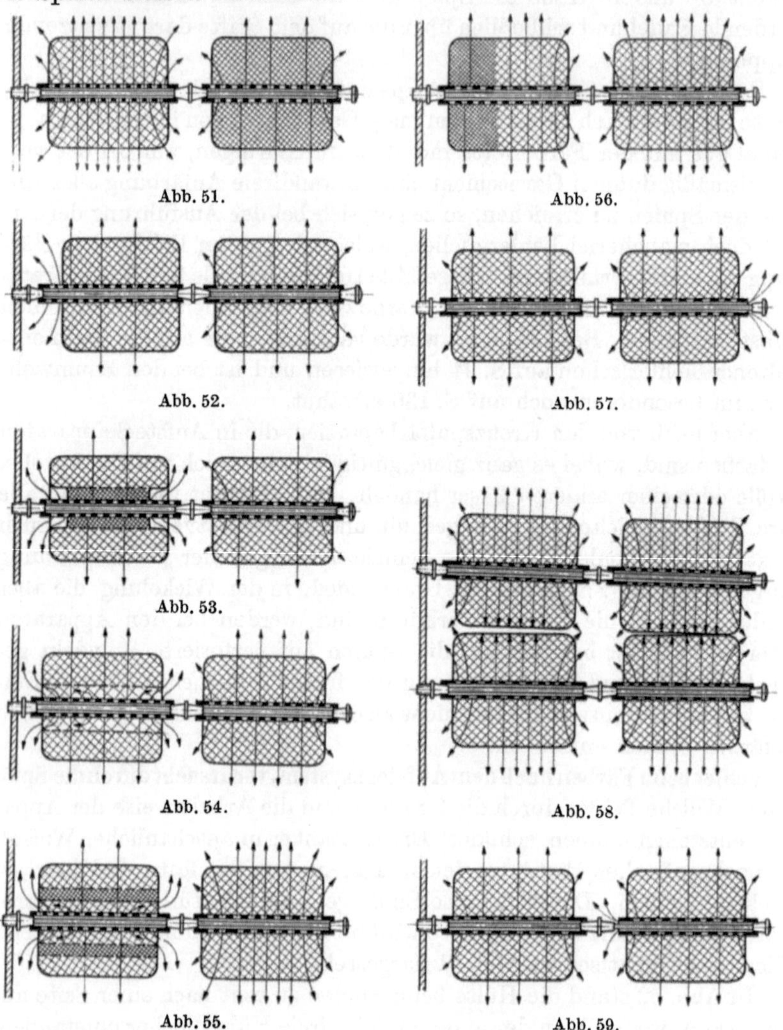

Abb. 51.   Abb. 56.

Abb. 52.   Abb. 57.

Abb. 53.

Abb. 54.   Abb. 58.

Abb. 55.   Abb. 59.

Abb. 54 zeigt, wie der Faden irrtümlich erst in den Fadenspanner
gelegt wurde, nachdem schon eine Schicht aufgewickelt war. Die Farbflotte dringt natürlich größtenteils durch die lose Schicht nach außen,
wodurch diese dunkler wird und der übrige Teil der Spule, sowie die
zweite Spule, heller bleibt.

Eine fester gewickelte Schicht im Innern der Spule (Abb. 55) kann dadurch entstehen, daß bei einem Kops der Faden irrtümlich um den Fadenspanner geschlungen wurde. Bis der betreffende Kops abgelaufen ist, wird die Wickelung des Garnes fester. Eine feste Schicht im Innern der Kreuzspule kann auch dadurch entstehen, wenn die Spitze eines Kopses verbogen war und der Faden sich um diese verbogene Kopsspitze herumziehen mußte. In beiden Fällen wird die Spule sehr ungleichmäßig gefärbt.

Wenn die Spule einseitig auf der Triebwalze liegt, wird diese Seite fester aufgewickelt (Abb. 56); beim Färben bleibt die fester gewickelte Seite heller.

Fehler beim Färben nach dem Aufstecksystem, verursacht durch die Apparate. Nicht nur die Spulerei ist Schuld an ungleichmäßig gefärbten Kreuzspulen bei Aufsteckapparaten, sondern auch in der Färberei sind viele Fehler überhaupt nicht vermeidbar. Sehr leicht verstopfen sich z. B. die Metallspindeln während des Färbens durch Materialfasern, wodurch es vorkommen kann, daß die Spulen teilweise innen weiß bleiben. Fehlerhafte Hülsen, z. B. ein ausgeschlissener oder ausgebrochener Hülsenrand, verursachen ebenfalls Hellerbleiben der Spulen, da die Flotte durch die schadhaften Stellen der Hülse zirkuliert. Abgenutzte Verschlußkopffedern (Abb. 57) verursachen denselben Fehler, da sich durch den Flottendruck der Verschlußkopf herausdrückt und die Farbflotte aus der Spindel schießt.

Abgenutzte, sich umbiegende Spindeln geben ebenfalls Anlaß zu bunten Färbungen (Abb. 58), denn an den Berührungsstellen der Spulen bleiben diese heller.

Beim Aufstecken der Spulen auf den Materialträger kommt es leicht vor, daß die Hülse der Spule, statt auf dem Konus aufzusitzen, nur gegen denselben stößt (Abb. 59), wodurch die Spulen ebenfalls heller bleiben, da die Farbflotte hauptsächlich zwischen Konus und Spulenhülse hindurchgeht.

Helle Kanten an gefärbten Kreuzspulen. Zu diesen von Dr. Zänker geschilderten und von jedem Kreuzspulfärber gefürchteten Fehlern kommt noch die sehr unangenehm empfundene Erscheinung, daß beim Färben von Kreuzspulen in Aufsteckapparaten leicht hellere bis nahezu ungefärbte Ringe in der Nähe der Kanten sich zeigen. Diese hellen Kanten sind teils auf die Kreuzwickelung der Spule zurückzuführen, denn bei der Aufspulung wird durch den Richtungswechsel der Fadenführung an den Seiten der Spulen etwas mehr Garn aufgespult als an den übrigen Teilen derselben, weshalb die Kanten härter ausfallen und beim Färben heller bleiben.

Stadtmüller[1] führt die hellen Kanten auf eine Flottenstauung

---

[1] Stadtmüller, O.: Deutscher Färberkal. 1926, S. 91.

zurück, die dadurch hervorgerufen wird, daß der Flottendruck rechtwinklig aufeinander einwirkt. Für diese Erklärung spricht die Tatsache, daß die Bildung heller Ringe in viel geringerem Maße auftritt, wenn man

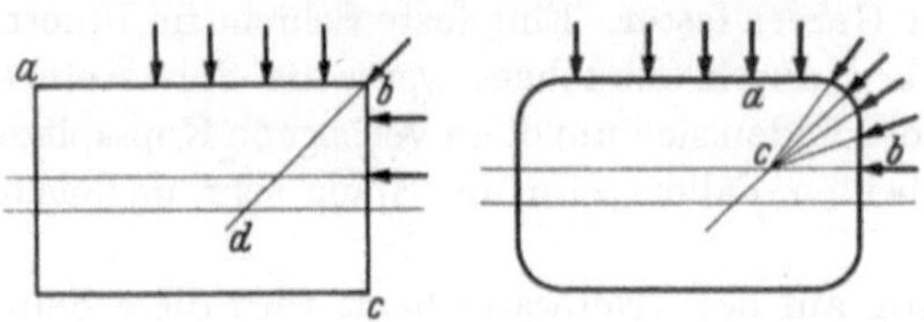

Abb. 60 a. Zylindrische
Kreuzspule mit scharfen Kanten.

Abb. 60 b. Zylindrische
Kreuzspule mit runden Kanten.

die scharfen Ecken der Kreuzspulen abrundet. Der günstige Einfluß dieser Maßnahme ist aus den Abb. 60 a und b leicht ersichtlich.

Bei der Spulenform mit scharfen Kanten (Abb. 60 a) ist voller Druck auf die beiden Flächen *a b* und *b c*. Der gleiche Druck drückt aber auch auf die sehr kleine Angriffsfläche der Kante *b*. Der Druck auf die beiden Flächen *a b* und *b c* bricht sich in der Richtung der Winkelhalbierenden *b d*, wird also wohl in der Hauptsache in der Richtung *b d*, teilweise aber auch, infolge des Widerstandes, welchen das Material der Durchdringung entgegensetzt, in umgekehrter Richtung *d b* sich auswirken. Der Druck von der Kante her wirkt diesem Druck entgegen, wodurch ein toter Punkt entsteht, an welchem die Flottenzirkulation entweder ganz zum Stillstand kommt, oder doch so vermindert wird, daß sie zu einer gleichmäßigen Durchdringung des Materials nicht mehr ausreicht.

Bei der Spule mit abgerundeten Kanten (Abb. 60 b) liegen die Verhältnisse wesentlich günstiger. Im Bogen *a b* hat jetzt die Flotte eine bedeutend größere Wirkungsfläche als bei der scharfen Spulenkante. Außerdem wirken die verschiedenen Drücke alle in der Richtung auf den Scheitelpunkt *c* des Kräfteparallelogrammes *a c b*. Eine

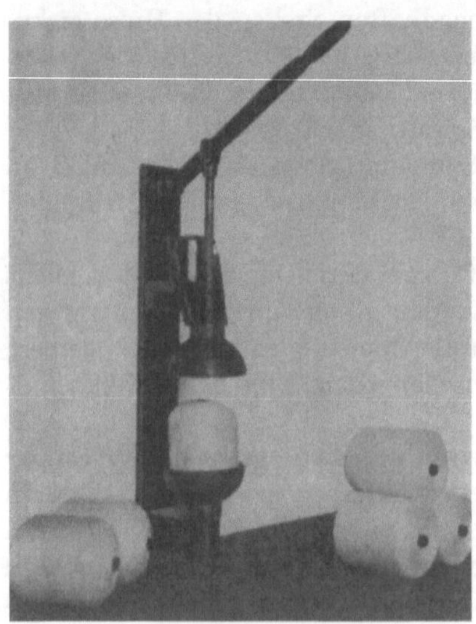

Abb. 61. Apparat zum Abrunden der
Spulenkanten.

Flottenstauung und die Bildung eines hellen Ringes wird dadurch weitgehend vermindert.

Andererseits ist die Bildung der hellen Ringe bei scharfkantigen Spulen noch so zu erklären, daß, wenn die Flotte von innen nach außen durch die Spule geht, die aus den den Seitenflächen näher liegenden Hülsenlöchern tretende Flotte den leichteren Weg nach der Seitenfläche hin nimmt und so die äußerste scharfe Kante von geringeren Flottenmengen getroffen und demzufolge heller ausfallen muß.

Das Abrunden der Kanten ist in Kreuzspulfärbereien, die mit Aufsteckapparaten arbeiten, ein allgemein durchgeführter Arbeitsvorgang. Man bedient sich dazu eines Apparates, den die Abb. 61 verbildlicht und den jeder Schlosser leicht herstellen kann. Ein jugendlicher Arbeiter vermag mit diesem Apparat in einer Stunde mehreren hundert Spulen gleichmäßig abgerundete Kanten zu geben.

Die Fehler der Spulerei, die sich beim späteren Färben der Spulen so verhängnisvoll auswirken können, zu vermeiden oder auf ein ganz geringes Maß einzuschränken, ist das Ziel der Spulmaschinenfabriken gewesen. Auf den älteren Exzenter-Spulmaschinen mit bewegtem Fadenführer ist es praktisch unmöglich, alle Spulen ohne Fehler aufzuspulen, die Schlitztrommel-Spulmaschinen liefern in dieser Beziehung schon bessere Resultate. Spulen von sehr großer Gleichmäßigkeit ergibt die Maschine der Firma W. Schlafhorst & Co. in M.-Gladbach, die weder Exzenter- noch Schlitztrommel-Fadenführer hat. Bei dieser Maschine erfolgt der Antrieb der Spule durch Reibung auf einer dünnen, sehr schnell laufenden Wickelwelle, wodurch die Fadengeschwindig-

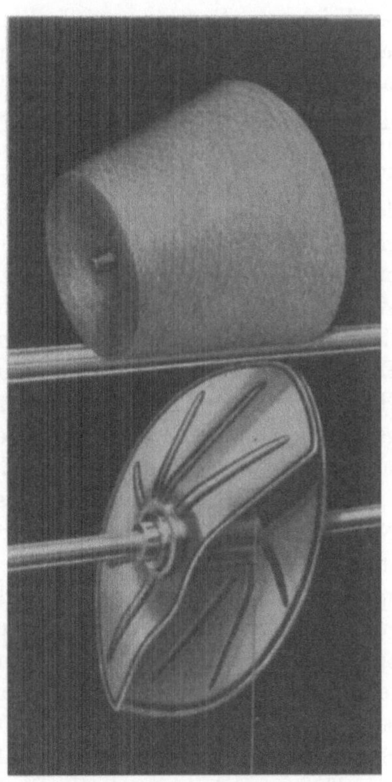

Abb. 62. Flügelfadenführer der Kreuzspulmaschine. (W. Schlafhorst & Co., M.-Gladbach).

keit vom Anfang bis zur vollen Spule stets gleich bleibt. Die Fadenführung geschieht durch Messingblechflügel, deren Umfangskanten die Form von Schraubenlinien haben; dadurch wird der Faden vor seinem Auflauf auf die Wickelwelle und Kreuzspule so kurz und damit so genau und sicher geführt, daß ein Überschlagen des Fadens an den Seitenflächen ausgeschlossen ist. Die Abb. 62 zeigt das Prinzip dieser Flügelfadenführer-Kreuzspulmaschine, auf welcher zylindrische, wie auch konische Kreuzspulen hergestellt werden können. Die Fadenspannung ist sehr einfach und kann in den weitesten Grenzen verstellt werden, so daß man sehr weiche Woll- als auch harte Baumwollkreuzspulen bis zu einem Durchmesser von 20 cm aufspulen kann. Fadenwächter sorgen dafür, daß die Spule bei Fadenbruch nicht unnötig leer läuft und dadurch Schaden nimmt.

Um den Spulen weiche Kanten zu geben, ist es zweckmäßig, wenn die Spulmaschinen das Garn mit Kantenverschiebung aufspulen. Bei der beschriebenen Maschine wird dies dadurch erreicht, daß die Flügelfadenführerwelle seitlich nach rechts und links um etwa 5 mm ständig langsam verschoben wird. Eine für Färbereizwecke sehr gute Kreuzspule zylindrischer wie auch konischer Form liefert die Spulmaschine der Firma Franz Müller, M.-Gladbach. Die Maschine hat Schlitztrommel-Fadenführung, die Trommeln selbst bestehen aus dem Kunstharz Bakelit, das stets sauber bleibt, keiner Rostgefahr ausgesetzt ist und durch seine glatte Oberfläche keinen Garnstaub ansammelt. Der Schlitz der Trommel führt den Faden einmal in steiler und anschließend daran in flacher Wickelung von einer Spulenseite zur anderen, so daß die Garnlagen mit flacher Steigung stets durch solche mit steiler Steigung überdeckt werden. Diese Fadenführung gibt den Spulen größeren inneren Halt, der das Hinauswachsen der Garnschicht über die Hülsenenden verhütet, was ganz besonders für weiche Wollkreuzspulen wichtig ist. Eine Vorrichtung zur Kantenverlegung ist auch bei dieser Maschine vorhanden.

Obwohl die modernen Spulmaschinen die Spulereifehler mit ihren Nachteilen für die Färberei weitgehend verhindern, so ist die Entstehung heller Kanten selbst bei den mit Kantenverlegung aufgespulten Spulen nicht immer zu verhüten. Auch hier muß noch eine Abrundung der Kanten vorgenommen werden. Nun hat aber eine Kreuzspule mit abgerundeten Ecken kein gefälliges Aussehen, ein Schönheitsfehler, der für eine Weberei mit eigener Färberei nicht von Wichtigkeit sein kann. Eine Färberei aber, die Kreuzspulen im Lohn färbt oder eine Spinnerei, die solche verkauft, muß darauf sehen, daß neben einer einwandfreien Färbung auch die Form der Spulen keinen Schaden leidet, denn die Abnehmer sind auch in dieser Beziehung anspruchsvoll. Es besteht aber auch noch die Gefahr, daß durch die Abrundung der Kanten die Fadenlagen sich verwirren und das Garn in den oberen Schichten der Spule weniger gut abläuft, den nachfolgenden Arbeitsprozeß dadurch hemmt und vermehrten Abfall gibt.

Es ist deshalb anzustreben, die Spulen ohne jede Deformierung aus der Färberei zu bringen. Dies ist zu ermöglichen, wenn der Ein- oder Austritt der Flotte an den Seitenflächen ac (s. Abb. 60a) verhindert wird. Flottenstauungen durch Aufhebung des zweiseitig einwirkenden Flottendrucks können dann nicht mehr eintreten, denn die Flotte findet jetzt nur noch den radialen Weg von außen nach innen oder umgekehrt. Alle Schichten der Spulen werden gleichmäßig von der Flotte getroffen und somit bestmöglichste Egalität erreicht.

Form und Größe der Spulen. Die Notwendigkeit gleichmäßiger Wickelung der Spulen für das Gelingen der Färbung wurde schon ausdrücklich hervorgehoben. Aber auch Form und Größe der Spulen sind von Bedeutung für den Ausfall der Färbung. Allerdings sind nicht die färbereitechnischen Belange maßgebend für Form und Größe der Garnwickel, hier entscheiden mehr die Erfordernisse der Fertigwarenfabrikation. Die Färbeapparate sind dann den jeweiligen Ansprüchen angepaßt und die Maschinenfabriken liefern denn auch die zur Spulenaufnahme nötigen Einrichtungen in der gewünschten Form.

Kops. Über die Kops wäre nicht viel zu sagen; ihre Form ist fast immer gleich und ihre Größe abhängig von der Einrichtung der Spinnmaschine. Regelmäßigkeit in der Abstufung beim Aufbau der Kops ist unerläßlich. Der Spinner sollte immer im Besitze einer perforierten Färbespindel sein, mit welcher er seine Arbeiten prüfen kann, da ein zu hoch oder zu niedrig auf die Papierhülse aufgebauter Kops dem Färber unendliche Schwierigkeiten verursacht.

Kreuzspule. Von den Kreuzspulen sind die zylindrischen und die konischen die gebräuchlichsten. Die sog. Sonnenspule ist auch als eine zylindrische Kreuzspule anzusehen, deren Breite bzw. Höhe geringer ist als ihr Durchmesser. Diese Spulenform ist nur in gewissen Textilbezirken beliebt und in andern wieder gänzlich unbekannt.

Der konischen Kreuzspule wird in neuerer Zeit größere Beachtung entgegengebracht als der bisher gebräuchlichen zylindrischen Form. Die besonderen Vorteile der konischen Spule bestehen darin, daß das Abziehen des Fadens über den Kopf der feststehenden Spule möglich ist, wobei die Spannung des Fadens vom Anfang bis zum Ende völlig gleich bleibt. Dagegen muß bei der zylindrischen Spule der Faden von der rollenden Spule abgearbeitet werden. Die Überwindung des Trägheitsmomentes der ruhenden Spule, die vom Faden selbst zu leisten ist, spannt diesen im Anfang kräftig an, während er, wenn die Spule einmal in Bewegung ist, zu wenig Spannung erhält. Die Fadenspannung nimmt aber wieder zu, wenn mit abnehmendem Durchmesser der Spule wegen der gleichbleibenden Abzugsgeschwindigkeit des Fadens ihre Umlaufgeschwindigkeit zunimmt. Ein momentanes Abstellen der Zettelmaschine bei Fadenbruch ist nicht möglich, da sonst die Spule vorlaufen und sich evtl. überschlagen wird. Durch Einbau von Fadenbremsen u. dgl. sind die Fehler, die beim Zetteln von rollenden Spulen durch die wechselnde Fadenspannung entstehen, nicht ganz zu beheben; solche Ketten sind den Anforderungen, die der moderne automatische Webstuhl an sie stellt, nicht gewachsen. Darum findet die konische Kreuzspule in der Weberei im Zettelgatter und in der Schußspulerei immer mehr Anklang, und in der Wirkerei ist sie die einzige Spulenart, die direkt von der Färberei auf dem Wirkstuhl verarbeitet werden kann.

Der Durchmesser bzw. die Schwere einer zylindrischen Kreuzspule muß aus den angeführten Gründen in gewissen Grenzen gehalten sein. Meist hat sie ein Gewicht von 350—400 g bei einem Durchmesser von 100—110 mm. Dagegen wird die konische Spule bis zu einem Garngewicht von 1,500 kg gespult und in entsprechenden Apparaten auch tadellos durchgefärbt.

Einfluß der Spulendichte auf die Färbung. Die einwandfreie Färbung einer Kreuzspulpartie ist neben der gleichmäßigen Aufspulung aller Spulen auch von deren Dichte, d. h. von der Fadenspannung, mit welcher sie aufgespult wurden, abhängig. In der Praxis unterscheidet man gewöhnlich zwischen sehr weichen, weichen, harten und sehr harten Spulen, hat dafür aber keinen besonderen Maßstab, sondern verläßt sich auf die gefühlsmäßige Beurteilung durch den Spuler oder Färber.

Weiche Spulen weisen größere Zwischenräume in den einzelnen Fadenlagen auf, sie lassen naturgemäß die Farbflotte leichter durchgehen und eignen sich deshalb besser für schnellziehende, schwer zu egalisierende Farbstoffe als harte Spulen, deren dichte Fadenlager der Flotte erheblichen Widerstand entgegensetzen.

Eine Kreuzspule wird um so dichter, je feiner das Garn ist; man muß deshalb zur Erreichung guter Durchfärbung mit steigender Garnnummer die Garngewichte der Spule bei gleichem Rauminhalt vermindern, indem man die Fadenspannung verringert. Die andere Möglichkeit, bei gleicher Fadendichte das Garngewicht und auch den Rauminhalt der Spule zu verkleinern, ist weniger empfehlenswert.

Die gefühlsmäßige Ermittlung der Spulendichte schließt, namentlich bei geringer Erfahrung auf diesem Gebiet, manchen Mißerfolg in der Färberei ein, ist doch die Fadenzugbeanspruchung beim Umspulen der Kops auf Kreuzspulen nicht von der Fadenbremse allein, sondern auch von der Garnnummer, wie auch von der Art der Kopse und dem Abstand der Kopsspitze vom Fadenspanner beeinflußt[1]. Mit Hilfe des von W. Reiners gebauten Garnzugmessers[2] ist es möglich, die Festigkeit der Spulen ohne langwieriges Versuchen bei jeder Garnnummer genau zu ermitteln und festzulegen. W. Reiners[1] hat die Kreuzspulen der Baumwollgarne in den Nr. 1—120 in 4 Spulenhärtegrade eingeteilt und den beim Spulen auf der Flügel-Kreuzspulmaschine von W. Schlafhorst & Co. eintretenden Fadenzug und die nötige Spannerbelastung tabellenmäßig angegeben, so daß man für jeden Färbevorgang die jeder Garnnummer entsprechende Spulenhärte wählen kann. Danach kann man als mittleres Garngewicht für Spulen der Härte IV (sehr harte Spulen) bei Größendurchmesser 175 mm und mittleren Nummern 800 g annehmen; als Mindestgewicht bei hohen Nummern und schwer egalisierenden Farbstoffen 600 g und als Spulenhöchstgewicht bei niedriger Nummer und leicht egalisierenden Farbstoffen etwa 1000 g.

[1] Reiners, W.: Der Verlauf der mittleren Garnzugkraft beim Abzug von Spinnkötzern auf Kreuzspulmaschinen. Melliand Textilber. 1936 S. 197.

[2] Reiners, W.: Ein neuartiger Garnzugmesser. Melliand Textilber. 1935 S. 707.

Einfluß des Hülsendurchmessers auf die Färbung. Es ist
wohl verständlich, daß größere Garngewichte auf weiteren Hülsen aufgespult gleichmäßiger gefärbte Spulen ergeben als auf engen. Man kann
nicht erwarten, daß 800 g Garn auf Hülsen mit 14 mm l. W. die gleich-
guten Resultate ergeben als nur 400 g desselben Garnes. Die Materialschicht steht dann in keinem Verhältnis mehr zu der Mantelfläche des
kleinen inneren Hohlzylinders, auf welche die Flotte wirksam ist. Selbst
bei großer Flottengeschwindigkeit ginge zu wenig Bad durch die Spulen
und ungenügende Durchfärbung ist die unvermeidliche Folge.

Die mit größerem Hülsendurchmesser proportional wachsende Mantelfläche des inneren Hohlzylinders der Spule hat auf die Färbung sehr
günstigen Einfluß, wird doch damit eine bedeutend reichlichere Flottenbewegung innerhalb der Garnschicht erzielt. Es ist nicht abzuleugnen,
daß weitere Hülsen, namentlich bei zylindrischen Spulen, mancherlei
Nachteile mitbringen, die aber alle maschinentechnischer Art und zu
beheben sind; in färbereitechnischer Beziehung sind weite Hülsen von
unbestreitbarem Vorteil. Der Durchmesser der vollen Spule wird bei
weiter Hülse und gleichem Garngewicht nicht einmal besonders viel
größer. Wird beispielsweise die Garnmenge, welche die Differenz ausmacht zwischen einer Hülse von 14 mm l. W. und einer solchen von
42 mm l. W., auf eine Spule von 100 mm Durchmesser aufgewickelt, so
wird deren Durchmesser nur um rd. 7 mm größer.

In der Praxis sind nur die konischen Spulen auf weite Hülsen gespult, weil sie bei der Weiterverarbeitung feststehen und webereitech-
nisch leichter zu handhaben sind. Konische Hülsen mit 52 mm größerem
und 32 mm kleinerem Durchmesser finden für schwere Baumwollkreuzspulen jetzt sehr viel Verwendung. Die große Mantelfläche der Hülse
gewährleistet auch bei einem Durchmesser von 180—200 mm am Fuß
der Spule bei einem Garngewicht von 1,500 kg gute Flottenzirkulation
und somit gleichmäßige Färbung.

Wenn es sich darum handelt, mehrere Spulen übereinander im sog.
Säulensystem zu färben, müssen die Hülsen ebenfalls weiter bemessen
sein, besonders dann, wenn drei und noch mehr Spulen in einer Säule
übereinander stehen. Bei engen Hülsen sind die oberen Spulen stets
benachteiligt, weil mit der Höhe der Spulensäule die Flottenströmung
immer schwächer wird, ganz gleich, ob nun die Zirkulation von innen
nach außen oder umgekehrt geht. Die oberen Spulen fallen dann etwas
heller aus, ein Fehler, der durch weitere Hülsen, wenn auch nicht ganz,
so doch stark gemildert werden kann. Erst in geschlossenen Apparaten,
in welchen die Zirkulation von außen nach innen mit Druck durch die
Spulen geht, ist die Flottenströmung an allen Teilen der Säule gleich und
somit gleichmäßige Färbung aller Spulen zu erwarten.

Die Färbespindeln. Auch die Färbespindeln, auf welche die

Spulen aufgesteckt werden, haben am Erfolg einer Färbung nicht unwesentlichen Anteil. Über ihre Form und Perforierung sind die Meinungen sehr geteilt, dementsprechend existieren auch eine Menge der verschiedensten Konstruktionen. Um unter diesen die richtige Wahl zu treffen, sind verschiedene Umstände zu berücksichtigen. Zunächst die Form und die Spulenart, sodann die Qualität und Menge der aufgespulten Garne, ferner die Bauart des Färbeapparates selbst. Für gewöhnlich wird die Frage, welche Spindel zur Verwendung kommen soll, von der den Färbeapparat liefernden Fabrik nach Maßgabe der jeweiligen Verhältnisse entschieden und die Lieferung der Spindeln mit übernommen.

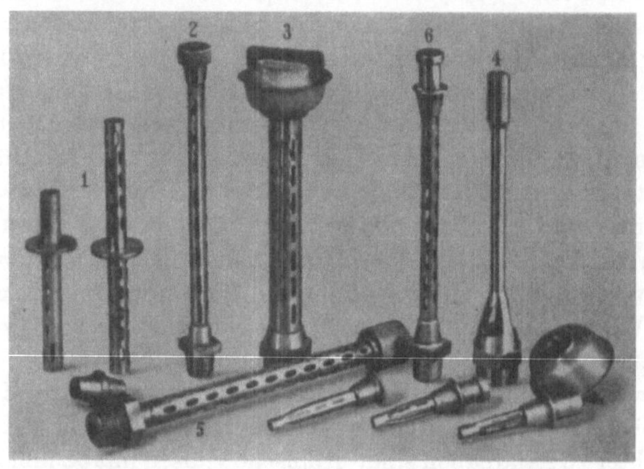

Abb. 63. Färbespindeln der Firma Ernst Pabst, Aue i. S.

1. Kopf-, Mittel- und Fußnippel.
2. Spindel mit Schraubverschluß für eine zyl. Kreuzspule.
3. Spindel mit Schraubverschluß für eine kon. Kreuzspule.
4. Spindel aus einem Stück, mit Schraubverschluß für eine kon. Kreuzspule, mit freiem Flottendurchgang durch große Konusöffnungen.
5. Spindel für zyl. Kreuzspulen mit Schraubverschluß, Rillenabdichtung (Papierhülsen können nicht aufreißen).
6. Spindel für zyl. Kreuzspule mit Einsteckverschluß und perfor. Feder aus nichtrostendem Stahl.

In den Anfängen der Spulenfärberei waren die Spindeln für gewöhnlich mit kleinen runden Löchern versehen, die sich aber von mitgerissenen Faseranteilen leicht verstopften. Dadurch gab es nur geringen, stellenweise sogar überhaupt keinen Durchgang der Flotte durch die Spule, die dann ungenügend durchgefärbt war und bei der Weiterverarbeitung zu unliebsamen Verlusten führte. Man mußte, um dies zu verhindern, die Spindeln häufig aus den Spindelträgern herausnehmen und reinigen, was z. B. bei Kops eine zeitraubende Arbeit ist.

Die Firma Ernst Pabst in Aue i. S., die als Sonderheit schon jahrzehntelang Färbespindeln herstellt, ist darum dazu übergegangen, den

Spindeln eine ovale Langlochung zu geben, wie bei allen in Abb. 63 gezeigten Spindeln zu erkennen ist. Eine Verstopfung der großen Löcher mit kleinen Faseranteilen ist so gut wie ausgeschlossen, und wenn sie trotz allem einmal eintritt, ist die Reinigung in kurzer Zeit durchgeführt.

Beim Abziehen der Kreuzspulen von den Spindeln kommt es häufig vor, daß die Papphülsen an den Spindeln festkleben und die Garnwickel von den Hülsen abgestreift, oder die Hülsen so deformiert oder beschädigt werden, daß erhebliche Schwierigkeiten bei der Weiterverarbeitung entstehen. Zur Verhütung dieses Fehlers können statt der Papphülsen solche aus imprägnierter Pappe oder aus Metall verwendet werden. Nun bedeutet aber die Anschaffung solcher Hülsen für eine Lohnfärberei oder Spinnerei, welche die Garne auf Spulen gefärbt verkauft, eine Festlegung größerer Kapitalien, denn der Umlauf der Hülsen zwischen Färberei und Textilfabrik ist gewöhnlich äußerst langsam und bedingt große Mengen an Hülsen. Wenn man, wie die Lohnfärberei auf die billige Papierhülse nicht verzichten und das Festkleben derselben an den Spindeln verhindern will, so können Spindelstücke von der in Abb. 63 unter 1 angeführten Form verwendet und zwischen die Hülsen der aufzubauenden Spulensäule gesteckt werden. Auf dem Rand der Spindelstücke, von welchen Fuß-, Mittel- und Verschlußstücke notwendig sind, ruht und dichtet der Hülsenrand ab.

Denselben Zweck, Verhütung der Verstopfung und Festkleben der Papierhülsen, verfolgt die Firma Wilh. Geidner, Kempten, mit ihren Spindeln ohne Perforation. Diese bilden im Querschnitt eine dreikantige Metallspindel. Die aus den Kanten und sie umschließende Spulenhülse sich bildende Kanäle dienen der Flotte als Führung (s. Abb. 64).

Abb. 64. Dreikant-Färbespindel (W. Geidner, Kempten, Allg.).

Eine in ihrer Wirkungsweise ähnliche Färbespindel ist die Emka-Spindel der Firma Bruno Müller, Friedeberg am Queis. Sie besteht aus einem spiraligverdrehten

Abb. 65. Färbespindel der Firma Bruno Müller, Friedeberg, Queis.

Metallband aus Stahl oder Edelstahl, das der Haltung der Spule und Führung der Flotte dient (s. Abb. 65).

Diese Spindelformen haben neben ihren Vorteilen aber den Nachteil, daß gewöhnliche Papierhülsen nicht verwendet werden können, denn diese Hülsen werden in den alkalischen Bädern der Küpen- und Schwefelfarben so stark aufgeweicht und eingedrückt, daß eine gleichmäßige Färbung der Spulen nicht zu erreichen ist. Diese Spindeln setzen die

Verwendung von Metallhülsen aus Nickelin oder Edelstahl, oder solche aus gehärteter und imprägnierter Pappe voraus.

Anlaß zu gewissen Schwierigkeiten bilden bei den Färbespindeln immer die Verschlußköpfe, die nach Beschickung der Spindeln mit Spulen in sie hineingesteckt und durch Federdruck oder Schraubverschluß festgehalten werden. Wenn die Federn erlahmen, kann es vorkommen, daß durch den Flottendruck einzelne Verschlußköpfe herausfliegen. Die Flotte nimmt dann den unversperrten Weg durch die Spindel und nicht mehr durch deren Spulen, die ganz ungenügend gefärbt bleiben. Die sehr harten Sorten der Edelstähle, aus welchen die Federn der Abschlußköpfe neuerdings gefertigt werden, haben diese unangenehme Begleiterscheinung der Spulenfärberei ziemlich beseitigt.

Auf Einzelheiten der Konstruktion der sehr wichtigen Verschlußköpfe, über die eine umfangreiche Patentliteratur besteht, hier im einzelnen einzugehen, würde zu weit führen.

Die Färbehülsen. Es ist schon gesagt worden, daß die Betriebe, welche Spulen in Lohn zu färben haben oder welche die Spulen gefärbt verkaufen, gern die billige Papierhülse verwenden, um nicht allzu große Kapitalien für das Hülsenkonto aufzuwenden. Färbereien, die für den eigenen Betrieb arbeiten, verwenden gern Metallhülsen, früher solche aus Nickelin, neuerdings mehr die aus Edelstahl (s. Abb. 86 S. 137). Weil die Hülsen nur innerhalb des Betriebes zirkulieren, machen sich, weil keine Papierhülsen mehr gekauft werden müssen, die nach einmaliger Benutzung unbrauchbar werden, die hohen Anschaffungskosten bald bezahlt.

Zwischen den Metall- und Papierhülsen stehen die gehärteten und imprägnierten Papphülsen, wie sie von den Firmen Emil Adolf A.-G. in Reutlingen und Pam & Co. in Habelschwerd i. Schl. bzw. in Landskron (Böhmen), fabriziert werden. Besonders die mit einem säure-, alkali- und kochbeständigem Kunstharz imprägnierten Hülsen der genannten Firmen haben vorzügliche Eigenschaften und können mehrmals Verwendung finden. Ihre Knickfestigkeit ist ausgezeichnet, selbst die weiten konischen Hülsen werden bei der Flottenströmung von außen nach innen, bei welcher sie eine erhebliche Umfangspressung in radialer Richtung erleiden, nicht eingeknickt.

Eine selten anzutreffende Färbehülse für Baumwollkreuzspulen besteht aus einer Spiralfeder, die aus schmalem Stahlband gefertigt und mit einem Lacküberzug vor dem Rosten geschützt ist. Beim Aufspulen der Garne ist über die Spiralfeder ein gewebter oder gestrickter Schlauch zu ziehen, der in der zu färbenden Nuance mit angefärbt wird. Darum ist diese Hülsenform nur für Textilbetriebe mit eigener Färberei zweckmäßig, wo bei Wiederholung der Nuance auf denselben Hülsen gefärbt werden kann. Als besondere Eigenart dieser Hülse wäre hervorzuheben, daß sie in axialer Richtung zusammendrückbar und sie darum gut für das Färben mehrerer Spulen übereinander mit gegenseitiger Abdichtung der Spulenstirnseiten geeignet ist.

Anordnung der Spulen in Aufsteck-Färbeapparaten. Die Art der Spulenanordnung in den Färbeapparaten ist sehr verschieden und abhängig von der Einrichtung der Apparate. Entweder wird immer nur eine Spule auf eine Färbespindel gesteckt (diese Art ist bei Kops ausschließlich, bei Kreuzspulen bei der Mehrzahl der Apparate in Anwendung) oder die Färbespindeln sind zur Aufnahme mehrerer Spulen eingerichtet. Eine dritte Art verzichtet ganz auf die Färbespindeln und baut mit Hilfe geeigneter Mittel die Kreuzspulen so übereinander auf, daß in der entstehenden Spulensäule die Spulenhülsen allein der Flottenführung dienen (Spindellos-System), während die vierte Art der Spulenanordnung auf die Spulenhülsen verzichtet und die Garnwickel auf Spindeln aufschiebt (Aufschiebe- oder Hülsenlos-System).

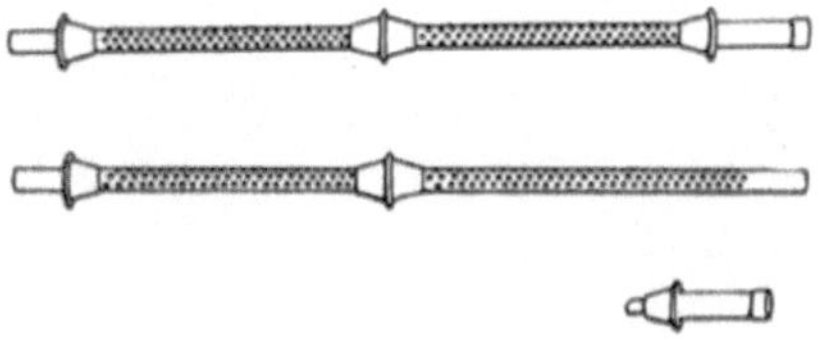

Die Einspulenaufsteckung ist hauptsächlich bei Kreuzspulen der Baumwolle in Anwendung.

Die mehrspuligen Färbespindeln, bzw. das Färben mehrerer Spulen übereinander

Abb. 66. Doppel-Kreuzspulfärbehülse mit konischen Nippeln zur Abdichtung am Hülsenrand.

findet wohl auch in der Baumwollfärberei, mehr aber in der Färberei der Wollkreuzspulen Verwendung.

Abdichtung der Spulen durch Konusse oder Scheiben. Die gute Flottenzirkulation durch die Garnschicht der Spulen, die zur Erzielung einwandfreier Färbungen unerläßlich ist, kann nur erreicht werden, wenn die freien Enden der Spulenhülsen keine Flotte durchlassen. Beim Aufstecken der Spulen ist deshalb für gutes Abdichten der Hülsenenden zu sorgen. Gegenwärtig geschieht die Verstopfung der Hülsenenden in der Mehrzahl der Fälle durch Konusse, die sich am Fuß und Einsteckkopf der Färbespindeln befinden (in der Abb. 63, deutlich erkennbar). Sind mehrere Spulen auf eine Spindel aufzustecken, so ist zwischen jeder Spule ein Doppelkonus anzubringen (in den Abb. 51 bis 59 ist die Art der Aufsteckung mehrerer Spulen verbildlicht).

Die Konusabdichtung schließt außer den auf S. 101 angeführten Fehlerquellen auch die Verwendung einfacher Papierhülsen aus, weil diese in den Bädern zu stark aufweichen und dann nicht mehr genügend abdichten. Hier geben nur präparierte, an den Seiten unbeschädigte Papphülsen wirklich gute Färberesultate.

Ferner hat die Konusabdichtung der freien Hülsenenden bei Wollkreuzspulen den äußerst großen Nachteil, daß die Garnschicht infolge der Weichheit des Materials, das dem Druck der strömenden Flotte leicht nachgibt, seitlich über die Hülsenenden hinauswächst, wodurch die Spulen an den Seiten nicht nur sehr schlecht oder fast gar nicht durchgefärbt, sondern auch in der Weiterverarbeitung des Garnes stark in Mitleidenschaft gezogen werden.

Wird statt der Konusdichtung an den Hülsenenden durch geeignete Vorrichtungen die ganze Stirnseite der Spulen abgedichtet, so kann das Garn nicht seitlich über die Hülsenenden hinauswachsen, die Form der Spulen wird tadellos erhalten. Weil durch eine solche Abdichtung die Flotte nur den radialen Weg durch die Spulenschicht nehmen kann, ist die Bildung heller Kanten ausgeschlossen, ebenso werden alle die Fehler, welche durch ungenügendes Überspulen der Hülsenlöcher eintreten können, bei Abdichtung der Spulenstirnseiten verhütet. Diese Arbeitsweise bietet demnach gegenüber der Konusdichtung ganz erhebliche Vorteile in der Erlangung einwandfreier Kreuzspulfärbungen.

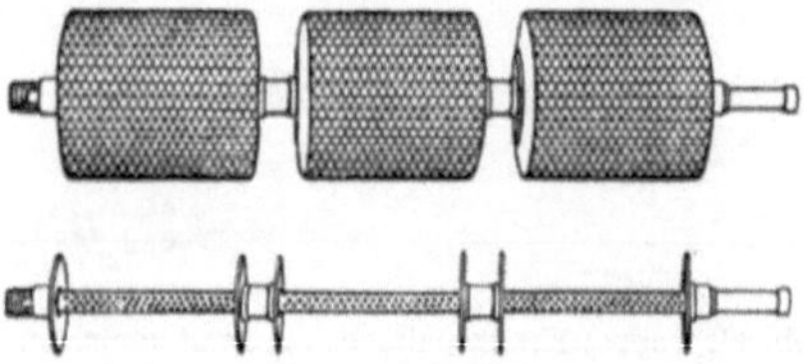

Die Abdichtung der Spulenstirnseiten erfolgt durch zentral gelochte Scheiben, deren älteste Form in Abb. 67 dargestellt ist. Zwei Scheiben aus Nickelin sind an kurze Rohrstücke angesetzt; die lichte Weite der Rohrstücke ist zur Aufnahme des freien Hülsenendes bemessen, wodurch die

Abb. 67. Mehrfache Kreuzspulfärbehülse mit Zwischenscheiben, die das freie Hülsenende aufnehmen und an den Stirnseiten der Spulen abdichten. (Aus E. J. Heuser: Die Apparatefärberei, 1913.)

Scheiben unmittelbar an die Garnschicht zu liegen kommen. Zum Halt der unteren Spule hat die Färbespindel ebenfalls eine Scheibe und zum Abschluß der ganzen Spulensäule wird ein mit Scheibe versehener Einsteckkopf in die Färbespindel gesteckt.

Aufbau der Spulensäulen ohne Färbespindeln. In der vorher beschriebenen Art der Aufsteckung gibt die Färbespindel der Spulensäule den nötigen Halt. Als Färbespindel können sowohl gelochte, als auch die eine der in den Abb. 64 und 65 gezeigten Spindeln dienen.

Es ist aber auch möglich, ganz ohne Färbespindeln auszukommen, so daß nur die Hülsen der Kreuzspulen selbst als Flottenführungsrohr dienen und so der an und für sich schon enge Durchmesser derselben nicht noch durch Spindeln verengert wird, die Flotte also ungehemmt den ganzen Innenraum der Hülsen durchströmen kann.

Die Firma H. Krantz in Aachen erhielt im Jahre 1913 auf die Verwendung von Zwischenscheiben ohne Anwendung von Färbespindeln das D.R.P. 290 526 und in den nachfolgenden Jahren ist diese Färbevorrichtung unter dem Namen „Krantz Spindellos-Patent" bekannt und beliebt geworden. Das Verfahren war hauptsächlich für Wollkreuzspulen gedacht und wird dafür auch meist angewandt.

Die durch Zwischenschalten der zentral gelochten Abdichtscheiben entstehenden Spulensäulen werden so im Apparat aufgebaut, daß das freie Ende der unteren Spulenhülse in ein im Doppelboden des Apparates befindliches Loch gesteckt wird, die Stirnseite der unteren Spule liegt somit auf dem Doppelboden auf. Als Abschluß und Abdichtung der aus 3—6 Spulen gebildeten Säule dient oben ein massiver Deckel mit Bohrung, die das obere freie Hülsenende aufnimmt.

Die Abb. 68 zeigt den Aufbau einer solchen Spulensäule.

Die zunächst massiv gehaltenen Abdichtscheiben aus Steinzeug erwiesen sich in der Folge als zu schwer, sie drückten namentlich weich gewickelte Wollkreuzspulen zu stark zusammen; waren nun in einer Partie weiche und harte Spulen vorhanden, so konnte es passieren, daß die eine Säule stark, die andere weniger zusammengepreßt wurde, dann kam es vor, daß der Rand der Zwischenscheibe auf die Kante der benachbarten Spule drückte oder die Säulen kamen in schiefe Lage, sie knickten ein, was stets zu unangenehmen Verlusten führte. Darum hat die Firma Krantz die Abdichtscheiben als Hohlkörper ausgebildet (D.R.P. 299 521), aber auch diese hohlen Zwischenstücke erwiesen sich für manche Wollspulen als noch zu schwer, auch hierbei wurden weiche Spulen noch zu stark zusammengedrückt und der einwandfreie Stand der Spulensäule behindert. Darum wurden den Scheiben in der zentralen Bohrung Anschläge gegeben, an welche beim Zusammensinken des Garnes die Hülsenenden anstießen und so das Garn nur um ein gewisses Maß zusammendrückten.

Die hohlen Zwischenstücke aus Steinzeug oder Porzellan haben aber den einen Nachteil, daß sie feine Risse bekommen können. In der heißen Flotte dehnen sich die Risse aus und Flotte dringt in den Hohlraum ein. Umgekehrt kann es aber passieren, daß die Flüssigkeit aus dem Innern durch die Risse wieder heraustritt. Wird nun nach einer dunklen Farbe eine helle gefärbt, so entstehen durch Austritt der dunklen Flotte Flecke an den Stirnflächen der Spulen, die nicht erwünscht sind und manchmal sehr unangenehm sein können.

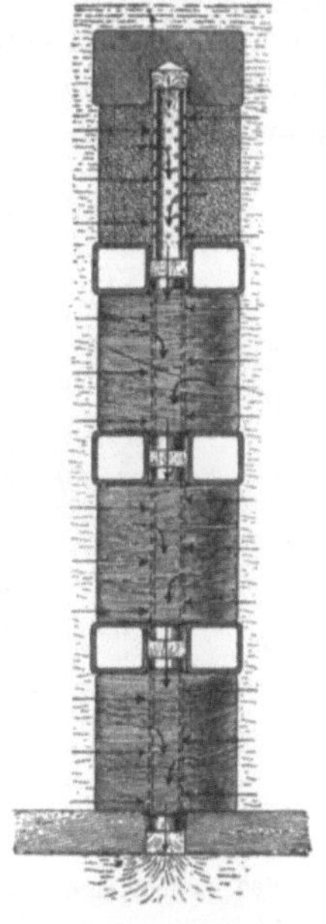

Abb. 68. Scheibensystem „Spindellos Patent". (H. Krantz, Maschinenfabrik, Aachen.)

Abb. 69 zeigt das Innere eines aus 2 Materialkammern bestehenden Apparates der Firma H. Krantz in Aachen mit eingesetzten Spulensäulen nach dem System „Spindellos". Bei kleineren Partien werden nur eine oder zwei Schichten Kreuzspulen aufgestellt. Der abgebildete Apparat zeigt noch Flottenbewegung durch Pumpe, bei neueren Systemen für Wollkreuzspulen erfolgt diese durch Propeller.

Zwischenscheiben aus Edelstahl, zwei Scheiben mit einem kurzen

Rohrstück derartig verbunden, daß eine Art Scheibenspule entsteht, verhindern jegliche Fleckenbildung.

Andere Maschinenfabriken[1], die Apparate nach dem gleichen Spulenaufbausystem bauen, verwenden nicht einzelne Abdichtscheiben, sondern Leisten aus Holz oder „Haveg" mit Bohrungen, die dem Spulenabstand entsprechen. Solche Leisten verbinden eine ganze Spulenreihe in horizontaler Reihe untereinander, was für die Standfestigkeit des ganzen Spulenaufbaues und auch für die schnelle Be- und Entladung eines Apparates recht vorteilhaft ist. Holzleisten erlauben keinen scharfen Nuancenwechsel von dunkel nach hell oder weit voneinander abweichender Farbtöne, denn durch die unmittelbare Berührung des Garnes mit dem Holz würden in solchen Fällen Flecken entstehen. Weil aber in

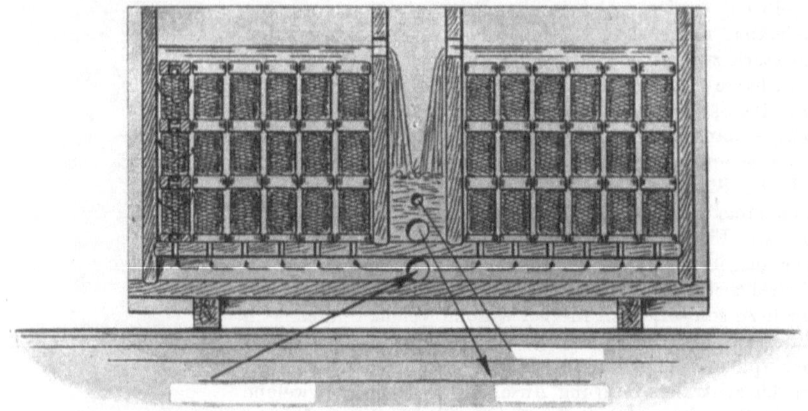

Abb. 69. Spulenanordnung im Färbeapparat nach dem Scheibensystem „Spindellos Patent".
(H. Krantz, Maschinenfabrik, Aachen.)

einem Holzapparat so wie so der Nuancenwechsel stufenweise erfolgt, sind bei einiger Vorsicht die Flecken vermeidbar.

Um das Aufstecksystem ohne Färbespindeln auch mit konischen Kreuzspulen durchzuführen, sind zwischen den Spulen Scheiben anzuordnen, die in den zentralen Bohrungen Anschläge zur Abstützung der Hülsenenden bei Erreichung einer bestimmten Zusammenpressung der Garnwickel haben. Die Bohrungen der Scheiben für die Hülsenenden, sowie die Dicke der Scheiben sind so bemessen, daß der den engeren Bohrungsteil umgebende Ringflansch das Zusammendrücken der Wickel begrenzt. Beim Zusammendrücken der Spulen setzen sich die weiten Hülsenenden entsprechend tief in die oberen weiten Bohrungen der

---

[1] Obermaier & Cie., Neustadt a. d. Hardt; Eduard Esser & Co., Görlitz; J. G. Lindner, Crimmitschau.

Scheiben hinein. Erst bei übermäßigem Zusammendrücken besonders weich gespulter Wickel stoßen die Hülsenenden gegen den durch den engeren Bohrungsteil gebildeten Ringflansch, der dann einen weiteren Abwärtsschub der weiten Hülsenenden unterbindet und auch den Aufwärtsschub der engen Hülsenenden begrenzt.

In Abb. 70 ist der Aufbau einer Spulensäule aus konischen Kreuzspulen mit den genannten Scheiben dargestellt. Das Hülsenende der unteren Spule ist in die Bohrung des Apparat-Zwischenbodens eingelassen, während die obere Spule durch einen Belastungsdeckel abgedichtet ist. Die Form der Zwischenstücke ist der Firma H. Krantz in Aachen unter D. R. P. 578 121 geschützt.

Für die großen, festen, konischen Baumwollkreuzspulen sind zur gegenseitigen Abdichtung der Stirnseiten Zwischenscheiben aus Edelstahlblech gebräuchlich, deren zentrale Öffnung den Hülsendurchmessern entspricht (siehe Abb. 71 a und b).

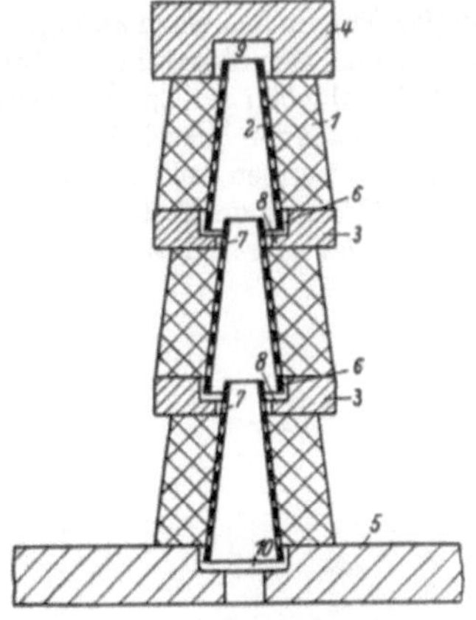

Abb. 70. Säule aus konischen Kreuzspulen mit Zwischenscheiben nach D. R. P. 578 121. (H. Krantz, Aachen.)

Das an und für sich schon fest gewickelte Garn wird durch die Benetzung noch härter, was die Gefahr ausschließt, daß das Material zwischem engem Hülsenende und Zwischenscheibe eingeklemmt wird und ungefärbt bleibt, wenn die einfachere Form der Zwischenscheibe der Abb. 71 a zur Anwendung kommt.

Aufbau der Spulensäulen ohne Spulenhülsen (Aufschiebesystem). Eine andere Art der Kreuzspulenfärberei ist die, mehrere Spulen auf ein perforiertes Metallrohr so aufzuschieben und axial so aneinander zu pressen, daß sich die Seitenflächen berühren und sich auf diese Weise gegenseitig abdichten. In diesen so entstehenden Garnsäulen, die durch geeignete Mittel an den Seiten abgedichtet werden, kann

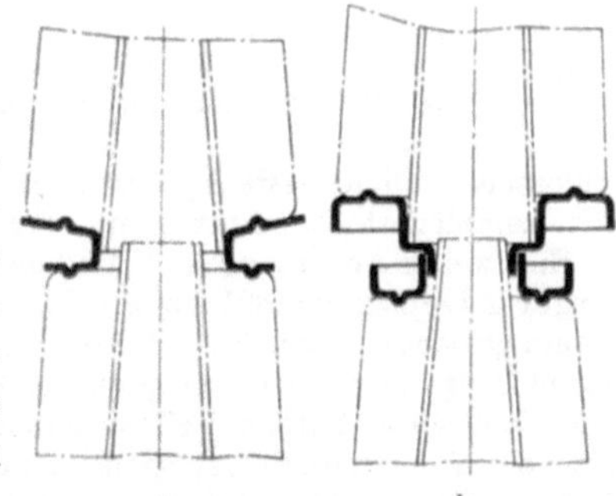

Abb. 71. Zwischenscheiben für konische Kreuzspulen aus Edelstahl.

die Flotte nur radial durch die Garnschicht gehen, was eine gleichmäßige Färbung aller Garnteile herbeiführt. Die Raumausnutzung des Färbeapparates ist bei dieser Spulenanordnung so günstig wie bei keinem anderen Aufstecksystem und kommt der der Packapparate sehr nahe, schließt aber alle Vorteile des Aufsteckverfahrens in sich und keine Nachteile des Packsystems.

Die Grundidee des Aufschiebens mehrerer Spulen auf ein gelochtes Rohr ist schon recht alt. Schon 1887 hat Ferd. Roßkothen in Dresden ein englisches Patent darauf erhalten. Danach wird auf perforierte Papierhülsen oder durchlässige Stoffschläuche das Garn aufgespult und die einzelnen Spulen auf gelochte Röhren geschoben. Der überstehende Teil der Papierhülsen wird umgebogen, so daß sich die Seitenflächen der Spulen berühren. Die mit Spulen gefüllten Röhren gelangten in einen liegenden Kessel, der an jeder Seite mit einem dreiarmigen Rohr der Flottenleitung verbunden war. Durch Umstellung einer Anzahl von Hähnen war es möglich, den Umlauf der Flotte in der mannigfachsten Weise zu gestalten, und zwar entweder axial oder radial durch die Spulen, wie auch senkrecht zur Längsachse der

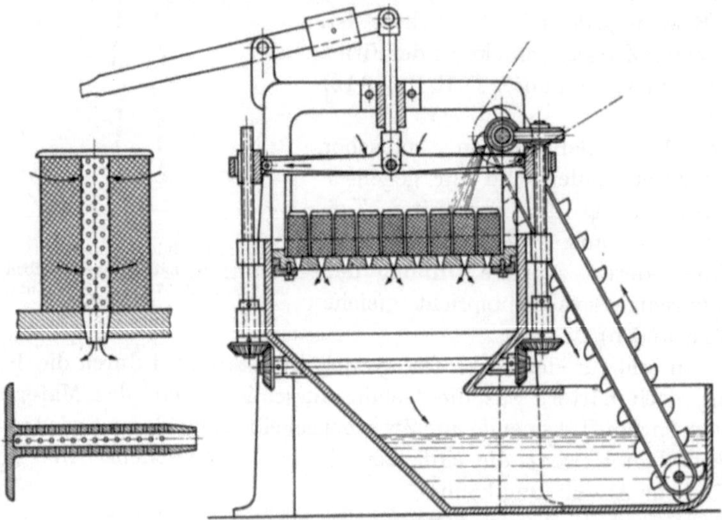

Abb. 72. Färbeapparat für Kreuzspulen von Rich. Nürnberger (1891).

Spulensäule. Dieser erste Apparat nach dem Säulenaufstecksystem war also eine recht komplizierte Einrichtung mit sehr viel Metall.

Ein zweiter Apparat dieses Erfindungsgedankens war der von Richard Nürnberger in Leipzig, der 1891 durch D.R.P. 58 593 patentiert wurde. Das Garn wurde auf ein gelochtes Rohr, das auf einer Seite einen Teller hatte, aufgewickelt oder die auf Papp- oder Holzhülsen gespulten Wickel auf dieses Rohr gestoßen. Mit dem unten konisch gestalteten Teil wurde das Rohr in einen gelochten Boden eingesetzt; aus dem unterhalb der Spulen befindlichen Färbebottich wurde mittels eines Becherwerkes die Flüssigkeit heraufgeholt und über die Spulen gegossen. Sie sollte diese durchdringen und in den Bottich zurückfließen. Abb. 72 zeigt diesen ersten Versuch der Kreuzspulenfärberei nach dem Aufstecksystem.

Bei dem jetzt üblichen Aufschiebesystem wird das Garn gewöhnlich auf einen schwach konischen Holzzylinder aufgespult. Um besonders feine Wollgarne vor jeder Verletzung durch das Aufschieben auf die Metallröhren zu schützen, kann der Holzzylinder mit einem schlauchartigen, durchlässigen Gewebe überzogen werden, das später mit auf das Rohr geschoben wird. Nach dem Färben wird beim Abnehmen von dem Metallrohr entweder auf einen Holzzylinder oder eine Papphülse kleineren Durchmessers zurückgeschoben oder, wenn Stoffschläuche verwendet wurden, die Spulen einfach von dem Rohr abgestreift, geschleudert und getrocknet. Nach dem Trocknen kann dann immer noch ein schwach-konischer Holzkern oder eine Papphülse in die Spule geschoben werden, wodurch das Abarbeiten des Garnes erleichtert wird.

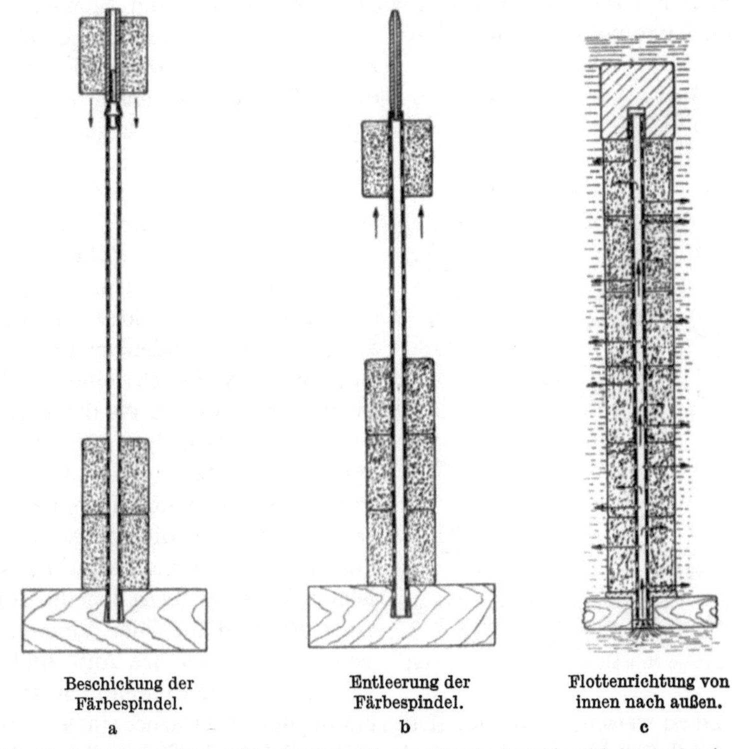

<table>
<tr><td>Beschickung der
Färbespindel.
a</td><td>Entleerung der
Färbespindel.
b</td><td>Flottenrichtung von
innen nach außen.
c</td></tr>
</table>

Abb. 73. Aufschiebesystem „Hülsenlos Patent". (H. Krantz, Maschinenfabrik, Aachen.)

Die Firma H. Krantz in Aachen hat dieses Färben ohne Hülsen in ihrem System „Hülsenlos" besonders ausgebildet. Die Kreuzspulen werden auf perforierte Färberöhren aufgesetzt und durch einen leichten Druck vom konischen Spuldorn ab und bis zu sechs Stück auf die Färbespindel geschoben (Abb. 73). Den Abschluß der Säule nach oben bildet ein schweres Belastungsstück aus Ton, das die darunterliegenden Kreuzspulen etwas zusammendrückt bei gegenseitiger Abdichtung der Stirnflächen (Abb. 73c). Nach Beschickung der Färbespindeln werden diese in den Boden des Materialträgers eingesetzt, der dann in den Bottich gehoben und durch Spannschrauben auf dessen Abdichtungsvorrichtung geschraubt wird. Als Färbeapparat kann der auf S. 85 in Abb. 37 gezeigte Strangfärbeapparat, aber auch ein besonderer Kreuzspulapparat dienen.

Nach dem Färben werden die Kreuzspulen von der Färbespindel ab und auf besondere Holzdorne geschoben, geschleudert und getrocknet (Abb. 73 b).

Die Firma B. Cohnen G. m. b. H. in Grevenbroich hat das Aufschiebeverfahren zum Färben und Bleichen von Kreuz- und Sonnenspulen schon lange vor der Firma H. Krantz zur Anwendung gebracht. Sie hat zum Einschieben der Holzdorne nach der Naßbehandlung einen besonderen Apparat gebaut, mit dessen Hilfe ein jugendlicher Arbeiter am Tage mehrere tausend Spulen für das Verfahren herrichten kann.

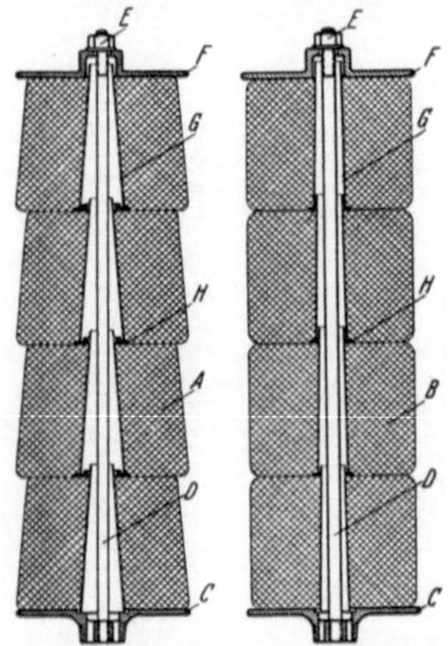

Abb. 74. Spulensäulen aus konischen und zylindrischen Kreuzspulen mit kleinen Stützscheiben nach D.R.P. 524 424. (Zittauer Maschinenfabrik A. G. Zittau.)

Das Aufschiebesystem bringt außer der guten Apparatausnutzung und färberischen Erfolge noch den Vorteil, daß die inneren Fadenlagen der Spulen, die gewöhnlich eine größere Spannung aufweisen als die äußeren, durch das Aufschieben auf die etwas dünneren Färberöhren aufgelockert werden, was besonders für feine Wollgarne wichtig ist, die infolge der großen Fadenspannung leicht Schaden leiden. Andererseits ist aber die Gefahr einer Beschädigung der inneren Fadenschicht durch das Auf- und Abschieben auf die Röhren nicht von der Hand zu weisen, wenn man nicht zum Schutze des Garnes einen Gewebeschlauch über den Spuldorn zieht. Diese Schläuche färben sich u. U. mit an und erschweren dadurch ihre Wiederverwendung. Wenn auch das Aufschieben auf die Färberöhren nicht mehr Zeit beansprucht als das Aufstecken hülsenhaltiger Spulen auf Spindeln, so ist die Wiedereinführung der Holzdorne in die Garnwickel nach dem Färben als recht zeitraubend anzusehen. Man hat deshalb versucht, das Garn auf solche Hülsen aufzuspulen, deren engeres Ende in das weitere Ende der Nachbarspule hineingeht und so ein Zusammenpressen der Spulen in axialer Richtung erlauben. Schon in dem D.R.P. 73 503 vom Jahre 1894, das die Firma Peltzer & Fils in Verviers erhielt, ist dieser Gedanke geschützt. Die technische Ausführung hat aber an allerlei Mißständen gelitten, vor

allem hat sich das weite Ende der Hülse in die Garnschicht der unteren
Spule gedrückt, dort das Garn beschädigt und einen ungefärbten Ring
erzeugt. Um diese Fehler beim Zusammendrücken der Spulen zu verhüten, wird nach dem D. R. P. 524 424 der Zittauer Maschinenfabrik unter
dem Rand jeder Hülse ein Stützring angeordnet.

In der Abb. 74 ist links dargestellt, wie eine Reihe konischer Kreuzspulen übereinander gestapelt sind und rechts ist ein solcher Stapel mit
zylindrischen Kreuzspulen gezeigt, die allerdings ganz schwach konisch
gehalten sind. Der zur Aufnahme der untersten Kreuzspule dienende
Teller C ist mit Flottendurchgangsöffnungen und einer Spindel D versehen. Diese Spindel besteht aus einem massiven Stabe und hat am
oberen Ende Gewinde. Den oberen Abschluß bildet ein durch eine
Mutter anpreßbarer Teller. Die gelochten Hülsen stehen mit ihrem
unteren weiten Ende auf den Zwischenringen H.

Färbeapparate für Wollkreuzspulen nach dem Aufstecksystem. Aus
dem Vorhergegangenen ergibt sich als zweckmäßigste Behandlungsart
der Wollkreuzspulen die Aufsteckung nach dem Spindellos-System. Das
Aufschiebeverfahren nach den Hülsenlos-System ist für feine Wollkammgarne wenig empfehlenswert, weil die untere Garnschicht sehr leicht einer Beschädigung ausgesetzt ist. Die zu deren Schutz gebräuchlichen Gewebeschläuche sind nicht in allen Fällen zweckmäßig, denn sie wirken sehr oft störend auf die Abarbeitung der letzten Garnreste von den Spulen.

Das Spindellos-System der Firma H. Krantz in Aachen wurde schon eingehend

Abb. 75. Wollkreuzspulen-Färbeapparat Type HWK.
(Ed. Esser & Co. G.m.b.H. Görlitz.)

dargetan. Der Aufbau der Spulensäulen erfolgt entweder in eigens
für die Kreuzspulenfärberei gebauten Apparate, kann aber auch in
den Stranggarn-Färbeapparaten der genannten Firma vorgenommen
werden, wenn die Einsätze zur Aufnahme der Spulensäulen eingerichtet
sind. Die in Abb. 37 geschilderte Stahlkonstruktion gewährleistet sau-

berste Färbung und durch Zusammenschalten mehrerer Einzelapparate ist es möglich, sehr große Partien in einer Farbe einzufärben.

Im Prinzip dem Spindellos-System mit Porzellan-Zwischenscheiben gleich, in der Ausführung aber doch verschieden, ist der Wollkreuzspulen-Färbeapparat der Firma Ed. Esser & Co. G.m.b.H. in Görlitz, der mit seiner Beschikkungsweise in den Abb. 75, 76 und 77 dargestellt ist. Außer in Holz wird dieser Apparat von der genannten Firma auch aus „Haveg" gebaut.

Abb. 76. Beschickung des Spulenträgers Apparat Type HWK.
(Ed. Esser & Co. G.m.b.H. Görlitz.)

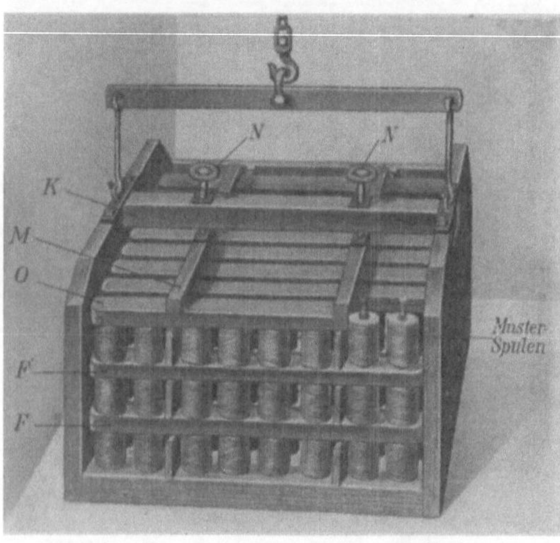

Abb. 77. Fertig beschickter Spulenträger Apparat Type HWK.
(Ed. Esser & Co. G.m.b.H. Görlitz.)

Der Spulenträger, der als Einsatz in dem Bottich dient, hat in seinem Boden Löcher, in die Metallstäbe gestellt werden, die als Hilfsmittel zum Packen dienen. Die Kreuzspulen werden über diese Metallstäbe geschoben und stehen mit dem unteren freien Ende der Hülsen in den Löchern. Dann werden die Spulen reihenweise mit den Leisten *F* bedeckt, deren Löcher sich über die oberen Enden der Spulenhülsen schieben. Auf die Leisten wird die zweite Spulenschicht gestellt. Als Abschluß der Spulensäulen werden die Leisten *H* aufgelegt, in deren Löcher, die nicht durchgebohrt sind, die oberen Hülsenenden hineingehen.

Zwischen den Spulenreihen werden einige aufrechtstehende Abstandbretter *D* eingeschoben, auf deren nach Bedarf bemessener Höhe die Spulen nach Beendigung des Einsetzens mittels der Leisten *M* und der Schrauben *N* zusammengedrückt und dadurch sämtlich auf das gleiche Maß verdichtet werden. In der oberen Schicht sind einige Spulen zum Nuancieren vorgesehen.

Nach Anheben des Einsatzes durch den Flaschenzug fallen die Hilfsstäbe, die zum Färben nicht gebraucht werden, heraus.

Vor Beginn des Färbens wird im Färbebottich die Farbflotte angesetzt. Der Spulenträger wird dann in die Flotte gestellt und mit den Druckschrauben fest gegen den Dichtungsrahmen im Bottich gepreßt. Die Zirkulation der Flotte erfolgt durch eine Zentrifugalpumpe und wird durch ein Umschaltorgan, entweder von Hand oder mechanisch, von Zeit zu Zeit in der Richtung gewechselt. Der Bottich ist durch eine Scheidewand unterteilt in einen größeren Materialraum und einen kleineren Flottenmisch- und Heizraum, in genau derselben Weise, wie bei den Stranggarn-Färbeapparaten nach dem Hängesystem. Bei Verwendung eines entsprechenden Einsatzes kann er auch zum Färben von Stranggarn benutzt werden.

Durch Verschließen einzelner Bodenlöcher, Beschickung nur einer oder zwei Schichten, ist es möglich, das Fassungsvermögen der Apparate, die von der Firma für die verschiedensten Partiegrößen gebaut werden, in weitgehenden Grenzen zu halten.

Die Flottenzirkulation in Apparaten für Wollkreuzspulen muß nicht unbedingt durch Pumpen erfolgen. Die Garne sind in den kochenden Bädern so weich, daß sie auch von der unter gelindem Propellerdruck stehenden Flotte reichlich genug durchströmt werden, um auch bei schwierigen Farbstoffen gut egale Färbungen zu ergeben. Man kann also sehr gut Wollkreuzspulen auch in Apparaten für Wollstranggarn mit Propellerantrieb färben.

F. Die Apparate der Baumwollfärberei.

Allgemeines. Die mannigfaltigen Vorteile, welche die Apparatefärberei für die Baumwollindustrie im allgemeinen und speziell für die Baumwollbuntweberei bietet, sind sehr bald erkannt und gewürdigt worden. Heute wird diese Färbeweise in den genannten Industriezweigen fast allein zur Anwendung gebracht, und zwar für alle Stadien der Baumwollverarbeitung als loses Material, in Form von Kardenband, Vorgespinst, fertiges Garn in Strängen, auf Kops und Kreuzspulen sowie auf Kettbäumen.

Wird Baumwolle in Wasser eingesetzt, so dringt dieses durch die Zellwände in das Innere der Faser ein und verursacht dadurch eine Quellung, die bis zu 16% ihres Durchmessers betragen kann. Diese

Quellfähigkeit, verbunden mit der verhältnismäßig glatten Struktur der Faser, welche eine starke Porosität der Faserflocken und Garne ausschließt, macht die Baumwolle im nassen Zustande, also in den Färbebädern, zu harte, für die Flotte schwer zu durchdringende Gebilde. Ein Materialblock aus loser Baumwolle bietet dem Durchgang der Flotte viel größeren Widerstand als lose Wolle; eine Kreuzspule aus Baumwollgarn ist bei gleicher Fadenstärke und gleicher Spulfestigkeit im nassen Zustande ganz bedeutend härter als eine solche aus Wolle. Darum müssen die Färbeapparate, die der Baumwollfärberei dienen, mit kräftig wirkender Pumpe versehen sein, die bei einem Druck von einer und mehr Atmosphären auch durch einen großen Block losen Fasermaterials einen starken Flottenstrom fördern kann.

Die Zirkulationspumpen. Am zweckmäßigsten sind hier Zentrifugalpumpen, die dem geringsten Verschleiß unterworfen sind und die unmittelbar mit einem Motor gekuppelt werden können, wodurch Vorgelege, Riemen oder andere Kraftübertragungselemente, die in einer Färberei durch die ständige Nässe einer schnellen Abnutzung unterliegen, überflüssig werden. Wohl hat die Zentrifugalpumpe den Nachteil, immer nur in einer Richtung zu arbeiten; durch Einbau eines Umsteuerorgans zwischen Pumpe und Färbeapparat kann die Flottenströmung jedoch so geändert werden, daß sie abwechselnd das Material in zwei Richtungen durchströmt.

Räder- oder Kreiskolbenpumpen können durch Änderung der Drehrichtung nach beiden Seiten fördern, haben aber den Nachteil, daß sie viel Lärm verursachen und verhältnismäßig schnell abgenutzt werden, also oft frühzeitig zur Reparatur Anlaß geben.

Schneckenpumpen erlauben durch Rechts- und Linkslauf die Förderung der Flotte nach beiden Richtungen durch das Material, sie können demnach durch direkte Kupplung mit einer Umschalteinrichtung sehr gut für Färbeapparate Verwendung finden, denn durch besondere Konstruktion ist es möglich, mit diesen Pumpen Drücke von einigen Atmosphären zu erzeugen.

Von allen Pumpen an Färbeapparaten ist zu fordern, daß sie während der Arbeit keine Luft ansaugen, die, ins Färbegut gefördert, dort der Flotte den Durchgang versperren und ungleichmäßige Anfärbung veranlaßt. Auch wirkt ständig angesaugte Luft auf vorzeitige Oxydation der Küpenflotten ein. Die modernen Pumpen der Färbeapparate sind darum auch alle so gebaut, daß beim Wellendurchgang ein luftdichter Abschluß durch das Bad erfolgt.

Offene und geschlossene Bauart der Färbeapparate. Die Färbeapparate für Baumwolle unterscheiden sich in solche offener und geschlossener Bauart. Jene sind die älteren und lange Zeit war man der Ansicht, keine gute Färbungen erzielen zu können, wenn man nicht in den Apparat hineinsehen und die Flottenbewegung beobachten kann. In der Zeit, als die Apparatfärberei noch ein Problem war und mancher Apparat alles andere als einwandfrei arbeitete, war dies ja auch angebracht; man hatte Gelegenheit, rechtzeitig für Abhilfe zu sorgen und vermied dadurch Fehlfärbungen, die ja immer mit empfindlichen Verlusten an Zeit und Material verbunden sind.

Man kann nicht sagen, daß in offenen Färbeapparaten überhaupt keine guten Färbungen zu erreichen seien; mit allen substantiven und Schwefelfarbstoffen und auch einer Anzahl Küpenfarbstoffen ist dies wohl möglich, wenn die zu färbenden Materialien, deren Farbengleichmäßigkeit für die spätere Verarbeitung wichtig ist, in zweckmäßiger Form aufgemacht, also Kreuzspulen und Kettbäume nicht zu fest und groß gewickelt sind.

Der große Widerstand, den Baumwolle dem Durchgang der Behandlungsflotten entgegensetzt, wird nur durch eine kräftig wirkende Pumpe überwunden. In offenen Färbeapparaten geht die Druckwirkung der Pumpe nur von innen nach außen durch die Materialschicht. Nach Umschalten des Flottenweges folgt das Bad der Saugwirkung, die bei allen Pumpenarten im Höchstfalle absolutes Vakuum = 0,765 at Unterdruck beträgt, der nicht ausreicht, durch ein einigermaßen dichtes Material einen genügend starken Flottendurchgang zu erzeugen, der für schnell aufziehende Farbstoffe unbedingt erforderlich ist. Darum sind namentlich bei vielen Küpenfarbstoffen die Egalisierungsschwierigkeiten in offenen Apparaten sehr groß, die noch vermehrt werden durch die oft stürmische Bewegung an der Oberfläche des Färbebades, welche das vorzeitige Ausfallen der Farbstoffe und dadurch das Mißlingen der Färbung verursacht.

Zwar sind für Kettbäume geschlossene Färbeapparate schon lange in Benutzung, aber wegen der Umständlichkeit des Abmusterns und des stets unsicheren Gefühls, „was geht jetzt wohl im Innern des Apparates vor sich", waren sie nicht allgemein beliebt. Die immer größer werdenden Anforderungen an die Leistungsfähigkeit sowohl in qualitativer als auch quantitativer Hinsicht, auch bei heiklen Küpenfärbungen, verschaffte den geschlossenen Apparaten aber immer mehr Bedeutung. Die Scheu vor ihnen wich der Erkenntnis und der Erfahrung, daß nur der beidseitig unter Druck erfolgende Flottenstrom durch das Material eine nach jeder Richtung zufriedenstellende Färbung gewährleisten kann und daß dies nur in völlig geschlossenen Apparaten möglich ist. Es ist sehr leicht verständlich, daß die drückende Pumpe das Färbebad reichlicher und schneller durch härter und hart gewickelte Spulen fördert, als die saugende Pumpe. Selbst helle Ausfärbungen mit schnell ziehenden Küpenfarbstoffen werden in geschlossenen Apparaten auf großen, hartgewickelten Spulen und Kettbäumen schön gleichmäßig durchgefärbt, wenn die notwendigen färberischen Vorsichtsmaßregeln eingehalten werden.

Ein weiterer Vorteil der geschlossenen Bauart ist eine nicht unwesentliche Ersparnis an Hydrosulfit, wenn mit Küpenfarbstoffen gearbeitet wird, denn der völlige Abschluß der Luft verhindert die vorzeitige Oxydation dieses Reduktionsmittels. Auch wird an Heizmaterial gespart, da Wärmeverluste durch Oberflächenabkühlung und Schwadenbildung vermieden, und somit auch die lästige Nebelbildung im Färbereiraum verhütet wird.

Alle Apparate geschlossener Bauart haben im Deckel eine kleine Musteröffnung, die während des Färbens dicht verschlossen bleiben muß. Zur Musterentnahme wird zunächst die Pumpe für kurze Zeit abgestellt, die Musteröffnung geöffnet und das Muster entnommen. Nach Verschluß der Musteröffnung wird die Pumpe wieder in Gang gesetzt. Manometer in der Flottenleitung zeigen den Druck der Farbflotte an, der auch als Zeichen für das richtige Arbeiten der Pumpe anzusehen ist. Zweckmäßig angebaute Thermometer geben jederzeit Aufschluß über die Temperatur des Bades. Da die modernen Apparate mit Zentrifugalpumpen ausgestattet sind, wird mit Hilfe eines Umsteuerorganes, welches von Hand oder automatisch geschaltet wird, der Flottenkreislauf von Zeit zu Zeit in andere Richtung versetzt.

Geschlossene Färbeapparate müssen beim Färben von Anfang an mit Flotte ganz gefüllt sein, um die beidseitige Druckzirkulation überhaupt zu ermöglichen. Zur Aufnahme der durch die Erwärmung des Bades an Volumen zunehmende Flotte dient ein in die Flottenumlaufleitung eingebautes Gefäß, das von einem kleinen Teil des Bades ständig durchflossen wird. In diesem Gefäß kann der Stand des Färbebades kontrolliert und wenn erforderlich, Nachsätze von Chemikalien und Farbstofflösungen gegeben werden. Außerdem erlaubt das Gefäß die Anwendung eines größeren Flottenverhältnisses, das aus färbereitechnischen Gründen, z.B. bei hellen Küpenfärbungen, oft sehr zweckmäßig ist.

Einen beachtenswerten Vorteil bieten die geschlossenen Färbeapparate noch dadurch, daß die Benetzung der Baumwolle mit den Netz- oder Färbeflotten in kürzerer Zeit und gründlicher erfolgt, wenn diese Bäder durch Entlüftung der Apparate mittels einer Vakuumstation durch das Material in den Behälter hinein gesaugt werden. Im Material eingeschlossene Luft entweicht daraus unter Vakuumeinwirkung viel schneller als durch einfache Flottenzirkulation und jedes im Material zurückgebliebene Luftbläschen verursacht einen weißen Fleck oder doch zum mindesten schwächere Anfärbung.

Apparate für das Färben loser Baumwolle.

Die Vorteile, die man im Färben der losen Baumwolle suchte, sind dieselben, die zum Färben der Garne auf Kops führten. Man wollte auch gefärbte Garne, so wie sie die Spinnerei verlassen, verarbeiten können und das zeitraubende Weifen zum Strang, das Färben am Strang und wieder Abspulen des Stranggarnes vermeiden. Außerdem ist ein in der Flocke gefärbtes Garn viel besser durchgefärbt als stranggefärbtes und als weiterer, sehr wichtiger Vorteil gesellt sich die Möglichkeit hinzu, ganz große Partien in vollkommen gleichmäßiger Färbung herzustellen.

In der Flockenfärberei ist es nicht unbedingt erforderlich, egale Färbung zu erzielen, denn Ungleichheiten werden beim Verspinnen ausgeglichen. Von besonderer Wichtigkeit ist es aber, die Weichheit der Faser beizubehalten, damit der glatte Verlauf des Spinnprozesses nicht gehemmt wird. Diesem spinnereitechnischen Verlangen konnte die alte Färbeweise in offenen Kesseln nicht entsprechen; durch das Kochen und Herumzerren in der Farbflotte werden die Fasern hart, spröde und strickig, und lassen sich ohne große Verluste nur schwer im Reißwolf öffnen und weiter verarbeiten. Durch die Einführung des ersten Färbeapparates von Obermaier (s. S. 4) verschwanden diese schwerwiegenden Nachteile ganz, die Faser blieb offen, weich und elastisch und es gelang, die Garne zu feineren Nummern auszuspinnen als vorher.

Durch die vorzüglichen Resultate des Obermaierschen Apparates wurden andere Konstruktionen veranlaßt, so z. B. wurde die radiale Flottenrichtung durch eine parallele ersetzt, indem das Material zwischen gelochtem Boden und Deckel eingepackt und die Flotte abwechselnd von oben nach unten oder umgekehrt geführt wurde. Die färberischen Erfolge dieser Apparate waren gewiß nicht schlechter als bei den mit radialer Strömung, in der wirtschaftlichen Arbeitsgestaltung waren sie aber diesen unterlegen, denn ohne umzupacken war das Ausschleudern des Färbegutes nicht möglich. In den schleuderbaren runden Materialträgern des Obermaierschen Apparates und der nach gleichem System gebauten Apparate anderer Firmen kann das Material ohne umzupacken gefärbt, gespült und geschleudert und dadurch viel Arbeitsaufwand erspart werden.

Weitere Verbesserung hat dieses Apparatesystem dadurch erfahren, daß der Außenzylinder des Materialbehälters so mit dessen Boden verbunden ist, daß er nach beendeter Behandlung des Fasergutes von diesem abgehoben werden kann. Dadurch wird das Material rundum freigelegt und ist mit Leichtigkeit der weiteren Verarbeitung zuzuführen.

Durch Einbau von Mehrweghähnen oder anderen Umsteuereinrichtungen zwischen Pumpe und Flottenbehälter sind diese Färbeapparate so zu vervollkommnen, daß, wenn sie mit Steigrohr und Wasserleitung verbunden sind, die Möglichkeit vorhanden ist, die Flotte zur Weiterbenutzung in Hochbehälter zu fördern und anschließend mit stets zufließendem Wasser in kürzester Zeit klar zu spülen.

Voraussetzung für den gleichmäßigen Farbausfall ist die Einhaltung gleichmäßiger Dichte des ganzen Materialblocks. Weniger dicht gepackte

Stellen gestatten der Flotte den leichteren Durchgang, an diesen Stellen wird im Verlauf der Färbung fast der ganze Farbstoff abgelagert, während das übrige, fester liegende Material fast ungefärbt bleibt. Um diesen Fehler möglichst zu verhüten, die Handarbeit und somit auch die Zeit für das Beschicken nach Möglichkeit zu verkürzen, hat die Firma Obermaier & Cie., Neustadt a. d. H., für diese Apparate eine Presse eingeführt, bei der ein mechanisch bewegter Preßstempel das Fasergut in den Materialbehälter treibt, wie dies die Abb. 78 erkennen läßt.

Abb. 78. Presse zum Einpressen des Färbegutes in den Materialbehälter. (Obermaier & Cie., Neustadt a. H.)

Die Abb. 79 zeigt eine moderne Färbeanlage der Firma Obermaier & Cie., Neustadt a. d. H., für das Färben von losem Material, die auch das Färben von Kreuzspulen erlaubt. In der Mitte der Abbildung ist die Zentrifuge, rechts und links derselben sind die Färbeapparate zu erkennen. Durch Verwendung zweier Materialbehälter für jeden Apparat ist eine große Produktion zu er-

Abb. 79. Färbereianlage für das Färben von loser Baumwolle, Lumpen, Stranggarn und Kreuzspulen nach dem Pack- sowie letztere auch nach dem Aufsteckverfahren. (Obermaier & Cie., Neustadt a. H.)

zielen, denn während der eine gefärbt wird, kann der andere ent- und wieder beladen werden.

Nach dem gleichen Prinzip der radialen Flottenführung, wie bei diesem Obermaierschen Urtyp aller Packapparate, arbeiten auch alle die später beschriebenen modernen Kreuzspul- und Kettbaum-Färbeapparate, wenn sie an Stelle der Spulenträger oder Kettbäume einen Materialbehälter für loses Material aufnehmen. Auch hier ist dann das Färbegut ringförmig zwischen zwei perforierten Zylindern gelagert (Abb. 2 u. 79).

Färbeapparate für Kardenband.

Allgemeines. Aus spinnereitechnischen Gründen wird dem Färben von Kardenband dem der losen Baumwolle der Vorzug gegeben, denn nur ein von allen fremden Beimengungen gereinigtes Material ergibt ein einwandfreies, gleichmäßiges, glänzendes Garn. In der losen Baumwolle werden alle die ihr anhaftenden Verunreinigungen, wie Staub, Sand, Blätter, Samenschalen usw. mitgefärbt und durch die Naßbehandlung noch inniger mit dem Fasermaterial verbunden, was die nachfolgende Reinigung im Voröffner, Öffner und Schlagmaschine bedeutend erschwert und die Garne aus flockengefärbter Baumwolle immer grießiger und rauher aussehen läßt.

Wird farbig kardiert, ist die Beanspruchung des empfindlichen Mechanismus der Karde und die Abnutzung der feinen Kardenbeschläge viel größer als beim Kardieren roher Baumwolle, auch muß beim Wechseln der Farbe die Kardengarnitur gereinigt werden, wobei darauf hingewiesen sei, daß eine vollständige Reinigung nicht möglich ist. Es können also immer nur ähnliche Farben hintereinander kardiert werden, eine Spinnerei muß also, wenn sie ein großes Farbensortiment spinnt, eine große Anzahl von Vorwerksmaschinen zur Verfügung haben.

Ganz anders ist es aber, wenn die Baumwolle erst nach der Karde in Form von Kardenband gefärbt oder gebleicht wird, denn dann wird das vollkommen gereinigte Material behandelt und gibt aus diesem Grunde die besten und schönsten Garne.

Die Kardenbandfärberei kommt z. B. dann zur Anwendung, wenn es sich darum handelt, große Partien absolut gleichgefärbten Garnes herzustellen, wie sie für einfarbige Gewebe, die aus irgendwelchen Gründen nicht im Stück gefärbt werden können, unerläßlich sind. Kreuzspulgefärbtes Garn ist für die Buntweberei ohne Bedenken verwendbar, als Schußgarn für die äußerst heiklen Unigewebe bietet es eine gewisse Gefahr der Streifenbildung, weil besonders die äußeren Schichten der Spulen im Farbton leicht etwas abweichen.

Das Färben des Kardenbandes erfordert, wie wohl kein anderes Textilmaterial, peinlichste Einhaltung einer ganzen Anzahl von Faktoren, die in ihrer Gesamtwirkung den guten Erfolg der Färbung in der Verspinnbarkeit der Faser ausmachen. Als man vom Färben der Flocke wegen der schon geschilderten spinnereitechnischen Unannehmlichkeiten dazu überging, die gereinigte Baumwolle als Kardenband zu färben, meinte man, alle Schwierigkeiten der Buntspinnerei überwunden zu haben. Die Kardenbänder bereiteten aber dem Färber große Sorgen wegen des Trocknens und verhielten sich durch unzweckmäßiges Trocknen in der Spinnerei auf den Streckwerken äußerst widerspenstig; die Bänder wickelten sich um die Streckzylinder, oder die Fasern sträubten sich durch elektrische Aufladung derartig auseinander, daß das Strecken ungemein erschwert wurde. Manche Partie mußte deshalb nochmals zu den Vorwerken zurück, ehe sie versponnen werden konnte; und ein schönes, sauberes Garn war damit nicht zu erzielen.

Die in der Rohbaumwolle enthaltenen natürlichen Fette und Wachse, die je nach Qualität 0,3—0,6% betragen, bedingen die gute Verspinnbarkeit der Faser. Eine reine, durch den Färbe- oder Bleichprozeß der Fette und Wachse beraubte Faser ist spröde, hart und glasig und zeigt die gefürchteten Nachteile im Streckwerk, darum muß es das Ziel der Kardenbandfärber sein, diese natürlichen Weichmachungsmittel der Baumwolle zu erhalten. Daneben ist aber das Material von allen mechanischen Verunreinigungen absolut frei zu halten. Das verwendete Färbe- und Spülwasser muß vollständig klar sein. Ferner dürfen die Chemikalien, wie Glaubersalz, Schwefelnatrium usw. nur in Form völlig klarer Lösungen zur Anwendung kommen, es genügt nicht, die Chemikalien einfach aufzulösen; man entnimmt sie am besten Stammlösungen, die genügend Zeit zum Absitzen der unlöslichen, oft langsam absenkenden Bestandteile hatten. Daß die Farbstofflösungen filtriert sein müssen, versteht sich von selbst. Auch die Härte des Wassers ist von entscheidender Bedeutung für die Kardenbandfärberei. Wenn Kops, Kreuzspulen und Kettbäume mit einem wenige Grade harten Wasser ohne Schaden gefärbt werden können, so macht sich dies beim Kardenband schon unangenehm bemerkbar. Die durch die alkalischen Bäder der Schwefel- und Küpenfarben ausfallenden Härtebildner inkrustieren das faserfeine Kardenband, oder sie bilden mit dem durch das Alkali der Flotte teilweise verseiften Fett und Wachs der Faser Kalk- und Magnesiumseifen, die nirgendwo so störend wirken, wie bei dem noch zu verspinnenden Material.

In der Kardenbandfärberei sind drei Apparattypen gebräuchlich. Die einfachste und älteste Methode, die Bänder zu färben, ist die in Packapparaten, wie sie für die Flockenfärberei in Gebrauch sind. Apparate, die nach dem Topfsystem arbeiten, ähnlich denjenigen, die für Kammzug Verwendung finden, haben sich nicht sonderlich einzuführen gewußt.

Die zweite Art der Kardenbandfärberei geschieht nach dem Aufsteckbzw. Aufschiebeverfahren, während die dritte Methode die Bänder auf Kettbäume aufwickelt und in diesem Zustand färbt.

Packapparate. In Packapparaten werden die Kardenbänder so wie sie aus den Kardentöpfen kommen, in einer einfachen Handpresse, oder in einer von der Firma Gebr. Burkhardt in Pfullingen (Württemberg) gebauten Spezialpresse zusammengedrückt und kreuzweise mit Schnüren gebunden. Die Pakete sind dann in den Materialraum der Packapparate so einzuschichten, daß Zwischenräume vollständig vermieden werden, wobei darauf Rücksicht zu nehmen ist, daß die Stoßstellen der inneren Wickelreihe gegenüber jenen der äußeren Reihe versetzt sind. Auch beim Übereinanderschichten der Wikkel ist dies zu beachten, immer muß Voll auf Fuge kommen (s. Abb. 80). Wird diese Regel nicht beachtet, so ist stark ungleichmäßige Färbung die Folge. Die Flotte geht, wie überall in der Apparatefärberei, den Weg des geringsten Widerstandes, also in diesem Falle nicht durch die Wickel, sondern durch die Fugen zwischen diesen durch, daher werden die Wickel nicht nur nicht durchgefärbt, sondern auch durch die hier herrschende starke Strömung beschädigt.

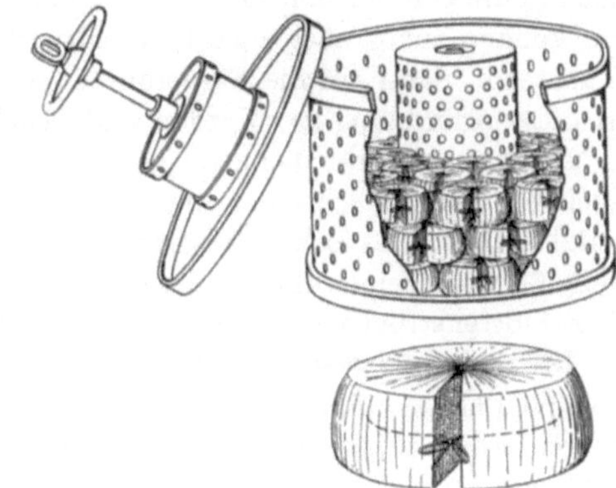

Abb. 80. So werden Kardenbänder in den zylindrischen Materialbehälter eingepackt.

Apparate für das Aufschiebesystem. Das andere Färbeverfahren ist ähnlich dem der Kammzüge nach dem Röhrensystem oder der Kreuzspulen ohne Hülse auf gelochten Spindeln. Auch hier bilden die Pakete

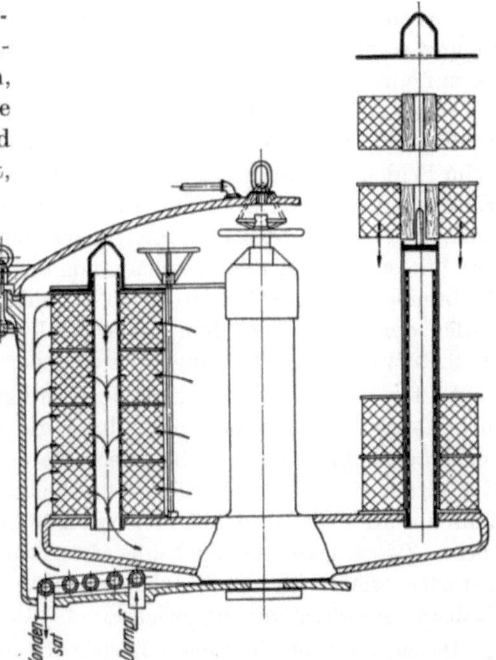

Abb. 81. Anordnung der Kardenbandscheiben im geschlossenen Färbeapparat. (Obermaier & Cie., Neustadt a. H.)

des Kardentopfes den Ausgangspunkt, nur werden sie nicht verschnürt, sondern mehrere übereinander über ein gelochtes Rohr geschoben, das dann in die Öffnung einer Färbeplatte eingesenkt wird. Die Kardenbänder können zuvor aber auch in Kreuzwickelform auf Holzzylinder gebracht und dann auf die Färberöhren geschoben werden. In Abb. 81 ist diese Anordnung der Kardenbandwickel schematisch dargestellt.

Als Färbeapparat dient am besten ein geschlossener, der die Flotte auch von außen nach innen unter vollem Pumpendruck durch das Material fördert. Das lockere Faserband wird dabei an das perforierte Rohr gepreßt, wo es seinen Halt findet und nicht beschädigt wird, während bei dem Flottenstrom von innen nach außen dieses leichter möglich ist.

Die dünne Faserschicht, welche die Flotte bei dieser Färbeweise zu passieren hat, gewährleistet eine schöne, egale Färbung auch schwieriger Küpenfarbstoffe; ist eine Absaugevorrichtung vorhanden, so können auch die langsam oxydierenden Küpenfarbstoffe indigoider Natur nach diesem System gefärbt werden. Beim Schleudern werden, wenn eine Schleuder mit hoher Kesselwand vorhanden ist, die Wickel samt den Röhren als Ganzes eingestellt, steht aber nur eine gewöhnliche Schleuder zur Verfügung, so nimmt man die Wickel von den Röhren herunter und schiebt sie auf einen Holzkern.

Dieses Verfahren ist an Arbeitslöhnen in der Färberei teurer als das Packsystem, denn das Aufstecken, Abnehmen und Ein- und Auspacken beim Schleudern nimmt mehr Zeit in Anspruch, als das nur einmalige Ein- und Auspacken des Materialbehälters der Packapparate. Die Vorteile, die es aber in bezug auf Materialschonung bietet, sind bedeutend. Die Wickel sind keinerlei Beschädigung der äußeren Schicht ausgesetzt. Deformierungen und Verwirrungen kommen nicht vor, so daß das Ablaufen der Bänder bei dem später zu beschreibenden Trockenprozeß (s. S. 327) ohne jede Störung vor sich geht.

Färben von Kardenband nach dem Aufbäumverfahren. Eine weitere Art, Kardenbänder zu färben, ist durch die Schwierigkeiten der Küpen- und Naphtholfärbungen, die bei diesem Material zu überwinden waren, von der Firma B. Thies in Coesfeld entwickelt worden. Nach diesem Verfahren werden die Kardenbänder bis zu 36 an der Zahl mittels eigens für diesen Zweck gebauten Wickelmaschinen auf einen perforierten Färbezylinder, wie er für die Kettbaumfärberei üblich ist, unter ständiger Kaltwasserberieselung aufgewickelt.

Die aus hinter der Maschine aufgestellten Spinnkannen kommenden Kardenbänder gelangen über Porzellanrollen und einer elektrischen Abstellvorrichtung zum Färbebaum, und zwar wird durch Hin- und Herbewegung einer Gabel erreicht, daß die Bänder in schwacher Kreuzwickelung auf den Baum gelangen. In einem Wasserrohr befinden sich nach unten, über die ganze Arbeitsbreite verteilt, kleine Löcher, durch welche die Bänder beim Auflaufen ständig kalt genetzt werden. Zusatz eines Kaltnetzmittels kann die Wirkung noch erhöhen. Bei Stillstand der

Maschine wird die Wasserzufuhr automatisch abgestellt. Reißt ein Band, so erfolgt Stillsetzung der Maschine durch die elektrischen Wächter. Die Absperrung des Färbebaumes gegen die Antriebstrommel wird durch regulierbare Gewichtsbelastung und Bremsbacken erreicht. Ein Zählwerk erwirkt bei Erreichung der gewünschten Bandlänge das Ausrücken der Maschine. Das Fassungsvermögen eines Färbebaumes ist 80—100 kg Kardenband. Die Kardenband-Aufbäummaschine wird von der Firma W. Schlafhorst & Co. in M.-Gladbach gebaut. Sie ist in der Abb. 82 veranschaulicht.

Durch die beim Aufwickeln stattfindende Benetzung der Bänder erübrigt sich ein Abkochen des Baumes. Dieser wird in dem Universalfärbeapparat der Firma B. Thies, Coesfeld (s. Abb. 118 S. 169) eingesetzt und kann sofort gefärbt werden, ganz gleich, um welche Farbstoffklasse

Abb. 82. Kardenband-Aufbäummaschine. (W. Schlafhorst & Co., M.-Gladbach.)

es sich handelt. Die Nachbehandlung der Färbungen erfolgt in der für Kreuzspulen beschriebenen Art.

Das Trocknen des Kardenbandes war lange Zeit ein Sorgenkind des ganzen Veredelungsverfahrens. Die Bandpakete, die beim Pack- und Aufschiebesystem anfallen, erfordern zur Trocknung eine Auflockerung, wofür die verschiedensten Vorschläge gemacht wurden. Eine gleichmäßige Trocknung wird dadurch aber nicht erreicht, die Fasern werden stellenweise ganz ausgedörrt und spröde, während sie an anderen Stellen noch feucht bleiben. Beides ist aber der weiteren Verarbeitung auf den Streckwerken äußerst unzuträglich, weshalb die ganze Kardenbandfärberei lange Zeit problematisch blieb. Erst die Schaffung besonderer Breitbandtrockner ermöglichte das gleichmäßige, nicht ausdörrende Trocknen. Ein solcher Kardenbandtrockner ist im Abschnitt „Trocknen" näher beschrieben.

Die Kardenbandfärberei auf dem Baum nach der Methode von Thies ist nur mit Hilfe eines solchen Trockners in zweckmäßiger Weise durchführbar und durch die Vereinigung der schonenden Behandlung auf dem Färbebaum und der gleichmäßigen Trocknung auf dieser Trockeneinrichtung hat die Kardenbandfärberei neuen Auftrieb genommen, denn die gefürchtete schlechte Spinnerei der Faser wurde dadurch zum größten Teil behoben. Gewiß können auch die im Packsystem oder im Aufschiebesystem gefärbten Kardenbandwickel auf diesen Maschinen getrocknet werden, ja es wird sogar behauptet, daß das Arbeiten mit den kleineren Wickeln insofern besser wäre, als damit ein innigeres Mischen verschiedener Farbpartien möglich sei. Dem ist aber entgegenzuhalten, daß bei der Baumfärberei nur mit großen Partien gearbeitet wird, die in sich sehr gleichmäßig gefärbt sind, außerdem kann auch hier je ein Baum aus verschiedenen Farbpartien einlaufen. Bandrisse sind beim baumgefärbten Kardenband aber so gut wie ausgeschlossen, die bei den kleinen, oft deformierten Wickeln sehr häufig eintreten, was Stillstand der Maschine und damit Zeitverlust zur Folge hat.

Apparate für die Baumwollstranggarn-Färberei.

Man sollte meinen, daß bei den Vorteilen, welche die Spulenfärberei in der Verarbeitung der Garne bietet, Stranggarn nicht mehr gefärbt wird. Tatsächlich ist die Stranggarnfärberei sehr stark zurückgegangen, aber trotzdem werden immer noch verhältnismäßig viel Baumwollgarne für die verschiedensten Zwecke im Strang gefärbt.

Merzerisierte Baumwollgarne werden, sofern sie gefärbt zu verarbeiten sind, immer im Strang gefärbt, sie nach dem Merzerisieren auf Spulen umzuwickeln und dann zu färben, wäre unlohnend, zumal dieses veredelte Garn infolge seiner erhöhten Quellfähigkeit in Spulenform überhaupt nicht ausreichend egal zu bekommen ist.

Gefärbt wird Baumwollstranggarn in Apparaten nach dem Pack- und nach dem Hängesystem.

In Packapparaten ist unmerzerisiertes Baumwollgarn, wenn es sehr gleichmäßig in den Materialbehälter eingelegt wird, mit substantiven, Schwefelfarben und einigen langsam ziehenden Küpenfarbstoffen mit leidlicher Egalität zu färben. Merzerisiertes Garn ist mit keinem Farbstoff, auch bei vorsichtigster Arbeitsweise, in Packapparaten mit brauchbaren Resultaten zu färben; die große Affinität zum Farbstoff, die starke Quellung und die dicke Materialschicht wirken alle zusammen auf das ungleichmäßige Anfärben.

Wenn es sich darum handelt, substantive und Schwefelfarben durch eine Nachbehandlung mit Kupfervitriol und Chromkali oder erstere durch Diazotieren und Entwickeln echter zu machen, so scheitert dies daran, daß die Apparate meist aus Eisen gefertigt sind, dieses aber bei einer Behandlung mit Kupfervitriol das Kupfer infolge einer Elektrolyse auf sich niederschlägt, oder beim Diazotieren in mineralsaurer Lösung das Eisen unter Wasserstoffentwicklung angegriffen und der gebildete Diazokörper an der Berührungsstelle Faser—Eisen zerstört wird; in allen diesen Fällen ist eine Fleckenbildung nicht zu vermeiden. Für die Erledigung von Stapelnuancen in substantiver oder Schwefelfärbung in Schwarz, Braun, Marine usw., bei welchen auf absolute Egalität kein Wert gelegt werden muß, können die Packapparate Verwendung finden. Gröbere Garne, die infolge der gröberen Fäden entsprechend größere Zwischenräume in der Fadenmasse freilassen, gestatten der Flotte leichteren Durchgang als feine Garne, die in Packapparaten überhaupt nur schwer zu färben sind.

Abb. 83. Färbeapparat für Baumwollstranggarn nach dem Hängesystem.
(Soc. An. Mezzera, Mailand, Italien.)

Färben der Baumwollgarne in Apparaten nach dem Hängesystem. Dieses Apparatsystem, das in der Wollfärberei von größter Bedeutung ist, findet in der Baumwollfärberei nur beschränkte Anwendung. Die Baumwollgarne hängen viel schwerer in der Flotte, sie sind nicht so leicht von den Stäben abzuheben als Wollgarne und färben aus diesem Grunde bedeutend schwerer egal als diese. Soll trotzdem in solchen Apparaten Baumwollgarn gefärbt werden, so ist für eine viel kräftigere Flottenbewegung zu sorgen, welche die Kraft besitzt, die Garne von den oberen Stäben abzuheben.

Die Propeller der Apparate müssen deshalb anders geformt sein oder schneller laufen, um kräftigere Flottenströmung zu erreichen. Vorteilhafter sind aber in diesem Falle kräftig wirkende Pumpen, deren starker Strom die schwer hängenden Baumwollgarne von den oberen Stäben beim Gang der Flotte von unten nach oben abheben. In solchen Apparaten können dann selbst die schwer egal zu färbenden merzerisierten Garne so mit substantiven Farbstoffen behandelt werden, daß sie in der Strumpfwirkerei ohne Ringelbildung zu verarbeiten sind.

Einen solchen Apparat zeigt die Abb. 83, der von der Firma Soc. An. Mezzera, Mailand (Italien), in Edelstahl, Eisen oder auch Holz gebaut wird. Der Materialraum ist durch eine Scheidewand in zwei Kammern eingeteilt, in welchen Schienen angebracht sind, die zur Aufnahme der Garnstäbe dienen. Türen, die beim Be- und Entladen geöffnet werden, verschließen den Färberaum durch Anpressen an Gummidichtungsstreifen. Eine kräftig wirkende Pumpe mit automatischer Umschaltung bewirkt den Flottenkreislauf. Während die Flotte in der einen Kammer nach oben geht, strömt sie über die Scheidewand durch die andere Kammer nach unten, um von der Pumpe erneut in die erste Kammer wieder nach oben gefördert zu werden. Durch Umschaltung wird die Flottenrichtung in den Kammern gewechselt. Eine besondere Zentrifugalpumpe erlaubt die Flotte nach Beendigung des Färbens in einen Vorratsbehälter zu pumpen.

Abb. 84. Färbeapparat für Baumwoll- und Leinengarn nach dem Hängesystem mit Einrichtung zum Schütteln des Garnträgers. (Bruno Müller, vorm. Müller & Krieg, Friedeberg, Qu.)

Einen anderen Weg zur Erzielung einwandfreier Strangfärbungen bei Baumwollgarn beschreitet die Firma Bruno Müller, Friedeberg, indem sie außer der Flottenzirkulation eine Lockerung der aufgehängten Garnstränge durch Schüttelung während des Färbens herbeiführt. Sie erreicht dies dadurch, daß sie den Materialträger durch eine seitlich an der Apparatwand angebrachte Hubvorrichtung langsam anhebt und schnell wieder fallen läßt. Weil der Materialträger dabei schneller sinkt als das in der Flotte schwimmende Garn, hebt sich dieses von den Stäben vollkommen ab, wird an den Auflagestellen von der Flotte getroffen und demzufolge auch durchgefärbt. Außerdem wird durch die Schüttelbewegung, die in weitgehenden Grenzen regulierbar ist, und dem jeweiligen Garn und der Farbe angepaßt werden kann, eine Lockerung der Stränge bewirkt, was recht günstigen Einfluß auf die Egalisierung ausübt. Der Apparat, der auch mit einer Pumpe arbeitet, ist in Abb. 84 dargestellt.

Der Baumwollgarnfärberei in Hängeapparaten haftet der große Fehler an, daß gewisse Küpenfarbstoffe überhaupt nicht zu verwenden sind, und zwar sind es diejenigen, welche eine Oxydation an der Luft benötigen und nicht durch einfaches Spülen mit kaltem Wasser oxydiert werden können. Der Färber erkennt diese Farbstoffe, die sich vom Indigo bzw. Thioindigo ableiten, an der meist gelben Küpenfarbe. Läßt man in einem Hängeapparat die Flotte ablaufen oder zieht den Materialträger heraus, so oxydiert sich das Garn zuerst dort, wo die Flotte schon abgelaufen ist, also oben, während unten infolge des langsamen Abtropfens der Flotte aus dem Garn die reduzierte Färbeküpe lange erhalten bleibt. Läßt man zum Spülen Wasser einfließen und nachher eine Oxydationsflüssigkeit, der man Perborat od. dgl. zusetzt, so werden die nicht durch den Luftsauerstoff oxydierten Stellen andersfarbig, die fertige Färbung also recht fleckig und streifig ausfallen. Man kann jedoch auch so vorgehen, daß man das Bad nicht ablaufen läßt, sondern es durch ständiges Zufließenlassen von Frischwasser allmählich verdrängt; wenn dann das Spülwasser klar abfließt, kann zur Oxydation ein entsprechendes Mittel zugesetzt werden. Bei hellen Ausfärbungen führt diese Arbeitsweise zu noch brauchbaren Färbungen, dunkle bzw. satte Töne färbt man jedoch besser sofort von Hand auf der Barke, die man sowieso beim Färben der Garne in Hängeapparaten häufig genug zum Nachegalisieren der Farben verwenden muß.

Apparate für die Baumwoll-Spulenfärberei.

Geschichtlicher Rückblick. Im Abschnitt „Grundsätzliches über die Spulenfärberei" wurde schon gesagt, daß die Anfänge dieses Färbereizweiges in die neunziger Jahre des vorigen Jahrhunderts zurückgehen. Die erste größere Beschreibung der zuerst aufkommenden Färbeapparate für Baumwollkops geschah durch Herzfeld[1], der schon über elf verschiedene Typen zu berichten weiß, von welchen aber nur drei wirklichen Eingang in die Praxis fanden.

Die außerordentlich große Beachtung, welche die neue Ausführungsform der Färberei in allen Färbereikreisen fand, kam in einem mit großer Heftigkeit geführten Meinungsaustausch zum Ausdruck, der auf Grund der Herzfeldschen Berichte und eines solchen von C. O. Weber in den Fachzeitschriften der damaligen Zeit entstand.[2] Zwar wurde von keinem

---

[1] Herzfeld: Lehnes Färberztg. 1891/92 S. 343.
[2] Schreiner, L.: Lehnes Färberztg. 1891/92 S. 386; 1893/94 S. 143, 304. — Winkler, G.: Lehnes Färberztg. 1892/93 S. 6, 35. — Weber, C. O.: Lehnes Färberztg. 1893/94 S. 6, 223.

Autor die Kopsfärberei grundsätzlich abgelehnt, alle waren von deren großen Vorteilen überzeugt, doch fand man sehr viel an den bis dahin erreichten Resultaten auszusetzen, verwarf für Qualitätsarbeit ganz allgemein die Packapparate, deren mengenmäßige Leistungsfähigkeit man jedoch voll und ganz anerkannte.

Die färberischen Unvollkommenheiten in den ersten Apparaten der Kopsbehandlung finden nicht allein in der, wenn nicht falschen, so doch noch nicht ganz richtigen Konstruktion der Apparate ihre Erklärung, sondern sind auch auf die Färbeweise zurückzuführen, die man damals zur Anwendung brachte. Man hat eigenartigerweise nicht im eigentlichen Sinne gefärbt, sondern das Färbegut auf den Kops mit der Farbflotte imprägniert. Die Flotte sollte möglichst nichts an Gehalt, sondern nur an Volumen abnehmen.

Alle Färbemethoden, bei welchen die Affinität der Farbstoffe zur Faser eine Rolle spielt, erschwerten nach damaliger Ansicht das wirtschaftliche Arbeiten auch auf den besten Apparaten und die Erzielung gleichmäßiger Partien, es sei denn, daß die Farbflotte ganz ausgezogen werden konnte. Man war deshalb peinlichst bestrebt, Flottenmenge, Temperatur, Einwirkungszeit usw. stets genau einzuhalten und schrieb Imprägnierzeiten von wenigen Minuten vor. Man empfahl nach jeder Partie den Gehalt des Bades an Farbstoff mit Hilfe eines Kolorimeters oder durch Probefärbung zu bestimmen und daraus den Nachsatz an Farbstoff zu errechnen. Eine Methode, mit der ein einfacher Färbermeister, besonders bei Kombinationsfärbungen, kaum fertig geworden ist.

Apparate für die Kopsfärberei. Die Nachteile, welche sich beim Färben der Kops einstellen, wurden schon früher beschrieben. Weil für gewisse Artikel dennoch Kops gefärbt werden, sollen hier die Apparate und deren Beschickungsweise Erwähnung finden.

Färben der Kops in Packapparaten. Für Stapelnuancen in substantiver und Schwefelfärbung kann man sich der Packapparate bedienen, und zwar entweder solcher mit ringförmigem Materialbehälter (s. Abb. 2 u. 79) oder Apparate nach dem Kastensystem (s. Abb. 47). Um die Kops vor jeder Beschädigung durch Verbiegen oder Brechen zu bewahren, erhalten sie vor dem Einpacken in die Apparate in ihre Hülse einen Stab aus Holz oder Hartgummi eingesteckt oder man bedient sich dabei der Hülsenform angepaßter Metallstreifen oder haarnadelförmig gebogener dünner, aber harter Drähte. Bei Anwendung der Metallstreifen oder Drähte werden die Kops mitsamt ihrer Hülse beim Färben flach gedrückt, was aber weiter nicht stört, da nach Beendigung der Behandlung und Entfernung der Behelfsmittel die Hülsen mit Hilfe eines runden Stiftes wieder gerundet werden können.

Das Einpacken der Kops in die Materialräume der Apparate muß mit größter Sorgfalt geschehen, dabei sind solche Spinnkörper, die auf dem Transport beschädigt wurden, auszusortieren, da sie ohnehin nicht mehr gebraucht werden können. Beim Einpacken ist die Bildung von freien

Räumen gar nicht zu vermeiden, die unbedingt ausgefüllt werden müssen. Die Wahl des geeigneten Ausfüllmaterials hat der Spulenfärberei in Packapparaten stets viel Sorge be-
reitet. Die allerverschiedensten Materialien sind dafür in Vorschlag gekommen; so hat man Sand, Glasperlen, Asbest, Sägemehl u. ä. empfohlen. Am besten bewährt haben sich jedoch immer noch lose Baumwolle, Garn oder Garnabfälle, Tuchreste usw., also Substanzen, die der zu färbenden Faser in Durchlässigkeit der Flotte ähnlich sind.

Kopsfärbespindel mit Scheibe zum Einstecken.

Kopsfärbespindel mit Konus zum Einstecken.

Kopsfärbespindel mit Konus zum Einschrauben.

Abb. 85.

Färben der Kops in Aufsteckapparaten. Ratsamer ist es, wenn die Garne in Kopsform gefärbt werden sollen, sich der Aufsteckapparate zu bedienen. Besonders für die hellen und lebhaften, also empfindlichen Farben, sowie alle diejenigen, die ein sofortiges Spülen, Ent-

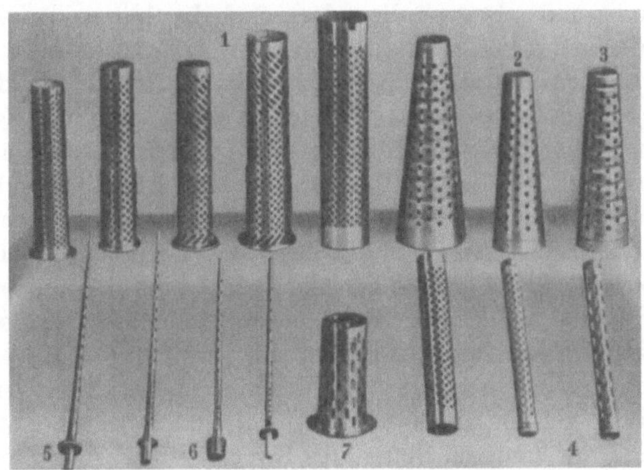

Abb. 86. Färbehülsen aus rostfreiem Stahl der Firma Ernst Pabst, Aue i. Sa.
1. Hülsen für Leinengarn-Bleicherei und -Färberei.
2. Konische Kreuzspulhülse für das Ausstoßverfahren mit glatter Außenfläche.
3. Konische Kreuzspulhülse mit gewellter Außenfläche.
4. Hülsen für zylindrische Kreuzspulen.
5. Hülsen für Kops zum Einstecken ⎫
6. Hülse für Kops zum Einschrauben ⎬ in den Materialträger.
7. Hülse für Sonnenspulen mit breitem Rand.

wässern und Oxydieren nach dem Färbeprozeß verlangen, kommt allein das Aufsteckverfahren in Frage. Die Produktion ist allerdings dabei geringer, dafür aber die Qualität bedeutend besser.

Als Färbeapparate kommen dieselben in Anwendung, die für Kreuzspulen und teilweise auch für Kettbäume gebräuchlich sind, nur muß der Spindelträger insofern anders geschaffen sein, als er die kleineren und deshalb zahlreicheren Kopsfärbespindel aufzunehmen hat, die in den Materialträger eingesteckt (Abb. 85) oder eingeschraubt werden (s. Abb. 86 (5) und 86 (6)).

Die Größe und Weite der Spindeln müssen ganz dem der Kops und deren Hülsen angepaßt sein. Der Fuß der Kops, d. h. die aus diesem herausragende Papierhülse muß gut abgedichtet auf der Spindel aufsitzen, die Spitze der Kops soll die oberste Perforierung der Spindeln eben überdecken, auf keinen Fall darf die Spitze der Kops auf der nicht perforierten Spitze der Spindeln aufsitzen, da in diesem Fall ein gleichmäßiges Durchfärben der Kopsspitze ausgeschlossen ist. Bei kräftiger Flottenzirkulation ist es weniger von Belang, wenn einzelne Löcher der perforierten Spindel, ohne mit Garn bedeckt zu sein, über die Spitze des Kops hinausragen; doch darf dies natürlich nur bei wenigen zufällig kürzeren Kops einer Farbpartie der Fall sein und nicht die Regel bilden.

Große Aufmerksamkeit muß dem Aufstecken der Kops auf die Spindeln geschenkt werden. Man überzeuge sich zunächst, daß der Kopskanal offen ist und achte vor allem darauf, ob die Spitzen der Kops umgebogen oder übersponnen sind; derartig beschädigte Wickel verwende man nicht zum Färben, sie verderben oft die ganze Partie. Vor dem Aufstecken auf die Spindeln ist es zweckmäßig, diese von den anhaftenden Spuren der vorangegangenen Färbung zu reinigen und sie mit einem mit Olivenöl schwach getränkten Tuch abzureiben. Diese Behandlung erleichtert es den Kops auf die Spindeln zu gleiten. Das Aufstecken, das am besten von Arbeiterinnen ausgeführt wird, darf nicht gewaltsam erfolgen. Jeder Kops wird durch leichtes Drücken mit der inneren Handfläche, bei dem er eine geringe drehende Bewegung bekommt, ohne daß der Kopskanal dabei beschädigt wird, in die richtige Lage gebracht. Wenn man den Kops in gerader Richtung aufschiebt, wird er fast immer ungleichmäßig gefärbt, denn sehr leicht findet dabei eine Streckung statt, welche die konische Spitze des Kops verzieht. Dies verursacht ungleiche Anfärbung in zwei Weisen: die Spitze des Kops sitzt zu hoch auf der Spindel; wo es keine Perforierung mehr gibt, bleibt das Garn ungefärbt. Dort, wo die Streckung stattgefunden hat, ist die Garnwicklung weniger dicht als in den übrigen Teilen, sie erlaubt der Flotte leichteren und vermehrten Durchgang und wird deshalb dunkler gefärbt als der übrige Teil des Kops.

Der richtige Sitz eines Kops auf der Spindel ist in Abb. 87 dargestellt, *a* zeigt die Färbespindel und *b* wie der Kops auf der Spindel sitzen muß.

Nach Besteckung aller Spindeln mit Kops wird der Spindelträger mittels Hebewerk in den Apparat gehoben. Man achte beim Einsetzen darauf, daß die Spindeln nicht beschädigt und der Materialträger mit den Organen des Färbebottichs gut abdichtend verbunden wird, damit die zirkulierende Flotte gezwungen ist, das zu färbende Material zu durchströmen und sich keinen anderen Weg suchen kann.

Zum Einnetzen der Spulen wird zunächst kochendes Wasser, evtl. mit Netzmittel- und Sodazusatz, in wechselnder Richtung durch die Kops zirkulieren gelassen, und zwar vorteilhaft zuerst von außen nach innen. Erfolgt der erste Flottenweg von innen nach außen, so haben die Kops die Neigung, von ihren genauen Lagen auf den Spindeln abgedrückt zu werden. Wenn die Benetzung der Kops unter gleichzeitiger Evakuierung des Apparates erfolgt, wie dies z. B. bei den Apparaten der Firma B. Thies in Coesfeld die Regel ist, so erreicht man damit auch die vollständige und schnelle Entfernung der Luft aus den Garnwickeln, die sonst recht hartnäckig zurückgehalten wird und ungleiche Färbung veranlaßt.

Wenn die Benetzung nicht in einem besonderen Vorbehandlungsapparat ausgeführt wurde, bleibt der Kopsträger im Apparat, anderenfalls wird er in den eigentlichen Färbeapparat befördert. Die Zirkulation der Färbeflotte erfolgt wechselseitig. Die Erfahrung hat gezeigt, daß die Färbung gleichmäßiger ausfällt, wenn das Färbebad zuerst von innen nach außen durch die Spulen gefördert wird. Bei offenen Färbeapparaten ist der einseitige Weg von innen nach außen überhaupt zweckmäßiger, denn nur in geschlossenen Apparaten kann die Flotte durch die harten Spulen in kräftigem Strom befördert werden.

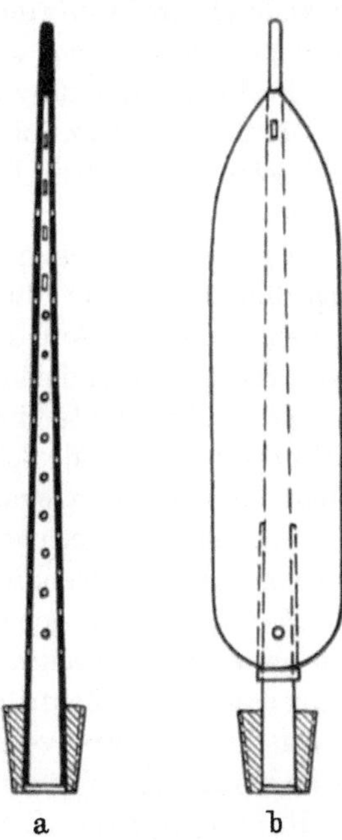

a   b

Abb. 87. Kopsfärbespindel und richtiger Sitz der Kops auf der Spindel.

Für die Entwässerung der Kops nach Beendigung des Färbens werden die Kopsträger nach dem Herausnehmen aus der Farbflotte an eine Vakuumstation angeschlossen, welche die noch anhaftende Flüssigkeit absaugt.

Das Abnehmen der Kops von den Spindeln muß gleichfalls sehr vorsichtig geschehen und wird, wie das Aufstecken, am besten von Arbeiterinnen ausgeführt. Bevor damit begonnen wird, die Kops abzuziehen, werden alle auf verbogenen oder zerbrochenen Spindeln sitzenden abgenommen und beiseite gelegt, denn sie sind in den seltensten Fällen einwandfrei gefärbt und beim Ein- und Ausfahren der Kopsträger in die

Apparate können sehr leicht Spindeln beschädigt werden. Nachdem man dann den Kops von der Spindel gelockert und zur Hälfte herausgezogen hat, drückt man ihn nochmals vorsichtig auf die Spindel zurück und zieht ihn dann erst ganz ab. Dadurch erreicht man die vollständige Offenhaltung des Kopskanals, was die Arbeit des Webers beim Einführen der Schützennadel sehr erleichtert und Abfall vermeidet.

Färbeapparate für Baumwoll-Kreuzspulen. Die Vorteile, welche das Färben der Garne auf Kreuzspulen gegenüber der Behandlung auf Kops und besonders gegenüber der Stranggarnfärberei erbringt, wurden schon an anderer Stelle erörtert. Auch die Vorzüge der mehr und mehr in Aufnahme kommenden konischen Kreuzspule sind schon einer eingehenden Betrachtung unterzogen worden.

Die für die Baumwoll-Kreuzspulenfärberei gebräuchlichen Apparate sind solche nach dem Packsystem, in den allermeisten Fällen jedoch Aufsteckapparate.

Die jetzt allgemein gestellten hohen Ansprüche an die Farbechtheit auch billiger Baumwollwaren zwingt zur Verwendung von Küpenfarbstoffen, die nur in Aufsteckapparaten wirklich befriedigende Ergebnisse auf Kreuzspulen erzielen lassen.

Die Packapparate sind nur für leicht zu egalisierende Stapelfarben in substantiver und Schwefelfärbung auf Kreuzspulen gebräuchlich. Nicht zu entbehren sind sie für die Grundierung der Naphthol-AS-Farben, denn die geringe Affinität der Naphthole zur Faser ermöglicht die gleichmäßige Grundierung größerer Materialschichten. Ferner bieten die Packapparate gegenüber den Aufsteckapparaten den großen Vorteil des geringeren Arbeitsaufwandes, weil die Spulen zur Entwässerung nicht erst in eine Zentrifuge umgepackt werden müssen, und schließlich ist das kurze Flottenverhältnis der Packapparate für die Naphthol-AS-Grundierung recht günstig.

Packapparate. Schnell aufziehende Küpenfarbstoffe sind in Packapparaten nicht gleichmäßig zu färben, denn der große und dichte Materialblock setzt der Flotte erheblichen Widerstand entgegen und durch die große Verwandtschaft der Faser zu den Farbstoffen werden die von der Flotte zuerst getroffenen Teile dunkler gefärbt. Diese Erscheinung wird noch dadurch vermehrt, daß die Flottenströmung von der kleineren Innenfläche nach dem größeren Umfang des ringförmig angeordneten Materialblocks mit abnehmender Geschwindigkeit erfolgt, demnach die äußeren Teile des Materials immer von weniger und sogar schon erschöpfterem Färbebad getroffen werden als die inneren, weil die offenen Packapparate meist nur von innen nach außen arbeiten. In geschlossenen Apparaten kann das Bad mit dem vollen Druck der Pumpe in kräftigem Strom von außen nach innen durch die Schicht gefördert werden, und weil auf diesem Wege die Strömungsgeschwindigkeit nach dem Zentrum hin zunimmt, die inneren Anteile des Materials reichliche Mengen Bad erhalten, ist die Gleichmäßigkeit der Färbung in solchen Apparaten auch besser. Man darf aber nur den einen Weg von außen nach innen arbeiten lassen, denn der Flottendruck preßt das Färbegut um einen gewissen Betrag zusammen, der zwischen Kesselwand und Material einen freien Raum entstehen läßt; nach Umschaltung der Flottenrichtung wird das Material jetzt in entgegengesetzter Richtung über den freien Raum an die Außenwand gepreßt, wobei sehr leicht Verschiebungen innerhalb des Blocks eintreten, die zu Kanalbildungen führen und die anfänglich gute Färbung verderben.

Das Einpacken der Spulen in den Materialraum muß selbstverständlich in allen Fällen sehr gleichmäßig erfolgen, die Spulen dürfen nicht an einer Stelle locker und an anderer Stelle fest zusammenstehen, ebenfalls ist darauf zu achten, daß immer Voll auf Fuge zu stehen kommt, die Flotte also niemals den leichteren Weg durch die Fugen finden kann. Aufrechtstehendes Pakken der Spulen ist zweckmäßiger als liegendes. Abb. 88 veranschaulicht die Lagerung der Spulen im Materialraum und wie die letzten Spulen einer Schicht am zweck-

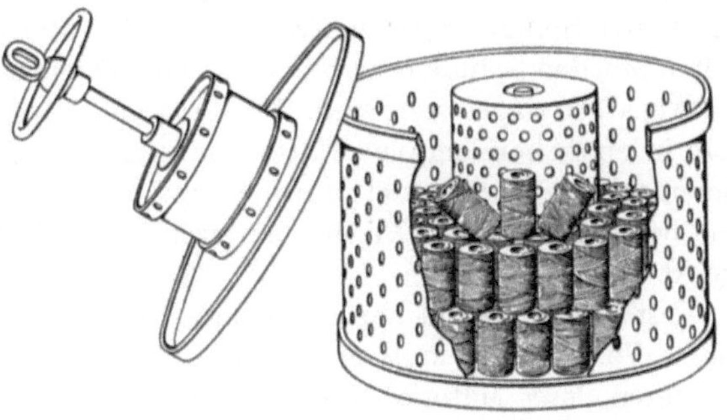

Abb. 88. So werden Kreuzspulen in den zylindrischen Materialbehälter eingepackt.

mäßigsten eingesetzt werden. Die freien Hülsenenden sind für das gleichmäßige Einpacken recht hinderlich, sie einfach in das Garn der Nachbarspule einzudrücken, zieht nachteilige Folgen nach sich, weil durch den örtlichen großen Druck leicht helle bis ungefärbte Stellen entstehen. Darum ist das Zwischenpacken von Füllmaterial, sei es lose Baumwolle, Garn, Abfälle usw. nicht zu umgehen, wenn man nicht die Hülsen ausstoßen und ganz hülsenlos färben will, wie dies auf S. 97 näher beschrieben ist.

Um die Hülsen vor dem Zusammengepreßtwerden zu bewahren, das beim Färben in Packapparaten durch den Flottendruck oder beim nachfolgenden Schleudern erfolgt, schiebt man beim Einpacken der Spulen in den Apparat einen Stift aus Hartgummi oder auch einen entsprechend dicken Nagel in die Hülse ein. Holzstifte dafür zu verwenden ist weniger empfehlenswert, weil durch die Quellung des Holzes in den Bädern die Entfernung der Stifte weniger gut vonstatten geht.

Aufsteckapparate für Baumwollkreuzspulen. Wenn die

Packapparate in quantitativer Leistung bei Stapelfarben sehr wertvolle Dienste leisten, sind die Kreuzspul-Färbeapparate nach dem Aufsteck-system in qualitativer Hinsicht, auch bei schwierigen Färbungen, diesen weit überlegen. Das durch den zentralen Kanal jeder Spule zugeführte Färbebad teilt sozusagen eine ganze Färbepartie in viele kleine Apparate auf; die verhältnismäßig dünne Faserschicht wird von der Flotte gleich-mäßig durchdrungen und die Egalisiererfolge bei der ganzen Partie sind demzufolge auch bedeutend besser als im Packapparat.

Auf die verschiedenen, beim Färben von Kreuzspulen möglichen Fehlerquellen wurde auf S. 99 hingewiesen.

Färbeigel, Färbeplatte. Die Apparate für die Kreuzspulenfärberei der Baumwolle sind in sehr verschiedenen Konstruktionen bekannt. Bei den einen sind die Färbespindeln auf zylindrische Hohlkörper angebracht. Weil diese mit den Spindeln besteckten Zylinder an den stacheligen Igel erinnern, bezeichnet man sie gern als „Färbeigel“. Bei anderen Appara-ten ist der Spindelträger ein langes schmales Rechteck, das auf beiden Seiten mit den Spindeln besteckt ist und das vertikal in den Färberaum der Apparate eingelassen wird. Wieder andere Systeme tragen die Spin-deln in einer horizontalen Platte und erlauben mehrere Spulen über-einander auf einer Spindel zu färben, während beim Igel nur immer eine und bei den vertikalen Platten bis zwei Spulen auf eine Spindel aufge-steckt werden.

Fast alle Kreuzspul-Färbeapparate sind so gebaut, daß außer Spulen, durch Verwendung anderer Materialträger, auch Kops im Aufsteck-verfahren, loses Material, Garn u. dgl. im Packbehälter, und wenn der Färberaum hoch ist, auch Kettbäume darin behandelt werden können. Auch können in den Apparaten alle zum Färben gehörenden Arbeitsvor-gänge, also das Netzen, evtl. auch Vorbleichen, das eigentliche Färben, Spülen, Seifen usw. ausgeführt werden. Bei Küpenfarbstoffen, die durch alleiniges Spülen mit Wasser nicht oxydierbar sind, ist eine Vakuum-pumpe mit -kessel unerläßlich, mit deren Hilfe nach beendeter Färbung Luft durch die Spulen gesaugt wird. Diese Vakuumstation dient aber nicht nur zur Belüftung der Küpenfarben, sondern auch zu einer Ent-wässerung der Spulen, die allerdings immer noch etwa 100% Flüssigkeit im Material zurückläßt.

Um den Färbeapparat seinem eigentlichen Zweck, dem des Färbens, durch die Vor- und Nachbehandlung nicht unnötig lange zu entziehen, ist es zweckmäßig, für die verschiedenen Arbeitsvorgänge besondere Apparate zu benutzen, um ein kontinuierliches Arbeiten zu ermöglichen. Das Vorkochen oder Netzen der Spulen würde in diesem Falle in einem besonderen, aber einfacher gebauten Apparat erfolgen. Das Absaugen nach dem Färben wird auf einem einfachen Absaugetisch, der mit dem Vakuumkessel in Verbindung steht, vorgenommen, während für das

Spülen, Seifen usw. wieder ein einfacher gebauter Apparat in Bereitschaft steht.

Apparate offener Bauart. Der älteste, für Kreuzspulenfärberei gebaute Apparat, der in fast unveränderter Form auch heute noch für den Zweck hergestellt wird, ist der sog. Obermaier, der in Abb. 2 und 79 dargestellt ist. Wenn bei diesem Apparat, den auch andere Maschinenfabriken in gleicher Art bauen, der kesselförmige Materialbe-

Abb. 89. Färbeapparat offener Bauart mit Färbeplatten und -Igel für Kreuzspulen.
(Zittauer Maschinenfabrik A. G. Zittau.)

hälter durch einen Färbeigel oder eine Färbeplatte ersetzt wird, so sind die verschiedensten Möglichkeiten zur Spulenfärberei gegeben. Die oben genannten Spulenträger müssen mit einem auf den Anschlußkegel des Flottenkessels genau passenden Einsatzkegel versehen sein. Die Abdichtung beider Kegel erfolgt durch Verschraubung mittels einer langen Schraubenspindel, die in einem im Anschlußkegel befindlichen Gewinde eingeschraubt wird.

Abb. 89 veranschaulicht einen solchen Färbeapparat mit Färbeplatte und -Igel der Zittauer Maschinenfabrik A.- G., Zittau. Der aus Guß- oder Schmiedeeisen hergestellte Apparat hat eine mit einem Motor direkt gekuppelte Zentrifugalpumpe, deren Arbeitsleistung durch ein Umsteuerorgan wechselseitig durch das Material geführt werden kann.

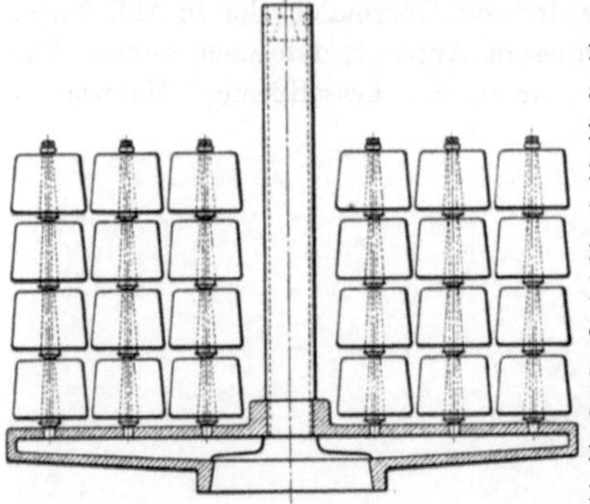

Abb. 90. Schnitt durch eine Färbeplatte mit konischen Kreuzspulen. (Zittauer Maschinenfabrik A. G. Zittau.)

Lohnfärber, die wegen des niedrigen Hülsenpreises gern auf gewöhnlichen Papierhülsen färben, bevorzugen den Färbeigel. Ein Übereinanderstellen vertragen die Papierhülsen nicht, sie werden durch die Konusse an ihren Enden auseinandergetrieben und gefährden dadurch das gute Gelingen der Färbung. Zweckmäßiger ist beim Übereinanderstellen mehrerer Spulen die Verwendung von Zwischenstücken, welche die freien Hülsenenden in ihren Bohrungen aufnehmen. Ein ganz einfaches Zwischenstück, aus rostfreiem Stahl anzufertigen, hat sich in der Baumwollfärberei sehr gut bewährt, es besteht aus einem kurzen Rohrstück, dessen Enden aufgespalten und rosettenförmig umgebogen sind. Die Rohrweite muß so bemessen sein, daß das Hülsenende hineinpaßt.

Die Anordnung der verschiedenen Spulen auf den Färbeplatten ist in den Abb. 90 und 91 veranschaulicht. Die Spindeln sind fest in den oberen Boden der hohlen Färbeplatte eingeschraubt, sie gewähren einen sicheren Stand und unbedingte Dichtheit.

Für zylindrische Kreuzspulen kommen enge, wie auch weite Färbehülsen zur

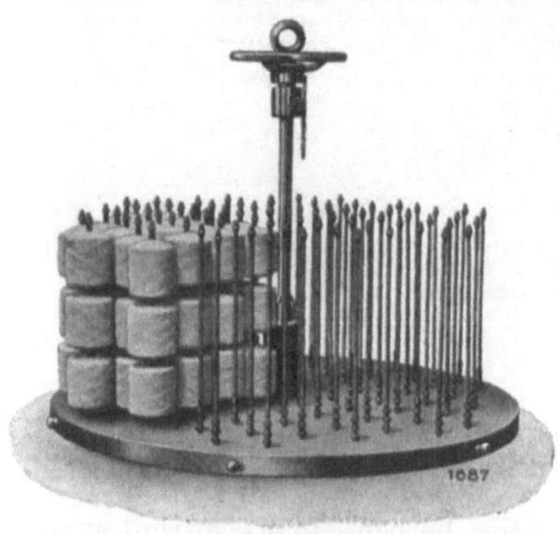

Abb. 91. Färbeplatte für zylindrische Kreuzspulen. (Zittauer Maschinenfabrik A. G. Zittau.)

Anwendung. Die engeren Hülsen erlauben aber nur drei Spulen übereinander einwandfrei zu färben, während bei weiten Hülsen deren fünf übereinandergestellt werden können. Die Leistung der Apparate ist also bei den weiteren Hülsen um zwei Drittel größer als bei den engeren. Überhaupt ist bei diesem Aufstecksystem eine äußerst vorteilhafte

Ausnutzung des Färbekessels gegeben, die noch mehr gesteigert werden kann, wenn alle Spulenhülsen fortfallen und Spule auf Spule ohne Zwischenstücke auf die Färbespindeln geschoben werden. Man kann bei dieser Art der Beschickung den Apparat mit einem großen Garngewicht füllen, hat also im Verhältnis zur Leistung einen billigen Apparat und das kurze Flottenverhältnis, soweit dies für die gewünschten Farben zulässig ist, gestattet auch die effektiven Selbstkosten der Färbung niedrig zu halten.

Der Färbeapparat von Erkens & Brix in Rheydt ist zum Färben mehrerer Spulen übereinander, hauptsächlich aber nach dem Aufschiebesystem für hülsenlose Kreuz- und Sonnenspulen eingerichtet. Sein großes Fassungsvermögen macht ihn für das Behandeln großer Partien sehr geeignet. Auch Kardenbänder können in diesem Apparat gefärbt werden.

Abb. 92. Färbeapparat für Kreuz- und Sonnenspulen nach dem Aufschiebeverfahren.
(Erkens und Brix, Rheydt.)

Diese werden in den Spinnkannen um einen Stab gelegt, mittels diesem herausgenommen, unter einer Presse auf perforierte Tuben zusammengepreßt und gleichfalls im Aufstecksystem gefärbt. Der Apparat, in Abb. 92 verbildlicht, besteht in der Hauptsache aus einem viereckigen Flottenbehälter, welcher durch eine um etwa 10 cm niedrigere Scheidewand in zwei Abteilungen getrennt ist. Über die Zwischenwand fließt die Flotte von der einen Abteilung, in welche gedrückt wird, in die andere, von welcher angesaugt wird, über. Die Flottenbewegung erzeugt eine in jeder Richtung arbeitende Rotationspumpe, die durch einen Elektromotor über Umkehr- und Reduziergetriebe angetrieben wird. Je nach dem zu färbenden Material hat man es in der Hand, durch schnelleren oder langsameren Lauf der Pumpe größere oder kleinere Flottenmengen durch das Material zu fördern.

Die führenden Maschinenfabriken für Färbeapparate sind von jeher dem Wunsche der Färbereiindustrie nach vielseitig verwendbaren Apparaten nachgekommen. Bei dem Urtyp der Färbeapparate, dem „Obermaier", ist diese Aufgabe konstruktiv durch Verwendung von schleuderbaren Materialbehältern, Aufsteckigeln und Färbeplatten in einfachster und in färbereitechnischer Beziehung einwandfreier Weise gelöst worden. Auch die Apparate zum Färben aufrechtstehender Kettbäume, die, streng genommen, nur höher gebaute Typen dieses alten Apparatsystems sind, gestatten bei Verwendung entsprechender Materialträger die Behandlung in Packbehältern, auf Färbeigeln und -Platten, sowie auf Kettbäumen vorzunehmen.

Abb. 93. Universalfärbeapparat mit Färbeplatte für waagerechte Spulenaufsteckung.

Bei den Apparaten jedoch, in welchen Kettbäume liegend eingebracht werden müssen, sind die Einrichtungen zum Aufstecken von Spulen weniger glücklich konstruiert. Der Spindelträger, der aus einem schmalen, rechtwinkligen Hohlkörper besteht, besitzt beidseitig die Löcher zum Einschrauben der Spindeln. Jede Spindel nimmt zwei Kreuzspulen auf, die durch doppelkonische Nippel an den Hülsen abgedichtet werden. Die Nachteile dieser Aufsteckart wurden schon auf S. 101 näher beschrieben.

Der außerhalb des Flottenbehälters mit Spulen beschickte Spulenträger wird mittels Hebezeug in den Apparat gehoben. Der Einbau in die Flottenzirkulation geschieht in der Weise, daß der Anschlußkegel der an der Schmalseite befindlichen Öffnung vor den Einsatzkegel der Flottenzuleitung zu stehen kommt. Mit einer auf der entgegengesetzten Seite außerhalb des Apparates befindlichen Spindel mit Handrand wird nun der Spulenträger so verschoben, daß dessen Anschlußkegel in den Einsatz genau hineinpaßt und so Apparat und Spulenträger gut abdichtet. Beim Ingangsetzen der Pumpe füllt sich der Hohlkörper mit Flotte an, die durch die Spulen in den Färbebottich gelangt, wo sie von der Pumpe wieder angesaugt wird. Ein solcher Apparat ist in Abb. 93 wiedergegeben.

Die waagerechten Färbespindeln brachten die schon geschilderten Nachteile und führten die Firma H. Krantz in Aachen dazu, bei senkrechter Spulenanordnung ihre Systeme „Spindellos" und „Hülsenlos" in solchen Apparaten zur Anwendung zu bringen. Die dazu benötigte horizontale Färbeplatte, als Hohlkörper ausgebildet, wird auch hier mittels einer Spindel, die außerhalb des Apparates zu bedienen ist, mit ihrem

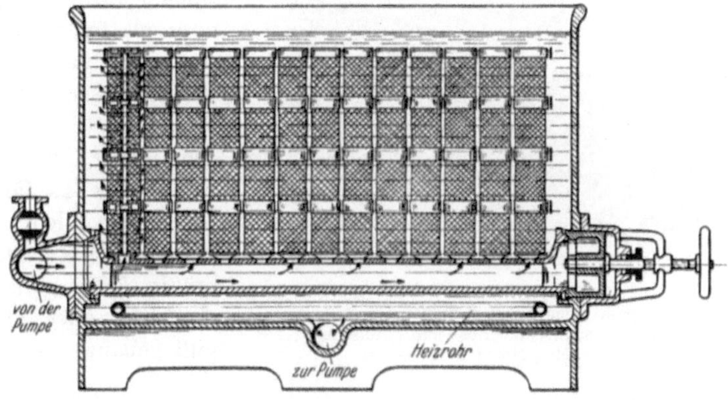

Abb. 94. Schnitt durch einen Färbeapparat für Baumwollkreuzspulen, System „Spindellos" und „Hülsenlos". (H. Krantz, Maschinenfabrik, Aachen.)

Anschlußkegel in den Einsatzkegel der Flottenzuleitung eingespannt (s. Abb. 94). Die Beschickung der Platte erfolgt außerhalb des Apparates in der Weise, daß die Spulenhülsen mit einem freien Ende in die Löcher der Platte gesteckt werden, auf die Spulen kommen Zwischenscheiben, dann wieder Spulen usw. Den Abschluß nach oben bildet für jede Spulensäule ein Deckel mit zentraler Bohrung. Zum Schluß wird auf das ganze ein Rost aus Flacheisen gelegt, das durch Spannschrauben mit leichtem Druck heruntergeschraubt wird und so den Spulen einen Halt verleiht. Zur Verhütung des seitlichen Ausbiegens der Spulensäulen hat der ganze Spulenträger aus Flacheisen einen korbartigen Aufbau.

Der Apparat, in Abb. 95 dargestellt, ist ganz aus Eisen oder Stahlguß gebaut und hat eine mit Motor direkt gekuppelte Zentrifugalpumpe. Eine automatische Umsteuervorrichtung ändert in gewissen Zeitabschnitten die Flottenrichtung.

10*

Apparate geschlossener Bauart. Der einfachste Vertreter der geschlossenen Kreuzspul-Färbeapparate ist wieder der mehrfach erwähnte „Obermaier", wenn er mit einem fest aufschraubbaren Deckel versehen wird. Die Firma Obermaier & Cie. bringt diesen Apparat als Modell USAG in den Handel; in Abb. 96 ist er verbildlicht.

Sein Anwendungsgebiet ist für alle Arten Spulen auf Färbeigeln oder -platten wie auch nach dem Packsystem für lose Faser und Kardenband. Für einen Lohnfärber, der nie Kettbäume zu färben hat, ist ein solcher Apparat äußerst zweckmäßig. Er ist ganz aus Gußeisen oder Stahlguß gebaut, hat eine

Abb. 95. Färbeapparat offener Bauart für Baumwoll-Kreuzspulen nach den Systemen „Spindellos" und „Hülsenlos".
(E. Krantz, Maschinenfabrik, Aachen.)

Abb. 96. Geschlossener Färbeapparat, Modell USAG, für Kreuzspulen nach dem Aufstecksystem auf Färbeigel oder -Platte. (Obermaier & Cie., Neustadt a. H.)

wirksame Kreiselpumpe und ist mit dem neuen der Firma Obermaier
& Cie. patentierten Umsteuerorgan ausgestattet, das als einziges Zen-
tralorgan alle bisher gebräuchlichen Klappen, Ventile und Hähne überflüssig macht. Es besitzt Anschlüsse zum Hochpumpen und Ablassen
der Flotte, zum Durchlassen von
Spülwasser, Vakuum usw. Es
besteht aus einer in einem Gehäuse drehbaren, gebogenen
Platte und einem durch diese
Platte geführten Rohrkrümmer
und wird durch Schraubenspindel oder Handrad betätigt. Über-
sichtlich angebrachte Markierun-
gen zeigen jederzeit eindeutig
den jeweiligen Flottenweg an.

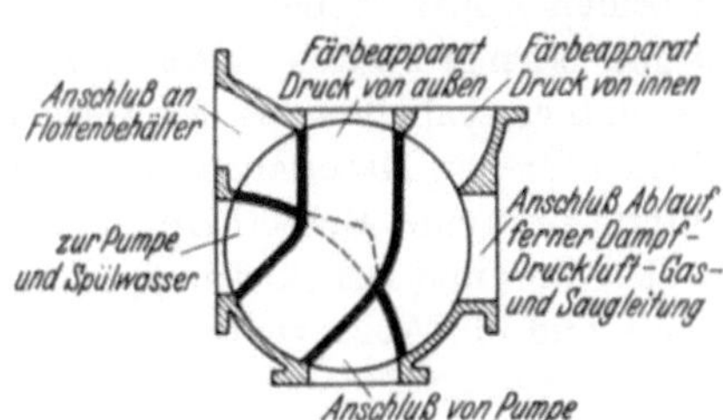

Abb. 97. Flottenumsteuerorgan an den
Färbeapparaten der Firma Obermaier & Cie.,
Neustadt a. H.)

Die Skizze in Abb. 97 zeigt die Möglichkeiten der Umsteuerung.

Der geschlossene Apparat der Zittauer Maschinenfabrik A. G. Zittau
hat keinen besonderen Verschlußdeckel, sondern der Färbeigel ist so mit
dem Deckel verbunden, daß beim Einlassen in den Flottenraum dieser
gleichzeitig geschlossen wird, nachdem die am Kessel befindlichen Überwurfschrauben mit dem Deckel verbunden und angezogen sind. Eine
weitere Besonderheit dieses Apparates besteht darin, daß die Spulen
nicht auf Spindeln gesteckt werden, die durch einfache Verschlußköpfe
zu verschließen sind, sondern sie werden zwischen Scheiben aus Edelstahl
eingepreßt. Am Fuße jeder Spindel ist eine dem Spulendurchmesser an-
gepaßte Scheibe angebraucht, die zentral so gekröpft ist, daß sie das
Hülsenende der Spule aufzunehmen vermag. Jede aufgesteckte Spule
wird mit einem Anpreßdeckel versehen, der ebenfalls das freie Hülsenende aufnimmt und mit der Spindel fest verschraubt werden kann. Bei
diesen zwischen zwei Scheiben eingepreßten Garnwickeln kann die Flotte
nicht seitlich ausweichen, sie ist zur radialen Durchströmung gezwungen;
auf die dadurch erwachsenen färbereitechnischen Vorteile wurde schon
auf S. 112 hingewiesen. Das Aufschrauben der Deckel ist zwar eine umständliche Arbeit, die mehr Zeit erfordert als das Einstecken von Ver-
schlußköpfen. Wenn man aber die schon geschilderten Vorzüge großer,
fest gewickelter Kreuzspulen, die nach dem Anpreßverfahren einwandfrei gefärbt werden, in Rechnung zieht, bietet diese Aufsteckart doch
Vorteile, die für den Färber selbst rechnerisch weniger erfaßbar sind.

In seiner ganzen Aufmachung und Konstruktion ist der Apparat dem
in Abb. 104 dargestellten derselben Firma fast gleich, er ist, weil er keine
schleuderbaren Materialträger besitzt, für einfachere Verhältnisse gedacht.

Die Firma H. Krantz in Aachen baut geschlossene Färbeapparate mit niedrigem Färbebehälter, die nach ihren Systemen „Hülsenlos“ und „Spindellos“, wie auch nach dem Igelsystem benutzt werden können, und mit hohem Färbebehälter für Kettbäume und Kreuzspulen. Die übrigen Einrichtungen, wie Pumpe, Rohrleitung, Umsteuerung sind bei beiden Apparattypen gleich. Der Apparat, den die Abb. 98 zeigt, hat gußeisernen Färbebehälter, der durch Klappdeckel mit Schraubenverschluß verschließbar ist. Im Deckel ist eine selbsttätige Einspannvorrichtung für den Materialträger eingebaut, ebenso eine Entlüftungsvorrichtung und eine Musterklappe. Im Boden befinden sich Anschlüsse für die Saug- und Druckleitung, ein Konus zum Aufsetzen des Materialträgers und ein Ablaßventil.

Abb. 98. Kreuzspulen-Färbeapparat, niedriges Modell.
(H. Krantz, Maschinenfabrik, Aachen.)

Die Flottenzirkulation besorgt eine Zentrifugalpumpe, deren Stopfbüchsen Wasserverschluß besitzen, um das Eindringen von Luft zu verhüten. Durch eine Umsteuervorrichtung, die entweder von Hand oder auch automatisch betätigt wird, erfolgt der Flottenwechsel.

Die Rohrleitung ist sehr weit gebaut, um möglichst schnell viel Bad durch das Material zu fördern. In die Rohrleitung sind zwei Drosselklappen zur Druckregulierung eingebaut und Anschlußmöglichkeiten für Reserveflottenbehälter, Frischwasser und Vakuum vorgesehen. Die Heizschlange für indirekte Heizung befindet sich ebenfalls innerhalb der Rohrleitung. Zur schnelleren Entfernung der Luft aus dem Färbegut beim Netzen ist ein Anschluß an die Vakuumstation an geeigneter Stelle vorhanden. Zwecks leichter Kontrolle eintretender Drucke und Temperaturen sind Thermometer und zwei Manometer eingebaut.

Das Ausdehnungsgefäß ist direkt über der Pumpe angeordnet. Eine Entlüftungsleitung führt vom Färbebehälter in das Ausgleichgefäß, das mit einem Überlauf versehen ist. Farbstoffzusatz erfolgt durch diesen Behälter, so daß eine gründliche Mischung stattfindet, bevor derselbe zum Färbegut gelangt.

Durch eine besondere Kupplungseinrichtung ist es möglich, mehrere solcher Apparate zu vereinigen. Es besteht hierdurch die Möglichkeit, auf normalgroßen Apparaten größte Partien in einer Flotte gleichmäßig zu färben.

Interessant ist bei dem hohen Apparat für Kettbäume die Konstruktion für das Färben von Kreuzspulen, die nicht nach dem Igelsystem, sondern nach dem Aufschiebe- oder dem Krantzschen Spindellos-System erfolgt. Der Materialträger besteht in diesem Falle aus einer Grundplatte mit zentralem Rohr. Die hohle Grundplatte enthält die Bohrungen zur Aufnahme der Spulenhülsen bzw. Färbespindeln. Ist die Grundplatte mit Spulen beschickt, so werden die Spulensäulen mit einer Verschlußplatte abgedichtet. Auf das zentrale Rohr wird nun eine zweite hohle Färbeplatte befestigt, die wiederum mit neuen Spulensäulen beschickt werden kann. Auch diese werden zum Schluß mit einer Abdeckplatte nach oben abgedichtet (s. Abb. 99).

Die Fassung eines solchen Materialträgers beträgt beispielsweise bei einem Apparat mit 880 mm Behälterdurchmesser etwa 155 kg gegenüber etwa 65 kg im Igelsystem. Bei einem Flotteninhalt des Apparates von etwa 1000 l ist das Flottenverhältnis im ersteren Falle 1:8, gegenüber etwa 1:15 beim Igel, was bei gewissen Nuancen und Farbstoffklassen erhebliche Ersparnisse ermöglicht, ganz abgesehen von der größeren Produktion, auf die es aber nicht in allen Fällen ankommt.

Abb. 99. Materialträger für Kreuzspulen nach dem System „Hülsenlos", für Färbeapparate hoher Bauart. (H. Krantz, Maschinenfabrik, Aachen.)

Kreuzspulen-Färbeapparate mit schleuderbarem Färbeigel. Von jeher ist es als sehr lästig empfunden worden, die Kreuzspulen nach erfolgter Behandlung in Aufsteckapparaten zur Entwässerung in eine Zentrifuge umpacken zu müssen. Dieser Arbeitsvorgang erfordert recht viel Zeit, denn es sind ja nicht nur die Spulen einfach in die Zentrifuge zu legen, sondern es müssen in die Spulenhülsen, seien es nun einfache Papphülsen oder präparierte Hartpapierhülsen oder solche aus Metall, kleine Holzzylinder oder bei konischen Hülsen, konische Hölzer eingelegt werden, wenn man nicht riskieren will, daß eine große Anzahl der Hülsen durch die Zentrifugalkraft zusammengedrückt werden, wodurch das Weiterverarbeiten der Spulen erschwert und die Hülsen selbst von einer Weiterbenutzung ausschließen. Bei konischen Hülsen ist infolge des größeren Durchmessers, selbst bei solchen aus Stahl, der Prozentsatz der eingedrückten Hülsen recht groß, die selbst bei sorgfältiger Nacharbeit leicht unrund bleiben und die weitere Verwendung in der Spulerei erschweren.

Man war darum schon lange bestrebt, die Spulen ohne Umpacken entwässern zu können, um beim Trocknen nicht allzuviel zurückgehaltenes Wasser verdampfen zu müssen.

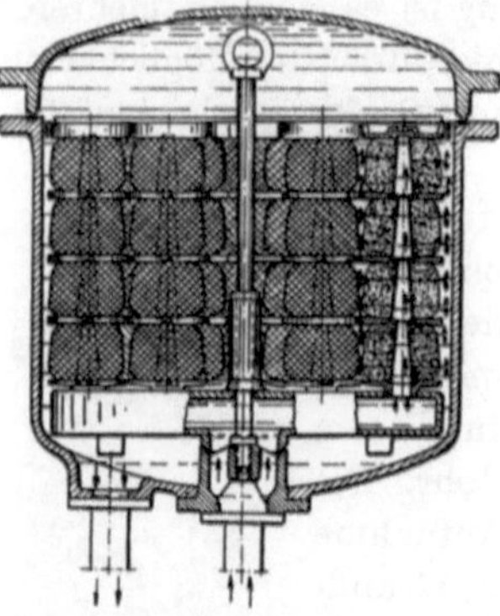

Abb. 100. Konische Kreuzspulen nach dem Scheibensystem „Spindellos" im Färbeapparat niedriger Bauart. (H. Krantz, Maschinenfabrik, Aachen.)

Eine allgemein gebräuchliche Entwässerung geschieht in der Weise, daß durch schlagartiges Durchsaugen eines kräftigen Luftstromes durch die Spulen mittels einer Vakuumstation der Wasserüberschuß herausgesaugt wird. Der Entwässerungseffekt ist aber dabei nur etwa 100%, während er beim Schleudern 60—50% ausmacht, d.h. beim Absaugen bleiben in 100 kg Garn 100 l Wasser zurück, beim Schleudern aber nur etwa 60 bis 50 l. Im ersteren Falle müssen demnach beim Trocknen bis 50 l Wasser mehr verdampft werden, was einen beträchtlichen Wärmeaufwand ausmacht. Dadurch, daß man die Spulen in heißem Zustande, also nach heißen Bädern ohne nachfolgende Abkühlung absaugt, kann der Entwässerungseffekt erhöht werden. Auch durch Mitbenutzung von Dampf beim Absaugen, das dann aber in geschlossenen Apparaten erfolgen muß, wird der Entwässerungseffekt gesteigert. Dieses Verfahren, das von der Firma B. Thies in Coesfeld besonders für Kettbäume und von der Firma H. Krantz in Aachen für Kreuzspulen ausgearbeitet wurde, schließt noch den Vorteil in sich, daß bei Küpen- und Schwefelfarben gleichzeitig eine hervorragende Entwicklung stattfindet, die in den meisten Fällen eine besondere Nachbehandlung erübrigt. Kettbäume werden nach diesem Verfahren in wenigen Minuten bis auf 55% entwässert, Kreuzspulen aber nur bis etwa 90% Wassergehalt.

In der Naphtholfärberei, wo es auf besonders gute Entwässerung nach der Grundierung ankommt, grundiert man, wie schon gesagt, sehr gern in Packapparaten, deren Materialbehälter schleuderbar sind und entwickelt die Spulen entweder in Aufsteckapparaten oder auf einer Kontinuémaschine (s. S. 292). Diese Arbeit erfordert aber immerhin noch erhebliche Zeit und der ganze Arbeitsgang in der Naphtholfärberei kann dadurch nicht kontinuierlich gestaltet werden. Gewöhnliche Färbeigel erlauben kein Ausschleudern, denn durch die Fliehkraft der schnellen Umdrehung würden die Spulen von den Hülsen fliegen. Die Schleuder-

einrichtung muß deshalb so gestaltet sein, daß die Spulen fest auf den
Spindeln bleiben.

Schleuderbare Aufsteckigel sind von den Maschinenfabriken in zwei
Arten konstruiert worden. Die Firma Obermaier & Co. in Neustadt a. d. H.
hat auf die Innenseite der Färbezylinder die Spindeln befestigt. Dieser wird
mit einem Deckel, mit dem ein Hohlkörper als Flottenverdränger verbunden ist, geschlossen und in den Bottich eingesetzt, wo sein Anschlußkegel mit dem des Färbebottichs abgedichtet wird. Die Pumpe fördert
dann die Flotte in das innere des Zylinders und drückt sie durch die
Kreuzspulen von außen nach innen in den Färbebottich zurück; nach
Umschalten des Umsteuerorgans geht die Flotte in entgegengesetzter

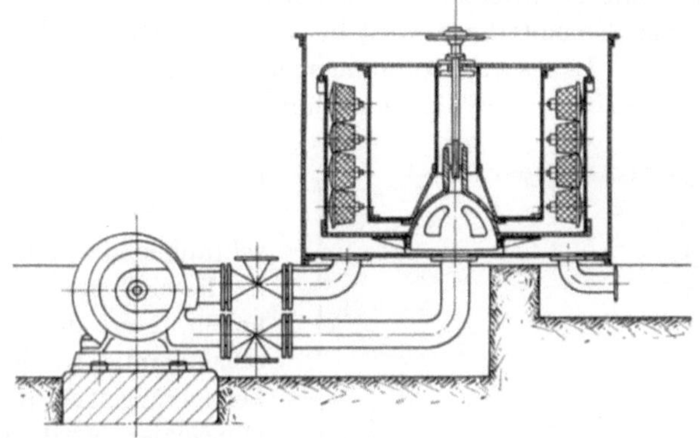

Abb. 101. Anordnung der Spulen im schleuderbaren Färbezylinder mit
Innenaufsteckung. (Obermaier & Cie., Neustadt a. H.)

Richtung durch die Spulen. Zum Entwässern wird der Färbezylinder
aus dem Bottich herausgehoben und in die für Packzylinder übliche
Schleuder eingesetzt.

Zur Erzielung großer Leistung zerlegt man den gesamten Färbevorgang in einzelne Arbeitsgänge, indem man z. B. das Grundieren, Entwickeln und Nachbehandeln fortlaufend auf je einem Apparat vornimmt
und den Färbezylinder von einer Operation zur anderen wandern läßt.

Als Färbeapparat kann der schon mehrfach genannte „Obermaier",
wie er in Abb. 79 dargestellt ist, dienen, nur muß ein für Innenaufsteckung besonders gebauter Färbezylinder Verwendung finden. Die
Anordnung der Spulen auf der Innenseite des Zylinders ist aus der
Skizze in Abb. 101 ersichtlich.

Die zweite Art der schleuderbaren Kreuzspulen-Färbeeinrichtung
stammt von der Firma Bruno Müller vormals Müller & Krieg in Friedeberg und ist unter D.R.P. 574 336 geschützt. Sie beruht darauf, daß
die üblichen Färbeigel mit Außenaufsteckung verwendet werden, daß

aber zum Zwecke des Schleuderns der auf dem Igel verbleibenden Spulen die Aufsteckspindeln so eingerichtet sind, daß Metallscheiben aufgeschraubt werden können, welche das Abfliegen der Wickel durch die Fliehkraftwirkung verhindern.

Die Außenaufsteckung hat gegenüber der Innenaufsteckung den Vorteil, daß Fehlererscheinungen bei jeder Spule leicht und genau erkannt werden können. Bei Innenaufsteckung ist diese Übersicht sehr erschwert. Dagegen sind die Anschaffungskosten des Färbezylinders für Innenaufsteckung erheblich billiger, weil hier die üblichen Aufsteckspindeln verwendbar sind, während beim Außenaufstecken besondere Spindeln mit anschraubbaren Scheiben verwendet werden müssen. Auch das Anschrauben jeder Spule erfordert geraume Zeit.

Durch die Schleuderkraft wird bei beiden Systemen das Garn der Spulen in ihrer Längsachse zusammengeschoben und dadurch Löcher der Hülse freigelegt, durch die bei nachfolgenden Operationen die Flotte ungehemmt durchströmen kann und ungleiche Färbung herbeiführt. Durch Nach- schrauben der Metallscheiben ist dieser Fehler leicht zu be- heben, ohne daß die Spulen abgenommen werden müssen; beim Färbeigel des Systems Obermaier wird durch die Fliehkraft der Spindelver- schluß auf das Garn, bzw. die Kreuzspule gedrückt und da- durch werden die freiwerden-

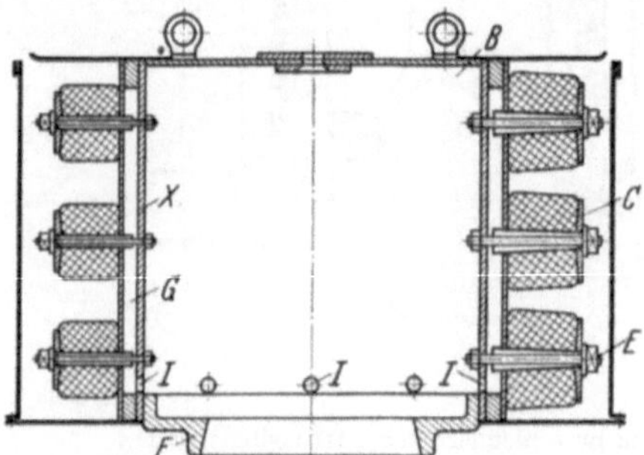

Abb. 102. Schleuderbarer Färbeigel mit aufgepreßten Kreuzspulen, schematisch dargestellt. (Zittauer Maschinenfabrik A. G. Zittau.)

den Löcher der Hülse automatisch geschlossen. Festgewickelte Spulen verhindern die axiale Zusammenschiebung der Garne auf den Hülsen beim Schleudern, die bei konischen Spulen sowieso weniger zu befürchten ist, wenn diese mit ihrem kleineren Durchmesser nach innen gerichtet sind, denn das Garn schiebt sich nur äußerst widerstrebend auf den größeren Umfang der Hülsen hinauf, während es sich bei umgekehrter Spulenanordnung sehr leicht und stark zusammendrückt.

Apparate mit schleuderbarem Aufsteckigel werden in besonders vorzüglicher Konstruktion von der Zittauer Maschinenfabrik A.-G. hergestellt, bei welchen die Außenaufsteckung nach dem Anpreßsystem erfolgt. Die Kreuzspulen werden durch je einen auf dem freien Ende der Aufsteckspindeln befestigten Anpreßteller C in Abb. 102 festgehalten, bei welchen die der Kreuzspule zugekehrte Fläche stumpfkegelförmig gestaltet ist, damit die Flotte aus den Kreuzspulen leichter entweichen kann. Auch hier strömt die Flotte bzw. das Waschwasser, sobald es unter die Wirkung der Fliehkraft gelangt, beim Schleudern in zum Gesamtapparat axialer Richtung ab.

Für den Fall, daß sich beim Schleudern wider Erwarten einmal eine Verschraubung oder sonst etwas lösen sollte, ist der Materialträger von einem mitrotierenden Schutzmantel umgeben, der am Aufnahmekonus der Schleuder befestigt ist (in der Skizze der Schleuder in Abb. 103 erkennbar).

Die einzelnen Spulen erhalten durch Anpressen des Tellers C von außen gleich eine gewisse Pressung, so daß diese beim Schleudern nicht mehr wesentlich zusammengehen können. Zur Aufnahme der Kreuzspulen dienen massive Stifte, welche am Innenmantel des doppelwandigen Materialträgers B befestigt sind (Abb. 102). Durch eine Verschraubung E werden die Teller C angepreßt und so festgehalten. Dabei ragen

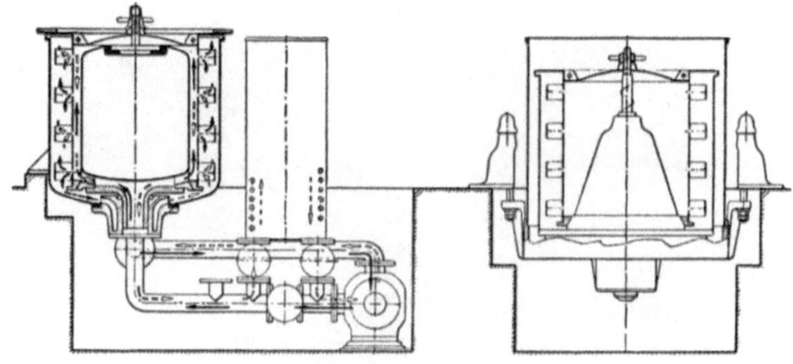

Abb. 103. Querschnitt durch den Färbeapparat und Schleuder für das Schleuder-Aufsteckverfahren.
(Zittauer Maschinenfabrik A. G. Zittau.)

die Hülsenenden durch den Außenmantel des Materialträgers in den Hohlraum desselben hinein, so daß die Flotte von G aus in die Hülsen eintreten kann oder umgekehrt.

Um mit möglichst kurzen Flottenverhältnissen von 1:8 bis 1:12 arbeiten zu können, ist der innere Hohlraum des Materialträgers so eingerichtet, daß er sich nicht mit Flotte füllt.

Zum Abdichten des unten mit dem Anschlußkegel F versehenen Materialträgers befindet sich am Flottenverdrängungskörper ein Anschlußkegel mit Öffnungen I für den Durchgang der Flotte. Aus der Skizze in Abb. 103 ist der Flottenweg innerhalb des Apparates gut erkennbar.

Für den Flottenkreislauf dient eine direkt mit Motor gekuppelte Schneckenpumpe, die durch Rechts- und Linkslauf die Flotte abwechselnd von innen nach außen und umgekehrt durch das Färbegut fördert. Während des Kreislaufes von außen nach innen nimmt die Flotte den Weg durch einen besonderen Heizbehälter, der auch als Expansions- und Flottenzusatzgefäß dient. Die Färbereianlage ist mit der Schleuder in Abb. 104 verbildlicht.

Die Schleuder selbst ist, wie der Färbeapparat, fest verschließbar, damit die darin befindliche Luft, die erhitzt wird, nicht entweichen kann. Der Schleudereffekt ist ohne Anwendung von Heißluft etwa 55%, und wird durch die Heißluft, welche infolge der Fliehkraft durch die Spulen geht, bis auf 25% gesteigert. Die Garne werden dadurch soweit vorge-

Abb. 104. Färbereianlage, Schleuder-Aufstecksystem, Modell „HM".
(Zittauer Maschinenfabrik A. G. Zittau.)

trocknet, daß sie ohne weiteres auf die Schlichtmaschine gelangen können. Nur zum Umspulen für Schußkops muß eine Nachtrocknung in Trockenöfen vorgenommen werden.

Eine weitere Anzahl von Färbeapparaten für Kreuzspulen, deren Hauptgebiet aber die Kettbaumfärberei ist, werden im nächsten Abschnitt näher besprochen.

G. Färbeapparate für Kettbäume.

Allgemeines über Kettbäume. Wo es beim Färben von Baumwollgarn auf höchste Wirtschaftlichkeit ankommt, färbt man es auf Kettbäumen. Baumwollwebereien schätzen diese Arbeitsweise ganz besonders wegen der großen Leistungsfähigkeit und dem gleichmäßigen Farbausfall großer Garnmengen.

In der Färberei ist die Handhabung eines Kettbaumes einfacher als die der Kreuzspulen, die alle einzeln aufgesteckt und später wieder abgenommen, geschleudert und getrocknet werden müssen. Von nicht getrockneten Kreuzspulen ist kein guter Webebaum zu schären, denn durch den unterschiedlichen Feuchtigkeitsgehalt der einzelnen Spulen werden ungleiche Kettfadenspannungen hervorgerufen, die sich beim Weben, besonders aber im fertigen Fabrikat, sehr störend bemerkbar machen.

Beim gefärbten Kettbaum fällt das Trocknen dagegen völlig fort. Nach der Entwässerung, entweder durch eine Kettbaumschleuder oder durch Vakuum, wird der Kettbaum sofort der Schichtmaschine vorgelegt, an deren Ausgang die Fäden mehrerer Färbebäume zu einem Webebaum vereinigt werden, wobei es als selbstverständlich gilt, daß die zu einer einfarbigen Kette vereinigten Färbebäume auch einer Färbepartie entstammen, wenn nicht kettstreifige Ware entstehen soll.

Auf dem Baum gefärbte Ketten kommen schneller in die Weberei zurück, woraus sich eine Verminderung der umlaufenden Garnbestände ergibt, die beim Färben auf Bäumen an und für sich schon geringer sind, weil nur immer soviel Garn in Arbeit genommen werden muß, als für den jeweiligen Zweck gebraucht wird. Das Halten großer Bestände an gefärbten Spulen und die meist nur schwer verwendbaren Restspulen werden vermieden.

Weil die Garnschicht eines Kettbaumes gleichstark, also der Flottenweg und der Widerstand des Materials beim richtig gewickelten Baum überall gleich groß ist, ist es leichter, die Flotte gleichmäßiger zu führen und durchzudrücken als bei Kreuzspulen.

Fehlerquellen, welche durch die Oberfläche bedingt sind, wie Beschmutzung, Anfiltrierung ausgefallenen oder schlecht gelösten Farbstoffes, Kalkausscheidung, Bronzebildung usw. ist bei Kettbäumen in dem Maße geringer als bei Kreuzspulen, als die Gesamtoberfläche der Garnmasse kleiner ist. Die erwähnten Verunreinigungen lassen sich durch Abspritzen leicht entfernen, im Notfall genügt es, 2—3 Garnlagen des Baumes außen und innen zu opfern, um das Beschmutzte zu entfernen, was bei Kreuzspulen überhaupt nicht durchführbar ist.

Färbereifehler durch das Aufbäumen der Ketten. Oftmals ist der aufgebäumte Kettbaum ein rechtes Sorgenkind für den Färber, an dem er all sein Können vergebens anwendet, denn für den gleichmäßigen Farbausfall des auf dem Baume befindlichen Materials ist neben der sachgemäßen färbereitechnischen Behandlung und der einwandfreien Arbeit des Färbeapparates die richtige und ganz gleichmäßige Aufwicklung des Garnes auf dem Baum ausschlaggebend. Wenn dem Apparat nach beendeter Behandlung ein aufgeplatzter Baum entnommen wird, der an den aufgebrochenen Stellen dunkel, an den übrigen Stellen aber mangels genügender Flottendurchströmung bedeutend heller ausgefallen ist, so ist daran nicht der Apparat oder der Färber schuld, sondern der Zettler oder die ganze Zettelanlage. Häufig sind noch Zettelanlagen im Betrieb, die von rollenden Scheiben- oder Kreuzspulen das Garn abzetteln, und wo es unterlassen wird, die Fäden über Fadenbremsen zu leiten, um allen Fäden gleichmäßige Spannung zu geben. Dadurch wird erreicht, daß der Faden im Anfang, wenn er das ziemlich große Gewicht der vollen Spulen zu überwinden hat, stark gespannt wird, während, wenn die Spule einmal in Bewegung gesetzt ist, die Spannung nachläßt, die aber mit dem kleiner werdenden Umfang der Spule immer mehr zunimmt, denn die schnelleren Umdrehungen erzeugen erhöhten Reibungswiderstand, der größere Abzugskräfte erfordert, welche den Faden mehr anspannen. Da nun die Spulen nicht alle gleichzeitig denselben Umfang haben, werden die Fäden ungleichmäßig gespannt und aufgebäumt, ein Fehler, der besonders beim Auswechseln größerer Spulenpartien hervortritt.

Diese mit ungleichen Fadenspannungen aufgezettelten Bäume geben Anlaß zu unliebsamen Erscheinungen. in der Färberei, die in ungleichmäßiger Durchfärbung, oft sogar in geplatzten Färbebäumen, zum Ausdruck kommt, denn an den weichen Stellen wird durch die starke Flottenströmung der Druck so stark, daß die Fäden beiseite geschoben werden und die Flotte fast ungehindert passieren kann. Es kommt häufig genug vor, daß ganze Fadenbündel durch die energische Flottenströmung gänzlich aufgerieben werden.

Darum ist es unerläßlich, zur Erzielung eines gut durchgefärbten Baumes allen seinen Fäden eine absolut gleichmäßige Fadenspannung zu geben, was nur dadurch zu erreichen ist, daß nicht von rollenden, sondern von feststehenden konischen Spulen der Faden abgezogen wird. Die abgezogenen Fäden werden nun entweder einzeln über eine Fadenbremse geführt oder besser allen gemeinsam auf einer Bremswalze eine gleichmäßige Spannung gegeben.

Die Festigkeit eines Färbebaumes ist in gewissen Grenzen zu halten. Weich aufgewickelte Fadenlagen lassen der Flotte leichteren Durchgang, schließen aber die Gefahr in sich, daß bei zu loser Wickelung die Kette nach unten fällt, wenn in stehenden Apparaten gearbeitet wird; es entstehen, wie nicht anders zu erwarten, unegale Färbungen. Zu feste Wickelung dagegen bietet der Flotte zu großen Widerstand, der dabei entstehende übermäßig hohe Flottendruck findet schließlich aber doch weiche Stellen und bildet hier Kanäle mit ihren gefürchteten Folgen. Die Weichheit der Zettelung immer richtig zu treffen, ist eine Erfahrungssache, die ganz auf die Qualität des Garnes und der Leistungsfähigkeit des Färbeapparates aufgebaut ist.

Die vielfach gebräuchliche Konusschärmaschine ist für das Zetteln von Färbebäumen weniger gut geeignet. Bei dieser Maschinengattung laufen die von dem im Zettelgatter befindlichen Spulen abgezogenen Fäden konisch zusammen und werden als breites Band auf einen Haspel (Tambour) aufgeschärt, und wenn eine Kette fertig ist, von hier auf den Färbebaum umgewickelt. Bei dieser Arbeitsweise ist die absolut gleichmäßige Aufwickelung schwieriger als bei der Zettelmaschine, die eine bestimmte Anzahl Fäden direkt auf den Färbebaum in ganzer Breite aufwickelt. Großer Wert ist beim Aufzetteln der Garne darauf zu legen, daß auch die Leisten die gleiche Weichheit erhalten wie die übrigen Teile des Baumes. Laufen die Fäden an den Seiten zu dicht auf, werden die Leisten zu fest und später ungenügend durchgefärbt.

Abb. 105. Zettelmaschine für Färbebäume. (W. Schlafhorst & Co., M.-Gladbach.)

Eine Zettelmaschine, die ganz den Bedürfnissen der Baumfärberei angepaßt ist, baut die Firma W. Schlafhorst & Co., M.-Gladbach (Abb. 105). Die Fäden werden ab feststehenden konischen Kreuzspulen gezettelt, welche in ihrer Gesamtheit gleichmäßige Spannung erhalten, so daß kein einzelner Faden auf Zug beansprucht wird. Eine mit gleichbleibender Geschwindigkeit getriebene Konuswelle überträgt ihre Bewegung mittels Riemen auf eine obere Konuswelle, welche den Dorn des Baumes über ein Rädergetriebe antreibt. Die Riemengabel des Konuspaares wird während des Laufens der Maschine weitergeführt, so daß die obere Konuswalze und damit auch der Färbebaum bei zunehmendem Bewickelungsdurchmesser langsamer getrieben wird und die Zettelgeschwindigkeit, welche bei zunehmendem Baumdurchmesser anwachsen würde, nicht die zulässigen Grenzen überschreitet. Bei Fadenbruch wird durch elektrischen Fadenwächter die Maschine stillgestellt, auch bei gewünschter Zettellänge erfolgt selbsttätige Abstellung der Maschine.

Durch Einstellung einer Spannwalze kann dem Baum eine ganz beliebige Weichheit gegeben werden; außerdem kann der vordere Kamm changierbar eingerichtet und dem Faden dadurch eine leichte Kreuzung gegeben werden, was auf den gleichmäßigen Farbausfall sehr günstig einwirkt.

Die Färbebäume. Die Färbebäume selbst bestehen aus einem gelochten Rohr mit an den Seiten befestigten Scheiben. In der Abb. 105 ist ein solcher Färbebaum, der gerade zum Zetteln eingelegt ist, zu erkennen. Im allgemeinen werden Färbebäume aus Eisen verwendet, die verzinnt oder verbleit sind oder die Seitenteile sind, weil sie direkt mit dem Färbegut in Berührung kommen, aus Nickelin oder Messing gefertigt. Zum Schutz der unteren Schichten wird das Rohr gewöhnlich mit Baumwoll- oder Jutestoffen umwickelt. Erfordert die zu färbende Nuance aber eine Vorbleiche, so können nur Bäume aus nicht rostendem Stahl verwendet werden, da sonst Faserschädigung durch katalytische Bleichlaugenzersetzung unvermeidlich ist.

Für die gute Durchfärbung des Materials ist der Durchmesser des Rohres von Bedeutung. Je größer der Durchmesser des Kettbaumrohres desto größer ist die Fläche, auf die bei der Zirkulation von innen nach außen die Flotte einwirken kann, um so größer wird auch der Flottendurchfluß und um so gleichmäßiger die Färbung. In der Praxis sind Rohrdurchmesser von 170, 220 und 250 mm die gebräuchlichsten. Heikle Küpenfarben auf schweren Bäumen werden auf dem 250er Rohr besser durchgefärbt als auf kleineren Rohren. Auch für feine Zwirne, die im allgemeinen festere Bäume ergeben als gröbere einfache Gespinste, empfiehlt sich das weitere Kettbaumrohr. Für leichte Bäume und Schwefelfarben wird man mit dem 220er Rohr, u. U. mit noch engerem Rohr, auskommen.

Die Garnmenge, die auf einem Kettbaum gefärbt werden kann, richtet sich nach der Garnnummer, der Garnart, der Färbemethode und nicht zuletzt nach der Leitungsfähigkeit des Färbeapparates. Es ist leicht verständlich, daß bei einem Schwefelschwarz der Baum bedeutend mehr Garn enthalten darf als bei einer hellen Ausfärbung eines schnellziehenden Indanthrenfarbstoffes, und daß bei einem 100/2-Zwirn nicht ein so schwerer Baum gezettelt werden darf, wie beispielsweise bei 30er einfach. Auch ist es sehr wohl verständlich, daß in einem Apparat offener Bauart mit schwierigen Farben weniger gute Erfolge erzielt werden als in einem geschlossenen Apparat, in welchem in der Regel mit einem Druck von 3—4 at gearbeitet wird, das ein vollkommen gleichmäßiges Durchfärben erreichen läßt, selbst dann, wenn die Garne fester gezettelt oder gar gezwirnt sind.

Auf einem Färbebaum werden etwa 500—1000 Fäden gezettelt, je nach Einrichtung der betreffenden Fabrik. Ein Webebaum mit 3000 bis 4000 Fäden erfordert deshalb immer eine Anzahl Färbebäume. Die Länge der Ketten, die bis zu 10 000 m betragen kann, richtet sich aus oben geschilderten Gründen nach Garn und Apparat.

Infolge der guten Raumausnutzung können die Apparate mit einer größeren Anzahl von Bäumen, bis zu acht in einer Partie, beschickt werden; man kann also Garnmengen bis zu 1000 kg in einer Färbung gleichmäßig erhalten. Kurze Ketten, auf drei oder vier Bäume verteilt, lassen sich in modernen Apparaten wirtschaftlich ausfärben, wenn an Stelle des einen großen Baumes ein Einsatz Verwendung findet, in welchem mehrere kleinere Bäume eingespannt werden können (s. Abb. 106). Voraussetzung aber ist, daß alle im gleichen Bad zu färbenden Bäume mit ganz gleicher Weichheit gebäumt und alle gleicher Länge sind.

Färbeapparate für liegende und stehende Anordnung der Färbebäume. Bei den Kettbaum-Färbeapparaten sind zwei verschiedene Typen zu unterscheiden, und zwar solche, in welchen die Bäume liegend, und solche, bei denen sie stehend in die Flottenbehälter eingesetzt werden. Die liegende Form ist dort angebracht, wo infolge niedriger Räume die senkrecht stehenden, Platz nach oben beanspruchenden Apparate nicht aufzustellen sind. Letztere Bauart verdient aber den Vorzug, weil mit ihren Hilfsapparaten viel besser ein kontinuierlicher Betrieb durchzuführen ist als mit den umständlicher zu beschickenden liegenden Apparaten.

Buntwebereien, die mit einer verhältnismäßig kleinen Färbeanlage eine große Produktion bewältigen wollen, schaffen zum Färbeapparat die in der Bauart einfacheren und daher

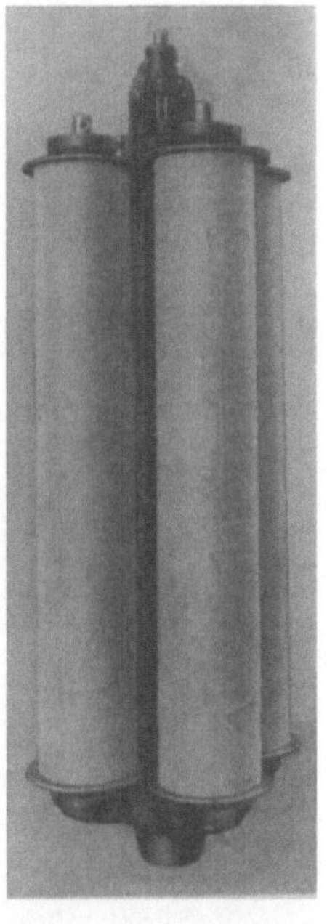

Abb. 106. Vierbaumeinsatz für kleine Kettbäume mit je 15—20 kg Garngewicht. (B. Thies, Coesfeld, Westf.)

billigeren Hilfsapparate an, in welchen die verschiedenen Arbeitsvorgänge gesondert vorgenommen werden. Laufkatzen bringen dann die Bäume aus dem Netzapparat in den Färbeapparat, von hier auf den Spül- und Absaugetisch, dann in den Seifapparat, einem weiteren Spültisch und endlich in die am Ende der Anlage befindliche Entwässerungseinrichtung, sei es nun eine Kettbaumschleuder oder ein Heißabsauge-Apparat.

Alle Kettbaum-Färbeapparate sind im allgemeinen derart eingerichtet, daß auf ihnen mit entsprechend passenden Materialträgern auch Kops, Kreuzspulen nach dem Aufstecksystem und loses Fasergut, Stranggarn usw. nach dem Packsystem behandelt werden können. Die Abb. 107,

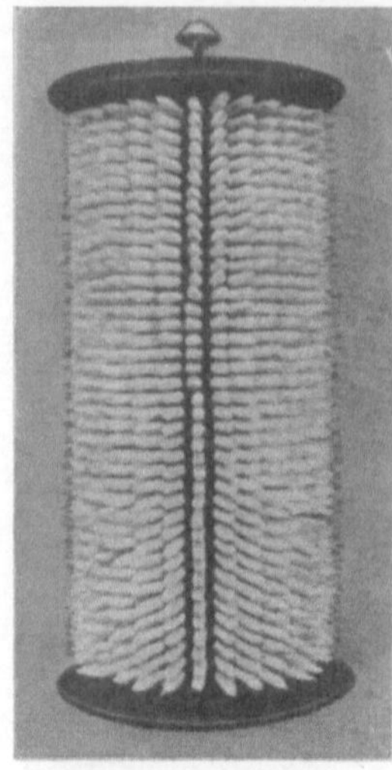

Abb. 107. Färbe-Igel für Kops.
(B. Thies, Coesfeld, Westf.)

108 und 109 zeigen die verschiedenen Materialträger, wie sie z. B. die Firma B. Thies in Coesfeld für ihre Färbeanlage herstellt.

Die älteren Apparate für das Färben der Kettbäume waren offener Bauart, und zwar sowohl bei den liegenden als auch bei den stehenden Apparaten. Doch hatte man gerade bei diesem Sondergebiet der Färberei bald erkannt, daß geschlossene Apparate ganz erheblich bessere färberische Erfolge zeitigten. Die dabei gemachten vorzüglichen Erfahrungen, besonders bei schwierigen Farben, hat man dann ganz allgemein für das Färben der Baumwolle in Apparaten in Anwendung gebracht und benutzt jetzt auf allen Gebieten der Baumwollfärberei geschlossene Apparate.

Die offenen Apparate für liegende Kettbäume bestehen aus eisernen Bottichen, in

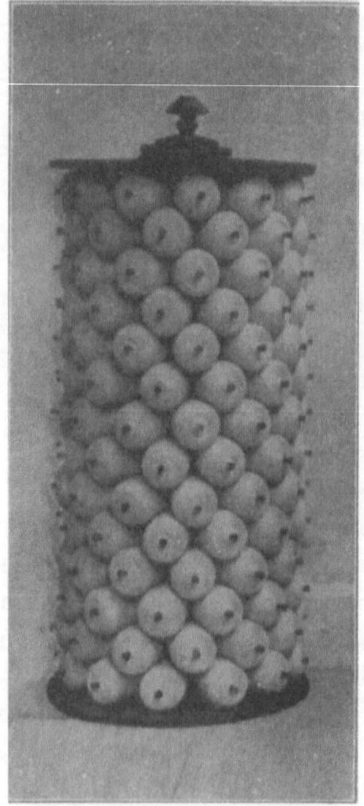

Abb. 108. Kreuzspulenzylinder für
zylindrische Spulen. (B. Thies,
Coesfeld, Westf.)

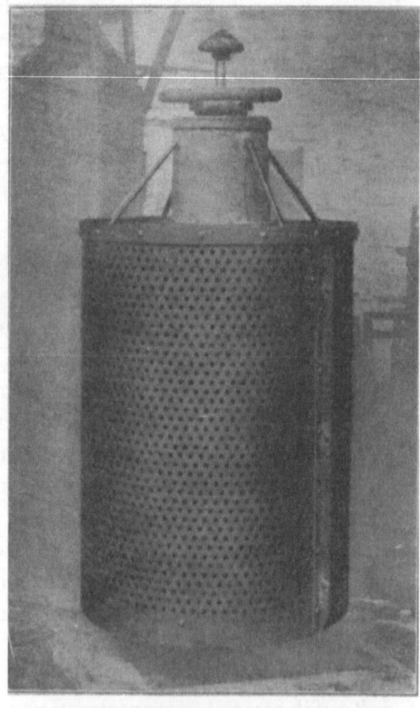

Abb. 109. Materialträger für lose Baumwolle.
(B. Thies, Coesfeld, Westf.)

welchen ein oder mehrere Bäume neben- oder übereinander eingesetzt
und gefärbt werden können. Die Beschickung der offenen Apparate

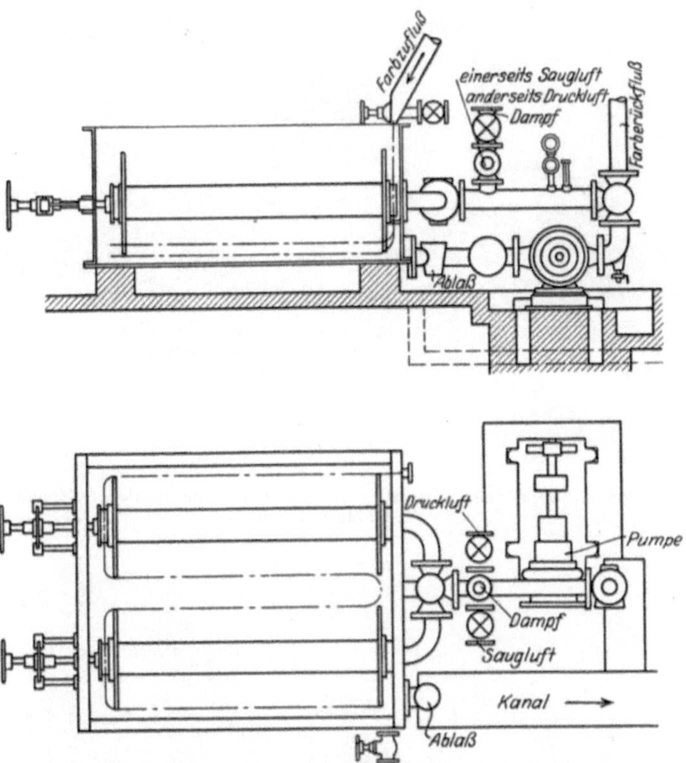

Abb. 110. Vorrichtung für das gleichzeitige Färben von zwei liegenden
Kettbäumen. (Zittauer Maschinenfabrik A.-G. Zittau.)

mit dem gewickelten Baum geschieht mit Hilfe eines Krans oder Laufkatze, welche den Baum in den Flottenbehälter senkt, wo er mit

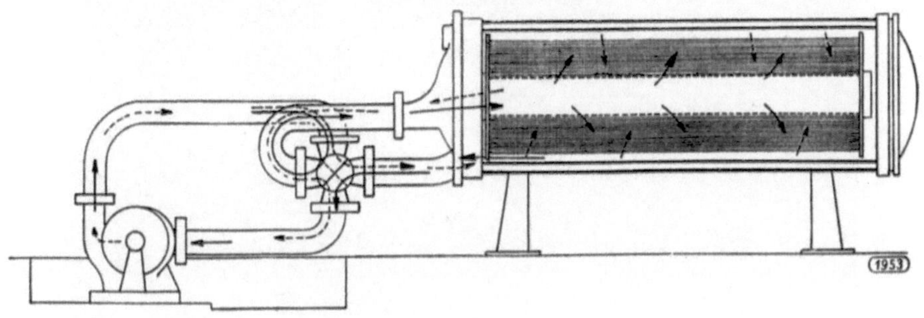

Abb. 111. Schnitt durch einen Färbeapparat geschlossener Bauart für liegende Kettbäume.
(Zittauer Maschinenfabrik A.-G. Zittau.)

11*

einem seiner beiden Stirnscheiben-Hohlzapfen auf einen durch die Bottichwand hindurchragenden Anschlußstutzen der Flottenleitung auf-

Abb. 112. Färbeapparat geschlossener Bauart für liegende Kettbäume. (Zittauer Maschinenfabrik
A.-G. Zittau.)

Abb. 113. Färbeapparat für vier stehende Kettbäume. (Zittauer Maschinenfabrik A.-G. Zittau.)

geschoben und auf diesem durch ein in der gegenüberliegenden Bottichwand angeordnete Einspannvorrichtung, bestehend aus Schraubenspindel mit Handrad, aufgepreßt wird, welche gleichzeitig den Hohlzapfen der anderen Stirnwand abschließt. In der Abb. 110 ist die Färbeanlage von zwei Kettbäumen skizziert, die dort nebeneinander liegen, die aber auch ebensogut übereinander angeordnet sein können. Dem Flottenumlauf dient auch bei diesen Apparaten eine Zentrifugalpumpe und ein Umsteuerorgan dem Richtungswechsel der Flotte. Durch Anschlüsse für Dampf, Wasser, Druck- und Saugluft ist die Möglichkeit gegeben, anschließend an das Färben zu dämpfen, zu waschen und zu entwässern.

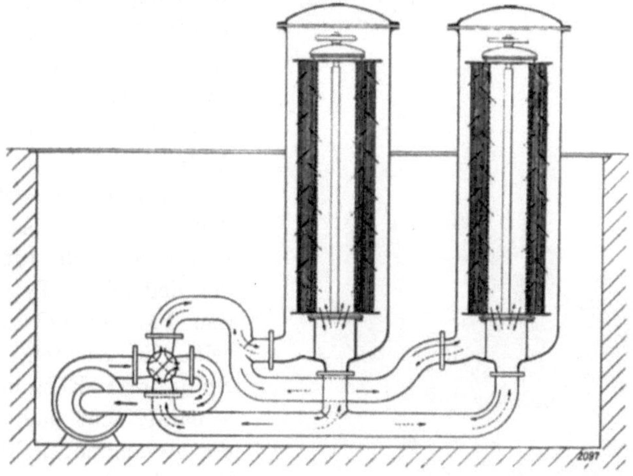

Abb. 114. Schnitt durch einen Färbeapparat geschlossener Bauart für stehende Kettbäume (Zwillingsapparat). (Zittauer Maschinenfabrik A.-G. Zittau.)

Die liegenden Apparate geschlossener Bauart haben einen Behandlungsbottich in Gestalt eines liegenden Kessels, in welchen der Färbebaum von der Stirnseite aus eingeschoben wird, wo er mit einem, die andere Stirnseite durchsetzenden Stutzen der Flottenleitung verbunden und beim Schließen des Deckels durch eine Spannvorrichtung fest auf diesen Stutzen aufgepreßt wird. Die Kettbäume müssen bei diesem System auf Wagen an die Kessel herangefahren werden, weshalb die ganze Anlage recht viel Raum beansprucht. Sind mehrere Bäume in der gleichen Farbe zu färben, so ist für jeden Baum ein besonderer Färbekessel notwendig, die miteinander gekuppelt werden können, während sie bei Einzelfarben jeder für sich arbeiten (Abb. 111 u. 112).

Im färberischen Prinzip den geschlossenen, liegenden Apparaten gleich, in der wirtschaftlichen Arbeitsgestaltung diesen aber überlegen sind die stehenden Kettbaum-Färbeapparate, bei welchen der Färbebottich in Gestalt eines schlanken, aufrechtstehenden Kessels zur Anwendung kommt. Diese Bauart hat wegen der wirtschaftlicheren Betriebsführung bedeutend größere Geltung erlangt und kommt in viel größerem Ausmaß zur Anwendung als die liegende Art. Der Baum läßt sich sicherer und bequemer an einem Ende als an zwei aufhängen und handhaben. Er wird in der Färberei, möglichst auch in der Zettelei und Schlichterei durch elektrische Laufkatzen weiterbewegt unter Vermeidung von Wagen und Handarbeit. Das Ein- und Ausheben erfolgt schnell und sicher mittels der Hebezeuge. Der richtige Sitz des Baumes im Apparat und damit die sichere Färbung werden bei der stehenden Anordnung besser gewährleistet als bei der liegenden. Der Vorteil, den Färbeprozeß zu unterteilen in Abkoch-, Färbe-, Spül- und Entwässerungsapparat, läßt sich nur bei der stehenden, nicht bei der liegenden Anlage infolge der dadurch möglichen sicheren und schnelleren Handhabung ausnutzen. Vier- und Achtbaumapparate zum Färben großer Warenmengen in ein und derselben Farbe können praktischerweise nur stehend ausgeführt werden (siehe Abb. 113).

Abb. 115. Zwillings-Kettbaumfärbeapparat. (Zittauer Maschinenfabrik A.-G. Zittau.)

Die stehenden Kettbaum-Färbeapparate sind als Abwandlungen des alten Obermaierschen Packapparates aufzufassen, bei welchen die Materialzylinder durch die Färbebäume ersetzt sind. Abb. 114, die das Schema eines Zweibaumapparates darstellt, läßt den Flottenweg, wie er durch die um den zentralen Kanal gewickelte Garnschicht geht, deutlich erkennen. Den zu diesem Schema gehörenden Apparat der Zittauer Maschinenfabrik A.-G., das Modell „VP", zeigt die Abb. 115.

Dieser Apparat ist besonders für das Färben von Küpenfarbstoffen zugeschnitten und erlaubt, weil weite Kettbäume verwendet werden, bis 100 kg Garn auf einem Baum zu färben, und weil die Pumpe bis 4 at Druck zu erzeugen vermag, kann die auf dem weiten Rohr liegende Garnschicht fest gewickelt sein.

Das Füllen des Apparates mit der Flotte unter gleichzeitiger restloser Entlüftung, sowie das spätere Zurückdrücken des Bades in die Vorratsbehälter läßt sich bei diesem Apparattyp mit großer Schnelligkeit durchführen, wobei man es in der Hand hat, beim Füllen die Flotte zuerst von innen oder von außen auf den Kettbaum einwirken zu lassen. Für einfachste Bedienung ist dadurch gesorgt, daß die Umschaltung des Flottenkreislaufes und auch das Ansaugen und Zurückdrücken der Farbflotte in den Vorratsbehälter mit Hilfe eines einzigen Hebels bewerkstelligt werden kann.

Sind mehrere Kettbäume in derselben Farbe zu färben, so lassen sich zwei, drei und vier Flottenkessel an die Zentrifugalpumpe anschließen. Da diese Flottenkessel alle einzeln ausschaltbar sind, ist auch beim Färben einer geringeren Baumzahl das Flottenverhältnis immer gleichmäßig günstig.

Abb. 116. Zwillings-Kettbaum-Färbeapparat.
(Obermaier & Cie., Neustadt a. H.)

Der Kettbaum-Färbeapparat der Firma Obermaier & Cie. in Neustadt, den die Abb. 116 verbildlicht, hat eine Zentrifugalpumpe, welche die Flotte mit einem Druck bis zu 4 at durch das Färbegut fördert. Das Umsteuerorgan, das schon beim Kreuzspulen-Färbeapparat der genannten Firma erwähnt wurde, erfüllt auch hier den Zweck der Flottenumsteuerung, Spülung, Entlüftung usw. mit einem einzigen Handgriff. Um das Bad zu erwärmen, ist im Färbekessel ein Hohlkörper angeordnet, über den der Kettbaum beim Beladen des Apparates geschoben wird. Dieser Hohlkörper hat Dampfzu- und Kondenswasserabführung und trägt durch seine Flottenverdrängung mit dazu bei, das Flottenverhältnis niedrig zu halten.

Die Flottenkontrolle ist dadurch ermöglicht, daß immer ein kleiner
Teil des Bades, dem Auge frei sichtbar, aus dem Färbebehälter in ein
offenes Gefäß überfließt, welches bei Erhitzung oder Abkühlung des Bades gleichzeitig zur Regulierung der Flottenmenge und zum Nachsetzen
von Farbstoff und Chemikalien dient, ohne daß die Pumpe abgestellt
werden muß. Auch fällt diesem Ausgleichgefäß die Aufgabe zu, das
Flottenverhältnis in weiten Grenzen veränderlich zu halten, ein Vorteil,
der bei mittleren und dunkleren Nuancen in ganz engem Verhältnis

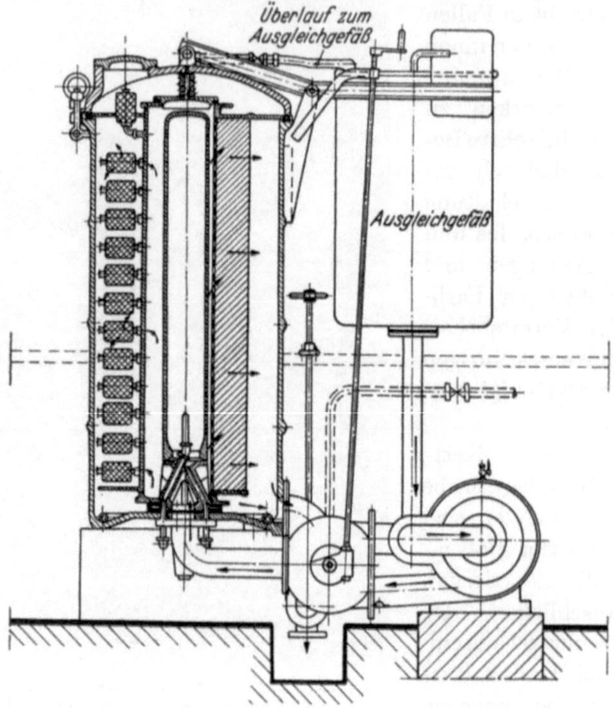

Abb. 117. Schnitt durch einen Färbeapparat für Kettbäume und
Kreuzspulen. (Obermaier & Cie., Neustadt a. H.)

Farbstoff-, Chemikalien- und Dampfersparnis bringt, während bei hellen
Ausfärbungen rasch ziehender Farbstoffe durch größeres Flottenverhältnis günstigere Resultate erzielt werden.

Die Anlage ist in Abb. 117 im Schnitt dargestellt und zeigt, wie der
Materialträger gleichzeitig auch als Aufsteckigel für Kreuzspulen Verwendung findet. Auch die zweckmäßige Anordnung der oberen Kreuzspule unter der Musteröffnung zur Entnahme der Farbmuster kommt in
der Abbildung deutlich zum Ausdruck.

Um größere Partien in einer Farbe zu färben, sind, je nach den Erfordernissen, die Kessel zur Aufnahme von 4—8 Bäumen eingerichtet, aber auch durch die Verbindung mehrerer Einzelapparate zu sog. Zwillingen oder Drillingen ist das Färben großer Partien möglich.

Die Firma B. Thies in Coesfeld baute als erste Firma Kettbaum-Färbeapparate mit stehendem Baum und mit Verschlußdeckel. Die älteren Apparate dieser Firma vermieden jede Pumpe und wurde die Flottenzirkulation durch die Wirkung von Vakuumerzeugung und dem Druck der Atmosphäre hervorgerufen. Dieses Prinzip ist auch bei den neuen Färbereianlagen der Firma in den Vor- und Nachbehandlungs-Hilfsapparaten beibehalten worden; der eigentliche Färbeapparat hat jedoch eine Turbinenpumpe erhalten, welche die wechselseitige Führung der Flotte durch das Material zuläßt, wobei sich Vakuum und Druck nach der Wickelung des zu färbenden Materials selbsttätig einstellt.

Dieser Färbeapparat wird von der Firma B. Thies stets im Verein mit den Vor- und Nachbehandlungsapparaten als komplette Färbereianlage geliefert, auf der dann, je nach Beschaffenheit der Materialträger, Kettbäume, auch Kreuzspulen, Sonnenspulen, Kops, Kardenband und loses Material usw. behandelt werden können.

Die gesamte Anordnung der Anlage zerfällt in eine Kraftstation und in die eigentlichen Färbe- und Hilfsapparate. Die Kraftstation besteht aus ein oder zwei Vakuumkesseln, in denen mittels einer rotierenden Luftpumpe konstantes Vakuum gehalten wird. Diese Vakuumkessel sind mit den Behandlungsapparaten durch eine Leitung und ein Steuerungsventilsystem verbunden. Das Ventilsystem verbindet selbsttätig die Vakuumleitung der Färbeapparate mit den Vakuumkesseln und der atmosphärischen Luft.

Jeder der Behandlungsapparate besteht aus einem Flottenbehälter, in welchem das Färbegut behandelt wird und einem über diesem angeordneten Flottenfänger, der mit der Vakuumstation verbunden ist (s. Abb. 118). Die Materialträger werden mit ihrem Anschlußkonus auf den im Flottenbehälter befindlichen Konus aufgesetzt, wodurch die Verbindung mit der Flottenleitung hergestellt ist. Die Hilfsapparate sind offen, der Färbekessel dagegen durch verschraubbaren Deckel fest verschließbar, der den Materialträger gleichzeitig zentriert und durch Federdruck auf den Konus preßt.

Bei Inarbeitnahme eines Kettbaumes kommt dieser zunächst in den Abkochapparat. Die Abkochflotte dringt nach Einschalten des Vakuums durch das Material nach dem Flottenfänger. Nachdem dieser gefüllt ist, verbindet das in der Kraftstation befindliche Steuerungsventil automatisch die Vakuumleitung mit der atmosphärischen Luft. Die Flotte sinkt nun infolge ihrer eigenen Schwerkraft in den Färbekessel, aber nicht ganz durch das Material, sondern ein Teil geht durch das am Mittelrohr des Materialträgers angebrachte Federventil oberhalb des Materials

in den Flottenbehälter zurück. Diese wechselnde Flottenbewegung voll-
zieht sich ganz automatisch und je nach Einstellung der Druck- und
Vakuumpumpen, mittels der Steuerungsventile, kann die Dauer bzw. die
Geschwindigkeit der Flottenzirkulation beliebig geregelt werden.

Aus dem Abkochapparat gelangt der Materialträger mittels einer
Laufkatze in den Färbeapparat, der durch Anschluß an die Vakuumleitung die Flotte durch das Material saugt, dieses sowie den ganzen
Apparat gründlich entlüftend, worauf die Flottenpumpe eingeschaltet
wird, die unter Druck und wechselnder Richtung den Flottenumlauf
besorgt.

Hat nach dem Färben eine Oxydation von Küpenfarbstoffen zu erfolgen, so dient diesem Zweck ein Absaugegestell, das ebenfalls mit der
Vakuumstation verbunden ist. Ein kräftig durchgesaugter Luftstrom
oxydiert das noch warme Färbegut in ganz kurzer Zeit, so daß es in den

Abb. 118. Färbereianlage für Kettbäume, Kreuzspulen, Kops usw.
(B. Thies, Coesfeld.)

anschließenden Spülapparat gebracht werden kann. Dieser ist nun so
eingerichtet, daß das Spülwasser, welches durch das Material in den
Flottenfänger gesaugt wird, aus diesem durch ein automatisch arbeiten-
des Ventil in den Abflußkanal abläuft, es wird also stets mit frisch zufließendem Wasser klar gespült.

B. Thies verwendet keine Kettbaumschleudern, sondern einen Spe-
zial-Entwässerungsapparat, in welchen der Kettbaum wie im Färbeapparat einzusetzen ist. Der Kessel wird durch Deckel mit 4 Flügel-
schrauben fest verschlossen. Darauf wird das vorher gespülte oder oxy-
dierte Material gedämpft und evakuiert. Der Arbeitsvorgang, der etwa

5 Minuten in Anspruch nimmt, entwässert Kettbäume bis auf 50%
Wassergehalt. Bei Anlagen, welche diesen Entwässerungsapparat be-

Abb. 119. Färbereianlage für stehende Kettbäume. (Zittauer Maschinenfabrik A.-G. Zittau.)

sitzen, ist die sonst zur Entwicklung der Küpenfarben nötige heiße Nachbehandlung nicht erforderlich, weil die Entwicklung durch das Dämpfen
erfolgt.

Eine vollständige Thiessche Färbereianlage für Kettbäume und Kreuzspulen, die in den verschiedensten Ausführungen bis zu Leistungen von mehreren 1000 kg täglich hergestellt werden, ist aus der Abb. 118 ersichtlich.

Die komplette Färbereianlage für Kettbäume und Kreuzspulen der Zittauer Maschinenfabrik A.-G., Zittau, wie sie die Abb. 119 veranschaulicht, arbeitet mit einem Zwillingsfärbeapparat, auf dem gleichzeitig zwei Kettbäume mit je etwa 100 kg Garn oder 6—8 kleine Bäume mit je etwa 25—35 kg Garn oder 2 Färbezylinder mit etwa 50 kg Kreuzspulen behandelt werden können. Durch Absperren eines Flottenbehälters kann aber auch jeweils die Hälfte der genannten Mengen gefärbt werden.

Abb. 120. Kombinierte Kreuzspulen-Kettbaum-Färbereianlage. (Obermaier & Cie., Neustadt a. H.)

Die Färbezylinder sind entweder für das gewöhnliche Aufstecksystem oder für das Anpreßsystem und schleuderbar eingerichtet. Durch Hinzufügen von Hilfsapparaten zum Netzen, Spülen usw. ist die Leistungsfähigkeit der Anlage durch Fließarbeit gewaltig zu steigern. Der zur Anlage gehörende Entwässerungsapparat ist mit einem Flottenrückgewinnungsgefäß verbunden, das besonders bei Naphthol und dunklen Schwefelfarben zweckmäßig ist.

Eine von der Firma Obermaier & Cie. in Neustadt a. d. H. hergestellte Anlage für Großproduktion an Kettbäumen und Kreuzspulen zeigt die Abb. 120. Auch hier verrichten die einfacher gebauten Hilfsapparate die Arbeiten des Netzens, Spülens usw. und überlassen dem Färbeapparat die wichtige Arbeit des Färbens.

H. Apparate für das Färben von Geweben in kreisender Flotte.

In der Reihe der Färbeapparate für die verschiedenen Aufmachungen des Textilmaterials, angefangen mit den Packapparaten für lose Faser bis zu denen der Kettbäume fehlte als letztes Glied ein Apparat für das Färben von Geweben, dem Endprodukt der Textilindustrie. Wie die vielen, in allen Ländern genommenen Patente beweisen, hat es nicht an Bemühungen gefehlt, diesen Mangel zu beseitigen. Wohl stellen die modernen automatischen Stückfärbe-Jigger und vor allem die Mehrwalzen-Foulard hochwertige und leistungsfähige Maschinen dar. Mit letzteren einwandfrei endengleich und Stück um Stück genau in derselben Nuance zu färben, stellt an das Können des Färbers höchste Anforderungen, da es hier fast nur noch auf Rechenexempel ankommt, denn die Färbung ist nur Imprägnierung der Faser mit der Flotte, wobei der Flottenschwund und die Substantivität der Farbstoffe durch Erfahrung festgestellt, die Nachbesserung der Flotte aber errechnet werden muß, eine Aufgabe, die nicht immer leicht zu lösen ist.

Die guten Erfahrungen der Kettbaumfärberei legten den Gedanken nahe, Gewebe in ähnlicher Weise auf gelochten Zylindern gewickelt zu behandeln. Bei entsprechenden Versuchen zeigte es sich jedoch, daß man keine geeignete Vorrichtung besaß, um die Stirnseiten eines solchen Gewebewickels vor stärkerer Flottenzirkulation als in seinen mittleren Teilen zu schützen. Die Gewebe haben je nach der Webeart, der Drehung der Schußgarne usw. die Eigenschaft, bei der Naßbehandlung mehr oder weniger stark in der Breite einzugehen, was eine entsprechende Verkürzung der Wickel zur Folge hat. Auch die Temperaturunterschiede der verschiedenen Flotten und der Spülwässer sind auf die Wickelungen nicht ohne Einfluß, weshalb es äußerst schwierig war, eine diesen Schwankungen folgende Abdichtung zu finden.

Dr. W. Fehrmann[1] in Dresden ist es gelungen eine brauchbare einfache Abdichtung der Stirnseiten herzustellen. Er stellt den Wickel senkrecht in einen geschlossenen Färbebehälter 5 der Abb. 121, in dessen Boden sich eine feststehende Kappenscheibe 13 befindet und setzt auf die obere Stirnseite des Wickels eine bewegliche Kappenscheibe 14. Durch den Flottendruck, der mit 1—3 at von außen nach innen durch den Wickel geht, wird die obere Kappenscheibe an die Stirnseite des Wickels und dieser selbst mit seiner unteren Stirnseite an die Kappenscheibe 13 gepreßt, womit eine vollkommene Abdichtung beider Stirnseiten des Wickels auch während seiner Volumveränderung gewährleistet wird.

Der Fehrmannsche Apparat besitzt keine Flottenpumpe, sondern zur

---

[1] Fehrmann, Dr. W.: Färben von Geweben im Stück mit kreisender Flotte. Melliand Textilber. 1928 S. 681.

Zirkulation des Bades wird Druckluft verwendet. Der Apparat gestattet dem Färber die Menge der durch das Farbgut gehenden Flotte jederzeit zu sehen und einzustellen, was nicht nur für die Behandlung von Gewebewickeln, sondern auch für Kettbäume, die in dem Apparat ebenfalls gefärbt werden können, von großer Wichtigkeit ist. Bei den Apparaten mit der üblichen Zirkulationspumpe kann wohl die Flottenbewegung, nicht aber die durchgehende Flottenmenge beobachtet und demnach auch nicht beliebig eingestellt werden. Die Widerstände der verschiedenen Kettbäume schwanken ebenso wie die der Gewebewickel in weiten Grenzen, je nach der Dicke der aufgewickelten Schicht, nach der festeren oder loseren Bewickelung und der Beschaffenheit des aufgewickelten Materials, während die Leistungsfähigkeit der Flottenpumpe konstant bleibt.

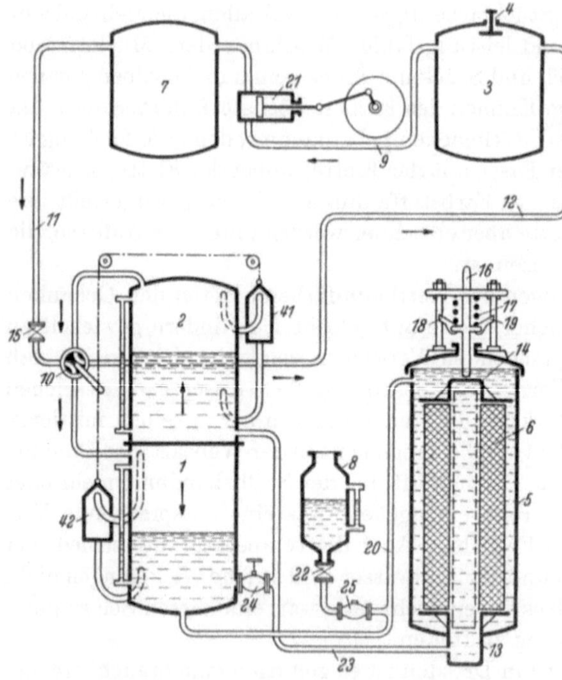

Abb. 121. Schematische Darstellung des Stückfärbeapparates mit kreisender Flotte von Dr. W. Fehrmann, Dresden.

Bei dem Apparat von Fehrmann wird die Flotte abwechselnd aus zwei geschlossenen Behältern *1* und *2* der Abb. 121 durch den ständig mit Flotte gefüllten Färbebehälter *5* gedrückt, indem die Druckluft aus dem Kessel *7* mittels einer automatisch durch den Flottenlauf betätigten Umschaltvorrichtung in den jeweils gefüllten Flottenbehälter geleitet wird. Die Umschaltvorrichtung besteht aus den beiden Füllgefäßen *41* und *42*, die durch Schläuche mit den Flottenbehältern und durch ein Drahtseil miteinander sowie mit dem Griff des Vierweghahnes *10* verbunden sind. Bei neueren Apparaten sind die Füllgefäße *41* und *42* durch Schwimmkörper und Stempel ersetzt. Die Druckluft tritt durch den Hahn *10* in den Flottenbehälter *1*, wobei die Flotte durch Rohr *20* in den Färbebehälter *5* durch den Materialwickel *6* von außen nach innen und durch das Rohr *23* in den Flottenbehälter *2* gedrückt wird. Sobald dieses gefüllt ist, wird durch den Schwimmer der Vierweghahn umgestellt. Die Druckluft geht nun in den Flottenbehälter *2* und befördert die Flotte in umgekehrter Richtung von innen nach außen durch den Wickel in den Behälter *1* zurück. Dabei wird aus dem Gefäß *8*, in dem die Farbstoffe und Flottenzusätze gelöst werden, und das oben mit der Druckluftleitung und unten mit dem Flottenrohr *20* verbunden ist, Farbstofflösung mitgenommen und im Flottenbehälter *1* durch die Strömung innig vermischt. Ist *1* gefüllt, wird durch dessen Schwimmer der Vierweghahn *10* wieder umgestellt und die Flotte aufs neue von außen nach innen durch das Material gedrückt. So folgen die Umschaltungen in kurzen Perioden von 1—3 Minuten aufeinander, wobei die mit Farbstoff verstärkte Flotte nur von außen nach innen, die erschöpfte Flotte aber von innen nach außen durch den Gewebewickel gedrückt wird. Durch an den Flottenbehältern angebrachte Wasserstandsgläser kann die Geschwindigkeit der Flottenbewegung beobachtet und mittels des kleinen Lufthahnes *15* nach Bedarf eingestellt werden, da er Druckluft bis zu 5 at zur Verfügung hat. Jeder Flottenbehälter hat ein Dampfzuleitungsrohr zum Erwärmen der Flotte sowie Thermometer, Sicherheitsventil und Manometer.

Damit beim Durchdrücken der Flotte von innen nach außen die Kappenscheibe *14* nicht abgehoben wird, ist an dem Deckel des Färbebehälters der Stempel *16* angebracht, der mittels der Feder *17* in ständiger Berührung mit der Kappenscheibe gehalten wird. Die Klemmen *18* und *19* verhüten jede Aufwärtsbewegung des Stempels und damit auch die der Kappenscheibe. Auf diese Weise wird die durch den äußeren Flottendruck jeweils erreichte Abdichtung der Stirnseiten auch beim Durchdrücken von innen nach außen erhalten.

Das Mustern während des Färbens geschieht in folgender Weise: Einige kleine Gewebestücke werden nach dem Einsetzen des Wickels in den Färbebehälter auf die obere Stirnseite des Wickels gelegt, von wo sie während des Färbens mittels einer kleinen, am Behälter angebrachten Vorrichtung leicht entnommen werden können.

Um Reduktionsflotten der Küpen- und Schwefelfarbstoffe vor Oxydation durch die Druckluft zu schützen, wird die aus den Flottenbehältern austretende Druckluft durch das Rohr *12* in den Abluftkessel *3* geleitet, der mit dem Saugrohr *9* der Luftpumpe *21* verbunden ist, um wieder in den Druckkessel *7* zu gelangen. Die Druckluft bewegt sich also in einem geschlossenen Kreislauf, wobei sie in wenigen Minuten ihren Sauerstoff verliert und nicht mehr oxydierend wirkt. Durch das am Abluftkessel befindliche Rückschlagventil *4* werden kleine Druckluftverluste, welche durch zufällige Undichtigkeiten am Apparat entstehen, automatisch ausgeglichen.

Der Luftkompressor ist mit automatischem Druckregler und Ölabscheider versehen. Ein Druckluftbehälter von der Größe eines Flottenbehälters reguliert den Luftverbrauch.

Mittels der Druckluft können die gebrauchten Flotten aus dem Apparat in Reserveflottenbehälter, die außerhalb des Färbereilokals in der Erde vergraben sein können, in wenigen Minuten gedrückt werden und ebenso wieder in den Apparat zurück.

Die Apparate werden gebaut für einen Wickel, für 2 Wickel und für 4 Wickel in einem gemeinsamen Färbebehälter für vollkommen einheitliche Färbungen großer Partien. Meterzahl und Gewicht eines Gewebewickels hängen selbstverständlich von der Webart und der Breite des betreffenden Gewebes ab. Die Gewebe werden in nassem Zustand auf die gelochten Zylinder gewickelt. Das kann mit einer nicht zu schnell laufenden Paddingmaschine geschehen, wobei die Stücke durch warmes Wasser laufen, dem ein Entschlichtungsmittel zugesetzt ist. Das Aufwickeln muß sehr sorgfältig geschehen, damit die beiden Stirnseiten eines jeden Wickels möglichst ebene Flächen bilden.

Nach dem Einsetzen der Wickel in den Färbebehälter wird zunächst die zersetzte Schlichte durch Wasser verdrängt, wozu gewöhnlich der Druck der Wasserleitung ausreicht, dann folgt das eigentliche Färben mit den erforderlichen Nachbehandlungsoperationen.

I. Apparate für das Färben von Kunstseide.

Die im nassen Zustande äußerst empfindliche Kunstseide in Apparaten mit kreisender Flotte färben zu können, ist schon lange der Wunsch der an der Kunstseide interessierten Industrie. Obwohl der größte Anteil der hergestellten Kunstseide als Stückwerte gefärbt wird, ist doch für mancherlei Textilwaren fadengefärbte Kunstfaser nicht zu entbehren. Nun ist das Färben der Kunstseidenstranggarne, theoretisch betrachtet, ebenso einfach wie das Färben der Baumwollgarne. In Wirklichkeit hat aber der Färber mit der Auswahl der Farbstoffe sehr vorsichtig zu sein, denn die Kunstfaser ist in ihrem Feinbau nicht immer ganz gleichmäßig, was auf Schwankungen des Rohmaterials, wie auch im Herstellungsprozeß zurückzuführen ist. Diese Ungleichmäßigkeiten äußern sich in einer verschiedenen Affinität zu Farbstoffen, wodurch die fertigen Färbungen im Strang rundgehend unegal erscheinen. Diese manchmal auch mit den bestgeeigneten Farbstoffen auftretende Mehrfarbigkeit mag den auf diesem Gebiet noch wenig erfahrenen Färber veranlassen, durch längere Behandlung auf dem Bad bessere Resultate herauszuholen. Dies ist aber immer nutzlos und führt nur dazu, daß sich die Kunstseidenstränge schlechter abwinden lassen. Überhaupt hat jede längere Behandlung der Kunstseidenstränge bei der Naßbehandlung in ruhender Flotte eine schlechte Spulbarkeit zur Folge. Hier wirken vor allen Dingen die alkalischen Bäder der Küpenfarben sehr nachteilig, denn erstens quellen die Kunstseiden besonders in den warmen, Lauge enthaltenen Bädern stark auf und zweitens ist durch die Schlüpfrigkeit des Fadenmaterials in den Laugenbädern die Möglichkeit viel eher gegeben, daß sich die Unterbindungen der Stränge verschieben, dadurch die Kreuzhaspelung verwirren, was unbedingt schlechte Spulbarkeit nach sich zieht. Darum sind es ganz besonders indanthrengefärbte Kunstseiden, welche auch bei kurzer Färbedauer in vielen Fällen den Lohnfärber zwingen, erhöhte Spullöhne zu zahlen.

Apparate zum Färben von Kunstseide mit ruhendem Material und bewegter Flotte würden deshalb eine stark empfundene Lücke ausfüllen. Leider scheiterte die befriedigende Lösung dieser Aufgabe an den Eigenschaften der Kunstseide selbst. Kupferkunstseide und namentlich die am meisten verbrauchte Viskosekunstseide quellen im Wasser stark auf; wird dem Wasser noch Natronlauge zugesetzt zwecks Färben von Küpenfarben, so ist die Quellung der Faser noch größer. Diese starke Quellung macht den Garnwickel, beispielsweise eine Kreuzspule, so fest und bietet der Flotte solchen Widerstand, daß schon bei einer verhältnismäßig dünnen Garnschicht die Flotte kaum durchzubekommen ist. Um der Quellung Raum zum Ausgleich zu geben, muß das Garn ganz weich aufgewickelt sein, das erlaubt aber die Glätte des Fadens nicht, der an den Seitenflächen der Spule ständig abrutscht; die Spule ist dann überhaupt nicht mehr weiter zu verarbeiten. Man kann deshalb mit Kunstseide nicht die bei der Baumwolle oder Wolle übliche Kreuzspule mit erheblicher Garnschicht spulen, sondern begnügt sich mit Schichten von wenigen Zentimetern, die auf perforierten Hülsen mit ganz bedeutend weiterem Durchmesser aufgespult werden, als sie sonst üblich sind.

Zum Färben kann jeder geschlossene Apparat dienen, wenn Spulen mit größerem Durchmesser aufgesteckt werden können. Z. B. sind die konischen Hülsen mit einem Durchmesser von 55/33 mm sehr geeignet. Mittlere und gröbere Kunstseiden können auf dieser Apparatur mit substantiven und Schwefelfarben sowie mit Naphtholen und einigen Küpenfarben mit gutem Erfolg gefärbt werden. Das Färben der Küpenfarbstoffe, das in der Stranggarnfärberei ganz besonders schwierig ist, bereitet aber auch bei diesen Apparatsystemen wegen der größeren Quellung der Faser in den Laugebädern sehr viele Mißerfolge. Am geeignetsten sind noch die wenig Lauge erfordernden Farbstoffe, also diejenigen, die der IK- oder IW-Gruppe der Indanthrene angehören, die kalt oder lauwarm zu färben sind (s. S. 271).

Feine Deniers, für die gerade die Färbung in bewegter Flotte besonders vorteilhaft wäre, sind als Wickelkörper zum Färben viel weniger geeignet als gröbere Fäden. Die feineren Seiden machen die Spulen dichter und somit für die Flotte schwerer durchdringbar.

Das Problem der Kunstseidenfärberei in Wickelform ist nur von der Spulmaschine her zu lösen. Wenn es gelingt, Kunstseidenfäden z. B. auf Kreuzspulen so lose zu wickeln, daß auch im nassen, gequollenen Zustande noch genügend Raum für den Flottendurchgang bleibt, dann kann die Kunstseide in Apparaten mit kreisender Flotte in Spulenform genau so gut gefärbt werden, wie die anderen Textilfasern.

Versuche, Kunstseidenstranggarne in Apparaten nach dem Hänge-system auf zwei Stäben hängend zu färben, haben, wenn eine kräftig arbeitende Pumpe starke Strömung hervorruft, bei substantiven und Schwefelfarben gut egale Färbungen ergeben, die in bezug auf Spul-barkeit der Garne den ungefärbten Strängen nicht nachstanden. Schnell-ziehende Küpenfarbstoffe ließen aber auch hier keine gleichmäßigen Fär-bungen entstehen, so daß man auch von diesem Apparatsystem in den Fällen, wo es auf gute Egalität und Spulbarkeit ankam, im Stich ge-lassen wurde. Außerdem hat das Aufhängesystem noch den Nachteil, daß sich einzelne Fäden der an den Wänden hängenden Stränge in die Stabrasten einschieben, wo sie aufgerauht oder zerrieben werden und dadurch immer viel Abfall verursachen.

Kunstfasergarne, die nach Art der Woll- und Baumwollgarne gesponnen sind (Vistra), machen auch in Spulenform viel weniger Schwierig-keiten als die eigentliche Kunstseide. Der ganze Fadenaufbau läßt in der lose und in dünner Schicht zu wickelnden Kreuzspule oder Kettbaum soviel Zwischenraum frei, daß auch die wenig Lauge benötigenden Küpen-farbstoffe mit gutem Erfolg gefärbt werden können. Kettbäume mit etwa 20 kg Material auf weitem Rohr gewickelt oder Kreuzspulen mit etwa 400 g Garn, ebenfalls auf weiten Hülsen gespult, lassen sich bei Auswahl der IK- und IW-Farbstoffe mit guter Egalität des gesamten Fasermaterials färben.

Mischfasergarne aus Kunstseide und Wolle oder Baumwolle lassen sich bei einem Gehalt bis zu 50 und 60% Kunstfaser in Apparaten als Kamm-zug, Garn auf Spulen und Kettbäumen mit gutem Erfolg färben. Man muß jedoch Sorge tragen, daß die Fasermassen nicht zu dicht und fest zusammenliegen, also alle Wickelkörper möglichst lose halten, dann ist das Färben auf den bekannten Apparaten glatt durchzuführen.

Färben von Kunstfasern als lose Flocke und in Faserbändern. Neuerdings wird für die Zwecke der Tuchindustrie auch das Färben der Kunstspinnfasern (Zellwolle) auch als lose Flocke und in Form von Zellwollkammzügen verlangt. Für erstere ist die einfachste Methode, in offenen Kufen das Material mit Gabeln zu bewegen, die beste. Auf den gewöhnlichen Zirkulationsapparaten mit mehrschichtiger Lagerung der Fasern kann ohne Schwierigkeit genügende Durchfärbung erzielt werden, während in den Packapparaten die Faser so fest und dicht liegt, daß die Flotte fast nicht durchzubringen ist.

Das Färben der Zellwolle in Kammzugform ist mit allen Farbstoffklassen möglich, sofern die Wickel klein, bei Schwefelfarben beispielsweise 2—3 kg und bei Indanthrenfarben nur 1—2 kg gehalten werden. Von großer Wichtigkeit ist für das Gelingen guter Durchfärbung auch die Art der Wickelung der Bobinen, die locker und gleichmäßig sein muß.

So hergestellt, können die Bobinen in den üblichen Kammzug-Färbeapparaten gefärbt werden, wobei es ratsam ist, mit nicht zu hohem Pumpendruck zu arbeiten, der das Material zusammenpreßt und schwerer durchfärbbar macht. Auch ist es empfehlenswert, den Flottenstrom nur von innen nach außen gehen zu lassen, da beim umgekehrten Weg die Bobinen zusammensinken und beim Nachstellen des Verschlusses dann die Wickel zu hart werden.

K. Das Färben im Schaum.

Das Färben im Schaum ist eine Erfindung von Conrad Wanke in Zwickau in Böhmen; dieser hat jedoch die Früchte seiner Erfindung nicht ernten können, da er es versäumte, sich dieselbe patentrechtlich schützen zu lassen, seine Erfindung ist daher Allgemeingut geworden.

Die zur Schaumfärberei benötigten Apparate sind die denkbar einfachsten, da sie ohne jede mechanische Kraftbeanspruchung arbeiten.

Ihre Konstruktion kann unter Zuhilfenahme eines Schreiners und Kupferschmiedes in jeder Färberei leicht selbst ausgeführt werden. Die beistehende Abbildung zeigt die überaus einfache Einrichtung.

In einem etwa 1,8 m hohen, viereckigen Bottich (Abb. 122 a), dessen Seiten 1 m bzw. 0,9 m breit sind, ist ein transportabler Lattenkasten (Abb. 122 b) ein-

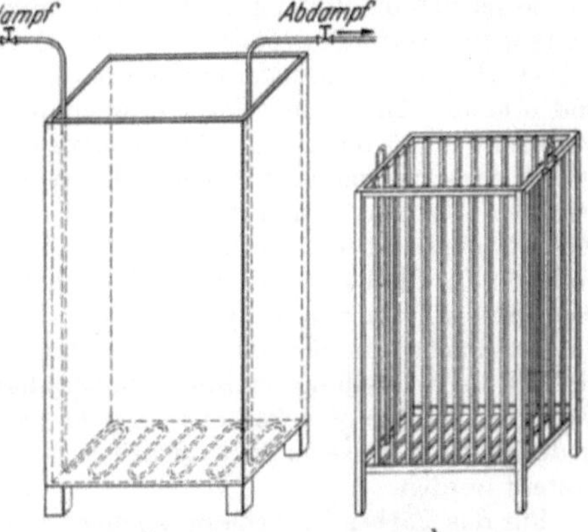

Abb. 122. Einrichtung zum Färben im Schaum.

gesetzt, dessen Füße etwa 0,25 m vom Boden des Bottichs entfernt sind. Eine Heizschlange für indirekten Dampf, deren Heizfläche 2½mal so groß sein soll als der Inhalt der Bodenfläche, ist in möglichst vielen Windungen auf dem Boden des Bottichs gelagert und endigt in ein dünnes, nach oben führendes Ausgangsrohr.

Durch Einschaltung eines Ventils in dieses Rohr läßt sich der Dampf beliebig drosseln und der Abfluß des Kondenswassers regulieren.

Das sich abscheidende Kondenswasser dient zur Ergänzung der verdampfenden Farbflotte. Zu diesem Zweck wird das Rohr in die Öffnung eines Trichters geleitet, an dessen unterem Ende ein Hahn und an diesen anschließend ein bis auf den Boden des Bottichs reichendes Röhrchen angebracht ist. Durch Stellung des Hahnes hat man die Regulierung des Wasserzuflusses in der Hand, auch kann unter Umständen statt des Kondenswassers gut gelöster Farbstoffzusatz nach und nach zugeführt werden.

Betreffs Regulierung des Flottenstandes ist es zweckmäßig, unmittelbar über dem Boden ein Glasröhrchen in die Wandung des Bottichs einzuführen, dieses ist im rechten Winkel nach oben gebogen und zeigt die jeweilige Höhe des Flottenstandes an.

Zur Erzielung eines guten, gleichmäßigen Schäumens verwende man möglichst trockenen, hochgespannten Dampf; es ist daher zweckmäßig, den Apparat in die Nähe des Dampfkessels zu plazieren.

Die Beschickung des Apparates geschieht durch ein einfaches Übereinanderschichten des zu färbenden Materials in das dafür bestimmte Lattengestell, welches dann in den Apparat mittels Flaschenzuges, oder einer auf Rollen laufenden, mit Gegengewicht beschwerten Kette eingehängt wird. Nach beendetem Färben wird der Lattenbehälter herausgewunden und mit dem Material in ein danebenstehendes Spülbad gebracht. Für substantive Farben, welche nicht gespült zu werden brauchen, hat man unter Wegfall des Lattenbehälters den Apparat noch einfacher konstruiert. Ungefähr 25 cm über dem Boden des Farbbottichs ist ein Lattenboden angebracht, auf welchem das Material aufgeschichtet wird. An der Vorderseite des Bottichs sind gut schließende, bis unten an den Lattenboden reichende Türen vorgesehen, durch welche die Beschickung und Entleerung des Apparates vor sich geht.

Es hat an Versuchen nicht gefehlt, die Schaumapparate hinsichtlich Erzielung gleichmäßigerer Farbresultate zu vervollkommnen und Einrichtungen zu schaffen, welche speziell die Bildung dunkler oder schmutziger Anliegestellen auf Kops und Kreuzspulen verhindern sollen. All diese Konstruktionen haben jedoch den Nachteil verhältnismäßig geringer Produktion, zeitraubender Beschickung und Bedienung und erhöhter Anschaffungskosten. Auch dürften die Farbresultate, besonders hinsichtlich der Möglichkeit des Nuancierens nach Muster, doch niemals an die Aufsteckapparatsysteme heranreichen. Es ist daher richtiger, bei der einfachen Konstruktion der Vorrichtung zu bleiben, denn gerade die verblüffende Einfachheit dieses Systems ist sein größter Vorzug. Die dem System anhaftenden Mängel sind belanglos für die Waren, für welche im Schaum gefärbtes Material in Frage kommt; für diese spielt nur die Billigkeit der Herstellung die ausschlaggebende Rolle.

Das Färben im Schaum wird besonders für Kreuzspulen angewendet, wo es sich um die Herstellung von Stapelnuancen handelt, und zwar erzielt man die besten Resultate auf lose gewickelte Kreuzspulen; auch Kops und Stranggarne lassen sich in der gleichen Weise im Schaum färben, wenn nicht zu hohe Ansprüche an Egalität gestellt werden.

Für das Färben im Schaum kommen wegen der einfachen Färbeweise nur die substantiven Farbstoffe in Betracht, deren leicht lösliche Vertreter gute Resultate erbringen. Man kann auch Schwefelfarbstoffe nach diesem System färben, muß dann aber mehr Schwefelnatrium anwenden, um der durch das ständige Kochen und der Schaumwirkung vermehrten Oxydation der Farbstofflösung entgegenzuarbeiten.

Nach dem Färben wird das Lattengestell aus dem Bottich herausgenommen und das Färbegut bei hellen Tönen mit Wasser überbraust. Wenn es sich um dunkle Ausfärbungen handelt, stellt man das Gestell für einige Zeit in einen besonderen Spülbottich mit frischem Wasser und entfernt auf diese Weise den überschüssigen Farbstoff aus dem Material.

VI. Das Färben der Textilfasern.

Allgemeines. Die Färberei bezweckt, den von Natur aus weißlichen Fasern nicht nur eine Farbe zu verleihen, sondern diese auch derart zu fixieren, daß sie den Einflüssen der Fabrikation und des späteren Gebrauchs der Stoffe genügend widerstehen und echt sind.

Zur Färberei der Textilfasern dienen, von wenigen Ausnahmen abgesehen, die Teerfarbstoffe, die je nach ihrem Verhalten den Fasern gegenüber und je nach ihrer Färbeweise in verschiedene Gruppen eingeteilt sind.

Die durch die Herkunft der Fasern bedingte chemische und strukturelle Verschiedenheit erlaubt nicht das Färben nach gleicher Methode. Wohl färben unter gewissen Umständen einige Farbstoffe Fasern pflanzlichen und tierischen Ursprungs, z. B. substantive Baumwollfarbstoffe, auch Wolle, oder einige Küpenfarbstoffe, wie Indigo, beide Fasern. Im allgemeinen sind aber für tierische Fasern andere Färbemethoden gebräuchlich als für pflanzliche, die später im einzelnen besprochen werden.

Die Erledigung des Farbauftrags. Vor Ausführung eines Farbauftrags hat der Färber sich zu vergewissern, daß die von ihm zu verwendenden Farbstoffe und die Färbemethode den gewünschten Echtheitsforderungen auch entsprechen. Sehr oft wird der Färber allerdings in die Lage versetzt, bei seinem Auftraggeber zurückzufragen, wenn die Echtheitsvorschriften zu allgemein gehalten sind, es ist z. B. gar nicht gleichgültig, ob ein Baumwollgarn, für das „indanthrenfarbig“ vorgeschrieben ist, später für den Buntbleichartikel oder für Waschartikel oder für Vorhangstoffe Verwendung finden soll. Es gibt Indanthrenfarbstoffe, die die Bäder der Buntbleiche nicht aushalten, ja selbst schon für den Waschartikel unbrauchbar sind, während andere, hierfür geeignete, nicht für Vorhangstoffe verwendet werden dürfen. Oder, um ein anderes Beispiel anzuführen, es wäre Wolle zu färben, die später einer leichten Walke unterzogen werden soll. Hier genügte keineswegs die Färbung mit den gewöhnlichen sauren Wollfarbstoffen. Um unangenehmen Auseinandersetzungen mit seinem Auftraggeber sowie Schadenrechnungen zu verhüten, wird der Färber immer gut daran tun, bei ungenauen Echtheitsvorschriften sich vorher über den Verwendungszweck der Ware zu erkundigen und dem Auftraggeber u. U. Aufklärung über das verschiedene Verhalten dieser oder jener Färbung geben.

Die Farbstoffauswahl. Ferner ist vor der Ausführung eines Auftrags die Wirtschaftlichkeit der Färbung zu prüfen. Bei der außerordentlich großen Zahl von Farbstoffen, die sich im Handel befinden, kann der Färber solche auswählen, die bei gleichen oder fast gleichen Echtheitseigenschaften und gleichen oder nur wenig abweichenden Nuancen sehr verschieden im Preise sind, wobei nicht der Preis als solcher, sondern die

Ausgiebigkeit des Farbstoffes bestimmend ist. Auch wäre es höchst unwirtschaftlich, z. B. ein trübes Blau mit einem klaren, aber teuren Farbstoff zu färben und mit anderen Farbstoffen abzustumpfen, wenn die Nuance mit einem trüberen und billigeren Farbstoff bei sonst gleichen Eigenschaften gefärbt werden kann, und ebenso unwirtschaftlich wäre es, ein Braun mit Farbstoffen der drei Grundfarben Gelb, Rot und Blau zu färben, wenn ein brauner Farbstoff mit geringerem Gestehungspreis zur Verfügung steht. Aus färbereitechnischen Gründen wird man allerdings doch in die Lage versetzt werden können, teurere Farbstoffe verwenden zu müssen, auch wenn billigere mit gleichen Echtheitseigenschaften verwendet werden könnten, denn auch das färberische Verhalten des Farbstoffes ist für seine Anwendung von Wichtigkeit. Jeder Farbstoff, ganz gleich welcher Klasse er auch angehört, hat seine besonderen färberischen Eigenarten. Der eine Farbstoff macht in seiner Anwendung keinerlei Schwierigkeiten, er löst sich leicht, gibt sehr leicht egale Färbungen, ändert auch bei längerem Kochen seinen Farbton nicht, während andere Farbstoffe derselben Gruppe nur mit Aufbietung größter Sorgfalt· und Mühe eine einigermaßen zufriedenstellende Färbung ergeben. Was nutzt der schönste und echteste Farbstoff, wenn er nur mit größter Mühe und unter Zusatz teurer Egalisierungsmittel egal zu färben ist und doch noch nicht die Gewähr bietet, in allen Fällen stets gleichmäßig zu färben. Gewiß kann man auch einen in dieser Beziehung „bösartigen" Farbstoff schließlich so bis in seine feinsten Eigenschaften kennenlernen, daß man ihn mit fast hundertprozentiger Gleichmäßigkeit auf die Faser bringt, aber gewöhnlich ist dann auch eine große Menge Faser verfärbt, vielleicht verdorben, also Zeit und Material verschwendet worden. Der Farbstoff verdient den Vorzug, der in einfacher Weise stets gleichmäßige Färbungen ergibt und der schließlich auch einmal eine etwas abweichende Behandlung nicht sofort mit unegalem Aufziehen beantwortet.

Die Auswahl der Farbstoffe, die der Färber früher durch lange praktische Erprobung traf, wird ihm heute erleichtert durch fleißige Benutzung der Musterkarten, die ihm die Farbstoff-Fabriken von ihren Farbstoffen geben. Früher enthielten diese Musterkarten neben einer allgemeinen Färbevorschrift die einzelnen Farbstoffe in einigen Farbstärken ausgefärbt. Die neueren Farbkarten geben aber neben diesen Ausfärbungen auch noch Angaben über die Löslichkeit, das Egalisierungsvermögen, Metallempfindlichkeit, Echtheitseigenschaften usw. in Form von Zahlen an. Auf Grund dieser Angaben wird die Farbstoffauswahl sehr erleichtert. Von den aus der Farbenkarte ausgewählten Produkten gibt dann eine Preisofferte und Ausfärbung mit Echtheitsprüfungen schnell Auskunft über die für den Betrieb preislich und technisch geeignetsten. Der Färber braucht demnach nicht mehr viel Zeit und Material für solche Farbstoffe anzuwenden, von denen sich herausstellt, daß sie für seinen Betrieb nicht die richtigen sind.

Daß beim Färben in mechanischen Apparaten das Arbeiten „aus dem Handgelenk" oder anders ausgedrückt „nach Augenmaß" nicht am Platze ist, dürfte wohl als Selbstverständlichkeit vorausgesetzt werden. Selbst bei großer Geschicklichkeit in dieser Art des Arbeitens ist der Anteil der Fehlfärbungen bedeutend

größer als wenn alle Zu- und Nachsätze mit der Waage abgewogen oder dem Liter-
maß gemessen werden. Die vermeintliche Mehraufwendung an Zeit für das Abwägen
und Lösen kleiner Farbstoffanteile wird durch die sicherere Färbung, die in kürzerer
Zeit erfolgt, mehrfach wieder eingeholt.

Als Grundlage einer Färbung dient in der Regel das „Rezept", nach
welchem eine frühere Partie gut gelungen war. Solche Rezepte sind mit
kleinen Ausfallmustern in irgendeiner Form gesammelt griffbereit im
Musterraum der Färberei aufbewahrt. Ein Rezept mit vielen Farbstoff-
nachsätzen ist aber nur mit Vorsicht für eine nächste Färbepartie zu
verwenden, denn die durch die häufigeren Nachsätze verursachte längere
Färbedauer ist nicht ohne Einfluß auf den endgültigen Farbton, der
ganz anders herauskommen
wird, wenn die gesamte
Farbstoffmenge nun auf
einmal von Anfang an dem
Bade zugesetzt und in der
sonst üblichen Zeit gefärbt
würde. Voraussetzung bei
Verwendung der Rezepte
ist auch, daß das gleiche
Material in gleicher Qualität bei der zu wiederholen-
den Färbung vorliegt. Ma-
kobaumwolle kann nicht
mit annähernder Genauig-
keit nach einem Rezept
gefärbt werden, das einer
Partie aus Louisianabaum-
wolle gedient hatte, und
Wolle geringerer Qualität,
die aus weniger feinen Fasern besteht als Wolle

Abb. 123. Musterfärbeapparat für Baumwoll-Kreuzspulen.
(B. Thies, Coesfeld, Westf.)

besserer Qualität, würde nach einem Rezept, das für diese letztere verwendet wurde, ganz bedeutend dunkler ausfallen. Ist eine Nuance zu
färben, für das ein genaues Rezept nicht vorliegt, wird eine ähnliche
herangezogen und die Erfahrung und Geschicklichkeit des Färbers entscheidet, wie es zweckmäßig abgeändert wird.

Probefärbung. In Zweifelsfällen macht sich eine Probefärbung, zunächst mit kleinen Mengen im Färbebecher, dann unter Umständen mit
einem Kilo oder einigen Spulen Material im Versuchsfärbeapparat unbedingt bezahlt. Das verwendete Material ist gering, die kleine Menge
Färbegut meist nicht verloren und die aufgewendete Zeit durch das
schnellere und sicherere Färben der Partie mehrfach wieder einzuholen.

Versuchsfärbeapparate werden von den Maschinenfabriken, dem jeweiligen Zweck angepaßt, geliefert. Abb. 123 zeigt einen solchen für Kreuz-

Abb. 124. Muster-Färbeapparat Knirps für verschiedene Materialien.
(Eduard Esser & Co. G.m.b.H. Görlitz.)

spulen der Firma B. Thies in Coesfeld und Abb. 124 den Färbeapparat
„Knirps“ der Firma Ed. Esser & Co., G.m.b.H. in Görlitz.

Abb. 125. Färbeherd zur Ausführung von
Probe- und Musterfärbungen. (Eduard Esser
& Co. G.m.b.H. Görlitz.)

Der Thiessche Versuchsfärbeapparat ist, wie die großen, mit
Manometer, Thermometer, Dampf-
und Vakuumanschluß ausgerüstet.
Mittels eines Einsatzes kann er beliebig mit 1, 2, 3 oder 4 Spulen beschickt werden.

Der Färbeapparat „Knirps“
der Firma Ed. Esser & Co., G.m.
b.H. in Görlitz kann bis zu 5 kg
Material aufnehmen, wobei je nach
Materialträger loses Material,
Kammzug, Kreuzspulen und Kops
zu behandeln sind. Seine Ausführung aus „Haveg“ macht ihn für
scharfen Nuancenwechsel bestens
geeignet.

Für die Probeausfärbungen im Färbebecher ist nicht unbedingt ein
Laboratorium nötig. Es genügt ein Färbeherd zur Aufnahme der Becher,
wie ihn z. B. die Firma Ed. Esser & Co., G.m.b.H. in Görlitz liefert
(Abb. 125).

Dazu benötigt man eine kleine Waage, auf welcher ein oder mehrere Gramm mit
großer Genauigkeit abgewogen werden können. Eine sog. Analysenwaage ist nicht
einmal erforderlich, es genügt eine einfache Apothekerwaage, ja oftmals eine kleine
Handwaage, bestehend aus Waagebalken mit Hornschalen, und ein Gewichtssatz
mit kleinen Gewichten. Das Abwägen der oft winzig kleinen Mengen Farbstoff
würde aber viel zu zeitraubend und ungenau sein. Man geht deshalb von Lösungen
aus, die ein oder mehrere Gramm Farbstoff in einem Liter heißem Wasser gelöst enthalten und mißt die benötigte Farbstoffmenge mit Kubikzentimetern ab. Es sind
also für die Probefärbungen noch erforderlich einige Meßkolben und Meßzylinder
und weil das Abmessen kleiner Mengen im Meßzylinder ungenau ist, einige Meß-
pipetten mit der Einteilung von 0—10 oder 25 cm³. Bei der Ausführung der Proben
kommt es aber auf peinlich genaues Arbeiten an. Fehler, die beim Abwägen oder
Messen gemacht werden, multiplizieren sich beim Umrechnen auf das Partiegewicht
um ein mehrfaches und führen unbedingt zu Fehlfärbungen. Mit einiger Geduld
und Übung bringt es aber auch der Ungeübte bald zu sicheren Ausfärbungen, die in
der Praxis zu guten Ergebnissen führen. Wenn auch die Partien, die nach den
Probefärbungen ausgefärbt werden, nicht mit absoluter Genauigkeit das Muster
treffen, so bilden die Proben doch gute Anhaltspunkte und ermöglichen es dem
Färber mit wenigen Nachsätzen das Farbmuster genau zu treffen.

Färbereiarchiv. Zur Erleichterung der Arbeit in der Färberei sind
Aufzeichnungen über die verwendeten Farbstoffe und Chemikalien,
Färbedauer, Steigerung der Badtemperatur, Salznachsätze, Flottenverhältnis, Vor- und Nachbehandlung, sowie jede allfällige Abweichung von
der Regel der Arbeit von außerordentlicher Wichtigkeit. In einer Lohnfärberei z. B., wo nicht tagtäglich dieselben Färbungen vorkommen, ist
die Ausführungsweise dieser oder jener Farbe bald der Vergessenheit an-
heimgefallen, und wenn nach einiger Zeit dieselbe Farbe in genau der
gleichen Echtheit zu wiederholen ist, unterlaufen sehr leicht Fehler in der
Verwendung der Farbstoffe, die recht unangenehme Folgen nach sich
ziehen können, wenn nämlich die Reste der früheren Partie mit der neuen
Partie zusammen verarbeitet werden und durch nachfolgende Behandlung der Ware, sei es im Fabrikationsprozeß oder in der Hauswäsche
verschiedene Farbtönung annehmen. Durch die eingehenden Aufzeichnungen der sog. Lebensgeschichte einer Färbung macht der Färber sich
unabhängig von vielen Zufälligkeiten und rückt den „Glücksstern", der
doch manchmal bei seiner Arbeit waltet, in den Hintergrund, er lernt dadurch sein ganzes Arbeitsgebiet beherrschen und meistern und nicht,
wie es oftmals zu beobachten ist, dieses ihn durch allerlei Fehlfärbungen.

In welcher Form diese Aufzeichnungen gemacht und wie diese zu
einem Färbereiarchiv zusammengestellt werden, ist nicht von ausschlag-
gebender Wichtigkeit, die Hauptsache ist, daß sie gemacht und verwertet
werden.

A. Färbetheorien.

Allgemeines. Im Rahmen dieses, einem besonderen Zweig der Färbereipraxis gewidmeten Buches sollen auch die Färbetheorien kurz Erwähnung finden. Nicht die unendlich vielen Arbeiten und Ansichten der Verfechter der verschiedenen Theorien sollen erörtert werden, sondern nur die theoretischen Erkenntnisse, die jetzt allgemein als richtig anerkannt sind.

Wenn auch die Färbetheorien die Praxis bisher nicht sonderlich befruchtet haben, sondern umgekehrt die Theorie aus der praktischen Erfahrung schöpfte, so sind wohl die Theorien für den seinen Beruf mit Freuden ausübenden Färber nicht von besonderer Wichtigkeit, dürften aber doch insofern seine Beachtung erwecken, weil er für manche Vorgänge zwischen Faser und Farbstoff, die für ihn bisher völlig im Dunklen lagen, eine Erklärung finden kann, die ihm nun mit dazu verhelfen, in das Wesen der Färberei tiefer einzudringen und auch auf diese Weise das ganze Arbeitsgebiet eingehender beherrschen lernen.

Die bei den verschiedenen Textilfasern stark voneinander abweichenden Färbeverfahren finden ihre Ursache in dem verschiedenen chemischen und physikalischen Aufbau der einzelnen Fasern. Die älteren Forscher der Färbevorgänge sind nun vielfach in den Fehler verfallen, den bei einer Färbeoperation erkannten Vorgang zu verallgemeinern und auf alle Fasern und Färbeprozesse anzuwenden, daraus entstanden dann in der Literatur mit großer Schärfe geführte Auseinandersetzungen, die aber, wie immer in solchen Fällen, zur endgültigen Klärung der Sache sehr viel beitrugen.

Färbetheorien auf chemischer und physikalischer Grundlage. Unterzieht man die vielen aufgestellten Färbetheorien einer kritischen Betrachtung, so kann man sie in zwei Gruppen einteilen. Der ersten gehören diejenigen an, welche die Färbevorgänge rein physikalisch betrachten und die in der Hauptsache auf das Färben der pflanzlichen Fasern zutreffen. Der zweiten Gruppe gehören die chemischen Betrachtungsweisen an, die zwischen Faser und Farbstoff eine chemische Verbindung (Salzbildung) annehmen und die für die tierischen Fasern, Wolle und Seide, zutreffend sind.

Die älteren physikalischen Theorien betrachteten den Färbevorgang als eine Einlagerung der Farbstoffteilchen in das Innere der Faser. Im Färbebad quillt die Faser auf, durch die geöffneten Poren der Faser dringt der Farbstoff in den Faden ein. Beim nachfolgenden Trocknen schließen sich die Poren wieder und der Farbstoff wird in der Faser festgehalten.

Diese mit einem grob mechanischen Vorgang verglichene Färbetheorie wurde von Georgievics wesentlich verfeinert durch Aufstellung der

Adsorptionstheorie, er äußerte dabei die Ansicht, daß der Vorgang der Adsorption bei den Färbungen eine Stufe sei, die zwischen Lösung und chemischer Verbindung liege, und sie gewissermaßen als eine Vorstufe der chemischen Verbindung zwischen Faser und Farbstoff aufzufassen sei. R. Haller hat jedoch in keinem, wenigstens in keinem in das Gebiet der Baumwollfärberei fallenden Fall feststellen können, daß aus einer Adsorptionsverbindung eine chemische Verbindung entstanden sei.

Kolloidchemische Färbetheorien. Die Entwicklung der kolloidchemischen Forschung zog dann auch die Untersuchung gefärbter Fasern und der Farbstofflösungen in ihr Arbeitsgebiet. Die Folge war die Ermittlung einer großen Anzahl von Einzeldarstellungen, welche ausreichten, die Adsorptionstheorie in wichtigen Punkten weitgehend zu ergänzen, was schließlich dazu führte, eine neue Theorie, die Kolloidfärbetheorie, mit Erfolg aufzustellen.

Zum Verständnis dieser Theorie seien zunächst einige kolloidchemische Grundsätze vorausgeschickt. Der englische Chemiker Thomas Graham fand (1861—1864) bei seiner Untersuchung über die Diffusion gelöster Substanzen, daß gewisse Körper, und zwar solche, welche aus ihren Lösungen leicht kristallisieren, z. B. Zucker, Kochsalz usw., auch aus ihren Lösungen rasch in reines Wasser diffundieren oder durch tierische Membranen hindurchgehen, während andererseits amorphe Stoffe, also solche, die aus Lösungen nicht kristallisieren, auch nicht durch Membranen diffundieren. Graham betrachtete den Leim (colla) als Typus dieser Substanzen, für die er die Bezeichnung „Kolloide" wählte, im Gegensatz zu jenen anderen, die er „Kristalloide" nannte.

Diese grundlegenden Forschungen Grahams sind nun in der Zwischenzeit von vielen namhaften Forschern weitergeführt worden. Die einfachste Erkenntnis ist für uns, daß der Lösungszustand verschiedener Substanzen ganz verschieden sein kann, obwohl rein äußerlich an den Lösungen nichts zu erkennen ist. Während aber die Kristalloide bis zur molekularen Zerteilung im Wasser aufgelöst werden, so daß diese Lösungen unter dem Ultramikroskop vollkommen homogen aussehen, d. h. sie zeigen keinerlei auch noch so winzige Teilchen, zeigen die kolloiden Lösungen bei dieser Prüfung im allgemeinen kleine, voneinander unabhängige, lebhaft bewegte Teilchen, die demnach größer sind als die Moleküle der Kristalloidlösungen. Mit Hilfe der Ultramikroskopie war es denn auch möglich, die Teilchengröße verschiedener Farbstofflösungen zu ermitteln, sowie überhaupt in die Färbevorgänge tiefer einzudringen.

Nach Wolfgang Ostwald stehen die Kolloide zwischen den groben Suspensionen und den molekularen Lösungen und bilden mit diesen die sog. dispersen Systeme.

Disperse Systeme.

Grobe Suspensionen 1 mm bis 1 μ.	Kolloide Lösungen 0,1 μ bis 1 $\mu\mu$.	Molekulare Lösung kleiner als 1 $\mu\mu$.
Laufen nicht durch Papierfilter.	Laufen durch Papierfilter.	Laufen durch Papierfilter.
Mikroskopisch erkennbar.	Mikroskopisch nicht, ultramikroskopisch erkennbar.	Ultramikroskopisch nicht erkennbar.
	Diffundieren und dialysieren nicht.	Diffundieren und dialysieren.

$$\longrightarrow$$
zunehmender Dispersitätsgrad.

Die Frage nach dem Grenzwert zwischen den kolloidalen Lösungen und den groben Suspensionen einerseits und den kolloidalen und molekularen Lösungen andererseits beantworten uns die Messungen, die nach verschiedenen, hier nicht näher beschreibbaren physikalisch-chemischen Methoden gemacht wurden. Dabei ist der Durchmesser kolloidaler Teilchen zwischen eintausendstel und ein zehntausendstel Millimeter ermittelt worden, während derjenige der molekularen Lösung noch tausendmal kleiner ist, also Werte von einem millionstel bis ein zehnmillionstel Millimeter hat.

In kolloidalen Lösungen liegt also der Zerteilungsgrad zwischen einem zehntausendstel und einem millionstel Millimeter, wobei aber betont sein soll, daß besonders bei Farbstofflösungen Übergangsgebiete jeden beliebigen Dispersitätsgrades existieren, solche Lösungen also als polydispers aufzufassen sind.

Messungen an Farbstofflösungen ergaben, daß Säure- und basische Farbstoffe rein molekulare Lösungen bilden, sie demnach einen hohen Dispersitätsgrad besitzen. Viele der sog. schwachsauren Farbstoffe haben schon etwas kolloidaleren Charakter; ganz ausgeprägt kolloidal gelöst sind die substantiven und Schwefelfarbstoffe. Von den Küpenfarbstoffen sind die entsprechenden Reduktionsverbindungen des Indigos und Thioindigos[1] molekular gelöst, während alle anderen wieder kolloidale Form besitzen. Auch die verschiedenen Naphthol-AS-Marken sind in ihren Grundierungsbädern kolloidal gelöst, obwohl der Zerteilungsgrad sich schon mehr der molekularen Lösung nähert.

Theorie der Baumwollfärbung. Der Lösungszustand der Farbstoffe steht nun im Zusammenhang mit ihrer Fähigkeit, Baumwolle direkt anzufärben. Nach R. Haller[2] haben nur Farbstoffe mit einem bestimmten Dispersitätsgrad ihrer Lösung diese Fähigkeit. Ist die Teilchengröße kleiner, dann wird der Farbstoff von der Baumwolle überhaupt nicht

---

[1] Schaeffer, Dr.: Färbevorgänge. Z. ges. Textilind. 1931 S. 350.
[2] R. Haller: Primulinfärbung. Färber-Ztg. 1914 S. 16.

angenommen oder sehr schnell wieder abgewaschen. Ist der Dispersitätsgrad aber zu gering, dann lagert sich der Farbstoff bestenfalls oberflächlich auf der Faser ab, was zu reibunechten Färbungen führt.

Der Dispersitätsgrad der Farbstofflösungen läßt sich durch Temperaturerhöhung und Zusätze zu den Färbebädern weitgehend verändern, wodurch einerseits der Ablauf des Färbeprozesses beeinflußt wird, andererseits aber auch die Echtheit der Färbungen auf Wolle, Baumwolle und Halbwolle bestimmt werden kann. Alle die Umstände, welche den Dispersitätsgrad eines Farbstoffes erhöhen, wirken färbeverzögernd, alle, die ihn vermindern, fördernd auf die Farbstoffaufnahme durch die Faser. Die Erhöhung der Färbetemperatur bewirkt bei den meisten Farbstoffen eine Erhöhung des Dispersitätsgrades, aber auch gewisse Zusätze, wie Tetracarnit und bei den Küpenfarbstoffen besonders das Peregal der I. G. Farbenindustrie tritt eine weitere Zerteilung der Farbstoffteilchen ein. Auch das Palatinechtsalz 0 der I. G., das anscheinend ein ähnlicher Körper ist wie das Peregal sowie das Albatex PO der Ciba in Basel wirken ausgezeichnet auf die Erhöhung des Dispersitätsgrades, denn solche Farbstoffe, die infolge ihrer geringeren Teilchengröße auf Wolle reibunechte Färbungen ergeben, z. B. die Sopranole, werden unter Zusatz von Pelatinechtsalz 0 zum Färbebad ganz bedeutend reibechter.

Durch Zusatz von Salz zum Färbebad wird der Dispersitätsgrad der Farbstoffe herabgesetzt. Die Kolloidteilchen zeigen nämlich unter dem Ultramikroskop eine fortwährende Bewegung. Diese Bewegung beruht auf einer elektrischen Energie, welche den Kolloidteilchen innewohnt und welche sie an einem Zusammenschluß hindert. Erst durch Eintritt eines elektrischen Stromes in die Lösung wird die Aufladung den Teilchen entzogen, an den Elektroden ballen sie sich zusammen, die Lösung flockt aus. Dieser Ladungsentzug kann aber auch durch Zusatz von Elektrolyten (Säuren, Basen und Salzen) geschehen. In der Färbereipraxis geschieht dies in den meisten Fällen durch Salzzusatz, der aber immer in gewissen Grenzen gehalten werden muß, denn ein zu großer Salzzusatz kann zur völligen Ausflockung des Farbstoffes und somit zu abreibenden Färbungen führen.

Untersuchungen an der Faser. Zur Klärung der Färbereivorgänge sind umfangreiche Untersuchungen an den Textilfasern selbst erforderlich gewesen. Dabei sind die Forschungen an Baumwolle, die in gebleichtem Zustande einen einheitlichen Körper darstellt, viel weiter gediehen und haben die sich hier abspielenden Vorgänge bedeutend eingehender geklärt als bei der Wolle, die aus mehreren chemischen Körpern zusammengesetzt ist, die aber alle an dem Zustandekommen der Färbungen eine Rolle spielen.

Alle Gespinstfasern zeigen die Eigenschaft stärkerer oder geringerer

Quellbarkeit. Die Baumwolle ist weniger quellungsfähig als die Wolle[1]. Der Aufbau der Fasern wird von Nägeli mit einem Backsteinmauerwerk verglichen, wobei als Aufbauelemente größere und kleinere Molekülkomplexe fungieren, die er „Miszellen" nannte. Beim Quellungsvorgang tritt die Flüssigkeit zwischen die Miszellen, dieselben auseinanderdrängend und so das Volumen der quellenden Substanz vergrößernd. Naturgemäß wird beim Entfernen des Quellungsmittels, z. B. durch Verdunstung, die alte gegenseitige Lagerung der Miszellen wieder hergestellt. Mit dem Quellungsmittel können die darin molekular gelösten Substanzen zwischen die Miszellen treten; die dispers gelösten Farbstoffe aber dringen nicht zwischen die Miszellen ein, wie Haller durch viele ultramikroskopische Untersuchungen festgestellt hat, sondern sie werden an der eigentlichen Oberfläche der Faser adsorbiert. Auf den Adsorptionsvorgang folgt eine Verringerung des Dispersitätsgrades auf der Faser, der teilweise durch Ladungsentzug der Farbstoffteilchen durch die Faser selbst, zur Hauptsache aber durch die immer im Färbebad anwesenden Salze verursacht wird. Durch diese Vergrößerung der Teilchen auf der Faser wird die Bindung Faser—Farbstoff hervorgerufen, die Färbung entsteht.

Theorie der Wollfärbung. Die Vorgänge, die sich beim Färben der Wolle abspielen, sind noch keineswegs so abgeklärt, wie dies bei der Baumwolle zutrifft. Hier ist es vor allem die Faser selbst, die sich hindernd in den Weg stellt, denn die Wollfaser ist strukturell ganz anders aufgebaut als die Baumwolle, dazu kommt das Vorhandensein drei verschiedener Aufbauelemente, von denen die Schuppensubstanz, die Rindensubstanz und auch die Marksubstanz im chemischen, wie auch im strukturellen Sinne verschiedene Körper darstellen.

Salzbildungstheorie. Dem chemischen Verhalten nach hat die Wolle amphoteren Charakter, d. h. sie kann sowohl saure als auch basische Körper chemisch binden und auf das Bindungsvermögen, also der chemischen Vereinigung der Wolle mit den Farbstoffen, die in der Wollfärberei meist saurer Natur sind, beruht die Färbetheorie.

Bergmann war der Erste, der den Begriff der chemischen Bindung für die Erklärung der Färbevorgänge bei der Wolle herangezogen hat. Er berichtet 1776 in einer Abhandlung über den Indigo, daß Indigosulfosäure durch die Wolle aus dem Bade vollständig ausgezogen wird. Mit der Einführung der künstlichen Farbstoffe, mit welchen in einer bis dahin nicht gekannten Einfachheit die Wolle gefärbt werden konnte, gewann die Theorie der chemischen Bindung von Faser und Farbstoff neue Verfechter. Ganz besonders war es die Beobachtung von Jac-

---

[1] R. Haller: Theorie der Färbungen, in Heermann: Enzyklopädie der Textilchemischen Technologie. Berlin: Julius Springer.

quemin[1], die diese Theorie grundlegend befestigte, daß sich nämlich Wolle, die in eine zuvor durch Ammoniakzusatz farblos gemachte Fuchsinlösung eingetaucht wird, allmählich tiefrot anfärbt, und eine weitere kräftige Stütze erhielt die Theorie der Salzbildung durch Knecht[2], der feststellte, daß beim Färben der Wolle mit basischen Farbstoffen die an den Farbstoff gebundene Säure quantitativ im Bade zurückbleibt.

Die Beobachtung Jacquemins können den sauren Charakter der Wolle beweisen, wobei es immerhin verwunderlich erscheint, daß die sauren Gruppen der Wolle die schwächere Base des Farbstoffes der stärkeren des Ammoniaks bei der Salzbildung vorgezogen haben. Die Rotfärbung der Wolle in der ammoniakalischen Fuchsinlösung tritt aber nicht ein, wenn bei der Durchführung des Versuches die atmosphärische Kohlensäure ferngehalten wird, wie H. von Hove[3] feststellen konnte. Die Wolle bleibt in einer farblosen Fuchsinlösung bei Luftabschluß monatelang farblos, und erst bei Luft- bzw. deren Kohlensäurezutritt erscheint die Rotfärbung der Wolle von oben nach unten, der Diffusion der Kohlensäure folgend. Die Vereinigung der sauren Wollgruppen mit der Base des basischen Farbstoffes tritt also nur bei einer ganz bestimmten Wasserstoffionen-Konzentration ein, von der weiter unten noch die Rede sein wird.

R. Haller hält das Zustandekommen der Wollfärbungen allein auf Grund chemischer Bindung zwischen Wolle und Farbstoff für unwahrscheinlich[4], denn durch die außerordentliche Quellbarkeit, welche das Wollhaar besitzt, sei die Farbstoffaufnahmefähigkeit auch von physikalischen Gesichtspunkten aus zu betrachten. E. Elöd[5] sagt aber dagegen, daß Haller bei seinen Versuchen zur Klärung der Färbevorgänge bei der Wolle die Wasserstoffionen-Konzentration der Versuchsflüssigkeiten, von welcher die Reaktionsfähigkeit der Wolle abhängig ist, nicht genügend berücksichtigt habe. Diese Reaktionsfähigkeit zeigt gegenüber Säuren und Basen ein Minimum im sog. isoelektrischen Punkt, der bei Wolle bei einer Wasserstoffionen-Konzentration von pH 4,9 liegt. Unterhalb dieses Wertes kann die Wolle nur Säuren und oberhalb nur Basen aufnehmen, wogegen im isoelektrischen Gebiet selbst Säuren oder Alkalien nicht, oder nur in geringen Mengen, dagegen unter bestimmten Umständen Neutralsalze und auch organische Moleküle aufgenommen werden. Aus diesem Verhalten der Wolle heraus erkennt Elöd, daß die von Haller angeführten Versuche gar nicht gegen, sondern für die Salzbildungstheorie bei der Wollfärbung sprechen.

---

[1] Jacquemin: Compt. rend. 1876 S. 261.
[2] Knecht: Berl. Ber. 1888, 1556.
[3] von Hove, H.: Melliand Textilber. 1933, 301.
[4] Haller, R.: Melliand Textilber. 1930, 698.
[5] Elöd, E.: Melliand Textilber. 1930, 791.

Säurebindungsvermögen der Wolle. K. H. Mayer[1], der die Vorgänge beim Färben mit sauren Wollfarbstoffen eingehend untersuchte, hat gefunden, daß Wolle gegenüber allen Säuren, anorganischen wie organischen, auch gegenüber den Farbstoffsäuren, sich ganz gleichmäßig verhält, und zwar wie eine Base, die stets maximal ein und dieselbe Menge Säure salzartig zu binden vermag. Versuche mit Wollen verschiedener Faserdicke zeigten die Farbstoffaufnahme durch das ganze Volumen hindurch und daß die Menge des aufgenommenen Farbstoffes abhängig ist vom Gewicht der Wolle und nicht von deren Oberfläche. Aufgenommen wird ferner stets die Farbsäure, nicht das Farbsalz, als welche die Farbstoffe des Handels vorliegen. Die nach chemischen Gesetzmäßigkeiten verlaufende Säurebindung durch die Wolle hat ergeben, daß 1200 g Wolle nur ein Äquivalent = 14 g basisch reagierenden Stickstoff enthalten. Da sich bei einem Stickstoffgehalt von etwa 15% in 1200 g Wolle 180 g Stickstoff befinden, kommt nur jedem 13. Stickstoffatom der Wolle die Fähigkeit zu, Säure zu binden.

Die Säuremengen, die praktisch von der Wolle chemisch gebunden werden, betragen bei den in der Färberei gebräuchlichen Säuren 4,12% Schwefelsäure und 4,6% Ameisensäure. Die Farbstoffmenge aber, welche einem Äquivalent entspricht, ist infolge des hohen Molekülargewichtes der Farbstoffe recht erheblich. Bis zur völligen Sättigung der basischen Gruppen der Wolle könnten bei Orange II 20,40% und bei anderen Farbstoffen bis zu 32% vom Gewicht der Wolle aufgenommen werden. Solche Farbstoffmengen kommen aber in der Praxis nie vor, hier kommt man mit 5—6 proz., bei Schwarz 6—8 proz. Färbungen immer aus. Aus dieser Tatsache ergibt sich denn auch, daß die Wollfärbebäder fast vollständig ausziehen.

Die Unterschiede in der Echtheit der sauer und schwach sauer gefärbten Wollen führt K. H. Mayer auf die verschiedene Schwerlöslichkeit der Salze aus Wolle und Farbsäure zurück. Im sauren Färbebade, in welchem die Farbstoffsäure durch die zugesetzte Färbesäure frei gemacht wird, beide Säuren also nebeneinander vorhanden sind, siegt infolge dieser Schwerlöslichkeit die Farbstoffsäure im Kampf um die basischen Gruppen der Wolle, erst wenn die Farbstoffsäure gebunden ist, werden die noch übrigen basischen Gruppen der Wolle mit der im Bade vorhandenen Säure bis zum Gleichgewicht abgesättigt. Die Schwerlöslichkeit der Verbindung Wolle—Farbstoffsäure soll auch die Ursache des schlechten Egalisierens sein, die Farbstoffsäure wird von den äußersten Wollhaaren sofort gewissermaßen gefällt, so daß zu den tiefer liegenden Teilen des Färbegutes nur noch farbstoffarme Flotte gelangt.

Physikalische Auffassung der Wollfärbung. Mit dieser rein chemischen Theorie lassen sich aber die Vorgänge bei der Wollfärbung

---

[1] Mayer, K. H.: Melliand Textilber. 1926, 605.

allein keineswegs erklären, denn neben der chemischen Reaktion spielen aber auch physikalische Vorgänge, wie Quellung der Faser, Dispersität der Farbstofflösung, Zustand des Färbebades, Diffusion, Adsorption und anderes recht bedeutsame Rollen.

Speakmann[1], der die Eigenschaften der Wolle in bezug auf die praktische industrielle Anwendung studierte, hat durch Quellungsmessungen festgestellt, daß die Wolle um 17,5% im Durchmesser und 1,17% in der Länge aufquillt; er schreibt der Wolle auch miszellaren Aufbau zu. Durch das heiße Wasser der Färbebäder werde der Abstand der Miszellen vergrößert, ein Vorgang, der durch die dem Bade zugefügte Säure noch mehr gefördert werde, deren Aufgabe auch darin besteht, die in der Wollsubstanz vorgebildeten, aber für die Farbstoffbindung noch nicht reaktionsfähigen basischen Gruppen allmählich freizumachen. Durch die Poren zwischen den Miszellen dringt die Farbstoffsäure in das Innere der Faser, wo bei einer bestimmten Wasserstoffionen-Konzentration die Bindung zwischen Wolle und Farbstoff erfolgt. Wenn indessen die Farbstoffteilchen zu groß sind, beschränkt sich die Färbung nur auf die Oberfläche der Faser, wodurch unegale, schipprige und abrußende Färbungen entstehen.

Daß die beim Färben zugesetzte Säure die Wolle den sauren Farbstoffen gegenüber reaktionsfähig macht, sei es nun durch Freimachen der basischen Gruppen, durch chemische Aufspaltung oder Hydrolyse, kann jeder Färber daran beobachten, wenn er z.B. eine schon gefärbte Wolle mit einer noch rohen Wolle zusammen schwarz färben will. Selbst wenn die in der schon gefärbten Wolle zurückgebliebene Säure sorgfältig neutralisiert wird, und man annehmen könnte, den Zustand der Rohwolle wieder hergestellt zu haben, so zieht diese schon gefärbte Wolle aber so stark den Farbstoff an sich, daß für die rohe Wolle nur noch ein schwaches Bad zurückbleibt und sie dementsprechend bedeutend schwächer angefärbt wird. Ja, selbst durch einfaches Kochen in Wasser oder einem neutralen Glaubersalzbade wird die Reaktionsfähigkeit der Wolle gegenüber sauren Farbstoffen so gesteigert, daß solche Wollen beim späteren Ausfärben mit roher Wolle bedeutend dunkler ausfallen als diese.

Wasserstoffionen-Konzentration. Bei den Versuchen zur Aufklärung der Färbevorgänge der Wolle hat, wie wir gesehen haben, die Wasserstoffionen-Konzentration eine bedeutsame Rolle gespielt. Die Berücksichtigung derselben hat aber nicht nur im Laboratorium zu wissenschaftlichen Arbeiten, sondern ganz besonders auch in der Praxis der Textilveredelung und hier vor allem in der Wollfärberei ihre Berechtigung.

Vom Standpunkt des Färbereipraktikers, der ja auch färbt, ohne etwas von der Wasserstoffionen-Konzentration zu wissen, scheint deren Kenntnis nebensächlich zu sein; und doch wird er, wenn er sich nur etwas

---

[1] Speakmann: The Journal of the Society of Dyers & Color. 1933, 180.

mit der Materie beschäftigt und durchdacht hat, für seine Arbeit manchen wertvollen Vorteil daraus schöpfen.

Es ist hier nicht der Ort, eine einwandfreie wissenschaftliche Erklärung für den Begriff der Wasserstoffionen-Konzentration zu geben, wer sich darüber eingehender informieren will, benutze das sehr umfangreiche Schrifttum dieses Sondergebietes der Chemie[1]. Hier soll nur der Versuch unternommen werden, in groben Zügen das Wesen der Wasserstoffionen-Konzentration, soweit sie für den Färber in Betracht kommt, zu erklären.

Ionen. Der Begriff „Ion" = Wanderer wurde 1834 von Faraday in die Chemie eingeführt. Bei elektrochemischen Versuchen fand Faraday, daß die Leitung des elektrischen Stromes durch Lösungen die gelösten Stoffe zerlegt, und die Molekülarbruchstücke, die er Ionen nannte, elektrisch aufgeladen werden, wobei er zwischen den positiv geladenen Kationen, welche mit dem Strom durch die Lösung wandern, und den negativ geladenen Anionen, welche gegen die Stromrichtung wandern, unterschied.

S. Arrhenius hat dann 1887, nachdem viele Forscher vor ihm sich mit dem gleichen Problem beschäftigt hatten, seine Dissoziationstheorie aufgestellt, nach der die Moleküle in wäßriger Lösung in freie Ionen dissoziiert sind, unabhängig davon, ob Strom durch die Lösung geht oder nicht.

Die Dissoziationstheorie ermöglicht es, Säuren als Stoffe zu definieren, die in wäßriger Lösung Wasserstoffionen abspalten, und Basen als Stoffe, die in wäßriger Lösung Hydroxylionen (OH) abspalten.

Die Wasserstoffionen nehmen von allen anderen Ionen eine Sonderstellung ein; sie sind die kleinsten, überhaupt existierenden Massenteilchen. Sie sind der positiv geladene Kern eines Wasserstoffatoms. Infolge ihrer Kleinheit besitzen sie eine außergewöhnliche Beweglichkeit und Reaktionsfähigkeit. Von der Gegenwart größerer oder geringerer Mengen Wasserstoffionen hängt der Ablauf vieler chemischer und biologischer Vorgänge ab.

Wasserstoffionen sind in allen wäßrigen Lösungen enthalten, selbst in reinem, destilliertem Wasser, doch ist deren Menge darin äußerst gering, aber eine ganz bestimmte, d.h. in einem Liter reinsten Wasser befinden sich immer eine ganz bestimmte Menge Wasserstoffionen.

Gelangen Säuren in das Wasser, so wird durch deren Dissoziation die Menge der Wasserstoffionen vermehrt, ihre Konzentration erhöht. Es gibt Säuren, welche in der wäßrigen Verdünnung fast vollständig dissoziieren, z.B. Salzsäure und Schwefelsäure, die also sehr viel Wasserstoffionen abspalten, und solche Säuren, deren Dissoziation nur schwach ist,

---

[1] Kordatzki, W.: Taschenbuch der praktischen pH-Messung, München 1934.— Jörgensen, H.: Wasserstoffionen-Konzentration, Dresden 1935. — Michaelis, L.: Die Wasserstoffionen-Konzentration, Berlin 1922.

z. B. Essigsäure und Milchsäure, welche darum auch weniger Wasserstoffionen bilden.

So wie die Säuren Wasserstoffionen abspalten, so haben die sog. Basen (Laugen) die Eigenschaft, Wasserstoffionen zu binden. In alkalischen Lösungen ist darum die Wasserstoffionen-Konzentration geringer als in neutralem Wasser. Bei starken Basen, z. B. Natronlauge, ist die Konzentration der Wasserstoffionen auf einen besonders geringen Betrag vermindert, bei schwachen Basen, wie z. B. Ammoniak, ist dies in geringerem Ausmaß der Fall.

Salze, wie Kochsalz oder Glaubersalz, beeinflussen die Wasserstoffionen-Konzentration von Lösungen weniger, da sie durch gegenseitige Abstumpfung (Neutralisation) von Säuren und Basen entstanden sind. Es gibt aber auch Salze, bei welchen die sauren oder die basischen Anteile überwiegend sind, so daß sie in ihrem chemischen Verhalten den Säuren bzw. Basen nähern (z. B. Natriumbisulfat, Soda, Seife).

Aus der Färbereipraxis dürfte wohl jedem bekannt sein, daß man die Reaktion eines Bades mit Lackmuspapier festzustellen pflegt. Dieses Reagenspapier gibt durch seinen Farbenumschlag wohl an, ob das Bad sauer oder alkalisch ist, es sagt aber nichts über die in der Lösung vorhandene Konzentration der Wasserstoffionen; es wird in essigsaurer Lösung genau so gerötet wie in schwefelsaurer. Auch die Zunge, die früher häufiger noch als heute in den Färbereien zur Bestimmung der Azidität der Bäder herangezogen wurde, ist kein verläßlicher Gehilfe, der über die Konzentration der Wasserstoffionen Aufschluß geben könnte.

Wie ist nun die Wasserstoffionen-Konzentration einer Lösung zu ermitteln und welcher Maßstab wird bei ihrer Bestimmung angelegt? Da ist zunächst zu sagen, daß die genauen Bestimmungsmethoden für die Färbereipraxis nicht in Betracht kommen, da die Apparate lediglich für den exakt arbeitenden Wissenschaftler gebaut wurden und von ihm bedient werden können. Trotzdem gibt es eine Reihe von Hilfsmitteln, die auch in ungeübter Hand für die Praxis genügend genaue Prüfungen ermöglichen, sie sind weiter unten angeführt.

Als Berechnungsgrundlage für die zahlenmäßige Angabe der Wasserstoffionen-Konzentration dient das reine destillierte Wasser, dessen Dissoziation sehr gering ist, d. h. die Wasserstoffionen und die (OH) Hydroxylionen haben das Bestreben, sich weitgehend zu Wasser zu vereinigen.

$$H_2O \rightleftarrows H + OH.$$

Nach dem Massenwirkungsgesetz führt nun die in der Formel ausgedrückte Reaktion zu einem Gleichgewicht, welches charakterisiert ist durch die Beziehung

$$\frac{\text{Konz. der H-Ionen} - \text{Konz. der OH-Ionen}}{\text{Konz. von undissoziiertem Wasser}} = \text{Konstant.}$$

oder einfacher

$$\frac{H^+ \cdot OH^-}{H_2O} = K.$$

Da die Menge des undissoziierten Wassers im Verhältnis zum dissoziierten extrem groß ist, kann es einheitlich und daher als eine Konstante genommen werden. Aus obiger Gleichung wird daher

$$[H^+ \cdot OH^-] = K.$$

Durch elektrische Leitfähigkeitsmessungen des reinen destillierten Wassers ist diese Konstante bei 22° C zu $\frac{1}{100\,000\,000\,000\,000}$ oder 10^{-14} (d. h. ein Zehnmillionstel zum Quadrat) Gramm-Ionen pro Liter gefunden worden.

Weil nun im reinen, destillierten Wasser die Wasserstoff- und Hydroxylionen einander die Waage halten, sind sie in gleicher Konzentration, und zwar zu $\frac{1}{10\,000\,000}$ Gramm-Ionen im Liter vorhanden.

Da es sehr unbequem wäre, mit diesen sehr kleinen Zahlen zu rechnen, so schreibt man die Zahl als Potenz an, d. h. $\frac{1}{10\,000\,000} = 10^{-7}$ und vernachlässigt auch noch die 10 und das Minuszeichen. Bei Neutralität beträgt ganz einfach die Wasserstoffionen-Konzentration 7. Sörensen hat dafür noch das Symbol pH = Wasserstoffexponent eingeführt, und so schreibt man bei Neutralität einfach $pH = 7$.

pH-Werte. Um einen bequemen Maßstab für den Gehalt an Wasserstoffionen zu besitzen, hat man die pH-Skala eingeführt. Diese ist in 14 Einheiten eingeteilt und es liegen

zwischen pH 0 bis 3 die stark sauren Lösungen (mit sehr hoher Wasserstoffionen-Konzentration);

zwischen pH 3 bis 6 die schwach sauren Lösungen (mit ziemlich hoher Wasserstoffionen-Konzentration);

bei pH 7 die neutralen Lösungen (mit mittlerer Wasserstoffionen-Konzentration);

zwischen pH 8 bis 10 die schwach alkalischen Lösungen (mit ziemlich geringer Wasserstoffionen-Konzentration);

zwischen pH 11 bis 14 die stark alkalischen Lösungen (mit sehr geringer Wasserstoffionen-Konzentration).

Für die Angaben der pH-Werte scheint es zunächst etwas unbequem, daß der Neutralpunkt in der Mitte der Skala liegt und daß mit zunehmender Wasserstoffionen-Konzentration die Zahlen kleiner, bzw. mit geringerer Wasserstoffionen-Konzentration größer werden. Weil man aber nicht mit der wirklichen Wasserstoffionen-Konzentration rechnet, sondern mit den negativen Potenzen, wird es verständlicher, wenn man bedenkt, daß mit zunehmenden Gramm-Wasserstoffionen im Liter der Bruch größer wird. Am deutlichsten wird die vermutliche Gegensätzlichkeit aus der nachstehenden Tabelle:

pH-Wert	Konzentration der Wasserstoffionen in Gramm im Liter
1	1/10
2	1/100
3	1/1000
4	1/10000
5	1/100000
6	1/1000000
7	1/10000000

Sobald man über pH = 7 kommt, ist man im alkalischen Bereich, das charakterisiert ist durch die Gegenwart von OH-Hydroxylionen. Man müßte darum eigentlich hier von einer Hydroxylionen-Konzentration sprechen, doch weil in einer alkalischen Lösung nicht nur OH-Ionen vorhanden sind, sondern auch immer eine geringe Menge von Wasserstoffionen auftritt, so kann man eine alkalische Lösung nicht nur durch deren OH-Ionen-Konzentration, sondern ebensogut auch mit ihrer Wasserstoffionen-Konzentration bezeichnen, und hat der Einfachheit halber pH auch für alkalische Lösungen beibehalten.

Es hat zwar nicht an Vorschlägen gefehlt, die etwas unklar erscheinende pH-Skala zu vereinfachen und die Zahlen z.B. in Sörensen-Einheiten oder °S auszudrücken, doch hat der pH-Begriff so allgemeine Verbreitung gefunden, daß die Einführung neuer Symbole nur Verwirrung bringen würde.

Die Bedeutung der H-Ionen-Konzentration und der pH-Werte sei an einigen Beispielen erläutert. Eine 1/10 normale Salzsäure enthält im Liter 3,65 g HCl oder 0,1 g ionisierbaren Wasserstoff. Elektrische Leitfähigkeitsmessungen haben ergeben, daß bei 18° C 91,4% der HCl aufgespalten sind. Dies bedeutet, daß 914 Moleküle von jedem 1000 nicht als Moleküle, sondern als H- und Cl-Ionen in der Lösung vorhanden sind. Wenn die Salzsäure vollkommen ionisiert wäre, würde die Lösung 0,1 g H-Ionen enthalten. Weil jedoch nur 91,4% ionisiert sind, enthält sie $0,1 \cdot 0,914 = 0,0914$ g H-Ionen im Liter. Die Normalität dieser Lösung in bezug auf H-Ionen ist $\dfrac{n\,1}{0,0914} = n/10,94$. Der pH-Wert der 1/10 normalen Salzsäure ist daher log 10,94 = 1,04.

Eine 1/10 normale Essigsäure enthält ebenfalls 0,1 g ionisierbaren Wasserstoff. Leitfähigkeitsmessungen haben aber ergeben, daß sie bei 18° C nur zu 1,3% dissoziiert ist. Daher ist die Wasserstoffionen-Konzentration $0,1 \cdot 0,013 = 0,0013$ g im Liter. Dies entspricht in bezug auf H-Ionen einer n/769-Lösung. Der pH-Wert einer 1/10 normalen Essigsäure ist daher log 769 = 2,89. Da die Wasserstoffionen-Konzentration einer 1/10 normalen Salzsäure 0,0914 g und die einer 1/10 normalen Essigsäure 0,0013 g im Liter beträgt, so enthält die Salzsäure fast 70mal mehr H-Ionen als die Essigsäure. Dadurch ist denn auch die verschiedene Wirksamkeit der beiden Säuren bei chemischen und anderen Prozessen zu erklären. Es sei nur an das Auflösen von Metall, z.B. Zink, erinnert, das in der Salzsäure schnell, in der Essigsäure aber äußerst langsam erfolgt, oder an die faserzerstörende Wirkung der ersteren, wie auch der Schwefelsäure, die nicht viel schwächer dissoziiert ist als die Salzsäure. Essigsäure ruft in keinem Falle eine Korbonisation hervor.

Angenäherte pH-Werte einiger Säuren und Basen.

Salzsäure	1,0	Natriumbikarbonat	8,4
Schwefelsäure	1,17	Borax	9,2
Ameisensäure	2,32	Ammoniak	11,1
Milchsäure	2,43	Soda	11,6
Essigsäure	2,9	Wasserglas	12,2
Alaun	3,2	Natriumhydroxyd	13,0
Borsäure	5,2		

Pufferung. Die Beeinflussung der Wasserstoffionen-Konzentration
einer Lösung durch Zufügen von Säuren oder Basen erfolgt nicht immer
in gleicher Stärke und ist abhängig von der gleichzeitigen Gegenwart
anderer Substanzen in der Lösung, die man Puffer nennt, und deren
Aufgabe es ist, die starke Wirkung einer zugefügten Säure oder Base
aufzufangen. Ein Puffer ist demnach eine Substanz, die, den jeweiligen
Erfordernissen entsprechend, beträchtliche Mengen von Wasserstoffionen
binden oder in Freiheit setzen kann. Sie besteht daher aus zwei Kom-
ponenten, welche abwechselnd in Reaktion treten, je nachdem, ob Wasserstoffionen zugefügt oder entfernt werden. Fügt man z. B. zu einer Lösung,
die das Salz einer schwachen Säure oder schwachen Base enthält, eine
starke Säure bzw. Base, so tritt diese statt der schwachen in das Salz ein.
Die Wasserstoffionen-Konzentration wird also nicht durch die zugefügte
starke Säure oder Base bestimmt, sondern durch die verdrängte und in
Freiheit gesetzte schwache. Darum besitzen Lösungen, welche Salze
schwacher Säuren oder Basen enthalten, die Eigenschaft guter „Pufferung", d. h. großen Widerstand gegen starke pH-Veränderung durch Zufügen von Säuren und Basen. Eine natriumazetathaltige Lösung vom
pH-Wert 4,6 und genügender Konzentration kann z. B. durch Zusatz von
0,0036% Salzsäure, die maßanalytisch überhaupt kaum feststellbar wäre,
nur auf einen pH-Wert von 3,8 geändert werden. In reinem Wasser
würde die gleiche Salzsäuremenge einen pH-Wert von 3,0 hervorrufen.

Von der Pufferung gewisser Salze wird in der Färbereipraxis oft Gebrauch gemacht, z. B. bei der Entfernung großer Wasserstoffionenmengen
aus Fasern und Bädern, herrührend von Schwefel- oder Salzsäure durch
Zufügen von essigsaurem Natron. Auch die Erhöhung der Wasserstoffionen in ätzalkalischen Lösungen der Wollküpen- und Immedialleuko-
Farbstoffe durch Zufügen des durch die schwache Base Ammoniak gebildeten schwefelsauren Ammoniums beruht auf einer Pufferung.

Bestimmung der pH-Werte. Die Meßmethoden, welche zur Bestimmung des pH-Wertes zur Anwendung kommen, sind entweder elektrometrische oder kolorimetrische. Die elektrometrische Methode erfordert
teure Apparate und findet mehr zu wissenschaftlichen Arbeiten, wo es auf
große Exaktheit ankommt, Verwendung. In der Technik kommt man
sehr gut mit der kolorimetrischen Meßmethode aus, und zwar bedient
man sich dabei sog. Indikatoren, das sind Farbstoffe, die bei einem ganz

bestimmten pH-Wert ihren Farbton ändern. Um die ganze pH-Skala zu messen, sind mehrere Indikatoren erforderlich, die in der Anwendung ziemliche Erfahrung voraussetzen, in farbstoffhaltigen Bädern zudem versagen. Zur Prüfung farbloser Bäder, Wasserstoffsuperoxyd-Bleichbäder und Färbebäder, die noch nicht mit Farbstoff beschickt sind, leistet der Universalindikator der Firma E. Merk in Darmstadt sehr gute Dienste. Seine äußerst einfache Handhabung ist wie folgt: Von dem zu prüfenden Bade werden 8 cm³ in eine kleine Porzellanschale gebracht, mit zwei Tropfen des Universalindikators versetzt und die dabei entstehende Farbe mit der beigegebenen Farbenskala verglichen. Die Farben der Skala sind der größeren Handlichkeit wegen in Abständen von 0,5 zu 0,5 pH-Werten eingeteilt; Zwischenwerte müssen geschätzt werden, was bei einiger Übung bis zu einer Genauigkeit von pH $\pm$ 0,1 möglich ist. Alle zwischen pH 4 bis 9 liegenden Werte können mit diesem Indikator mit einer für Färbereizwecke genügenden Genauigkeit ermittelt werden.

Für größere Genauigkeit und zur Bestimmung der ganzen Skala von pH 0 bis 14 dienen die Indikatorfolien nach Wulff, die von der Firma Lautenschläger in München in den Handel gebracht werden. Diese Folien gestatten auch die Bestimmung der pH-Werte farbiger Lösungen und ist ihre Handhabung so einfach, daß jeder nach kurzer Anleitung die pH-Werte einer Lösung so leicht bestimmen kann, wie er z.B. die Temperaturgrade von einem Thermometer abliest.

Die Indikatorfolie ist eine für wäßrige Lösungen diffundierbare Membrane, in der sich ein Farbstoff befindet, der die Eigenschaft besitzt, seinen Farbton, je nach dem pH-Wert der Lösung, mit der er in Berührung kommt, zu ändern. Es ist eine besondere Eigenschaft der Membranen, daß der Indikatorfarbstoff langsamer herausdiffundiert, als die Wasserstoffionen hineindringen, ebenso können aber außerhalb der Membrane befindliche Farbstoffe nur langsam eindringen und den Farbton der Folien ungünstig beeinflussen, weshalb mit ihrer Hilfe auch farbige Lösungen gut auf ihren pH-Wert geprüft werden können. Zur Ausführung der Bestimmung wird von der zu untersuchenden Flüssigkeit etwas in ein kleines Schälchen gebracht, in die eine Folie eine Minute lang eingetaucht wird, in welcher Zeit der Farbenumschlag erfolgt; dann wird die Folie herausgenommen, auf einen Glasschieber gelegt und mit den darunterliegenden Farben einer Skala in Übereinstimmung gebracht, worauf der pH-Wert sofort abgelesen werden kann.

Anwendung des pH-Begriffes in der Färberei und Bleicherei. Die praktische Anwendung der pH-Bestimmung in den Färbereibetrieben kann eine sehr mannigfache sein. Das lehrt schon die einfache Betrachtung der chemischen Natur der Faserstoffe, beispielsweise der Wolle, die in schwach alkalischen Lösungen sauren Charakter, in sauren Lösungen Basencharakter, oder, wie es wissenschaftlich heißt, amphoteren Charakter besitzt. Verschiedene Forscher haben ermittelt, daß die geringste Reaktionsfähigkeit der Wolle gegenüber Wasserstoffionen bei einem pH-Wert von etwa 4,9 liegt. Dieses ist der „isoelektrische Punkt".

Ist der pH-Wert einer Lösung verschieden vom isoelektrischen Punkt der Faser, so zeigt diese das Bestreben, solange Wasserstoffionen oder OH-Ionen aufzunehmen, bis sie auf den isoelektrischen Punkt angelangt ist. Je größer der Unterschied zwischen isoelektrischem Punkt der Wolle und dem pH-Wert des Färbebades ist, desto mehr Wasserstoffionen werden von der Wolle aufgenommen, um so größer wird auch die Reaktionsfähigkeit der Faser, was zur Folge hat, daß die Farbstoffe schneller und in vermehrtem Maße aufziehen. Farbstoffe, deren Farbsäure nach Ansicht von K. H. Mayer[1] mit der Wolle schwerlösliche Verbindungen, demzufolge echtere Färbungen ergeben, ziehen naturgemäß auf eine stark reaktionsfähige Wolle schnell, und weil die Verbindung schwerlöslich ist, egalisieren sie dann auch bei längerem Kochen nicht. Man muß deshalb beim Färben dafür Sorge tragen, daß die Wolle ganz allmählich reaktionsfähig gemacht wird, was durch Anwendung von wenig wasserstoffionenabspaltenden Säuren, also Essig- oder Ameisensäure, geschieht. In vielen Fällen muß selbst die Wirkung dieser Säuren noch herabgemindert, gepuffert werden, indem entweder die Wasserstoffionen-Konzentration durch Zusatz der Natriumsalze der betreffenden Säure, also ameisen- oder essigsaurem Natrium zurückgedrängt, oder durch Neutralisation mit Ammoniak bis zum pH-Wert 6 bis 6,5 aufhebt, was mit Hilfe des Merkschen Universalindikators sehr leicht auszuführen ist.

Auf diese Weise wird der Begriff „Egalisierungsfarbstoff" weitgehend erweitert und bei Berücksichtigung der Wasserstoffionen-Konzentration die Möglichkeit gegeben, mit sonst schwer egalisierenden Farbstoffen egale Färbungen herauszubringen (s. S. 205).

Es soll nun nicht verlangt werden, daß der Wollfärber alle seine Bäder auf den pH-Wert untersucht, das ist bei den mit Schwefelsäure zu färbenden Säure- und Palatinecht-Farbstoffen gar nicht mal nötig, da deren Säuregehalt bei Weiterbenutzung der Bäder viel besser durch Titration ermittelt wird; bei der großen Anzahl der immer wichtiger werdenden schwachsauer zu färbenden Farbstoffe ist es für den Färber aber eine Beruhigung, über den pH-Wert des Bades unterrichtet zu sein. Erfahrung und Mißerfolg haben ihn in solchen Fällen zwar schon gelehrt, mit dem Säurezusatz vorsichtig zu sein, und hat, wenn auch unbewußt, die Konzentration der Wasserstoffionen in seinen Bädern in gewissen Grenzen gehalten. Wenn er sich aber mit dem Wesen des pH-Problems etwas vertrauter macht, wird er in manche Vorgänge der Färberei klareren Einblick gewinnen und bei zukünftigen Schwierigkeiten leichter darüber hinwegkommen.

---

[1] Mayer, K. H.: Melliand Textilber. 1926, 605.

Nicht zu entbehren ist die pH-Bestimmung der Superoxydbleichbäder der Wolle, deren Wirkungsoptimum in bezug auf Faserschonung und Bleicheffekt bei einem pH von 10 liegt, das am besten durch Zusatz von Ammoniak erzielt wird. Auch in der Bleicherei der Baumwolle und ganz besonders des Leinens in saurer Flotte ist für die Verhütung einer Faserschädigung die pH-Kontrolle von unschätzbarem Wert.

Das Waschen der Wolle leidet bekanntlich unter der drohenden Gefahr einer Faserschädigung bei zu hoher Alkalität der Waschlauge. Die Grenze des unschädlichen Alkalis, ebenso wie das Minimum noch wirksamen Alkalis, die je nach der Wollart wechseln, kann durch einen pH-Wert festgelegt werden.

B. Färben der Wolle.

Reinigung der Wolle vor dem Färben. Bevor die Wolle in die Färbebäder gelangt, ist zu entscheiden, ob sie einer Reinigung unterworfen werden muß. Bei loser, ungewaschener Wolle ist das eine Selbstverständlichkeit, auf die in dem besonderen Abschnitt auf S. 52 hingewiesen wurde. Ob Kammzug, Garn im Strang oder auf Spulen zu waschen sind, entscheidet ihre Reinheit. Viele Materialien gelangen in solch reinem Zustande zur Färberei, daß die in der Faser enthaltenen Spinnöle beim Färben nicht stören und Egalität und Echtheit der Färbungen nicht beeinträchtigen. Die geringen Fettmengen sind durch eine einfache Wäsche mit Seife und etwas Alkali nicht einmal zu vermindern, weshalb man mit der Ware ohne jede Vorbehandlung in das Färbebad eingehen kann, dem man zur Sicherheit ein säurebeständiges Netzmittel, das auch eine gewisse Emulsionskraft besitzt, wie Leonil, Nekal, Igepon T, Gardinol, Oranit od. ä. zugeben kann, was aber nicht unbedingt notwendig ist.

Sind die Materialien jedoch stärker fetthaltig, so ist eine Reinigung mit etwas Ammoniak oder Soda unter Zuhilfenahme von Seife oder Fettalkoholsulfonaten unerläßlich zur Erzielung einwandfreier Färbungen, die, wenn man das Waschen unterläßt, nicht egal zu bekommen sind und später stark abrußen. Das Waschen mit 1—2% Ammoniak oder 1—2% Soda kalz, 1—3% Seife und etwa ½% Fettalkoholsulfonat geschieht in 40—50° C warmer Flotte 20—30 Minuten lang; Garne sind von Hand auf offener Kufe besser zu waschen als in Apparaten, denn die mit viel Fett gesponnenen Wollen enthalten gewöhnlich auch größere Staubmengen, die bei der Wäsche im Färbeapparat immer wieder mit anfiltriert werden und Flecken verursachen. Beim Waschen auf der offenen Kufe neigen die Wollmaterialien gern zum Verfilzen, weshalb mit äußerster Vorsicht gearbeitet werden muß. Nach dem Waschen muß zur Entfernung des gelösten Fettes und Schmutzes einmal warm und dann gründlich kalt gespült werden, wobei möglichst weiches Wasser zu verwenden ist, um die lästige Kalkseifenbildung zu verhüten.

Die Farbstoffklassen für die Wollfärberei. Für das Färben der Wolle in Apparaten kommen je nach Echtheitsansprüchen folgende Farbstoffklassen zur Anwendung: die Säurefarbstoffe, auch als saure Wollfarbstoffe bezeichnet, die diesen Farbstoffen färbereitechnisch nahestehenden Palatinecht- und Neolanfarbstoffe, die Beizenfarbstoffe mit ihren Unterabteilungen, von denen die eigentlichen Alizarinfarbstoffe, die ein Vorbeizen der Wolle verlangen, die ältesten sind, die Nachchromierungs- oder Chromentwicklungsfarbstoffe, die zuerst gefärbt und dann zur Bildung des Farblackes mit Chromkalizusatz zum Färbebad entwickelt werden, die Einbadchromfarbstoffe (Metachrom-Eriochromalfarbstoffe), bei denen Farbstoff und Beize gleichzeitig dem Bade zugesetzt werden. Neben diesen Hauptfarbstoffen der Wollfärberei kommen auch noch gewisse Küpenfarbstoffe zur Verwendung, von welchen der Indigo als der überhaupt älteste Farbstoff zu gelten hat. Basische Farbstoffe, die sich durch eine nicht zu überbietende Lichtunechtheit auszeichnen, finden heute für Wolle nur noch im Gebiet der leuchtenden Gelb-Orange-Rot, die sich auf Rhodaminkomponenten aufbauen, Anwendung. Sie werden fast nur auf Stranggarn im lauwarmen Seifenbad auf der Kufe gefärbt und sind für die Apparatefärberei bedeutungslos. Gewisse substantive Baumwollfarbstoffe sind auch in der Wollfärberei beliebt. Die Schwefel- und Entwicklungsfarbstoffe, wie Naphthol AS und Anilinschwarz sind für die Wolle ganz ohne Bedeutung.

Färben mit Säurefarbstoffen. Eigentlich gehören zu den Säurefarbstoffen alle die Farbstoffe, welche unter Zusatz von Säure oder Säure entwickelnden Salzen gefärbt werden, also nicht nur die eigentlichen Säurefarbstoffe, sondern auch die Palatinecht- und Neolanfarben sowie die Beizenfarbstoffe mit allen Unterabteilungen. Aus Gründen der voneinander abweichenden Färbeverfahren und besonders wegen der verschiedenen Echtheiten hat man oben angeführte Trennung durchgeführt.

Beim Färben unter Säurezusatz, ganz gleich um welche Farbstoffgruppe es sich dabei handelt, spielen zwei Faktoren eine Rolle, und zwar sind dies

    1. die Wasserstoffionen-Konzentration und

    2. die Temperatur des Bades.

Die Wasserstoffionen-Konzentration wird reguliert durch die Art der Säure (Schwefel-Ameisen-Essigsäure) und deren Menge, welche dem Bade zugesetzt wird und richtet sich nach dem Charakter des zu verwendenden Farbstoffes. Der Säure fällt die Aufgabe zu, die Farbstoffsäure aus dem Farbstoff freizumachen, die dann infolge ihrer schwereren Löslichkeit zum Aufziehen auf die Faser gebracht wird. Die Wirkung der starken Schwefelsäure wird durch Zusatz von Glaubersalz gemildert, der pH-Wert heraufgesetzt und dadurch das Aufziehen der Farbstoffe verlangsamt. An Stelle von Schwefelsäure und Glaubersalz kann auch das saure schwefelsaure Natrium, auch Natriumbisulfat oder Weinsteinpräparat

genannt, verwendet werden, das in seiner Säurewirkung dem Schwefel-
säure-Glaubersalz-Gemisch gleichwertig ist. Das gewöhnliche Weinsteinpräparat hat aber leider oft Beimischungen von Eisen und salpetriger
Säure, die beide besonders auf helle Nuancen trübend einwirken. Bei
Ameisen- oder Essigsäurezusatz zum Färbebad wirkt das Glaubersalz
nicht in dem Sinne wie bei der Schwefelsäure, den pH-Wert erhöhend und
dadurch egalisierend, sondern mehr wie bei substantiven Baumwollfarbstoffen aussalzend auf die Farbstoffsäure. Besser wirken die Salze der
betreffenden Säure, also ameisen- oder essigsaures Natron auf die Minde-
rung der Säurewirkung ein und haben großen Einfluß auf das egale
Anfärben schwer egalisierender Farbstoffe.

Die Erhöhung der Temperatur wirkt im allgemeinen beschleunigend
auf den Färbevorgang. Durch Tiefhalten der Temperatur zu Anfang der
Färbung und langsames Steigern derselben erreicht man auch ein lang-
sames Aufziehen der Farbstoffe und erzielt leichter egale Färbungen. Bei
Kochtemperatur ist durch höchste Quellung der Wollfaser und höchste
Säurewirkung die Farbstoffaufnahme beschleunigt.

Die Kunst des Färbens besteht nun darin, die günstigsten Bedingungen in Anwendung zu bringen, d. h. die Wasserstoffionen-Konzentration durch Säure- und Salzzusatz oder Ammonsalz und Steigerung der
Temperatur so geschickt zu variieren, daß unter Schonung des Materials
eine möglichst gleichmäßige Färbung entsteht.

Die sauren Egalisierungsfarbstoffe, die, wie schon der Name
sagt, leicht, sogar unter ungünstigen Umständen egale Färbungen ergeben, stellen keine allzu großen Ansprüche an das färberische Können des
Färbers. Man kann bei diesen Farbstoffen mit der Ware in das kochende
Bad eingehen, zum Nuancieren die Nachsätze dem kochenden Bade zusetzen und erhält doch gleichmäßige Färbungen. Sie sind ausgezeichnete
Produkte für die Stranggarne, die in der Strick- und Wirkwarenindustrie
verarbeitet werden, wo es auf absolut gleichmäßige Färbung ankommt,
denn auch die geringste Ungleichmäßigkeit macht sich nach der Verarbeitung des Garnes zu unifarbigen Strickstücken sehr unangenehm bemerkbar. Strickwaren-Modeartikel, wie Oberkleidung, Jumper u. ä. verlangen vor allem gute Lichtechtheit und befriedigende Schweißechtheit,
die alle mit den sauren Egalisierungsfarbstoffen zu erreichen sind.

Strickwaren, die nicht ausschließlich Modeartikel darstellen, deren
Lebensdauer länger als eine Saison ist, wie Sport- und Kinderkleidung,
stellen höhere Anforderungen an die Gebrauchsechtheit, als sie die Egalisierungsfarbstoffe zu bieten vermögen. Ganz besonders sind die Ansprüche
in der Waschechtheit erheblich gewachsen, seitdem die Sauerstoff abgebenden, viel Alkali enthaltenden Waschmittel auch zum Waschen von Wollwaren immer mehr Anwendung im Haushalt finden. Wenn auch diese
Waschmittel, wenn sie richtig kalt angewandt werden, den Farben im

allgemeinen wenig schaden, so wird doch durch das viele darin enthaltene
Alkali die Verbindung Faser-Farbstoff weitgehend gelockert, und wenn
dem letzten Spülwasser nicht Essig zur Neutralisation der Alkalireste
beigefügt wird, laufen beim Trocknen durch Kapillarwirkung die Farben
aus und ein häßlich verfärbtes Kleidungsstück ist das Ergebnis. Egalisierungsfarbstoffe mit einer etwas besseren Waschechtheit sind die Supra-
minfarbstoffe (I. G.), Fullacitfarbstoffe (Ciba) oder die Eriosolidfarben
(Geigy). Eine Kombination aus

Supramingelb R, bzw. 3 GL,	Radiorot VB und
Supraminrot BL,	Anthralanblau G

sind gut lichtecht und besser waschecht als die gewöhnlichen Egalisie-
rungsstoffe. Aber auch diese Färbungen widerstehen nicht der oft unsachgemäßen Wäsche, mit denen der Färber zu rechnen hat, er ist deshalb
gezwungen, noch echtere Färbungen zu wählen und wird, wenn er nicht
die Palatinecht- bzw. Neolanfarbstoffe oder gar die Chromfärbungen anwenden will, zu den schwach sauer zu färbenden Säurefarbstoffen seine
Zuflucht nehmen.

Schwach sauer zu färbende Säurefarbstoffe. Die Färbungen
dieser Farbstoffgruppe besitzen ausgezeichnete Waschechtheit und die
Lichtechtheit ist bei vielen als recht gut anzusprechen, so daß sie in allen
den Fällen, wo es auf eine erhöhte Gebrauchsechtheit ankommt, zur Anwendung gelangen können, auch die Badeechtheit oder Seewasserechtheit
dieser Farbstoffgruppe ist im allgemeinen sehr gut. Durch die vorzügliche
Walkechtheit, die den meisten dieser Farbstoffe eigen ist, können sie
selbst dort Verwendung finden, wo es sich um die Herstellung fabrika-
tionsechter Färbungen handelt, also für Materialien, die im Verlauf des
Fabrikationsprozesses einer Walke unterzogen werden müssen. Die Vorteile, die diese echten Färbungen durch die Schonung der Wolle in den
schwach sauren Färbebädern ergeben, sind recht erheblich. Das Material,
ganz gleich, ob es sich nun um lose Wolle, Kammzug oder Garn handelt,
bleibt voluminös, duftig und weich. Die Wolle wird durch diesen Färbeprozeß weniger in ihrem chemischen und strukturellen Aufbau beeinflußt
als z. B. durch das scharf saure Färben oder gar durch den Chromierungs-
prozeß. Ein schwach sauer gefärbtes Handarbeitsgarn gibt, zu einem
Knäuel gewickelt, einen größeren duftigeren Knäuel als wenn es scharf
sauer mit Schwefelsäure gefärbt wurde, und jedem Kammgarnspinner
sind jedenfalls die Unterschiede in der Spinnfähigkeit chromgefärbter
und sauer gefärbter Wolle wohl bekannt.

Die schwach sauer zu färbenden Farbstoffe bieten, als Einzelfarbstoff
gefärbt, schon recht erhebliche Schwierigkeiten bei der Erzielung egaler
Färbungen und setzen großes färberisches Können voraus, um sie in Kombinationen gleichmäßig herauszubringen. Die Verbindung Farbstoff-Faser
ist sehr fest, und ist sie einmal ungleich, so ist sie durch nichts mehr zu

verbessern. Das allgemeine Verfahren, mit Essigsäure anzufärben und durch späteren Nachsatz von etwas Ameisensäure zum kochenden Bade das Bad auszuziehen, nehmen eine Anzahl dieser Farbstoffe nicht übel, sie färben auch dann egal. Andere aber vertragen eine vermehrte Anreicherung von Wasserstoffionen durch Zusatz von Ameisensäure nicht; wenn sie mit Essigsäure noch gut egalisierten, treten die noch im Bad befindlichen Farbstoffanteile nach Zusatz von Ameisensäure sofort an die Faser und machen das Färbegut dadurch unegal. Farbstoffe, die mit der Essigsäure allein zu wenig ausziehen, werden zweckmäßig unter sofortigem Zusatz von etwas Ameisensäure angefärbt, sie ziehen dann gleichmäßiger aus, als wenn dem noch nicht erschöpften Bade bei Siedehitze Ameisensäure oder gar Schwefelsäure zugesetzt wird. Gar zu oft kann man beobachten, wie auf Zusatz dieser Säuren ein bis dahin noch nicht erschöpftes Bad plötzlich wasserhell wird, ein Beweis, daß eine bis dahin gleichmäßige Färbung nun unegal wurde. Farbstoffe, die mit Essigsäure klar ausziehen, soll man nicht durch Zusatz stärkerer Säuren vorschnell auf die Faser treiben, sondern sollte, wenn der Prozeß zulange dauert, nur durch Nachsatz von Essigsäure nachgeholfen und die Farbstoffe langsam an die Faser gebracht werden. Wiederum sind in der Klasse der schwach sauren Farbstoffe solche vertreten, die selbst bei der geringen Wasserstoffionen-Konzentration der Essigsäure noch zu schnell und darum ungleich aufziehen. Hier muß die Wirkung der Wasserstoffionen herabgemindert, gepuffert werden, durch Zusatz von essigsaurem Natron.

Essigsaures Natron hält in den heißen Färbebädern auch die Farbstoffsäuren in Lösung, die in einem sauren Glaubersalzbad schwer löslich sein würden und ermöglicht dadurch die Erzeugung gleichmäßiger Färbungen mit einer großen Anzahl von Farbstoffen, die mit Schwefelsäure-Glaubersalz völlig versagen und mit Essigsäure-Glaubersalz mehr oder weniger mangelhaft ausfallen.

Eine andere Möglichkeit besteht in der Verwendung von essigsaurem Ammoniak, das der Färber zweckmäßig durch Neutralisieren der Essigsäure mit Ammoniak im Bad selbst herstellt, wobei der Universalindikator von Merk bessere Dienste leistet als Lackmuspapier. Durch diese Arbeitsweise, Essigsäure + essigsaures Natron oder essigsaures Ammonium, wird der Begriff der Egalisierungsfarbstoffe erweitert und die Zahl der gut egalisierenden Produkte unverhältnismäßig größer.

Hier sei erwähnt, daß man früher annahm, daß die Ammonsalze durch das Kochen Ammoniak abspalten, das gasförmig aus der Farbflotte entweicht, während die betreffende Säure des Salzes im Bade zurückbleibt. Die Untersuchung solcher Lösungen, die ohne Farbstoff und Wolle entsprechend der Färbedauer gekocht wurden, zeigt beim essigsauren Ammon eine schwache Zunahme der Wasserstoffionen, beim schwefelsauren Ammon aber keine. Die Salze zerfallen demnach durch einfaches Kochen nicht. Bei Gegenwart von Wolle zerfallen aber die Ammoniumsalze des Färbebades, wobei die Säure von der Wolle aufgenommen wird. In dem

Maße, wie bei der langsam verlaufenden Reaktion die Wolle die Säure aufnimmt, zieht auch der Farbstoff aus und bietet so Gewähr für gleichmäßiges Anfärben.

Färben mit Neolan- und Palatinecht-Farbstoffen. Die ersten Vertreter dieser Farbstoffklasse, die man auch als Chromkomplex-Farbstoffe bezeichnet, wurden von der Gesellschaft für Chemische Industrie in Basel (Ciba) 1921 auf den Markt gebracht. Seit jenen Anfängen hat sich die Gruppe stetig erweitert und kommt heute in bedeutendem Maße zur Anwendung, denn sie ermöglichen in einfacher und sicherer Färbeweise die Herstellung echter Wollfärbungen. Färbereitechnisch stehen sie den sauren Egalisierungsfarbstoffen nahe, in ihrer Echtheit aber den Chromentwicklungs-Farbstoffen, wenn sie auch deren Gesamtechtheit nicht erreichen. Die Entwicklung, die bei den Chromierungsfarbstoffen auf der Faser vorgenommen wird, erfolgt bei diesen Farbstoffen schon während der Fabrikation, sie enthalten das Chrom im Molekül chemisch gebunden, sind aber infolge ihrer Konstitution doch leicht löslich und gut bis sehr gut egalisierend, was sie für die Apparatefärberei vorzüglich geeignet macht.

Gefärbt werden die Farbstoffe dieser Klasse je nach Tiefe der zu färbenden Nuance und dem vorliegenden Flottenverhältnis mit 5—10% Schwefelsäure 96% (66° Bé). Nachdem der vorher gut gelöste Farbstoff und die Schwefelsäure ins Bad gegeben wurden, geht man mit dem Färbegut bei etwa 40° C ein, läßt kurze Zeit laufen und treibt dann in $\frac{1}{2}$ Stunde zum Kochen. Die Kochdauer beträgt $1\frac{1}{2}$ Stunde, erst nach dieser Zeit sind die Farbstoffe richtig entwickelt und ist die beste Echtheit erreicht. Zur guten Erschöpfung des Bades benötigt man bei einem Flottenverhältnis von

1:20	7%	Schwefelsäure	96% (66° Bé),
1:30	8%	,,	96% (66° Bé),
1:40	9%	,,	96% (66° Bé),
1:50	10%	,,	96% (66° Bé),
1:60	11%	,,	96% (66° Bé).

Weil das Abmessen der konzentrierten Schwefelsäure einfacher zu handhaben ist als das Abwiegen, sind nachstehend die Liter Schwefelsäure angegeben, die für 100 kg Wolle in Anwendung kommen müssen, gleichzeitig sind auch die Gramme chemisch reiner Schwefelsäure angeführt, welche pro Liter Flotte vorhanden sein müssen und auf die bei Benutzung alter Flotten eingestellt werden muß, nachdem die noch im Bade befindliche Säure titrimetrisch ermittelt wurde.

Flottenverhältnis	Schwefelsäure 66° Bé Liter	Gramm im Liter
1:20	3,81	3,50
1:30	4,35	2,65
1:40	4,90	2,25
1:50	5,45	2,00
1:60	6,00	1,84

Bei dunklen Farbtönen empfiehlt es sich, dem Färbebad zunächst nur zwei Drittel der erforderlichen Säuremenge zuzusetzen und, sobald etwa 15 Minuten gekocht wurde, bei abgestelltem Dampf den Rest der Säure nachzugeben.

Weil die Wolle Säure hartnäckig zurückhält und die reichlich angewandte Säuremenge sich beim Trocknen weiter konzentriert, muß nach
dem Färben gründlich gespült werden. Sehr empfehlenswert ist es dabei,
5% essigsaures Natron oder 2% Natriumkarbonat dem letzten Spülbade
zuzusetzen.

Die verhältnismäßig großen Schwefelsäuremengen, die ohne Glauber-
salzzusatz zur Anwendung kommen müssen, um diese Chrom-Farbstoff-
verbindungen wirklich echt auf die Faser zu fixieren und auch die
längere Kochzeit waren zunächst recht ungewohnt und brachte der
Färbemethode großes Mißtrauen ein. Man befürchtete weitgehende
Faserschädigung und starke Abnützung der Färbeapparate, die bei
Holzapparaten mit Bronze- und Kupferarmaturen bei längerer Benutzung
auch feststellbar ist.

Die einfache Färbeweise, die große Sicherheit im egalen Farbausfall
und das leichtere Färben nach Muster (man kann mit den gleichen Farbstoffen im kochenden Bade nuancieren), und auch die Erfahrung, daß
eine Schädigung der Wolle in der befürchteten Art doch nicht eintritt,
ließen das anfängliche Mißtrauen überwinden und diesen Farbstoffen
recht viel Freunde gewinnen.

**Einfluß der großen Schwefelsäuremenge auf die Wolle
beim Färben der Neolan- und Palatinechtfarben.** Um den Einfluß der großen Schwefelsäuremengen auf die Wolle während des Färbeprozesses festzustellen, wurde ein betriebsmäßiger Färbeversuch mit
2 kg 48/2 Kammgarn bester Qualität in einem kleinen, mit direktem
Dampf geheizten Färbeapparat durchgeführt. Gefärbt wurde in einem
Flottenverhältnis 1 : 40 mit 2% Neolangrün G und 9% Schwefelsäure
66° Bé. Einer der 100 g schweren Garnstränge wurde vorher in kleinere
Stränge eingeteilt, von welchen jeder für sich auf Reißfestigkeit und
Dehnung geprüft wurde. Beim Färben wurde jeweils nach Verlauf von
einer halben Stunde einer dieser kleinen Stränge herausgenommen und
gründlich gespült. In Anlehnung an die Praxis der Lohnfärberei, in der
ganz genau nach Muster gefärbt werden muß, was oftmals mehrere
Farbstoffnachsätze erfordert, wurde die Färbedauer auf die extrem lange
Zeit von 4½ Stunden ausgedehnt. Nach Beendigung des Versuches
wurden sämtliche Stränge im gleichen Spülwasser mit essigsaurem Natron
nachgespült, dann geschleudert und bei gewöhnlicher Temperatur getrocknet. Nachdem sich das Garn 48 Stunden lang erholen konnte, wurden die einzelnen Stränge wieder auf Reißfestigkeit und Dehnung geprüft. Das Gesamtresultat dieses Versuches ist in Abb. 126 dargestellt
und ergab, daß nach 3½ stündiger Färbedauer noch keine wesentliche
Einbuße an Festigkeit und Dehnung erfolgte. Erst nach dieser Zeit tritt
besonders bei der Dehnbarkeit eine scharfe Verminderung ein. Es ist dies
aber nicht auf die große Schwefelsäuremenge zurückzuführen, sondern

eine allgemeine Erscheinung beim Färben der Wolle mit Schwefelsäure, die wohl jeder Färber an zu lange gefärbten Partien schon beobachtet hat. Zum Vergleich, wie sich dieselbe Wolle beim Färben mit Egalisierungs-Farbstoffen unter Zusatz von 4% Schwefelsäure 66° Bé und 10% Glaubersalz krist. verhält, wurde in genau der gleichen Weise ein zweiter Versuch durchgeführt, dessen Resultat in Abb. 127 gezeigt ist.

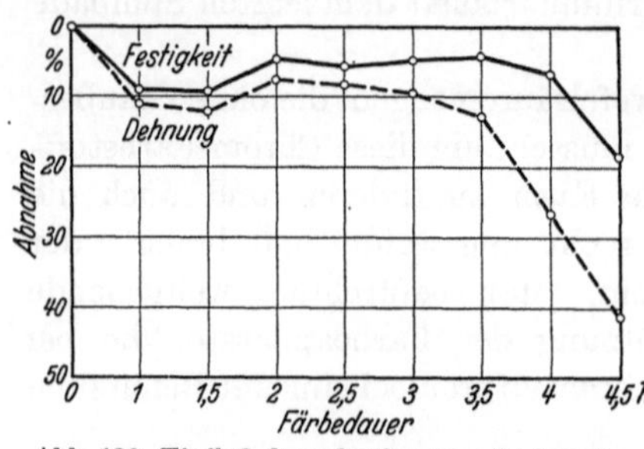

Abb. 126. Einfluß der scharf sauren Färbeweise auf Festigkeit und Dehnung der Wolle.

Bei diesem Versuch blieb die Festigkeit bis zu 3½ stündiger Färbedauer dem Rohgarn gleich, während die Dehnung 13% abgenommen hatte. Nach dieser Zeit tritt dann auch hier, besonders wieder bei der Dehnbarkeit, eine scharfe Abnahme ein, die allerdings um einige Prozente gegenüber der Neolanfärbung zurückbleibt. Die anfänglich eingetretene Festigkeitszunahme um einige Prozent ist eine immer wieder zu beobachtende Erscheinung beim Färben der Wollgarne, die mit einer geringen Verfilzung der feinen Wollfasern an der Oberfläche der Garne zusammenhängt. Mit einer Festigung der Faser durch chemischen Einfluß hat dies nichts zu tun. Die Versuche bestätigen die alte Erfahrung der Färbereipraxis, daß zu langes Kochen die Festigkeit, vor allem aber die Dehnbarkeit der Wolle stark in Mitleidenschaft zieht. In längstens 3½ Stunden sollten auch die schwierigsten Nuancen getroffen sein, um die Wolle vor

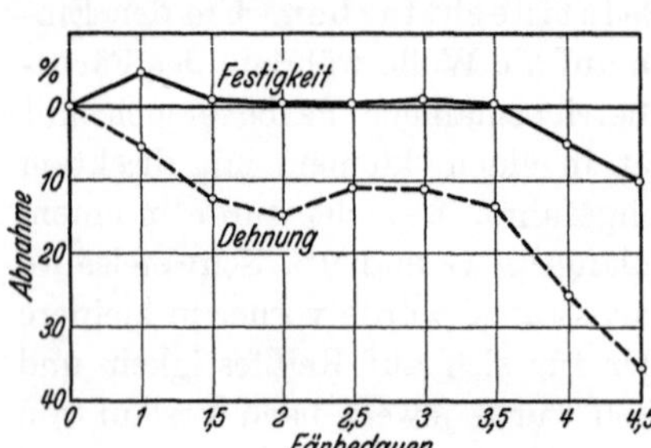

Abb. 127. Einfluß der Färbung mit sauren Egalisierungs-Farbstoffen auf Festigkeit und Dehnung der Wolle.

Faserschwächung zu schützen. Versuche am Dynamometer zur Ermittlung der Reißfestigkeitsänderung durch das Färben sagen aber gar nichts über die Gebrauchstüchtigkeit der Wolle. Hierüber wird im Abschnitt „Einfluß des Färbens auf die Wolle" a. S. 236 noch die Rede sein.

Hilfsmittel zur Verminderung der Schwefelsäuremengen. Die immer wieder geäußerten Bedenken gegen die hohen Säuremengen brachten die Farbenfabriken dazu, Hilfsmittel herzustellen, bei deren Anwendung die Säuremenge auf die bei sauren Farbstoffen übliche herabgemindert werden kann. Diese Hilfsmittel kommen als Palatinechtsalz 0 in Lösung von der I. G. Farbenindustrie und als Neolansalz II von der Ciba in Basel in den Handel. Man färbt nun unter Zusatz von

2—6% Palatinechtsalz 0 in Lösung
5—6% Schwefelsäure 66° Bé
oder
0,5—1,5% Neolansalz II
5—6% Schwefelsäure 66° Bé

und arbeitet im übrigen wie bei dem Verfahren ohne Hilfsmittelzusatz. Bei dieser Färbeweise werden die Bäder besser erschöpft als nach dem früher üblichen Verfahren mit 10% Schwefelsäure. Die Kosten des Hilfsmittelzusatzes machen sich durch Ersparnis an Farbstoff teilweise bezahlt.

Diese Tatsache hängt damit zusammen, daß die Farbstoffgruppe mit weniger Säure vollkommener auszieht als mit viel Säure, daß aber das Egalisierungsvermögen bei Anwendung von viel Säure besser ist, ganz entgegen der Erfahrung bei anderen Färbemethoden, wo mit geringerem Säurezusatz gleichmäßigere Färbung erzielt wird. Der beim älteren Verfahren angewandte Säureüberschuß, der über die zum Ausziehen erforderliche Menge hinausging, hatte den Zweck, den Farbstoff in Lösung zu halten und ein gleichmäßiges Ausegalisieren und Entwickeln der Färbung herbeizuführen. Diese Rolle übernehmen nunmehr die vorgenannten Hilfsmittel, und zwar beruht ihre Wirkung höchstwahrscheinlich darauf, daß sie im Färbebad die Farbstoffteilchen weitgehend verkleinern, also den Dispersitätsgrad der Lösung erhöhen. Die Verminderung der Säuremengen bringt schätzenswerte Vorteile, die nicht nur in der Abwendung einer evtl. Schädigungsgefahr der Wolle besteht, sondern auch in der Schonung der Apparate und Armaturen und auch in der Anwendung für solche Artikel, für die die bisher hohe Säurekonzentration eine Gefahr bedeutete, z. B. Wollgarne mit Kunstseiden- oder Baumwolleffekten.

Das Palatinechtsalz 0 in Lösung besitzt stark schäumende Eigenschaften, die manchmal recht unangenehm empfunden werden. Durch die Flottenzirkulation wird das Bad in einen feinblasigen Schaum verwandelt, welcher zunächst hemmend auf den Durchgang der Flotte einwirkt. Erst wenn das Bad Kochtemperatur erreicht hat, geht durch Nachlassen des Schäumens die Zirkulation in ruhigen Gang über. Aus diesem Grunde ist es zweckmäßig, das Palatinechtsalz 0 erst dem kochenden Bade zuzusetzen. Das Neolansalz II schäumt nicht und ist in dieser Beziehung angenehmer.

Färben mit Beizenfarbstoffen. Allgemeines über die Beizenfarbstoffe. Eine große Zahl von Farbstoffen ist vermöge ihrer Konstitution befähigt, Metallatome in ihr Molekül aufzunehmen. Es entstehen dadurch schwerlösliche oder ganz unlösliche Verbindungen, die, für sich hergestellt, färbereitechnisch wegen ihrer Unlöslichkeit unbrauchbar wären. Erfolgt die Einfügung des Metalls in das Farbstoffmolekül aber auf der Faser, so entstehen Färbungen mit hervorragender Wasser-, Wasch- und Walkechtheit; auch die Säure-, Schweiß-, Alkali-, Karbonisier-, Schwefel- und Dekaturechtheit ist bei den meisten dieser Farbstoffe sehr gut, desgleichen die Lichtechtheit, die nur bei den lebhaften blauen und violetten Farbstoffen mäßig ist.

Das Einfügen des Metalls in die Faser-Farbstoffverbindung kann nun entweder dadurch erfolgen, daß man die Wolle mit Metallsalzen vorbeizt und dann mit geeigneten Farbstoffen ausfärbt oder durch Anfärben der Wolle mit anschließender Nachbehandlung mit Metallsalzen oder durch gleichzeitiges Färben und Beizen in ein und demselben Bad. Eine scharfe Unterteilung der Beizenfarbstoffe nach den verschiedenen Färbeweisen ist kaum möglich, da viele dieser Farbstoffe nach allen drei Methoden gefärbt werden können.

Die einzelnen Verfahren unterscheiden sich auch durch den verschiedenen Ausfall der Färbungen. Die echtesten erreicht man im allgemeinen mit dem Nachchromierungsverfahren, weshalb dieses auch die größte Verbreitung hat. Es hat färberisch den Nachteil, daß der endgültige Farbton erst nach der Chromierung hervortritt. Für das Einbadchromverfahren (Metachromverfahren) sind nicht alle, sondern nur eine beschränkte Anzahl von Farbstoffen brauchbar. Der Farbton wird sofort richtig entwickelt, doch hat dieses Verfahren den Nachteil, daß namentlich bei dunklen Ausfärbungen oftmals reibunechte Färbungen entstehen. Auf vorgebeizter Wolle wird heute nicht mehr viel gefärbt, weil dieses Verfahren zu umständlich ist und zuviel Zeit in Anspruch nimmt. Der Farbton erscheint hierbei auch sofort richtig und es kann auch mit den gleichen Farbstoffen nuanciert werden.

Die vorzüglichen Echtheitseigenschaften der Beizenfarbstoffe haben sie besonders in der Färberei der losen Wolle und Kammzug für solche Wollwaren eingeführt, wo höchste Beanspruchung der Farben während des Fabrikationsganges und beim späteren Gebrauch gefordert wird. Wohl die höchsten Anforderungen werden an Beamtentuche, Militärtuche, Livreetuche u. ä. gestellt, die eine schwere Walke auszuhalten haben und in bezug auf Gebrauchsechtheit ein Maximum erreichen müssen. Hierfür kommen nur die allerechtesten Farbstoffe in Anwendung, für die vielen anderen Verwendungszwecke der losen Wolle und Kammzug genügen die Farbstoffe mit etwas geringerer Echtheit.

Ein sehr großes Anwendungsgebiet der Beizenfarbstoffe ist auch das Färben der karbonisierten und nichtkarbonisierten Lumpen. Da es sich um Altmaterial handelt, werden gewöhnlich nicht die höchsten Anforderungen gestellt. In der Auswahl der Farbstoffe ist aber Rücksicht zu nehmen auf die evtl. später folgende Karbonisation oder auf die von der Vorkarbonisation zurückgebliebene Säure, die in den meisten Fällen noch abgestumpft werden muß. Dieser Prozeß erfolgt entweder durch Behandlung mit Soda oder durch Zugabe von essigsaurem Natron zum Färbebade, wodurch die noch vorhandenen Schwefelsäure in Essigsäure umgesetzt wird.

Auch in der Garnfärberei, namentlich bei Kreuzspulen für den Tuchartikel, finden die Beizenfarben ausgedehnte Anwendung, auch hier kommt es auf beste Fabrikations- und Gebrauchsechtheit an. Trikotgarne, die in dunklen Tönen für Badekleider verwendet werden sollen, werden auch zweckmäßig mit diesen Farbstoffen gefärbt, da bei der starken Beanspruchung und oftmals unsachgemäßen Behandlung, die diese Kleider ausgesetzt sind, nur bei dieser Färbemethode Gewähr für gute Haltbarkeit der Farben gegeben werden kann.

Die Wirkung der Chromsalze beim Färben mit Beizenfarbstoffen. Zur Entwicklung der Farben sind in der Färbereipraxis hauptsächlich Chromsalze in Anwendung, nur wenige Spezialfarben und -farbstoffe erfordern eine Behandlung mit Aluminium-, Kupfer- oder Eisensalzen. Weil die Chromsalze bei diesen Färbeverfahren vorherrschend sind, spricht man ganz allgemein von Chromfarbstoffen und Chromfärbungen. Der mit den Farbstoffen den echten Farblack bildende Körper ist das Chromioxyd, von dem sich die Salze des dreiwertigen Chroms ableiten, so z. B. das Fluorchrom CrF_3, oder der Chromalaun, K_2SO_4, $Cr_2(SO_4)_3 \cdot 24\,H_2O$. Diese Chromsalze werden aber nur für einige wenige Farbstoffe gebraucht, ihre allgemeine Anwendung scheitert daran, daß sie zu schnell das Chromoxyd an die Faser abgeben und unegale Färbungen hervorrufen. Weit häufiger ist das Kaliumbichromat $K_2Cr_2O_7$, einfach Chromkali genannt, oder das billigere Natriumbichromat $Na_2Cr_2O_7$ in Anwendung. Als Salz der Bichromsäure sind sie zur Lackbildung direkt nicht befähigt, sie besitzen nicht das reaktionsfähige dreiwertige Chrom, sondern in ihnen ist das Chrom fest an Sauerstoff gebunden. Erst durch die Reduktionswirkung der Wollsubstanz, oder durch absichtlich dem Färbebad zugesetzte Reduktionsmittel organischer Natur geht das Bichromat in Chromisalz über, das dann mit den Farbstoffen den echten Farblack auf der Faser bildet. Gegenüber den Chromisalzen haben die Bichromate den Vorzug, daß sie bei Siedehitze durch die Wolle oder andere Reduktionskörper allmählich in Chromisalz übergehen, was eine langsame und deshalb gleichmäßige Wirkung auf die Farblackbildung bedingt. Bei einigen Farbstoffen kommt außerdem noch die stark oxydierende Wirkung der Chromsäure bei der Entwicklung des endgültigen Farbtones zur Geltung. Als Beispiel hierfür sei das Chromogen I genannt, das farblos aus dem Bade auf die Wolle zieht, durch Chromat zum eigentlichen Farbstoff oxydiert wird, der seinerseits mit dem nunmehr reduzierten Chromat einen sehr echten Farblack bildet.

Färben auf Vorbeize. Die ersten Beizenfarbstoffe kamen als

Alizarin- und Anthracenfarben in den 70er und 80er Jahren des vorigen Jahrhunderts in den Handel. Durch ihre Farbfülle und Schönheit bereicherten sie die damals ganz von den Naturfarbstoffen beherrschte Wollechtfärberei. Ihre Färbeweise erfolgte nach der bei den Farbhölzern übliche durch Vorbeizen der Wolle, die je nach Tiefe der Färbung mit

1—3% Chromkali und
0,75—3,5% Weinstein

erfolgte. Der Weinstein, das saure weinsaure Kalium, übernahm hier als oxydierbarer Körper die Reduktion des Bichromats. Wegen seines hohen Preises wurde er aber mit der Zeit ersetzt durch andere oxydierbare Säuren, wie Milchsäure oder Ameisensäure. Heute wird, wenn die Färbemethode noch zur Anwendung kommt, mit

1,5% Chromkali		1,5% Chromkali
3% Milchsäure 50%	oder	1,5% Ameisensäure 83%
1% Schwefelsäure		

„vorgesotten" oder „angesotten" wie der Fachausdruck lautet. Man geht mit der Ware in das 70—80° C heiße Bad ein, treibt zum Kochen und kocht 1½ Stunde lang. In dieser Zeit ist das Chromat reduziert und von der Wolle aufgenommen, die eine schwach grünliche Färbung, die Farbe des Chromioxydes, angenommen hat.

Nach dem Ansieden wird gespült und auf frischem Bade je nach Tiefe der Färbung unter Zusatz von

0,25—1% Ameisensäure 85%   oder   1—3% Essigsäure 30%

und der nötigen, vorher gut gelösten Farbstoffmenge gefärbt. Man geht bei 50° C mit der Ware ein, treibt langsam zum Kochen und kocht 1—2 Stunden. Zum Ausziehen der Bäder kann, insbesondere bei dunklen Färbungen, noch etwas Ameisensäure nachgesetzt werden. Zum Ausgleich kleiner Nuancenunterschiede können geringe Mengen möglichst echter Säurefarbstoffe Verwendung finden, sind aber größere Nuancenunterschiede auszugleichen, so muß mit Alizarinfarbstoffen nuanciert werden, da diese aber im kochenden Bade sofort an der Stelle aufziehen würden, wo sie auf die Wolle treffen, muß das Bad vorher wieder auf 60° C abgekühlt und danach langsam zum Kochen erhitzt werden. Bei der Chromkali-Ameisensäure-Beize kann, weil die Beizflotte sich vollständig erschöpft, im gleichen Bade gefärbt werden, das zuvor auf etwa 60° C abgekühlt wurde und noch 1% Ameisensäure 85% erhielt.

Sofern Rot mit Alizarinrot auf vorgebeizter Wolle gefärbt werden soll, muß die Wolle statt mit Chrom, das mit diesem Farbstoff ein Bordo gibt, mit Aluminiumsalzen, und zwar mit Alaun, vorgebeizt werden. Man bestellt das Bad für satte Färbungen mit

10—15% Alaun,
2—3% Oxalsäure,
3—5% Weinstein

für helle Nuancen

> 5% Alaun,
> 1% Oxalsäure,
> 1½% Weinstein,

geht mit der Ware bei 60° C ein, treibt zum Kochen und kocht 1 ½ Stunde. Hierauf wird gespült und gefärbt. Das Färbebad wird bestellt mit 5 % Essigsäure 30 % und der nötigen Menge Farbstoff, geht bei etwa 60° C ein, bringt zum Kochen und kocht 1½ Stunde. Wichtig ist beim Färben von Rot mit Alizarinrot, daß das Wasser und alle verwendeten Chemikalien eisenfrei sind, denn durch geringe Spuren von Eisen wird der Farbton stark getrübt.

Färben mit Nachchromierungs-Farbstoffen. Im Jahre 1890 kam ein neues Färbeverfahren in der Echtfärberei der Wolle auf. Die Farbwerke vorm. Meister Lucius & Brüning, jetzt Werk Höchst der I. G. Farbenindustrie, hatten Farbstoffe erfunden, die auf vorgebeizter Wolle gefärbt, weniger gute Resultate gaben als wenn sie wie saure Farbstoffe auf Wolle gefärbt wurden, auf die sie sehr gleichmäßig aufzogen. Wurde dann dem erschöpften Bade Chromkali zugesetzt, so trat unter starker Nuancenänderung Lackbildung ein. Die Farbstoffe, die als „Chromotrope" in den Handel kamen und die teilweise heute noch ihre Bedeutung haben, färbten die Wolle teils leuchtend rot, teils dunkelrot. Schon diese Rottöne erregten damals wegen ihrer Schönheit und guten Lichtechtheit Aufsehen. Wurden sie nachchromiert, gingen sie in Schwarz über, das hervorragende Echtheitseigenschaften besaß und ein ernster Konkurrent des damals alles beherrschenden Blauholzschwarz wurde. Diesen Chromotropen folgten bald andere Farbstoffe in den verschiedensten Farbtönen und weil ihre färberischen Eigenschaften angenehmer waren als die schwer zu färbenden Alizarinfarbstoffe; ganz besonders wegen der einfacheren und kürzeren Färbeweise kamen diese sog. Nachchromierungsfarbstoffe immer mehr in Anwendung und haben mit der Zeit die Alizarinfarben auf Vorbeize fast ganz verdrängt.

Gefärbt werden diese Farbstoffe je nach ihrem Charakter mit Essigsäure oder Ameisensäure, einige können auch von vornherein im Schwefelsäure-Glaubersalzbad gefärbt werden. Weil viele dieser Farbstoffe metallempfindlich sind und mit dem Kalk des harten Wassers Ausscheidungen geben, die in der Apparatenfärberei sehr störend wirken, ist es empfehlenswert, möglichst weiches Wasser zu verwenden.

Das Färbebad wird bestellt mit

> 10% Glaubersalz krist.,
> 1—3% Essigsäure 30%,

oder bei Farbstoffen, die etwas mehr Säure vertragen,

> 1—2% Ameisensäure 85%,

man geht bei 50—60° C ein, treibt innerhalb einer Stunde allmählich zum

Kochen und kocht ½ bis ¾ Stunde. Ist das Bad noch nicht erschöpft, so wird bei schwer egalisierenden Farbstoffen 1—2% Essigsäure nachgesetzt, evtl. später, nach Verlauf von 20 Minuten, noch etwa ½ bis 1% Ameisensäure oder, wenn die Farbstoffe besseres Egalisierungsvermögen besitzen, sofort 1—2% Ameisensäure nachgegeben. Farbstoffe, die auf Zusatz von Ameisensäure noch nicht klar ausziehen, erhalten einen Nachsatz von 0,5—1% Schwefelsäure 66° Bé. Man kocht noch ¼ bis ½ Stunde, bis das Bad klar ausgezogen ist.

Nach dem Färben wird etwa ein Drittel der Flotte abgelassen und durch Zufluß von Wasser auf 60—70° C abgekühlt. Dann wird für helle bis mittlere Färbungen die Hälfte der angewendeten Farbstoffmenge an Kaliumbichromat zugesetzt. Für dunkle Färbungen soll die Chromkalimenge 2%, bezogen auf das Warengewicht, im allgemeinen nicht übersteigen, einige Farbstoffe machen hier allerdings Ausnahmen, indem entweder mehr oder weniger angewandt werden muß. Man richte sich hier nach den Angaben der Farbwerke, da es unmöglich ist, alle Produkte der verschiedenen Farbenfabriken hier anzuführen. Nach dem Chromkalizusatz wird das Bad wieder zum Kochen erhitzt und eine ½—¾ Stunde lang gekocht.

Nur wenige Farbstoffe benötigen von vornherein einen Schwefelsäurezusatz, was eine intensivere Chromierung zur Folge hat. Es sind dies die Säurealizarinschwarz, die Anthrazensäureschwarz, die Chromotrope und Chromotropblau der I. G. Farben; die Säurechromblau von Geigy und die Chromechtblau A, B, R, RR der Ciba. Das Bad wird hergerichtet mit 10—20% Glaubersalz krist.

2—4% Schwefelsäure 66 Bé

und der nötigen Farbstoffmenge. Nach Eingehen bei 40—50° C und langsamem „zum Kochen-treiben" wird ¾ Stunde lang gekocht, wenn erforderlich, wird noch 1% Schwefelsäure nachgesetzt und ¼ Stunde gekocht. Dann abgeschreckt auf etwa 70° C und chromiert mit

2—2½% Chromkali und
2% Milchsäure 50%,

worauf wieder zum Kochen getrieben und 30 Minuten gekocht wird.

Bei allen Nachchromierungsfärbungen ist zu beachten, daß die Bäder gut ausgezogen sein müssen, bevor der Chromzusatz erfolgt. Bei nicht gut erschöpften Bädern wird ein Teil des Farblacks sich in der Flotte bilden und oberflächlich auf der Faser ablagern. Die Färbung wird durch diese fehlerhafte Arbeitsweise abreiben, und, wenn es sich um lose Wolle oder Kammzug handelt, das Material durch die abschmierenden Farbstoffteile schwerer verspinnbar. Bei Schwarzfärbungen besteht auch bei sonst richtigem Chromieren die Gefahr, daß abreibende Färbungen entstehen. Dieser Fehler wird vermieden, wenn man die Anfangstemperatur des Färbebades auf 80—85° C steigert und die Essigsäure erst dann zusetzt, nachdem das Bad einige Minuten durch das Material zirkuliert hat.

Sind große Mengen Material in der gleichen Farbe oder in wenig abweichender Nuance zu färben, so kann auf stehenden Bädern gearbeitet werden, was neben den erzielten Ersparnissen an Dampf und Chemikalien eine größere und schnellere Produktion ermöglicht. Es darf dann aber nicht im gleichem Bad gefärbt und chromiert werden, sondern nach beendetem Färben wird das Bad in einen Vorratsbehälter gepumpt und aus einem anderen Vorratsbehälter die Chromierungsflotte in den Färbeapparat gelassen. Nach erfolgter Chromierung wird diese Flotte wieder in den Vorratsbehälter zurückgepumpt. Während der Chromierung und der Beschickung des Apparates mit einer neuen Färbepartie hat sich die Färbeflotte soweit abgekühlt, daß sie sofort wieder gebraucht werden kann. War Schwefelsäure in diesem Bad, wird diese zuvor durch Zusatz von essigsaurem Natron in Essigsäure umgesetzt.

Die verhältnismäßig lange Färbedauer bei der normalen Nachchromierungsfärbung kann um wenigstens 30 Minuten gekürzt werden, wenn das Chromkali der erschöpften kochenden Flotte zugesetzt wird, denn das Abkühlen und Wiederaufheizen des Bades nimmt zum wenigsten diese Zeit in Anspruch. Mit dem Abschrecken der Flotte wird eine langsamere Einwirkung des Chromkalis auf die Färbung, somit gleichmäßige Chromierung und Farbausfall bezweckt. Setzt man das gelöste Chromkali bei abgestelltem Dampf der heißen Flotte langsam zu, und läßt einige Minuten ohne Dampfzufuhr zirkulieren, so ist keine unegale Chromierung zu befürchten, die Färbungen fallen auch dann egal aus, ohne daß das Material mehr in Mitleidenschaft gezogen wird als beim normalen Verfahren, auch die Echtheit erleidet keine Einbuße.

Genaue Angaben darüber zu machen, mit welchen Farbstoffen diese oder jene Nuance am besten zu erreichen ist, können hier nicht gemacht werden, weil hierbei die verschiedensten Echtheitsansprüche und vor allem auch Preisfragen eine Rolle spielen. Sorgenkinder für den Färber sind immer die sog. Modefarben Grau, Beige usw. Hierfür sind Kombinationen aus

Anthrazengelb BN,	Säurealizarinrot GN,
Chromgelb DF,	Anthrazenchromrot A,
Chromorange GR,	Alizarinblauschwarz B,

alle von der I. G. Farbenindustrie, sowohl im Egalisieren als auch in den Echtheitseigenschaften bestens zu gebrauchen. Werden hohe Anforderungen an die Lichtechtheit gestellt, dann sind Mischungen aus

Säurealizarinflavin R, G, GGL,	Säurealizarinrot 3 BG,
Säurechromgelb 3 GL,	Säurealizarinbordo B,
Säureanthrazenbraun KE,	Salizinbordo R,
	Alizarinlichtgrau BBLW.

Alle Farbstoffe von der I. G. Farbenindustrie oder Mischungen von

Eriochromflavin A konz.	Eriochrombraun DKL,
Eriochromorange R,	Eriochromgrau 3 BL,
Eriochrombrilliantrot BL,	Eriochromgrau 3 GL

von Geigy, Basel, vorzuziehen. Diese Farbstoffe bieten Gewähr für höchste Lichtechtheit auch in schwächeren Ausfärbungen und sind in der Fabrikations- und Tragechtheit durch keine anderen Farbstoffe dieser Gruppe zu überbieten.

An dieser Stelle sei darauf hingewiesen, daß durch das Chromieren der Wolle diese in gewisser Beziehung angegriffen wird. Nähere Angaben sind darüber im Abschnitt „Einfluß der Chromsalze auf die Wolle" auf S. 240 gemacht.

Das Abmustern und Nuancieren der Nachchromierungsfarben kann in folgender Weise einfach und sicher durchgeführt werden. Von der Partie wäge man sich einige Muster zu je 10 oder 20 g ab und bringe die Muster in der auf S. 50 beschriebenen Art zwischen das Material. Ist das Bad soweit ausgezogen, daß ein Chromieren erfolgen kann, wird das erste Muster gezogen. Einen Färbebecher füllt man mit der Farbflotte soweit an, daß man für das Muster dasselbe Flottenverhältnis hat, wie es im Apparat vorhanden ist oder wenn man auf stehenden Bädern arbeitet, mit der besonderen Chromierungsflotte. Dazu gibt man die benötigte Menge Chromkali aus einer Chromkalilösung 1:10 und ebenso die Säuremenge, die mit zugesetzt werden soll aus einer Lösung 1:10. Will man z. B. ein 20 g-Muster mit 1% Chromkali chromieren, so gibt man mittels einer Pipette oder Meßzylinder 20 cm³ der Lösung = 0,2 g Substanz in den Färbebecher, setzt diesen in den Färbeherd und kocht 15—20 Minuten. War die Probe musterkonform, so schreckt man das Bad ab oder pumpt es in den Vorratsbehälter und chromiert die Partie mit den gleichen Zusätzen wie das Muster. Das zweite Muster zeigt dann, ob auch dieses mit der Partie übereinstimmt. War die erste Probe aus dem Färbebecher noch nicht genügend musterkonform, so setzt man die nötigen Nuancierfarbstoffe zu. Hier entscheidet nun der Grad der Abweichung, ob mit chrombeständigen Säurefarbstoffen oder mit den Nachchromierungsfarbstoffen weiter gefärbt werden soll. Geringe Unterschiede können mit Säurefarbstoffen ausgeglichen werden, größere Abweichungen dagegen muß man mit den echten Chromierungsfarben beseitigen. Zu diesem Zweck schreckt man das Bad auf etwa 50—60° C ab und heizt nach Farbstoffzugabe wieder auf Kochtemperatur. Ist das Bad ausgezogen, wird das zweite Muster genommen und chromiert usw. bis die Nuance getroffen ist. Das letzte Muster bleibt zum Fertigmachen im Apparat.

Über das Muster hinaus gefärbte Partien sind ohne Abziehmittel nicht wieder in Ordnung zu bringen. Bei losem Material und Kammzug ist dies von nicht allzu großer Bedeutung, weil eine nächste beizumischende Partie entsprechend abweichend gehalten werden kann. Garnpartien auf Spulen oder Strang sind dann aber für die Nuance verloren. Anwendung irgendwelcher Abziehmittel führt zu keinem vollen Erfolg, gefährden sogar das Material selbst und machen den Fehler u. U. noch größer.

Färben nach dem Einbadchromverfahren. Dem Wunsche, die lange Färbedauer der Nachchromierungsmethode zu verkürzen, kamen die 1905 zuerst erscheinenden Farbstoffe nach, welche es gestatteten, im selben Bade gleichzeitig zu färben und zu chromieren. Es wurden damals gleich zwei Färbeverfahren bekannt. Nach dem einen wird das Bad mit 5—10% Glaubersalz krist. dem nötigen Farbstoff und der Hälfte Chromkali vom Farbstoffgewicht bestellt, bei 50° C mit der Ware eingegangen und zum Kochen getrieben. Nach ½ stündigem Kochen wurden 1—3% Essigsäure 30% oder ½—1% Ameisensäure 85% langsam zugesetzt und noch ½—¾ Stunden gekocht. Bei dieser Färbemethode egalisierten die Farbstoffe im allgemeinen wenig gut, dunkle Ausfärbungen führten durch vorzeitige Lackbildung zu reibunechten Färbungen. Ersetzte man aber das Glaubersalz durch 4—6% essigsaures Natron, so wurden Egalität und Reibechtheit verbessert.

Neben diesem sauren Einbadchromverfahren wurde das neutrale bekannt, das wegen seiner besseren Erfolge große Bedeutung erlangte und allgemein Eingang in der Wollechtfärberei fand. Man bedient sich dabei der „Metachrombeize" der I.G.Farben-Industrie A.-G. oder „Eriochromalbeize" von Geigy, deren wirksamer Bestandteil Ammoniumchromat ist.) Kaliumchromat + Ammonsulfat.) Das Ammonsulfat wie auch das Ammonchromat werden, wie auf S. 205 beschrieben, im Färbebad durch die Gegenwart der Wolle langsam zersetzt, so daß die Chromisalz- und die darauf folgende Farblackbildung äußerst langsam vor sich geht. Dadurch ist reichlich Zeit geschaffen, mit dem bereits aufgezogenen Farbstoff einen ganz gleichmäßigen Lack zu bilden, der sich in egalen Färbungen äußert, die ungefähr denselben Echtheitsgrad erreichen wie die nachchromierten Färbungen.

Für den Ansatz eines Färbebades gilt als Norm, ebensoviel Metachrombeize wie Farbstoff zu verwenden, jedoch nicht weniger als 3% und nicht mehr als 8%. Für helle Farben genügt die verwendete Menge Metachrombeize zum Erschöpfen des Bades, für dunkle Farben setzt man aber vorteilhaft von Anfang an 2—5% Ammonsulfat zu.

An Stelle der Metachrombeize kann auch Ammonsulfat + Kaliumchromat oder Kaliumbichromat verwendet werden. Von den Chromsalzen nimmt man die Hälfte der angewendeten Farbstoffmenge, bei dunklen Färbungen 2% vom Warengewicht gerechnet und vom Ammonsulfat werden je nach Farbtiefe 3—6% dem Bade zugesetzt. Säurennachsätze, um die Bäder besser zu erschöpfen oder das Ausziehen zu beschleunigen, sollten unterlassen werden, sie führen zu Lackbildung im Bad und somit zu reibunechten und unegalen Färbungen. Es ist überhaupt eine Schwäche dieses Färbeverfahrens, daß hochprozentige Ausfärbungen leicht abreiben. Farbstoffe, die ohne Säurezusatz nicht klar ausziehen, sind nur in hellen Tönen brauchbar, bei dunklen Ausfärbungen schmieren sie ab.

Das Färben erfolgt in der Weise, daß man das Bad zuerst mit der gelösten Metachrombeize oder Ammonsulfat + Chromat beschickt, hierauf den gut gelösten Farbstoff und 10% Glaubersalz zusetzt und bei 40° C mit dem Material eingeht, dann langsam zum Kochen erhitzt und 1½ Stunde kocht. In dieser Zeit sind Farbton und Echtheit richtig entwickelt. An Einfachheit läßt diese Färbeweise nichts zu wünschen übrig und auch das Egalisieren bietet keine Schwierigkeiten.

Für alle Modetöne mit ausgezeichneter Licht-, Trag- und Fabrikationsechtheit sind Kombinationen aus

Alizarinlichtgrau BBLW,	Metachromorange 4 RL,
Chromgelb A extra,	Metachromolive BL
Metachrombordo BL,	

und für geringere Ansprüche an Lichtechtheit die Kombination aus

Alizarinblauschwarz B,
Anthrazengelb BN,
Metachromrot 5 G

(alles I. G.-Farbstoffe) sehr geeignet. Für Marineblau kommen die klar ausziehenden Metachrombrillantblau GL und Metachromblau BA in Betracht, die beide vorzügliche Echtheitseigenschaften besitzen. Für Braun, auch in dunklen Ausfärbungen, eignet sich Metachrombraun BL, Metachrombraun AE und Metachrombraun BR, die alle klar ausziehen und reibechte Färbungen liefern.

Von den Produkten anderer Farbenfabriken sind für das einbadige Färben noch nachstehende Chromierungsfarbstoffe zu nennen, die neben ihrer Allgemeinechtheit noch besonders gute Lichtechtheit aufweisen: von der Chemischen Fabrik Sandoz in Basel

Omegachromgelb ME,	Omegachrombraun EB,
Omegachromrot G,	Omegachromschwarzblau G.
Omegachromechtgrün G,	

Die Firma J. R. Geigy in Basel hat in ihren Eriochromal-Farbstoffen eine Sondergruppe für das einbadige Färben; aber auch noch eine Anzahl der gewöhnlichen Eriochrom-Farbstoffe gibt, einbadig gefärbt, gute Resultate, es sind dies u. a.

Eriochromflavin A konz.,	Eriochrombraun DKL,
Eriochromorange R,	Eriochromalbraun G, AEB,
Eriochromrot G, 6 G,	Eriochromalgrau G superfein, B superfein.

Man bevorzugt das Metachromverfahren in der Apparatefärberei vor
der Nachchromierungsmethode, weil die Farbstoffe durch ihre leichte
Löslichkeit sehr gut egalisieren und weil die sich allmählich entwickelnde
Färbung das Abmustern oder das nach Muster färben erleichtern. Sind
kleine Nuancenunterschiede auszugleichen, kann dies sehr gut mit den
echten, schwach sauer zu färbenden Farbstoffen geschehen, die man dem
heißen Bade zusetzt, nachdem man den Dampf zuvor abstellte.

In der Garnfärberei werden die Metachromfarben für Strumpfgarne,
Teppiche und namentlich für dunkle Töne auf Trikotgarnen verwendet,
die seewasserecht sein müssen, da die sonst für diesen Zweck üblichen
Säurefarben und Neolanfarben in dunklen satten Ausfärbungen nicht die
erforderliche Echtheit besitzen. Auch die für Webereizwecke bestimmten
Garne, Kamm- und Streichgarne, die fast ausschließlich in Kreuzspulen-
form zum Färben kommen, werden sehr gern mit den Metachromfarben
gefärbt, die sogar auf diesen Materialien in Packapparaten gut egal
zu bekommen sind.

Zur Förderung des Egalisierens bei Garn im Strang und auf Spulen
kann man dem Bade einen Zusatz von 0,5% Leonil S (I. G.) geben, das
durch seine gute Netzwirkung das gleichmäßige Aufziehen der Farbstoffe
erleichtert. Bei loser Wolle und Kammzug gibt man vorteilhaft 1,5—3%
Protektol II N zum Färbebad, um den weichen Griff und die Elastizität
der Faser weitgehend zu erhalten.

Färben der Wolle mit Küpenfarbstoffen. Allgemeines. Küpenfarbstoffe sind als solche in allen Lösungsmitteln, die eine Anwendung in der
Färberei gestatten würden, unlöslich. Um sie in Lösung zu bringen,
müssen sie durch geeignete Mittel in wasserstoffreichere Verbindungen
übergeführt werden, die dann in Gegenwart von Alkali „Salze" bilden,
die in Wasser leicht löslich sind. Dieser Lösungsvorgang ist eine Reduktion und wird ganz allgemein als „Verküpung" bezeichnet. Die gelösten
Farbstoffe können nun auf die Faser ziehen und werden dort durch
Oxydation, z. B. Sauerstoffaufnahme aus der Luft, zum unlöslichen Farbstoff zurückgebildet.

Die Bezeichnung Küpenfarbstoff kommt von „Küpe" oder „Kufe" her, das
sind die Färbegefäße, in welchen die Färber von jeher mit Indigo färbten. Nun hat
sich allmählich die Bezeichnung „Küpe" von den Färbegefäßen auch auf ihren Inhalt, der Färbeflotte (Färbeküpe) und auf die gesamten Farbstoffe, deren Lösung
nach Art des Indigos auf Reduktion beruht, übertragen.

Der älteste Küpenfarbstoff ist der Indigo, dessen Anwendung zum Färben bis
in die entferntesten Zeiten des Altertums zurückgeht. Ohne Zweifel wurde der
Indigo zuerst in Indien, seinem Heimatland, benutzt und verbreitete sich von hier
aus allmählich nach den anderen Ländern. Als höchst wahrscheinlich darf angenommen werden, daß die erste Färbeküpe eine primitive Gärungsküpe war, denn
heute noch finden derartige Ansätze in verschiedener Ausführungsform im Orient
und in Indien Anwendung. In Europa diente vor Bekanntwerden des Indigos zum
Blaufärben der Waid, dessen Farbstoff derselbe ist, wie der des Indigos. Die ersten

Nachrichten über das indische Produkt brachte der Venetianer Marco Polo um das Jahr 1300 von seinen Reisen mit.

Die Verwendung des Indigos, so verschieden und vielseitig sie in den verschiedenen Ländern auch sein mag, geschieht heute wie ehedem in derselben Form: in der Form der Küpe, d. h. durch die Überführung des unlöslichen Indigoblaus in das in Alkali und Wasser lösliche Indigoweiß durch Reduktion oder Gärung, Durchtränkung der Faser mit dieser Lösung und Regeneration des Indigoblaus durch Verhängen an der Luft. Daran hat auch die moderne Färbereitechnik nichts ändern können, wohl hat sie die Ausführungsformen der Küpen gründlich umgestaltet und die ganze Küpenfärberei von den früheren Zufälligkeiten befreit.

Bis zum Anfang dieses Jahrhunderts war der Indigo der einzige technisch verwertete Küpenfarbstoff und bis zur Einführung der Alizarin- und Chromentwicklungsfarbstoffe der meist verbrauchte Farbstoff in der Wollechtfärberei. Ja selbst in den Anfängen der „Alizarinzeit“ wurde für fast alle Modefarben die Wolle mit Indigo vorgeblaut, dann mit Chromkali und Weinstein kochend gebeizt und danach mit Alizarinfarbstoffen, wie man es sonst bei den Holzfarben gewöhnt war, nach Muster gefärbt. Später wurde auch das Vorblauen, weil zu umständlich, fallen gelassen und so der Indigo, trotz seiner größeren Echtheit, durch die Chromentwicklungsfarbstoffe ganz verdrängt. Nur auf einigen Sondergebieten, wie z. B. für Uniformtuche, wurde das Färben in der Indigoküpe beibehalten.

Im Jahre 1901 überraschte die damalige Badische Anilin- und Sodafabrik in Ludwigshafen die Textilindustrie mit zwei blauen Farbstoffen, die an Echtheit und Lebhaftigkeit alle bis dahin bekannten Farbstoffe weit übertrafen. Sie führten die Bezeichnung Indanthren R und RS. In den nachfolgenden Jahren kamen aus derselben Fabrik noch andere Farbstoffe mit gleichen hervorragenden Eigenschaften. Von 1906 ab brachten auch andere Farbenfabriken Küpenfarbstoffe in den Handel, so die Gesellschaft für chemische Industrie in Basel das Cibablau und Cibaviolett; die Farbenfabriken Friedr. Bayer in Elberfeld mehrere Algolfarbstoffe; 1907 wurden von Kalle & Co. geschwefelte Indigofarbstoffe als Thioindigorot und Thioindigoscharlach färbereitechnischen Zwecken zugeführt und 1910 erschien als Küpenschwefelfarbstoff das Hydronblau der Firma Cassella. Im Jahre 1923 erfolgte dann ein Zusammenschluß der deutschen Farbenfabriken mit dem Zweck, die durch besonders hervorragende Echtheitseigenschaften ausgezeichnete Produkte ihrer Küpenfarbstoffe unter der allgemeinen Bezeichnung „Indanthrenfarbstoffe“ in den Handel zu bringen, während diejenigen Produkte mit etwas geringerer, den substantiven und Schwefelfarbstoffen aber bedeutend überlegenen Echtheitseigenschaften zunächst unter ihren alten Namen, später aber als „Algolfarbstoffe“ verkauft wurden. Andere im Handel befindliche Küpenfarbstoffe sind die Ciba- und Cibanonfarbstoffe der Gesellschaft für chemische Industrie; die Tinon- und Tinonchlorfarbstoffe von Geigy und die Sandothrenfarbstoffe von Sandoz.

Jeder einzelne dieser Farbstoffe erregte in der Zeit des ersten Bekanntwerdens durch seine Lebhaftigkeit und Echtheitseigenschaften großes Aufsehen, sie zu verwenden machte aber noch große Schwierigkeiten, denn die bei der Verküpung des Indigos gebräuchlichen Methoden und Substanzen reichten in ihrer Reduktionskraft nicht aus, die neuen Farbstoffe zu reduzieren, namentlich die beim Indigo so sehr beliebten Gärungsküpen, die auf einen spezifischen Gärungsprozeß organischer Substanzen wie Zucker, Kleie, Waid, Wollschweiß, Mehl, Brot, Urin usw. beruhen, waren für die neuen Produkte ungeeignet. Die chemische Verküpungsarten des Indigos mit Eisenvitriol und Kalk, Zinkstaub und besonders die Hydrosulfitküpe konnten wohl zur Reduktion dienen, doch war es damit ein unsicheres Arbeiten. Hydrosulfit mußten die Färber früher immer selbst herstellen aus einem Gemisch von Bisulfit und Zinkstaub. Geringe Schwankungen in der Zusammensetzung der

Chemikalien brachte aber Fehlresultate in der Färberei. Als dann im Jahre 1905 die damalige Badische Anilin- und Sodafabrik mit einem pulverförmigen, konzentrierten, haltbaren Hydrosulfit auf dem Markt erschien, waren alle Schwierigkeiten der Farbstoffverküpung behoben; dem Färber war damit ein leicht dosierbares Reduktionsmittel gegeben, mit dem er nun ganz genau zu arbeiten imstande war.

Die Küpenfarbstoffe sind nach ihrem chemischen Aufbau sehr verschiedene Körper. Teils stehen sie dem Indigo nahe und werden dann als „indigoide Küpenfarbstoffe" bezeichnet. Zu dieser Gruppe gehören fast alle „Helindon-Farbstoffe" der I. G. Farbenindustrie, die eine Sondergruppe für das Färben von Wolle darstellt. Auch eine große Zahl der Algolfarbstoffe (I. G.) haben indigoiden Charakter, ferner die „Cibafarbstoffe" der Gesellschaft für chemische Industrie in Basel und die „Küpenfarbstoffe" von Sandoz, die „Tinonfarbstoffe" von Geigy (alle drei Firmen in Basel) gehören hierher. Eine andere, namentlich für die Baumwollfärberei sehr wichtige Untergruppe der Küpenfarbstoffe leitet sich chemisch vom Anthrachinon ab, man kennzeichnet sie auch als „Anthrachinon-Küpenfarbstoffe". In diese Gruppe gehören beispielsweise die meisten Indanthren- und viele Algolfarbstoffe der I. G. Ferner die Cibanonfarben (Ciba) Sandothren- (Sandoz) und die Tinonchlorfarbstoffe (Geigy). Eine dritte chemische Gruppe bilden die Hydronblau, die sich vom geschwefelten Pyrazolon ableiten.

Die färberische Verschiedenheit der genannten Küpenfarbstoffgruppen kommt z. T. in der zum Lösen erforderlichen Alkalimenge sowie in der Affinität zu tierischen und pflanzlichen Fasern zum Ausdruck. Die Anthrachinon-Küpenfarbstoffe erfordern größere Alkalimengen als die indigoiden Farbstoffe, diese sind zum Färben beider Faserarten geeignet, während jene zu Wolle fast keine Affinität zeigen und schon wegen des hohen Alkaligehaltes der Färbeküpen für die Wollfärberei außer Betracht kommen. Wolle ist bekanntlich äußerst alkaliempfindlich und würde in den stark alkalischen Bädern schweren Schaden erleiden.

Küpenfarbstoffe für Wolle. Als Küpenfarbstoffe für Wolle kommen in den Handel: die verschiedenen Indigomarken, die Helindonfarbstoffe (I. G.), die Cibafarben für Wolle (Ciba, Basel), die Eriotinonfarbstoffe (Geigy, Basel) u. a. Alle diese Farbstoffe sind meist indigoider Natur und brauchen zur Lösung und Reduktion verhältnismäßig wenig Alkali.

Die Lösung der Farbstoffe geschieht durch Umküpen mit Natronlauge und Hydrosulfit. Dabei besteht die Gefahr, daß zuviel Alkali in die Färbeküpe kommt. Gegen einen Überschuß von Alkali ist die Wolle nicht nur sehr empfindlich, sondern auch die Intensität der Färbung ist von einer gewissen Alkalimenge in der Küpe abhängig, es ist deshalb aus beiden Gründen die Einhaltung des richtigen Alkaligehaltes durchzuführen. Bereits ein geringer, die Qualität der Wolle noch nicht beeinträchtigender Überschuß über die Lösung der Farbstoffe erforderliche Alkalimenge übt insofern einen nachteiligen Einfluß auf die Färbung aus, als dadurch der Farbstoff zurückgehalten und die Färbung heller ausfällt. Bei Reproduzierungen von Farbtönen hat man darum immer genau auf gleichen Alkaligehalt der Küpen zu achten. Um den im Lösen von Küpenfarbstoffen nicht geübten Wollfärber von dieser Gefahr zu entheben, bringen die Farbenfabriken die Küpenfarbstoffe in fertig verküpter Form, als Natriumsalz der Küpenfarbstoffsäure, in den Handel, die nur einen geringen Überschuß des mild alkalischen Ammoniaks zur Lösung und zum Färben bedürfen. Die fertig verküpten Helindonfarbstoffe werden mit „Küpe fest" und „Küpenpulver" bezeichnet. Die Eriotinonfarbstoffe sind fertig verküpt und pulverförmig. Die Cibafarben für Wolle sind teils als unverküpte Farbstoffe, teils als fertige Küpen, im Handel zu haben.

Das Lösen der Küpenfarbstoffe bzw. das Ansetzen der Stammküpe geschieht in der Weise, daß der Farbstoff, wenn er pulverförmig ist, mit etwas denaturiertem Alkohol oder einer Monopolseifenlösung und heißem Wasser zu einem gleichmäßigen Brei verrührt und dann mit Wasser, dessen Temperatur der Verküpungstemperatur entspricht, weiter verdünnt wird. Dann wird mit der vorgeschriebenen Menge Natronlauge versetzt und unter ständigem Umrühren das Hydrosulfit eingestreut. Ein Erwärmen mit direktem Dampf ist zu unterlassen. Nach ungefähr 15—20 Minuten ist die Stammküpe fertig, d. h. die Reduktion und Lösung des Farbstoffes eingetreten. Die Stammküpe muß die dem betreffenden Leukofarbstoff eigentümliche Färbung haben und von einer eingetauchten Glasplatte klar ablaufen. Sollten sich noch kleine dunkle Farbstoffteilchen zeigen, so enthält die Stammküpe noch nicht reduzierten Farbstoff, der durch einen Zusatz von Hydrosulfit in Lösung zu bringen ist. Ein trübes Aussehen der Stammküpe erfordert einen Nachsatz von Natronlauge, die in kleinen Mengen zugegeben wird, bis die Lösung klar erscheint. Sind Farbstoffe in Kombination zu färben, so können nur solche gemeinsam verküpt werden, die ungefähr die gleiche Menge Natronlauge, gleiche Verküpungstemperatur usw. erfordern. Andernfalls dürfen erst die fertigen Stammküpen zusammen ins Bad gegeben werden.

Das Arbeiten mit den fertigen Küpen, welche den reduzierten Farbstoff in Form von Paste, Stückchen oder Pulver enthalten, schließen die unvermeidlichen Fehler beim Lösen der Farbstoffe, die in unerfahrenen Händen immer zu erwarten sind, aus. Flüssige Küpenpräparate können der Färbeküpe direkt zugesetzt werden, feste Küpenpräparate werden mit kochend heißem Wasser angerührt, wobei man zur Verbesserung des Reduktionsstandes 5% frisch gelösten Leim und 5% Hydrosulfit konz. Pulver, auf das Farbstoffgewicht berechnet, zugibt. Küpenpulver löst man durch Anrühren mit der gleichen Menge heißen Wassers, worauf man mit der 5—15fachen Menge kochenden Wassers übergießt und etwa 5 Minuten stehen läßt.

Die Färbeküpe. Für die Helindonfarbstoffe sind zwei Färbeverfahren in Gebrauch, die sich durch die Färbetemperatur und den Alkaligehalt der Färbeküpen etwas unterscheiden. Die I. G. bezeichnet die beiden Methoden mit HN (Helindon normal gefärbt) und HW (Helindon warm gefärbt). Bei dem HN-Verfahren färbt man bei 50—60° C in schwach alkalischer bis neutraler Flotte, bei dem HW-Verfahren bei 60—65° C in etwas stärker alkalischer Küpe. Die HN-Gruppe ist die wichtigere, da ihr der Indigo, ferner das für Modetöne unentbehrliche Helindongelb CG, Helindonbraun CV bzw. CRD und Helindonrot BB angehören. Der Alkaliüberschuß, der erforderlich ist, um den reduzierten Farbstoff in Lösung zu halten, soll nur in Form von Ammoniak zugegeben werden. Der Stand der Küpe an Alkali wird mit Phenolphthaleinpapier oder noch besser mit Phenolphthaleinlösung (5 g Phenolphthalein in 1 Liter reinem Alkohol) geprüft. Phenolphthaleinlösung (wird zu einer aus der Flotte genommenen Probe getropft) oder -papier sollen nur schwach gerötet werden.

Durch Berührung mit der Luft wird an der Oberfläche der Küpe immer etwas Farbstoff oxydiert, der untersinkt und durch den Hydrosulfitüberschuß der Küpe aufs neue reduziert wird. Es wird also ständig Hydrosulfit verbraucht. Die Küpe muß darum immer einen kleinen Überschuß an Hydrosulfit haben, zu wenig davon führt zu abrußenden Färbungen, zu großer Überschuß verhindert das Aufziehen der Farbstoffe. Eingetauchtes Indanthrengelbpapier zeigt durch Blauwerden Hydrosulfitüberschuß an.

In der schwach ammoniakalischen Küpe sind die Leukofarbstoffe schlecht löslich und haben die Neigung, sich zusammenzuballen und auszufallen; kommen sie in diesem Zustande auf die Faser, entstehen reibunechte Färbungen. Um dieser Neigung der Farbstoffe entgegenzuwirken, ist der Küpe ein Schutzkolloid zuzusetzen, daß die Farbstoffe in kolloidal fein verteilter Form in Lösung hält. Dieses Schutzkolloid ist Leim, der als frisch gelöster Tischlerleim, Perlenleim oder Flockenleim, zur Anwendung kommt. Alte Leimlösungen sind unbrauchbar, weil sie sauer sind und ihre Wirkung als Schutzkolloid verloren haben. Durch seinen verteilenden Einfluß wirkt der Leim auch noch egalisierend auf die Farbstoffaufnahme und als ein in ihrem chemischen Aufbau der Wolle ähnlichen löslichen Körper schützt er diese bei einem evtl. zu hohen Alkaligehalt vor Schädigung, indem er das Alkali zunächst auf sich einwirken läßt. Als Ersatz für Leim empfiehlt die I. G. Farbenindustrie bei hellen Farben die Anwendung von Leonil S.

Bei der geringeren Affinität der Küpenfarben zur Wolle besteht die Gefahr, daß bei schlecht ausgezogenen Flotten der in Lösung zurück-

bleibende Farbstoff sich auf der Faser oberflächlich abscheidet, sobald
die mit der Flotte getränkte Wolle an die Luft kommt. Die Färbung wird
dadurch reibunecht. Durch Zusatz von Ammonsulfat zur Küpe gelingt
es, das Bad fast vollständig auszuziehen, wodurch die Entstehung reibunechter Färbungen beseitigt wird. Die Wirkung des Ammonsulfats in
der Küpe beruht darauf, daß es durch seinen sauren Charakter das zum
Lösen der Farbstoffe benötigte Natrium durch Ammoniak ersetzt, es
wirkt also der Lösung des Farbstoffes entgegen und fördert dadurch die
Farbstoffaufnahme durch die Faser.

Die gleiche Wirkung auf das bessere Ausziehen, wenn auch in schwä-
cherem Maße, üben die Kalk- und Magnesiumsalze aus, die im harten
Wasser enthalten sind; darum ist es zweckmäßig, zum Ansatz der Färbeküpe hartes Wasser, das bis zu 30 deutsche Härtegrade enthalten kann,
zu verwenden. Bei weichem Wasser kann man den Farbstoffen der HN-
Gruppe statt der fehlenden Kalksalze Ammonsulfat zusetzen, um die
Küpenflotte auszuziehen. Man gibt das Ammonsulfat vor dem Farbstoffzusatz ins Bad und rechnet von 0° Härte 2—4% und von 10° Härte
aufwärts 1—2%.

Bei Farbstoffen der HW-Gruppe wirkt Ammonsulfat ungünstig, dagegen kann man bei Verwendung von weichem Wasser von 0° Härte
etwa 10% Kalziumchlorid krist. und bei 10° Härte etwa 5% Kalziumchlorid zusetzen, um die Bäder besser zu erschöpfen.

Ein Zusatz von Ammonsulfat über die Wirkung der Wasserhärte hinaus ist dort am Platze, wo es sich darum handelt, dunkle Färbungen
herzustellen. Je tiefer der Farbton werden soll, desto höher ist der
Ammonsalzzusatz zu bemessen, um die Flotte möglichst zu erschöpfen.
Dies trifft auch bei solchen Materialien zu, die nach dem Färben nicht
durch Abquetschen von der überschüssigen Flotte befreit werden können,
wie es bei der losen Wolle üblich ist, die nach dem Abquetschen an der
Luft oxydieren kann. Kammzug, Kreuzspulen und Stranggarn werden
nach dem sog. Ausziehverfahren gefärbt, wobei die Bäder durch Ammonsalzzusatz möglichst erschöpft werden müssen, denn hier wird die Küpenflotte nach beendetem Färben durch ständiges Zufließen von Spülwasser
reichlich verdünnt, was Verlust an Farbstoff bedeuten würde, wenn die
Bäder nicht ausgezogen sind.

Das Färben nach Muster mit Küpenfarbstoffen ist nicht
immer leicht, da die Wolle, wenn sie das Bad verläßt, auch nach der
Oxydation die richtige Färbung noch nicht angenommen hat. Zur
Musterung wird die aus der Küpe gezogene Probe gut abgequetscht,
gelüftet und gedämpft oder 10 Minuten lang mit 1 proz. Essigsäure bei
80° C behandelt. Beim Abmustern ist zu beachten, daß der Farbton
durch die evtl. folgende Dekatur der Ware immer Veränderungen erleiden
kann. Man wird deshalb vor dem Färben der Schlußpartie am besten

einen Walkfilz eines Durchschnittsmusters so dekatieren, wie es für die in Frage kommende Ware üblich ist, damit der eintretende Umschlag beim Färben der Schlußpartie berücksichtigt werden kann. Da die Küpenfarbstoffe auf der Wolle sehr fest haften, ist es empfehlenswert, beim Ansatz der Flotte möglichst unter der Nuance zu bleiben und mit kleinen Nachsätzen auf Muster zu färben. Ein Nuancieren in der mit Ammonsalz ausgezogenen Küpe ist zu vermeiden; ist es dennoch erforderlich, so muß das Bad wieder mit Ammoniak schwach alkalisch gemacht werden, man arbeitet darum am besten nach feststehenden Rezepten.

Die vollständige Entwicklung des Farbtones wird nach der Oxydation erst durch heißes Säuren bei 80° C erzielt, wobei auch gleichzeitig das Höchstmaß an Echtheit erlangt wird.

Färben der verschiedenen Materialien mit Küpenfarbstoffen. Die Küpenfarbstoffe sind ganz besonders für das Färben loser Wolle geeignet, an die höchste Anforderungen an Fabrikations- und Gebrauchsechtheit gestellt werden, so namentlich für Militär- und Beamtentuche, denn die Wolle wird durch die schwach alkalischen, lauwarmen Bäder viel weniger ihrer wertvollen Eigenschaften beraubt als beim kochenden Färben mit nachfolgendem Chromieren.

Spinnereitechnisch sind küpenfarbige Wollen besser zu verarbeiten, sie können zu feineren Garnnummern ausgesponnen werden und geben weniger Fadenbrüche und Abfall als chromfarbige Wollen. Stücke aus küpenfarbiger Wolle walken im Vergleich zu chromfarbigen schneller; die fertige Ware hat etwas größere Reißfestigkeit und Dehnung und auch in der Gebrauchsdauer sind die in der Küpe gefärbten Waren den chromfarbigen überlegen.

Wegen der einfachen Färbeweise und der kurzen Färbedauer zieht man mancherorts die Behandlung der losen Wolle in der Küpe in offenen Bottichen dem Färben in mechanischen Küpen vor, weil angeblich die Faser noch mehr geschont werden soll. Sind große Mengen Material zu behandeln, so sind mechanische Küpen, wie auf S. 63 beschrieben, nicht zu entbehren und der Handarbeit in Leistungsfähigkeit weit überlegen. Die sonst für das Färben loser Wolle gebräuchlichen Übergußapparate sind für Küpen ungeeignet, weil die Flotte zuviel der Luft ausgesetzt ist und vorzeitig oxydiert.

Ob man in den mechanischen Küpen nach dem Ausziehverfahren oder auf stehenden Bädern in ein oder zwei Zügen arbeitet, hängt ganz von den gerade vorliegenden Verhältnissen ab. Arbeitet man auf stehenden Bädern, werden helle und mittlere Töne in einem Zug, dunklere Farben mit zwei Zügen gefärbt. Die Küpe, die auf 1000 Liter Wasser von der vorgeschriebenen Temperatur (50—55° C) mit

> 500 g Leim,
> 500 cm³ Ammoniak 25proz.,
> 150—175 g Hydrosulfit konz. Plv.

und dem nötigen, vorher gelösten Farbstoff versetzt ist, soll während des ganzen Prozesses klare Durchsicht haben und schwach alkalische Reaktion zeigen, die mit Phenolphthaleinlösung zu kontrollieren ist. Nachdem das Bad 30 Minuten durch das Gut zirkulierte, wird dieses herausgenommmen, dabei darf der Siebkorb aber nur so weit herausgewunden werden, daß die Wolle bequem herausgefischt werden kann und nicht zulange mit der Luft in Berührung kommt. Erst wenn man den Korb vollständig leeren will, wird er ganz aus der Flotte gedreht. Die der Flotte entnommene Wolle ist möglichst rasch abzuquetschen, wobei nicht zu große Portionen auf einmal zwischen die Walzen zu geben sind, weil sonst ein unvollständiges bzw. ungleichmäßiges Ausquetschen erfolgt, das die volle Reib-, Wasch- und Walkechtheit beeinträchtigt. Arbeitet die Quetschvorrichtung einmal nicht befriedigend, so kann man nötigenfalls die Wolle, wenn sie nach dem Abquetschen in den unter die Quetschwalzen gestellten Korb fällt, mit kaltem Wasser abspritzen, um die im Material befindliche überschüssige Flotte zu entfernen bzw. so zu verdünnen, daß sie keine nachteilige Wirkung ausübt. Allerdings geht die Oxydation in der warmen, ausgequetschten Wolle besser vor sich als in der mit kaltem Wasser wieder ganz naß gespritzten Faser.

In der Indigofärberei ist es allgemein üblich, daß, während die eine Partie oxydiert, die nächste in die Küpe eingebracht wird, nachdem diese durch Zusatz von Indigolösung, Hydrosulfit und etwas Ammoniak verstärkt wurde. Ausgezeichnete Dienste leisten hier die fertigen Küpen des Indigo, wie Indigo Küpe I MLB 20%, Indigolösung BASF 20%, welche ohne weiteres verwendet werden können und das umständliche Selbstverküpen des Indigopulvers überflüssig machen.

Nach erfolgter Oxydation wird auf einer Rundspülmaschine (s. Abb. 11 a. S. 54) gut gespült und bei dunklen Farbtönen ein zweiter Zug gegeben, bei dem ebenfalls nach Beendigung die Wolle wieder abgequetscht wird. Zur Erhöhung der Wasch- und Reibechtheit ist es in diesem Falle zweckmäßig, das Material direkt von der Quetsche weg in fließendes Wasser fallen zu lassen. Die Oxydation geht dann etwas langsamer vor sich als bei warmer Oxydation.

Kammzug, Kreuzspulen und Stranggarn können in den für diese Materialien üblichen Apparaten mit einseitiger oder zweiseitiger Flottenzirkulation gefärbt werden, doch wird dies in der Praxis wegen der kaum zu erreichenden Musterkonformität kaum ausgeführt. Die Flottenbewegung der Apparate soll ruhig sein und keinesfalls durch starke strudelnde Bewegung vorzeitige Oxydation des Bades hervorrufen. Weil bei dieser Materialaufmachung ein Abquetschen und Oxydieren an der Luft außer bei Stranggarn nicht möglich ist, wird nach dem Ausziehverfahren gearbeitet. Auch hier wird bei den Farbstoffen der HW-Gruppe das 50—55° C warme Bad mit 1% Leim, 0,5 bis 1,5% Ammoniak, 1,5%

Hydrosulfit und der vorher gelösten Farbstoffmenge beschickt. Dann läßt man die Küpe auf die im Apparat befindlichen Kammzugbobinen oder Kreuzspulen laufen oder geht mit dem Garn in den Apparat ein und läßt 20—30 Minuten zirkulieren. Nunmehr wird je nach Tiefe der Färbung durch langsames Zufließenlassen von 1—4% Ammonsulfat in stark verdünnter Lösung das Alkali der Küpe abgestumpft. Man überzeuge sich durch Prüfen mit einer dem Bad entnommenen Probe mit Phenolphthaleinlösung, ob es neutral wird. Nach insgesamt einstündiger Färbedauer ist das Bad fast vollständig ausgezogen. Dann läßt man kaltes Wasser zu- und gleichzeitig die Küpe derart abfließen, daß die Wolle immer unter der Flotte bleibt. Nach erfolgter Verdrängung der Küpenflüssigkeit durch das Wasser packt man das Material aus, schleudert und läßt es zum Oxydieren an der Luft liegen.

Wirtschaftlicher gestaltet sich aber der Färbevorgang unter Vermeidung des Auspackens, wenn Kammzug und Kreuzspulen, die beim Liegen an der Luft nur äußerst langsam durchoxydieren, nach der Verdrängung der Färbeküpe mit Wasserstoffsuperoxyd oxydiert werden. Dieses Verfahren, das der I. G. Farbenindustrie durch D.R.P. geschützt ist, wird so ausgeführt, daß man nach Klarspülung das Wasser auf 20—30°C erwärmt und 2% Wasserstoffsuperoxyd zusetzt und bis zur vollständigen Oxydation etwa 10 Minuten im Apparat behandelt. Hierauf läßt man die Flotte ab und säuert zur Erhöhung der Dekaturechtheit bei 80°C während 10 Minuten mit 2—5% Essigsäure oder 2—3% Schwefelsäure 96% ab. In diesem Nachbehandlungsbad kann die Wolle, wenn es erforderlich ist, gleichzeitig auch mit Eulan neu zum Schutz gegen Mottenfraß behandelt werden.

Auf die verschiedenen Vorteile der küpengefärbten Wolle gegenüber chromgefärbter wurde schon hingewiesen. Hier sei noch bemerkt, daß durch die einfache Färbeweise in den mittelwarmen Bädern eine erhebliche Dampfmenge erspart wird. Vergleichende Versuche haben ergeben, daß für 100 kg Wolle beim Färben auf der Küpe, die auf 50°C erwärmt wird, 45 kg Dampf, beim Färben im Apparat mit Chromentwicklungsfarbstoffen aber 340 kg Dampf erforderlich sind[1].

Wohl verteuert die Anwendung der Küpenfarbstoffe den Färbeprozeß, doch ist diese Verteuerung im Vergleich zu den Vorteilen, die während der ganzen Weiterverarbeitung der Wolle erzielt werden, klein zu nennen. Nach A. Hardy[2], der über vergleichende Untersuchungen, der mit Chrombeizen und Küpenfarbstoffen gefärbten Wollstoffe berichtet, die für die ungarische Militärverwaltung ausgeführt wurden, sind die mit Küpenfarbstoffen gefärbte Stoffe um 5% teurer als die chromgefärbten, aber in ihrem Gebrauchswert um 30% höher zu bewerten. Demnach

---

[1] Gurlt, H.: Küpenfarbe auf Wolle. Melliand Textilber. 1930 S. 40.
[2] Hardy, A.: Leipz. Monatsschr. f. Text.-Ind. 1933 S. 134.

sei von den beiden Färbeverfahren das Färben mit Küpenfarbstoffen das wirtschaftlichere.

Indigosole. Allgemeines über die Indigosole. Die Indigosole bilden eine Farbstoffklasse, die auf tierische und pflanzliche Fasern zur Anwendung kommt. Sie werden von der I. G. Farbenindustrie A.-G. und der Firma Durand & Huguenin A.-G. in Basel in den Handel gebracht.

Ihr erster Vertreter, das Indigosol O, kam im Jahre 1924 durch die Firma Durand & Huguenin auf den Markt und ist das Natriumsalz des Indigoweißschwefelsäureesters. Seither wurde die Gruppe durch die genannten Firmen weiter ausgebaut, so daß man heute in der Lage ist, sämtliche Farbtöne mit den Indigosolen zu färben.

Sämtliche Indigosole leiten sich von Küpenfarbstoffen ab und zwar nicht nur von indigoiden, sondern auch von solchen der Anthrachinongruppe. Darum sind ihre Echtheitseigenschaften denen der Küpenfarbstoffe gleichwertig und in der fertigen Färbung von diesen nicht zu unterscheiden.

Durch die chemische Umwandlung der Leukoverbindungen der Küpenfarbstoffe in die Schwefelsäureestersalze werden die sonst in Wasser völlig unlöslichen Küpenfarbstoffe darin sehr leicht löslich. Sie ziehen aus den Bädern meist farblos auf die Faser. Die Veresterung der Leukoverbindung macht die Färbungen der Indigosole gegenüber der oxydativen Einwirkung des Luftsauerstoffs indifferent. Zur Rückbildung in den wirklichen Farbstoff ist eine Oxydation in saurer Lösung mit kräftigen Oxydationsmitteln, wie Natriumnitrit oder Kaliumbichromat, erforderlich.

Der eigentliche Färbeprozeß der Indigosole zerfällt demnach in zwei scharf getrennte Phasen: 1. Ein neutrales bzw. saures Anfärben, 2. eine nachfolgende Oxydation des auf die Faser gebrachten Indigosols zum Küpenfarbstoff. Dieses Schema gilt für das Färben aller Textilfasern. Selbstverständlich müssen für die verschiedenen Textilfasern verschiedene Färbe- bzw. Oxydationsbedingungen eingehalten werden.

Färben der Wolle mit Indigosolen. Die Indigosole ziehen auf Wolle wie saure Farbstoffe aus sauren Bädern sehr gut aus, so daß es mit ihrer Hilfe gelingt, selbst die dunkelsten Indigotöne in einem Zuge zu färben, die in der Küpe nur in zwei oder drei Zügen zu färben wären. Das ganze Färbeverfahren ist dem Wollfärber, der nicht mit Küpenfarbstoffen zu arbeiten versteht, vertrauter, denn das Färben selbst ist dem der Säurefarbstoffe fast gleich und die Reoxydation zum Küpenfarbstoff auf der Faser erfolgt in schwefelsaurem Bade mit Chromkali, was den Wollfärbern von den Methoden der Entwicklungsfarben her ebenfalls bekannt ist. Für den Wollfärber bedeutet demnach die Indigosolfärberei keine große Umstellung in der bisherigen Arbeitsweise.

Die Eigenschaften der Indigosole, recht lebhafte, auch in hellen Tönen sehr gut licht-, wasch-, walk- und seewasserechte Färbungen zu liefern, hat ihre Beachtung für viele Zwecke der Wollechtfärberei hervorgerufen. Namentlich helle reine Perl-, Flieder-, Violett- und Grautöne boten bisher gewisse Schwierigkeiten, da bei Berücksichtigung der notwendigen Waschechtheit die verlangte Lebhaftigkeit mit Chromierungsfarben nur mit Zugeständnissen in der Lichtechtheit erzielt werden konnten. Bei Anwendung der Indigosole werden die Färbekosten wegen der noch hohen Farbstoffpreise bedeutend höher als bei Verwendung anderer Farbstoffe, man erreicht dafür aber unübertreffliche Echtheiten bei der damit gefärbten Wolle.

Zum Färben der Wolle in den verschiedenen Verarbeitungsstadien sind drei Verfahren in Anwendung, die sich zur Hauptsache in der Oxydation unterscheiden. Diese sind in groben Zügen nachstehend angeführt. Wegen besonderer Einzelheiten bei Anwendung der Farbstoffe sei auf Musterkarten und Anwendungsvorschriften der Farbenfabriken hingewiesen.

Färbeverfahren I für Indigosol O und Indigosol OR. Man löst den Farbstoff durch Übergießen mit heißem Wasser und gibt die Lösung in das Färbebad. Dann werden

  10% Glaubersalz krist.,
  1% Rongalit C,
  3—8% Essigsäure 30% für helle Töne bis zu 5% Farbstoff oder
  3—6% Ameisensäure 85%

zugesetzt. Man geht bei 40° C ein, treibt zum Kochen und kocht ½ Stunde. Hierauf erschöpft man das Färbebad mit

  2% Schwefelsäure 96% (66° Bé)

während ¾stündigen Kochens, wonach durch Zulauf von frischem Wasser auf ca. 25° C verkühlt wird.

Das **Entwicklungsbad** beschickt man mit

  7 g Schwefelsäure 96% (66° Bé) pro Liter Flotte,

fügt bei dunklen Tönen zur Verbesserung der Reibechtheit

  2—4 g Indigosolseife SP pro Liter Flotte

zu und läßt 10 Minuten kalt laufen. Dann werden

für Indigosol O

1% Farbstoff	und darunter	0,4% Natriumnitrit	
4% ,,	,, ,,	0,8%	,,
10% ,,	,, ,,	1,6%	,,
20% ,,	,, ,,	2,7%	,,

für Indigosol OR

1% Farbstoff	und darunter	0,3% Natriumnitrit	
4% ,,	,, ,,	0,7%	,,
10% ,,	,, ,,	1,4%	,,
20% ,,	,, ,,	2,4%	,,

in verdünnter Lösung zugesetzt. Hierauf behandelt man Färbungen mit

Indigosol O 1 Stunde bei 25° C,
„   OR ¾ Stunden bei 50° C,

nachdem man langsam auf diese Temperatur erwärmt hat. Zum Schluß wird gründlich gespült, gegebenenfalls mit 2 g Soda kalz. pro Liter kalt neutralisiert und nach erneutem Spülen fertiggestellt.

Färbeverfahren II für Indigosolgrün IB. Der Farbstoff wird unter Zusatz von

0,3 g Hydrosulfit konz. Pulver,
0,25 g Soda kalz.

(berechnet auf 1 g Farbstoff) kalt gelöst und dem Färbebad zugegeben. Dann werden

1% Hydrosulfit konz. Pulver und je nach Tiefe der Färbung
10—20% Ammonsulfat

zugesetzt. Man erwärmt in ½ Stunde auf 90° C, behandelt 1 Stunde bei 90—95° C und spült.

Das **Entwicklungsbad** wird mit 10 g Schwefelsäure 96% (66° Bé) pro Liter Flotte beschickt. Man läßt 10 Minuten kalt laufen, setzt für

1 % Farbstoff	0,4% Natriumnitrit
2,5% „	0,8% „
5 % „	1,5% „

in verdünnter Lösung langsam zu und behandelt 1 Stunde kalt. Hierauf wird gründlich gespült und gegebenenfalls wie unter I entsäuert.

Färbeverfahren III für alle übrigen Bunt-Indigosole. Man gibt den durch Übergießen mit heißem Wasser gelösten Farbstoff und 5% Ammonsulfat in das Färbebad, geht bei 40° C ein, treibt in ½ Stunde zum Kochen und kocht ½ Stunde. Hierauf erschöpft man das Färbebad mit 1—10% Essigsäure 30% während ½—1stündigen Kochens und spült.

Das **Entwicklungsbad** beschickt man mit

1—3 % Rhodanammonium und
0,7—3,5% Chromkali

und läßt ¼ Stunde bei 30° C laufen. Dann setzt man

10 g Schwefelsäure 96% (66° Bé) pro Liter Flotte

zu, erwärmt in ½ Stunde auf 85° C und behandelt ½ Stunde bei 85 bis 90° C. Zum Schluß stellt man wie unter I fertig.

Die benötigte Chromkalimenge beträgt:

| mindestens | für 1—2% Farbstoff | für 2—5% Farbstoff |
| 0,7% | 1—2% | 2—3% |

Folgende Farbstoffe brauchen dagegen die unten angegebene Menge Chromkali:

	mindestens	für 1—2% Farbstoff	für 2—5% Farbstoff
Indigosolscharlach IB	0,7%	0,7—1%	1—2,2%
Indigosolgoldgelb IGK Indigosolrosa IR extra Indigosolscharlach HB	1,1%	1,4—2,2%	2,2—3%
Indigosolbrillantrosa I3B Indigosolrotviolett IRH	1,3%	1,7—2,5%	2,5—3,5%

Um eine völlige Entwicklung der Färbungen zu erhalten, empfiehlt es sich, bei Kombinationsfärbungen nicht unter die Chromkalimindestmenge des Farbstoffes zu gehen, welcher am meisten Chromkali benötigt.

Ein Zusatz von Rhodanammonium zum Oxydationsbad übt auf die Reinheit der Nuancen einen günstigen Einfluß aus. Rhodanammonium wirkt als Puffersubstanz und verhindert vor allem die Überoxydation der leicht oxydierbaren Indigosole. In besonderen Fällen, z. B. für Kombinationen eines Blau mit Indigosolrotviolett IRH, die einzeln gefärbt, 1,7% bzw. 1,3% Chromkali als Mindestmenge benötigen würden, kann die Rhodanammoniummenge bis auf 3% erhöht werden. Auf diese Weise wird auch in der Kombination eine Überoxydation des blauen Farbstoffs verhindert.

Nuancieren von Indigosolfärbungen: Zum Nuancieren verwendet man gewöhnlich die für Chromierungsfärbungen üblichen sauer ziehenden Nuancierfarbstoffe. Wünscht man jedoch mit Indigosolen möglichst nahe an die Vorlage heranzukommen, so ist es notwendig, ein kleines Muster der unentwickelten Färbung vorzuoxydieren. Zu diesem Zweck nimmt man eine Probe von etwa 5 g Trockengewicht und entwickelt diese nach dem untenstehenden Schema:

Farbstärke	0,1%	0,5%	1%	2%	3%	4%	5%
Chromkali 1:1000 . .	50	60	75	150	—	—	—
Chromkali 1:100 . . .	—	—	—	—	20	20	23
Schwefelsäure 1:10 . .	25	25	25	25	25	25	25
Rhodanammon 1:100 .	15	15	15	15	15	15	15
Wasser	110	100	85	10	140	140	137

Man geht mit dem Muster kalt ein, erwärmt so rasch als möglich auf 90° C und behandelt bei dieser Temperatur während

5 Minuten, wenn es sich um eine Färbung bis zu 1% Farbstoff handelt;

10 Minuten, wenn es sich um 1—2% Farbstoff handelt;

15 Minuten, wenn es sich um 2—5% Farbstoff handelt. Danach spült man gründlich.

Die durch eine solche Schnelloxydation gewonnenen Färbungen dürfen nicht zur Vornahme von Echtheitsprüfungen verwendet werden.

Färben der Wolle bei Temperaturen unter 100° C.

Das allgemein übliche Färben der Wolle bei Kochtemperatur geschieht in der Hauptsache aus Gründen der Schnelligkeit, würde man genügend Zeit zur Verfügung haben, könnte das Färben der Wolle auch bei niedrigeren Temperaturen als 100° C durchgeführt werden, wobei die erreichten Echtheiten die gleichen sind. Wie in dem Abschnitt über „Färbetheorie der Wolle" dargetan wurde, ist die Färbung der Wolle mit sauren Farbstoffen eine Salzbildung, also ein chemischer Vorgang zwischen den basischen Gruppen der Wolle und den Farbstoffsäuren. Wie alle chemischen Reaktionen, so ist auch die Farbsalzbildung in bezug auf ihre Geschwindigkeit von der Temperatur abhängig, d. h. eine bei höherer Temperatur in einer bestimmten Zeit verlaufenen Reaktion wird bei entsprechend niederer Temperatur die mehrfache Zeit zur Erreichung des Gleichgewichtszustandes gebrauchen, oder, die in einer Stunde bei Kochhitze herbeigeführte Erschöpfung eines Färbebades würde bei 80° C 3—4 Stunden in Anspruch nehmen.

Auf die Möglichkeit der Wollfärbung bei niederer Temperatur haben Elöd[1] und seine Mitarbeiter in ihren wissenschaftlichen Arbeiten über das Problem der Wollfärbung schon mehrfach hingewiesen.

Wenn es technisch möglich wäre, mit dem allgemein üblichen Zeitaufwand Wolle unterhalb der Kochtemperatur zu färben, wäre dies von großer wirtschaftlicher Bedeutung; man würde durch das Fortfallen des ständigen Kochens der Flotte viel Brennstoff sparen, die Nebelbildung in den Färbereiräumen mit ihren großen Nachteilen verhüten und ersparte damit auch gleichzeitig die teure Beseitigung der Nebel. Der größte Vorteil aber, den die Färbung bei niederer Temperatur brächte, wäre die Schonung der Wollfaser selbst. In kochenden Bädern verläuft nicht nur die eigentliche Färbung, sondern auch der chemische Abbau der Wollsubstanz durch Hydrolyse schneller und gründlicher als bei niedrigerer Temperatur. Die Hydrolyse geht aber immer auf Kosten der Reiß- und Tragfestigkeit der Faser (s. d. Abschnitt „Schutz der Wolle beim Färben").

Eine praktische Lösung der Wollfärbung unterhalb der Siedetemperatur hat man anscheinend in England gefunden. Die neue Technik wurde zuerst beschrieben in einer Versammlung der Färber und Koloristen in Bradford am 21. Februar 1935 von Herren der „British Dyestuffs Corporation" der Farbengruppe der „Chemical Industries Ltd." in Manchester[2]. Nach den Angaben der Erfinder soll es möglich sein, Wolle bei 40—80° C in genau den gleichen Echtheiten in gleicher, sogar in noch kürzerer Zeit zu färben als nach der Kochmethode. Als ganz besonders bedeutsam wird hervorgehoben, daß die Durchfärbung dicker Filze und Stoffe in bedeutend kürzerer Zeit und mit besserem Erfolg möglich sei als bisher.

Zunächst versuchten die Engländer durch Verminderung des Druckes das Färbebad bei niederen Temperaturen zum Sieden zu bringen und darin die Wolle zu färben. H. A. Thomas von der British Dyestuffs Corporation fand dann bei den Arbeiten über das Problem der Wollfärbung unterhalb der Siedetemperatur, daß, wenn beim Durchsaugen, oder noch besser beim Durchpressen von Luft durch das Färbebad während des Färbens eine kräftige, strudelnde Bewegung entsteht, sehr gute Färberesultate unterhalb der Kochhitze bei gewöhnlichem Luftdruck erzielt werden. Er hat viele Versuche bei 80° C erfolgreich durchgeführt und mit einigen Säurefarbstoffen bei der niedrigen Temperatur von 40° C gute Resultate erhalten.

Das Wesentliche an dem Verfahren ist die kräftig strudelnde Bewegung des Bades, die durch das Einblasen von Luft hervorgerufen wird. Dadurch soll die Wolle, wie es die Engländer benennen, mit den Farbbadteilen bombardiert werden, wobei dann auch die Einzelfasern, ja selbst die Wollschuppen in Vibration geraten

---

[1] Elöd, E. und Böhme, F.: Melliand Textilber. 1932 S. 365. — Böhme, F. Dissertation Karlsruhe 1931. — Elöd, E.: Melliand Textilber. 1935 S. 323.

[2] The Dyer. 1935 S. 225.

sollen, wie man es durch mikroskopische Beobachtung festgestellt haben will. Durch das Bombardement der Faser soll diese den Farbstoff schneller eindringen lassen.

Elöd[1] nimmt zu der neuen Wollfärbemethode der Engländer Stellung und bestätigt zunächst seinen früher schon mehrmals geäußerten Standpunkt, daß Wollfärbungen unter 100° C in allen gewünschten Echtheiten möglich seien. Das Färben selbst verlaufe in mehreren Teilvorgängen, wovon einer in der rein physikalischen Diffusion der Farbstoffteilchen in das Faserinnere bestehe. Die Diffusionsgeschwindigkeit sei abhängig von dem Lösungszustand der Farbstoffe, bei den hochdispersen Säurefarbstoffen sei sie größer als bei gröber dispersen, z. B. substantiven Farbstoffen. Zu beachten sei beim Färbevorgang, daß in der unmittelbaren Nähe jeder einzelnen Wollfaser immer genügende Mengen an Farbstoff zugegen sein müssen, die Flotte also in der unmittelbaren Nähe der Fasern nicht an Farbstoff verarmen dürfe. Darum wird in der üblichen Praxis der Färberei entweder das Material durch die Flotte oder die Flotte durch das Material bewegt. Elöd meint, daß die Engländer die Verarmung der Flotte in der unmittelbaren Nähe der Einzelfaser mit Hilfe der eingeblasenen Luft bekämpften, daß aber von einem „Bombardement" der Fasern durch die Flotte oder Farbstoffe nicht die Rede sein könne, da die in Frage kommenden Kräfte viel zu gering seien.

Die schwer erreichbare Durchfärbung von Filzen und dichten Wollwaren ist nach Elöd darin zu erblicken, daß entweder die Diffusionsgeschwindigkeit der verwendeten Farbstoffe infolge ihrer Teilchengröße zu gering oder die chemische Reaktionsgeschwindigkeit zwischen Wollsubstanz und Farbstoff derart groß ist, daß unter Bildung von schwerlöslichen Wollfarbsalzen die Wolle unmittelbar nach dem Eindringen der Farbstoffe diese abbindet, fixiert. Die Anfärbung erfolgt in solchen Fällen deshalb nur in den äußeren Schichten. Wird aber bei niedriger Temperatur gefärbt, so ist die chemische Reaktionsgeschwindigkeit zwischen Farbstoff und Wolle geringer, die Farbstoffteilchen können tiefer in das Innere der Ware eindringen und so durchfärben.

In der Färbereipraxis ist es nun aber allgemeine Gepflogenheit, bei schwer egalisierenden oder schwer durchfärbenden Farbstoffen bei mittleren Temperaturen mit dem Färben zu beginnen und die Temperatur ganz allmählich zu steigern, so daß das Färbegut längere Zeit unterhalb der Kochhitze mit dem Bade in Berührung ist. Dabei werden auch bei guter Flottenzirkulation bzw. bei guter Bewegung, gefilzte Wollkörper, z. B. Hüte, immer nur schwer durchgefärbt; nach den Angaben der englischen Erfinder soll die Luftwirbelungsmethode gerade in solchen Fällen ganz bedeutend bessere Resultate ergeben.

Wie sich das Verfahren bei nicht gefilzter Wolle, z. B. Kammzug oder offenen, weichen Garnen verhält, darüber ist in dem englischen Bericht noch nichts gesagt. Jedem Wollfärber dürfte aber wohl bekannt sein, daß, wenn kochende Farbbäder durch starke Dampfeinströmung in Wirbelung geraten, die von der Wirbelung getroffenen Wollteile stark verfilzen. Hier mag wohl die direkte Einwirkung des heißen Dampfes die Hauptschuld tragen; eine starke Verfilzung der Wolle tritt aber auch dann ein, wenn z. B. in den Strangfärbeapparaten nach dem Hängesystem die Flottenführung lokale Wirbelbildung hervorruft, die dem Wirbelstrom zunächstliegenden Garne sind dann immer mehr oder weniger stark verfilzt, es dürfte demnach die englische Luftwirbelungsmethode nur für solche Waren in Frage kommen, für die eine Verfilzung keinen erheblichen Nachteil bedeutet.

Schutz der Wolle vor Mottenfraß.

Die Wolle, wie überhaupt alle tierischen Fasern, sind der Gefahr ausgesetzt, von tierischen Schädlingen befallen und gefressen zu werden,

---

[1] Elöd, E.: Melliand Textilber. 1935 S. 584.

wodurch ganz enorme Werte dem Volksvermögen verloren gehen. Nicht nur die allbekannte Motte tritt als Schädling auf, sondern auch die Larven gewisser Käferarten[1] können durch ihren Fraß wertvolle Wollsachen gänzlich zerstören.

Mit den alten, flüchtigen Mottenmitteln Naphthalin, Kampfer, Dinitrochlorbenzol wird kein vollkommener Schutz gegen Mottenfraß erzielt, weil, wie festgestellt wurde, die Mottenräupchen durch diese Mittel in ihrer Entwicklung nur gehemmt, aber nicht getötet werden.

Dr. Meckbach bei den Farbenfabriken vorm. Friedr. Bayer & Co. machte die Beobachtung, daß in alten Möbelbezügen grüne Färbungen nicht von Motten befallen wurden, während andere Farben desselben Gewebes total zerfressen waren. Bei eingehender Verfolgung dieser Eigentümlichkeit wurde dann die überraschende Tatsache festgestellt, daß das zum Nuancieren des Grün verwendete Martiusgelb, das in der Anfangszeit der Anilinfarbstofffärberei für diesen Zweck zur Verfügung stand, von den Motten verabscheut wird. Da nun dieser Farbstoff durch solche mit besseren färberischen Eigenschaften ersetzt wurde, waren die späteren Grünfärbungen auch nicht mehr mottenecht.

Das Verhalten des Martiusgelb gab aber Anlaß, die Frage des dauernden Mottenschutzes von dieser Seite her aufzurollen, doch waren die Versuche, analog dem Martiusgelb andere mottenechte Farbstoffe herzustellen, wenig aussichtsreich, da die Wirksamkeit einer Substanz gegen Mottenfraß abhängig von einer Mindestmenge der betreffenden Substanz, die Menge des Farbstoffes aber bedingt ist durch den verlangten Farbton.

Die Farbenfabriken vorm. Friedr. Bayer & Co. kamen dann nach Verlauf sehr umfangreicher Studien mit farblosen Substanzen heraus, die nach dem Färben angewandt durch Imprägnation der Faser dieser einen dauernden Schutz vor Mottenfraß verliehen, solange die Wolle nicht gewaschen wurde.

Die Produkte wurden in der Folgezeit in ihrer Anwendungsweise und Schutzwirkung immer weiter vervollkommnet, bis dann im Jahre 1929 aus dem Leverkusener Werk der I. G. Farbenindustrie mit dem „Eulan neu" ein Mittel gebracht wurde, das wie ein Farbstoff aus sauren Bädern farblos auf die Wolle zieht und dieser einen dauernden Schutz verleiht, sofern wenigstens 3% davon zur Anwendung kommen. Da das „Eulan neu" chrombeständig ist, kann es auch in den Bädern der Chromierungsfarbstoffe zur Anwendung gelangen.

Die kritische Temperatur für das Aufziehen des „Eulan neu" auf die Wolle ist nach den Angaben der Fabrik und nach den Untersuchungen von O. Mecheels[2] 60°C. Unterhalb dieser Temperatur zieht „Eulan neu" unvollkommen aus. Auch ist ein gewisser Säureüberschuß beim Arbeiten mit Eulan neu erforderlich, das aus saurer Flotte praktisch quantitativ auszieht, während es aus neutralen Bädern nur zum Teil von der Wolle aufgenommen wird. Beim Färben schwachsaurer Farbstoffe, die durch ihre große Affinität zur Faser ein anfängliches Färben in fast neutraler

---

[1] Herfs, A.: Dermestidien als Wollschädlinge. Melliand Textilber. 1932 S. 237. Plail, I.: Schäden durch den Teppichkäfer. Melliand Textilber. 1935 S. 537.

[2] Meechels, O.: Untersuchung über die Eulanbehandlung der Wolle. Melliand Textilber. 1935 S. 42.

Flotte erfordern, ist auf diesen Umstand Rücksicht zu nehmen. Auch das Metachromverfahren ist durch seinen neutralen Charakter der Färbebäder für das Aufziehen des Eulan nicht günstig.

Die gute Walk- und Waschechtheit des Eulan neu ermöglicht seine Anwendung sowohl in der Garnfärberei als auch beim Färben der losen Wolle und der Kammzüge, deren Weiterverarbeitung in keiner Weise beeinflußt wird. Die Schutzwirkung des Eulan wird selbst durch eine

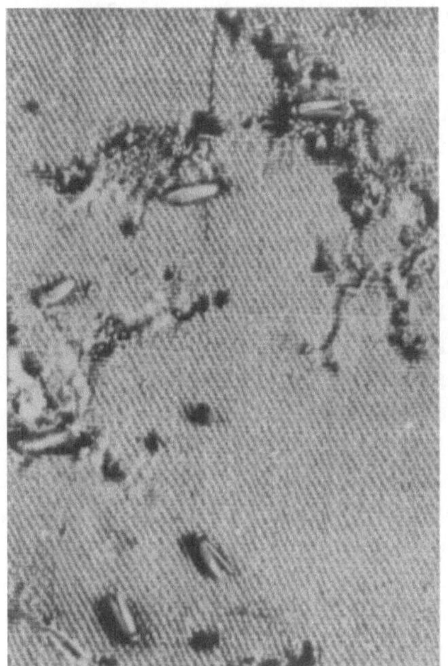

Abb. 128. Wollstoff, mit Mottenraupen besetzt und sich überlassen. Links unbehandelter Stoff, rechts eulanisierter Stoff. (I. G. Farbenindustrie A.-G.)

starke Walke, wie auch durch die anderen Fabrikationsprozesse, nicht vermindert (s. Abb. 128).

Gefärbt wird in essig-, ameisen- oder schwefelsauren Bädern in der für Wolle sonst üblichen Weise unter Zusatz von 3 % Eulan neu, das vorher in heißem Wasser klar gelöst wurde. Es wirkt auf die Farbstoffaufnahme etwas verzögernd und führt dadurch leichteres Egalisieren herbei.

Für gebleichte, weiße Wolle ist eine Behandlung mit Eulan neu in heißen Bädern nicht zweckdienlich, weil dadurch der Weißeffekt beeinträchtigt wird. Zur Behandlung derartiger Wollen kommt das Eulan NK in Frage, das in kalten Bädern nach dem Bleichen zur Anwendung gelangt. Weil das Eulan NK bei späterer Belichtung zum Vergilben neigt, ist das Eulan NKF extra für den genannten Zweck besser geeignet.

Man verwendet davon 3% im Blankitbad oder in einem besonderen lauwarmen Wasserbad ohne jeden Zusatz. Das Flottenverhältnis sei möglichst kurz, damit man volle Wirkung erzielt. Alle Eulanmarken sind schwefelecht, so daß man zur Verbesserung des Weißeffektes nachträglich noch schwefeln kann.

Einfluß des Färbens auf die Wolle.

Allgemeines. Die vorzüglichen Eigenschaften der Wolle, die bedingt werden durch den chemischen und physikalischen Aufbau der Faser, haben sie zum bevorzugtesten Rohstoff für die Herstellung von Kleiderstoffen gemacht. Weil an diese im allgemeinen große Anforderungen in bezug auf Tragfähigkeit und Lebensdauer gestellt werden, ist bei der Veredelung der Wolle auf die Erhaltung der wertvollen Eigenschaften unbedingt Rücksicht zu nehmen.

Der Eigencharakter der Wolle birgt aber eine ganze Reihe von Gefahrenquellen in sich, die auf dem Herstellungswege von der Rohfaser bis zum fertigen Stoff tiefgreifend in den Molekularverband der Faser eingreifen und sie ihrer geschätzten Eigenschaften berauben kann. Obwohl die einzelnen Phasen der gesamten Wollveredelung Gegenstand eingehender wissenschaftlicher und technischer Untersuchungen waren, ist eine völlige Klärung der Ursachen eventueller Schädigungen nicht erfolgt. Es ist ja auch außerordentlich schwierig, die sich teilweise überschneidenden Vorgänge der Fabrikation für diesen oder jenen Schaden verantwortlich zu machen, zumal die gefährlichsten Schäden immer die sind, die nicht sofort, sondern erst beim Gebrauch der Waren in die Erscheinung treten.

In sehr vielen Fällen wird dem Färber die Schuld zugemessen, weil er mit den kochenden Bädern, denen er sogar noch Säure zugesetzt hat, die Ware „verbrennt“. Es sind aber noch eine ganze Reihe anderer Prozesse der Textilveredelung, welche die Wolle auf dem Wege zum Fertigfabrikat in der Qualität nachteilig beeinflussen können, so das Karbonisieren, das Dekatieren u. ä. Uns sollen aber im nachstehenden nur die durch das Färben eintretenden Schädigungsmöglichkeiten beschäftigen, wobei die Frage in den Vordergrund gestellt werden soll, wie die Haltbarkeit der Wolle durch das Färben beeinflußt wird.

Welchen Einfluß die Veredelung auf die Qualität der Textilien ausübt, wird am häufigsten durch Messung der Festigkeit und Dehnung ermittelt, doch geben die dabei gefundenen Werte keinerlei Aufschluß über die Gebrauchstüchtigkeit der Faser, bzw. der daraus gefertigten Gewebe. Reißfestigkeitsprüfungen beanspruchen die Faser einseitig auf Zug, der aber im praktischen Gebrauch in den seltensten Fällen eine Rolle spielt. Wohl ist bei einer Abnahme der Reißfestigkeit und der Dehnung mit Sicherheit damit zu rechnen, daß auch die Gebrauchstüchtigkeit der

Ware gelitten hat; wenn aber durch den Veredelungsprozeß Reißfestigkeit und Dehnung nicht verändert wurden, so ist das noch kein Beweis dafür, daß auch die Gebrauchstüchtigkeit unbeeinflußt blieb.

Die Beanspruchung der Faser während des Gebrauches in der Querrichtung durch Scheuerung und Druck ist von entscheidender Bedeutung für die Haltbarkeit der Stoffe. Darum ist bei Ermittlung der Tragfähigkeit die Prüfung auf Scheuerfestigkeit viel wichtiger, als die der Reißfestigkeit. Sehr oft kann man feststellen, daß bei unverminderter Reißfestigkeit die Widerstandskraft der Ware gegenüber den Einflüssen des Gebrauchs durch Scheuern und Reiben gering ist und die Nachprüfung auf einem Scheuerapparat bestätigt dann auch meist die Erscheinung.

O. Meechels[1] weist darauf hin, daß die Prüfung der Verschleißfestigkeit von Tuchen auf Scheuerapparaten nicht ganz der Wirklichkeit entspreche, daß noch Stoß oder Schlag mit hinzukommen müsse, um die Prüfung wirklichkeitsnahe zu machen. Eine durch Stoß oder Schlag deformierte Faser verhalte sich beim Scheuern ganz anders als eine nicht in dieser Hinsicht beanspruchte. Zwischen Schlag und Scheuerung müsse auch immer eine kleine Pause eintreten, um der Faser Gelegenheit zur Erholung zu lassen. Der von Meechels beschriebene Apparat zur Bestimmung der Verschleißfestigkeit berücksichtigt denn auch alle diese Momente und kommen die mit seiner Hilfe gefundenen Werte der Wirklichkeit wohl am nächsten.

Einfluß der Schwefelsäure auf die Wolle. Die Färberei mit sauren Farbstoffen, unter Verwendung von Schwefelsäure, kann, wenn sie in der normalen Zeit verläuft, die Wolle nicht sonderlich schädigen; selbst die großen Mengen Schwefelsäure, wie sie für die Chromkomplex-Farbstoffe zur Anwendung kommt, schädigt die Faser nicht, wenn das Kochen nicht übermäßig ausgedehnt wird[2]. Durch das Kochen in den sauren Färbebädern erfolgt ein hydrolytischer Abbau der Wollsubstanz, d. h. die inneren und gegenseitigen Bindungen der die Wolle aufbauenden Aminosäuren werden gelockert und die Bestandteile, bei welchen der basische Charakter überwiegt, gehen in Lösung. Dieser Abbau geht mit der Länge der Kochdauer immer weiter, hängt nicht zuletzt von der Wasserstoffionen-Konzentration ab und äußert sich durch eine Verminderung der Reißfestigkeit und Dehnbarkeit. Oftmals kann man beobachten, daß diese Eigenschaften durch das Färben verbessert werden, jedenfalls zeigen die Versuche am Dynamometer, daß z. B. Garne fester geworden sind. In Wirklichkeit sind dies aber Trugschlüsse, denn es ist nicht anzunehmen, daß durch chemische Veränderung der Wolle, hervorgerufen durch das Kochen in saurer Flotte, die Festigkeit erhöht wurde, sondern

---

[1] Meechels, O.: Über die Messung der Verschleißfestigkeit. Melliand Textilber. 1936 S. 240.

[2] Vgl. Abb. S. 208.

diese ist immer auf eine beginnende Verfilzung der einzelnen Fasern ineinander zurückzuführen. Das trifft auch beim Arbeiten in Apparaten zu, wo die strömende Flotte immer soviel Einfluß ausübt, daß eine leichte Ineinanderschiebung der Fasern eintritt. Die Wollfaser wird in sauren Flotten in ihrer Oberflächenbeschaffenheit rauher, die Schuppen sperriger, ineinander verschlungene Fasern finden dadurch nicht mehr den Weg zurück[1]. Wird aber die Färbedauer übermäßig lange ausgedehnt, was vorkommen kann, wenn der Färber „Pech“ hat und die Farbvorlage nicht schnell trifft, so ist nach etwa dreistündiger Kochzeit der Abbau der Wolle soweit vorgeschritten, daß ein scharfes Absinken der Festigkeit und Dehnung erfolgt.[2] Die gleiche Schädigung tritt auch dann ein, wenn eine schon gefärbte Partie zu einer anderen Farbe umgefärbt werden soll, wie dies häufig vom Lohnfärber verlangt wird, oder wenn aus irgendeinem Grunde eine Garnpartie, die den ganzen Farbprozeß schon durchgemacht hat, noch einmal aufs Bad zurück und einige Zeit kochen muß.

Nun weiß jeder praktische Wollfärber, daß Wolle in gebrauchten Bädern besser egalisiert und auch eine größere Haltbarkeit behält als Wolle, die in frisch angesetzten Bädern gefärbt wurde. Weil durch den hydrolytischen Abbau der Wolle die Abbauprodukte in die Flotte gelangen, ist wohl mit Sicherheit anzunehmen, daß diese die Rolle eines Schutzkolloides übernehmen, somit günstig auf das Egalisieren einwirken und vor allem die Hydrolyse der Wolle zurückdämmen und die Faser schützen. Es ist deshalb empfehlenswert, Umfärbepartien, oder solche, die wieder ins Bad zurück müssen, auf alten Bädern fertigzustellen. Auf künstlichem Wege kann eine alte Flotte mit ihren schützenden Eigenschaften hergestellt werden, wenn dem Färbebad das von der Chemischen Fabrik Grünau in den Handel gebrachte „Egalisal“ zugesetzt wird. Egalisal ist ein aus tierischen Häuten erzeugtes Eiweißabbauprodukt, das infolge seines basischen Charakters die Fähigkeit besitzt, die Farbsäuren im Bade zu binden, die es dann allmählich an die Wolle abgibt und so das Egalisieren fördert, es drängt aber auch die Hydrolyse der Wolle zurück und schützt die Faser vor dem Angriff der Säuren. Die Schutzwirkung kann gegenüber alten Flotten noch erhöht werden, weil man es in der Hand hat, von diesem Mittel mehr dem Bade zuzufügen, als sonst Wolle in Lösung geht.

Einfluß der in der Wolle zurückbleibenden Schwefelsäure. Als Ursache von Faserschädigung wird auch ein in der Wolle zurückgebliebener Schwefelsäurerest angesehen. Es ist zwar nicht in allen Färbereien üblich, nach dem Färben mit sauren Egalisierungsfarbstoffen zu spülen; ein Spülen hat auch wenig Zweck, denn die Menge von 4% Schwefel-

---

[1] Reumuth, H.: Wollverfilzung, ihre Grundlage und Auswirkung. Melliand Textilber. 1933 S. 23.

[2] Vgl. Abb. 126 u. 127 S. 208.

säure wird von der Wolle chemisch gebunden und durch einfaches Spülen nicht an das Wasser abgegeben. Ristenpart und Petzold[1] haben durch Versuche nachzuweisen gesucht, daß Schwefelsäure, wie sie normalerweise im Färbebad Verwendung findet und in der Wolle zurückbleibt, die Faser nicht schädigt. Sie haben Kammgarn eine Stunde lang in verschieden starken Schwefelsäuren in 20facher Flottenmenge gelinde gekocht, abgedrückt und getrocknet. Die getrockneten Strängchen wurden nachher noch eine Stunde auf 120° C erhitzt, um auf diese Weise etwaige Schädigungen bei der Appretur, Karbonisation usw. festzustellen. Bis zu 9% Schwefelsäure im Bade, entsprechend 4,3% auf der Wolle, sei keine schädliche Wirkung festzustellen. Auch das Erhitzen auf 120° C bewirke bei den im Färbebad günstigsten Konzentrationen keine Schädigung. Auch beim Lagern ist nach ½ Jahre keine Einbuße an Festigkeit eingetreten. Es müsse nur darauf geachtet werden, daß im Bade die Grenze von 9% Schwefelsäure vom Wollgewicht nicht überschritten wird. Diesem Untersuchungsbefund widerspricht aber die Erfahrung der Praxis der Tuchherstellung, wo besonders in der Dekatur Faserbeschädigung eintritt, wenn nach dem Färben mit hohen Schwefelsäuremengen nicht genügend gespült, bzw. mit essigsaurem Natron nachbehandelt wurde, um die Schwefelsäure zu entfernen. Die Schädigung wirkt sich aber hier nicht immer in einer Abnahme der Festigkeit, sondern in einer Verringerung der Scheuerfestigkeit aus. Ein praktischer Versuch mit einer Teppichgarnpartie, die mit 10% Schwefelsäure und Chromkomplexfarbstoffen gefärbt, von der dann nach dem Spülen mit Wasser die eine Hälfte mit essigsaurem Natron nachbehandelt wurde und die andere Hälfte nicht, ergab nach der Verarbeitung des Garnes zu einem Läufer einen bedeutend früheren Verschleiß der nur gespülten, also noch schwefelsäurehaltigen Wolle. Kerteß[2] hat bei einer Untersuchung der atmosphärischen Einflüsse auf Wolle und Tuche die Feststellung machen können, daß selbst die geringsten in der Wolle zurückgebliebenen Schwefelsäuremengen auf die Dauer sehr schädlich auf die Haltbarkeit der Wolle einwirken. Er empfiehlt, die Schwefelsäure möglichst durch organische Säuren zu ersetzen. Auch Becke[3] empfiehlt das Färben mit Essigsäure und essigsaurem Natron an Stelle der Schwefelsäure und Glaubersalz mehr zu verwenden, weil auch große Überschüsse an Essigsäure selbst bei längerem Kochen die Wollfaser nicht nachteilig beeinflussen. Die dadurch erzielte Faserschonung würde eine 10 bis 30proz. längere Tragdauer der Wollwaren ausmachen.

Jedem Wollgarnfärber sind wohl die Unterschiede zwischen einer mit Essigsäure und einer mit Schwefelsäure gefärbten Partie bekannt. Jene

---

[1] Leipz. Monatsh. f. Text.-Ind. S. 242.   [2] Färber-Ztg. 1919 S. 140.
[3] Becke: Schädigender Einfluß starker Säuren auf Wollwaren. Melliand Textilber. 1921 S. 214.

sieht, wenn sie aus dem Färbebad herausgezogen wird, fast wie rohe Wolle aus, so voluminös und duftig ist sie geblieben, während diese aber zusammengefallen erscheint; dünn und mager hängen die Stränge über den Stäben. Erst nach dem Trocknen verwischen sich diese Unterschiede, der Fachmann wird aber, wenn es sich um gleiche Qualität handelt, die mit Essig- oder Schwefelsäure gefärbten Garne unschwer voneinander unterscheiden können. Schließlich muß der Färber aber doch mit Schwefelsäure arbeiten, denn viele Farbstoffe ziehen mit organischen Säuren zu wenig oder egalisieren schlecht, auch sind die Preise der Essig- und Ameisensäure gegenüber der Schwefelsäure bedeutend höher, was jedoch nicht abhalten sollte, diese wegen der Qualitätserhaltung der Wolle zu verwenden, wenn es färbereitechnisch in allen Fällen möglich wäre.

Einfluß der Chromsalze auf die Wolle. Während bei der einfachen sauren Färbeweise im schwefelsauren Bade bei einiger Aufmerksamkeit bedeutende Schädigungen der Wollfaser kaum eintreten, können die Färbungen, die unter Verwendung von Chromkali erfolgen, hauptsächlich bei der Chromentwicklungsmethode, aber auch beim Metachromverfahren und auf Vorbeize, die wertvolle Eigenschaft der Schmiegsamkeit der Faser beeinträchtigen; ganz besonders werden bei diesen Verfahren die feinen Wollqualitäten in Mitleidenschaft gezogen[1]. Diese Erkenntnis beruht in erster Linie auf Erfahrungen der Kammgarnspinnerei, die beim Verarbeiten chromgefärbter Wolle ein schlechteres Laufen und größeren Abfall feststellt als bei Wolle, die ohne Verwendung von Chromkali gefärbt wurde. Ja selbst zwischen Färbungen der üblichen Chromschwarzmarken und solchen, die mit weniger Chromkali fertiggestellt wurden, ist ein merkbarer Unterschied in der Verarbeitung wahrnehmbar.

von Kapff[2], der sich sehr eingehend mit der Schädigung der Wolle durch das Färben mit Nachchromierungsfarbstoffen beschäftigte, wies erstmalig im Jahre 1908 auf diese Schäden hin.

Durch eingehende, sehr sorgfältig ausgeführte Versuchsreihen versuchte v. Kapff nachzuweisen, daß ein richtig gefärbtes Küpenblau die Wolle in keiner Weise schädigt, daß dagegen die Scheuerfestigkeit der mit Chromentwicklungsfarbstoffen gefärbten Tuche um 85% geringer sein soll als die aus küpenfarbiger Wolle hergestellten gleichwertigen Tuche.

Die unglaublichen, den Erfahrungen der Wollindustrie widersprechenden Resultate der v. Kapffschen Untersuchungen leiteten einen sehr scharfen Meinungsstreit über die Frage der Schädigung durch Chromkali ein, in welchem hauptsächlich Kerteß[3] die gerade entgegengesetzte Ansicht vertrat und diese auch durch ebenso sorgfältig durchgeführte Versuchsreihen zu bestätigen suchte.

---

[1] Spahlinger, G.: Einfluß der Farbtiefe beim Verarbeiten von Buntmerinowollen. Melliand Textilber. 1929 S. 33.

[2] Färber-Ztg. 1908 S. 49, 249. [3] Färber-Ztg. 1908 S. 213; 1909 S. 138.

Eine Klärung über den Wert oder Unwert der Nachchromierungsmethode haben die verschiedenen Arbeiten der Autoren nicht gebracht. Die Praxis hat unentwegt die Chromentwicklungsfarbstoffe weiter verbraucht, die lange Zeit die gesamte Wollechtfärberei fast ganz allein beherrscht haben, trotz der von v. Kapff angegebenen Verminderung der Scheuerfestigkeit um 85%. Der schweren Verspinnbarkeit der in der Flocke oder im Kammzug gefärbten Faser haben die Farbenfabriken Rechnung getragen und Farbstoffe in den Handel gebracht, die zur Entwicklung wenig Chromkali bedürfen, so z. B. Chromogenschwarz ET und ETOO der I. G. Farbenindustrie A.-G., die bei 5proz. Färbung mit $1—1^{1}/_{2}\%$ Chromkali entwickelt werden können. Aber auch durch Ableitung der oxydierenden Wirkung der Chromsäure im Färbebad von der Wolle auf andere, dem Bad zugesetzte Körper gelingt es, die Wolle zu schonen. Als solches Schutzmittel hat die I. G. ihre Protektole patentiert. Protektol ist ein Nebenprodukt der Sulfitzellulose-Fabrikation (eisen- und kalkfreie Sulfitzelluloseablauge) und enthält die Natriumsalze der Ligninsulfosäure, welche auf Chromkali reduzierend einwirken und so die Wolle schützen. Die I. G. Farbenindustrie A.-G. empfiehlt einen Zusatz von

1,5—3% Protektol IIN Plv. oder 1 —2% Protektol Agfa I oder
1 —2% Protektol II Plv. dopp. oder 0,5—1% Protektol Plv. dopp.

gemeinsam mit dem Chromkali dem Bade zu geben oder beim Metachromverfahren dem Färbebad von Anfang an zuzusetzen.

B. Fleischer[1] hat bei Anwendung von Protektol zum Färben von Chromentwicklungsfarben in betriebsmäßigen Versuchen auf einem Strangfärbeapparat eine günstige Wirkung auf Reißfestigkeit und Dehnung feststellen können, indem diese um einige Prozente höher lagen als bei den Färbungen ohne Protektolzusatz. Auch hat er bei den unter Protektolzusatz gefärbten Garnen einen weicheren Griff erhalten, was mit von anderer Seite gemachten Beobachtungen übereinstimmt, daß mit Chromentwicklungsfarbstoffen unter Protektolzusatz gefärbten Strickgarne auf den Strickmaschinen viel besser zu verarbeiten sind, weniger oft abreißen und Löcher geben, als wenn die Färbung ohne diesen Zusatz fertiggestellt wurde.

Die von v. Kapff immer wieder hervorgehobene Verminderung des Gebrauchswertes von Wollwaren, die nachchromiert gefärbt wurden, trifft nicht in allen Fällen zu, wie nachstehender Fall beweist. Eine Färberei, die hauptsächlich für Strumpf- und Sockengarne Wolle im Kammzug und auch im Garn färbte, erhielt sehr viele Beanstandungen wegen „Lappigkeit“ und kurzer Lebensdauer der Strümpfe, als sie angefangen hatte, wegen der einfacheren Färbemethode und des besseren Verspinnens, den Kammzug mit Chromkomplexfarbstoffen zu färben. Auch bei den Garnen wurde das Färbeverfahren gewechselt, und zwar

---

[1] Fleischer, B.: Schutz der Wolle beim Färben. Melliand Textilber. 1926 S. 946.

haben dazu die Veröffentlichungen ermuntert, nach welchen Chromfärbungen die Wolle schädigen sollen, dagegen die scharf sauer gefärbten Chromkomplexfarben die Wolle in ihren Eigenschaften aber nicht beeinträchtige. Die aus der nach der neuen Methode gefärbten Wolle hergestellten Strümpfe waren wohl bedeutend weicher als die aus früheren Färbungen, die Weichheit wurde aber als Lappigkeit empfunden und von der Kundschaft nicht gewünscht. Bedenklicher aber war der schnellere Verschleiß der Strümpfe, wofür zunächst keine Erklärung vorhanden war. Die Färbungen waren alle innerhalb kurzer Zeit fertiggestellt und mit essigsaurem Natron gespült, so daß man eine besondere Schädigung für ausgeschlossen hielt. Um die, entgegen aller Theorie, bessere Haltbarkeit aus chromgefärbter Wolle hergestellten Strümpfe zu ergründen, wurden mit einem Sockengarn eine Anzahl Färbungen betriebsmäßig in einem kleinen Färbeapparat ausgeführt. Die Reißfestigkeit und Dehnung des Garnes wurden vor und nach dem Färben am gleichen Strang ermittelt. Nach Fertigstellung der letzten Färbung blieben die Garne noch einige Tage liegen, um die Faser in den richtigen Ruhezustand kommen zu lassen. Dann wurden sie auf der gleichen Spulmaschine an der gleichen Spindel hintereinander mit gleicher Fadenspannung auf Flaschenspulen gespult und anschließend auf einer Strickmaschine zu einem Gestrick, wie es an der Sohle von Socken üblich ist, zu gleichmäßig großen Strickstücken verstrickt. Diese wurden einer neutralen Prüfungsstelle zur Ermittlung der Scheuerfestigkeit übergeben, welche die Stücke auf dem Scheuerapparat bis zum ersten Maschenbruch scheuerte. Die gefundenen Zahlen, die in Tab. 1 angegeben sind, stellen Mittelwerte aus drei Einzelversuchen dar.

Tabelle 1.

	Art der Färbung	Färbedauer	Rohgarn		Gefärbt		± der		Scheuerfestigkeit Umdrehungen des Apparates bis zum ersten Maschenbruch
			Festigkeit	Dehnung	Festigkeit	Dehnung	Festigkeit	Dehnung	
		i. Std.	in g	in %	in g	in %	in %	in %	
1	Rohgarn	—	—	—	—	—	—	—	540
2	Nur mit Wasser gekocht .	3	1381	14,3	1214	12,1	—12	—15,0	760
3	Halbwollfärbung: 2% Farbstoff 10% Glaubersalz krist.	3	1408	14,7	1157	11,9	—25	—20,0	650
4	Saure Färbung: 2% Farbstoff 3% Ameisensäure 10% Glaubersalz krist.	3	1375	14,1	1342	13,8	—2,4	—2,2	517

	Art der Färbung	Färbedauer i. Std.	Rohgarn Festigkeit in g	Rohgarn Dehnung in %	Gefärbt Festigkeit in g	Gefärbt Dehnung in %	± der Festigkeit in %	± der Dehnung in %	Scheuerfestigkeit Umdrehungen des Apparates bis zum ersten Maschenbruch
5	Saure Färbung: 2% Farbstoff 4% Schwefelsäure 66° Bé 10% Glaubersalz krist.	3	1388	14,1	1271	12,8	—8,5	—19,0	530
6	Saure Färbung: 2% Farbstoff 3% Essigsäure	3	1466	15,2	1370	14,5	—6,6	—4,5	857
7	Chromkomplexe-Färbung: 1% Farbstoff 9% Schwefelsäure 66° Bé	1½	1296	16,8	1265	14,8	—2,4	—12,0	600
8	Wie Nr. 7	5	1263	15,4	1168	13,6	—7,5	—11,6	597
9	Chromkomplexe-Färbung: 4% Farbstoff 9% Schwefelsäure 66° Bé	1½	1462	18,6	1370	16,9	—10,8	—9,2	740
10	Wie Nr. 9 . . . . . . :	5	1414	15,6	1139	13,2	—19,2	—16,0	600
11	Chromkomplex-Färbung: 4% Farbstoff 5% Schwefelsäure 66° Bé 5% Palatinechtsalz 0 i. Lsg.	3	1302	14,3	1259	13,4	—3,3	—6,3	497
12	Chromkomplex-Färbung: 4% Farbstoff 5% Schwefelsäure 66° Bé 1% Neolansalz II	3	1350	17,6	1243	16,7	—8,3	—5,1	540
13	Chromentwicklungs-Färbg. 1% Farbstoff 3% Essigsäure 30% 1% Ameisensäure 80% ½% Chromkali zum Nachchromieren	3	1305	16,0	1189	16,9	—16,8	+5,6	873
14	Chromentwicklungs-Färbg. 4 % Farbstoff 3 % Essigsäure 30% 1½% Ameisensäure 80% 2 % Chromkali zum Nachchromieren	3	1410	18,4	1211	15,8	—14,8	—14,0	1070
15	Metachrom-Färbung: 2% Farbstoff 5% Metachrombeize 10% Glaubersalz	3	1315	17,5	1252	15,1	—4,8	—14,0	930

Die Ergebnisse der Scheuerfestigkeitsmessungen sind untereinander recht verschieden und geben keinen klaren Aufschluß über die Wirkung der einzelnen Färbemethoden auf die Wolle. Jedoch ist aus den Versuchsresultaten mit einiger Deutlichkeit doch herauszulesen, welch schonenden Einfluß die schwach saure Färbeweise auf die Verschleißfestigkeit der Wolle ausübt.

Die oft auf Grund eingehender Versuche aufgestellte These, daß chromgefärbte Wolle geringere Gebrauchstüchtigkeit aufweise als z. B. küpengefärbte, wurde bei dieser Versuchsreihe nicht in Berücksichtigung gezogen, weil es praktisch nicht vorkommt, daß Strümpfe und Socken aus küpenfarbiger Wolle hergestellt werden. Von den für dieses Textilprodukt in Frage kommenden Färbemethoden ist das Nachchromierungsverfahren wohl das geeignetste. Sehr wahrscheinlich erfährt die Wollsubstanz, ähnlich wie die tierische Haut und der Leim, durch die Einwirkung der Chromsalze eine Gerbung oder Härtung, die den Faden widerstandsfähiger macht gegenüber der Verschleißbeanspruchung.

Die auf dem Scheuerapparat ermittelten Zahlenwerte der Verschleißfestigkeit fanden im praktischen Gebrauch der aus dem Garn hergestellten Socken ihre volle Bestätigung. Aus den von den Versuchen Nr. 9 und 14 gefertigten Strümpfen wurde je ein Strumpf zu einem Paar vereinigt und diese dann von zehn verschiedenen Personen getragen. Nach einer längeren Gebrauchsdauer, während welcher die Strümpfe auch einige Male in den Haushaltungen gewaschen waren, stellte sich heraus, daß die Strümpfe aus Versuch Nr. 9 an Ferse und Spitze oft durchgescheuert und geflickt waren, auch am Rohr hatten sie ein dünnes, mageres Aussehen erhalten, während die aus Probe 14 bedeutend geringere Gebrauchsspuren aufwiesen und im ganzen Aussehen und Gefühl kerniger geblieben waren.

Einfluß atmosphärischer Einwirkungen auf chrom- und küpenfarbige Wolle. Noch eine Schädigung der wertvollen Wollfaser muß hier Erwähnung finden, deren direkte Ursache zwar nicht im Färbeprozeß liegt, sondern hervorgerufen wird durch die atmosphärischen Einflüsse, welcher die Wolle beim Tragen von Kleidern ausgesetzt ist. Die Wirksamkeit dieser Einflüsse ist allerdings mehr oder weniger stark abhängig von der Art der Färbung. Karteß[1] hatte an im Felde getragenen feldgrauen Uniformen beobachtet, daß an Stellen, die nicht der mechanischen Einwirkung des Abscheuerns ausgesetzt waren, die obere Wollschicht ganz verschwunden und die Tuche das Aussehen von stark abgetragenen Baumwollstoffen erlangt hatten. Durch Versuche konnte er nachweisen, daß die gleiche Erscheinung, Verlust der feinen Rauhhaare, abgeschabte Oberfläche, bei allen Wollgeweben eintritt, wenn sie einer mehrmonatlichen Einwirkung von Licht und Wetter ausgesetzt werden. Nach einer Bewetterung von 8 Monaten war z. B. bei einem rohweißen Wollstoff eine Verminderung der Scheuerfestigkeit von 65% infolge des Zerfalls der Wollsubstanz eingetreten. Kerteß zieht daraus den Schluß, daß weder minderwertiges Material, noch Schädigung beim Färben, noch außergewöhnlich starke

---

[1] Kerteß: Färber-Ztg. 1919 S. 137.

Inanspruchnahme der Uniformen im Felde den Wollschwund herbeigeführt haben. Eine gegen die Einwirkung der Atmosphärilien schützende Wirkung üben Farbstoffe und vor allen gewisse Metallsalze, im besonderen Maße Chromsalze, aus. Die Firma Rechberg in Hersfeld hatte schon im Jahre 1912 gelegentlich einer längeren Bewetterung feldgrauer Tuche, bei welchen ein Teil mit rohweißer, der andere Teil mit chromierter Wolle meliert waren, die Beobachtung gemacht, daß die rohweiße Wolle in der Melange mit der Zeit mürbe wurde und herausfiel, während die chromierte Wolle standhielt, was zu einem Vorchromierungsverfahren für küpengefärbte Wolle führte[1]. Kerteß hat dann bei seinen Versuchen gefunden, daß bei der Bewetterung chromierte Wollen nur 40—50% an Scheuerfestigkeit einbüßen gegen 65% bei der Rohwolle.

Gegen diese Kerteßsche Beobachtung wandte nun v. Kapff[2] ein, daß eine solch allgemeine Faserzerstörung, die nur durch eine viele Monate Tag und Nacht andauernde Exponierung im Freien möglich sei, beim Tragen von Kleidern, selbst bei stärkster Beanspruchung im Felde, gar nicht vorkomme, sondern der Verschleiß durch mechanische Abreibung schon längst vorher eingetreten sei. v. Kapff hält auch die schützende Wirkung der Chromierung für unwahrscheinlich. Auch Waentig[3] ist auf Grund seiner Untersuchungen mit ultravioletten Strahlen der Überzeugung, daß die Kerteßschen Beobachtungen nicht allein auf Lichteinwirkung zurückzuführen sind. Dagegen hat v. Bergen[4] den zerstörenden Einfluß des Sonnenlichtes auf die Wolle schon auf dem Rücken des Schafes nachgewiesen, die sich durch eine Veränderung der Wollspitzen bemerkbar macht; bei naturbraunen Haaren ist die Schädigung geringer als bei weißer Wolle. Heermann und Sommer[5] haben ebenfalls gefunden, daß Wollhaare durch ultraviolette Strahlen beträchtlich leiden, in der Festigkeit zurückgehen und spröde werden. Chromieren gewähre einen gewissen Schutz. Nach Heermann[6] tritt der Wollschwund auch bei gefärbten Wollen ein, nur braucht die Schädigung längere Zeit und ist erst nach einer Waschbehandlung deutlich sichtbar. Küpengefärbte Wollen sollen besonders stark angegriffen werden. Kerteß hat seine von Kapff bezweifelten Versuche durch das Staatliche Materialprüfungsamt in Berlin-Dahlem nachprüfen lassen[7]. Das von diesem Amt gemachte Gutachten[8] gelangte ebenfalls zu dem Ergebnis, daß durch die Einwirkung der Atmosphäre, insbesondere des Lichtes, ein chemischer Abbau der Wollsubstanz unter gleichzeitiger Schädigung der Güte der Stoffe eingetreten sei. Wesentliche Unterschiede bei küpen- und chromgefärbten Tuchen wurden nicht gefunden.

Sommer[9] berichtet in seinen sehr eingehenden Prüfungen der atmosphärischen Einflüsse auf Faserstoffe, daß chromierte, nicht gefärbte Wolle nach dreivierteljährlicher Bewetterung 40%, rohweise Wolle dagegen 75% an Reißfestigkeit abgenommen hat, demnach hat das Chromieren tatsächlich einen stark schützenden Einfluß auf die Wettereinwirkung. Als praktisch wirksamer Lichtschutz wurden auch dunkle Farbtöne erkannt; sind die Färbungen jedoch lichtunecht, so tritt der Wollschwund bald nach dem Verblassen der Farbe ein. Bei chrom- und küpengefärbten Stoffen erweisen sich die chromgefärbten als etwas widerstandsfähiger. Auch mit Kupfervitriol nachbehandelte Färbungen üben einen Schutz gegen die Lichtwirkung aus, doch werden sie von den chromierten Färbungen bedeutend über-

---

[1] D. R. P. 286 340.

[2] v. Kapff: Färber-Ztg. 1919 S. 237. Melliand Textilber. 1923 S. 183.

[3] Waentig: Textile Forschg. 1921.

[4] v. Bergen: Melliand Textilber. 1923 S. 3; 1925 S. 745; 1926 S. 451.

[5] Mschr. Textil-Ind. 1925 H. 5/6.　　[6] Mschr. Textil-Ind. 1924 S. 313.

[7] Melliand Textilber. 1923 S. 292.　　[8] Melliand Textilber. 1926 S. 929.

[9] Mschr. Textil-Ind. 1927 H. 1, 2, 3, 4.

troffen. Bei einer Bewetterung von einem halben Jahre mit gleich dunkel gefärbten Stoffen ergab sich ein Lichtschutz für

% der Ursprungsfestigkeit

Indigo	20
Anthrazenchromblau auf Chromsud	42,5
Anthrazenblau SWGG extra, sauer gefärbt	17,5
Diaminblau RW	5,5
Dasselbe, nachgekupfert	27,5

Der Lichtschutz ist demnach abhängig von der Lichtechtheit der Färbungen, je lichtechter diese sind, desto später tritt die Schädigung ein, bzw. umso geringer ist diese in derselben Zeiteinheit. Sommer hat allerdings die Frage der besseren Tragfähigkeit der küpen- oder chromgefärbten Stoffe trotz der für die Chromierung sprechenden Versuchsergebnisse offen gelassen, sie bedürfe einer auf breiterer Basis aufgebauten Nachprüfung.

E. Tänzer[1] hat die Wirkung der Atmosphäre auf das einzelne Wollhaar verfolgt und zu dem Zweck parallele Bewetterungsversuche in Davos und in Halle gemacht mit neun Kammzügen verschiedener Feinheit. Auch nach diesen Untersuchungen wird die Festigkeit und besonders die Dehnung der Wollfaser durch halbjährliche Bewetterung stark in Mitleidenschaft gezogen.

Die Arbeiten der verschiedenen Autoren haben z.T. die Ansicht befestigt, daß der beim Färben mit Chrombeize sich bildende Farblack die Wolle besser konserviert als alle anderen Färbeverfahren, die Küpenfarben eingeschlossen. A. Hardy[2] berichtet nun über vergleichende Untersuchungen der mit Chrombeize und mit Küpenfarbstoffen gefärbten Wollstoffe, bei welchen zunächst eine bessere Lichtechtheit der Küpenfärbungen festgestellt wurde; als 2. Ergebnis der sehr umfangreichen und sich über ein Jahr hinziehenden Bewetterungsproben wurde der konservierende Einfluß der Küpenfarben den der Chromfarben gleichwertig befunden. Weil die Küpenfarben das Wollmaterial weniger in Anspruch nehmen als das kochende Färben und die oxydierende Wirkung der Chromsäure, sei die Haltbarkeit küpengefärbter Stoffe größer als die der qualitativ gleichen mit Chrombeize gefärbten Wollstoffe. Der Gebrauchswert der letzteren sei um nahezu 30% geringer als der küpenfarbiger Stoffe.

Alle die Versuche, die bis zur völligen Zerstörung der oberen feinen Wollhaarschicht der Tuche durch dreivierteljähriges Bewettern gemacht wurden, müssen naturgemäß auch zu einer Abnahme der Festigkeit der Stoffe führen, denn wenn auch die chemische Veränderung der Wollsubstanz durch Lichteinwirkung hauptsächlich an der Oberfläche der Gewebe stattfindet, so geht die Einwirkung der übrigen atmosphärischen Kräfte, wie Regen mit oft tagelanger Durchnässung, Tau, Wind usw. doch tiefer und schädigen das ganze Gewebe. Wenn aber die Versuche nicht die überlegene Widerstandskraft der nach der einen oder anderen Färbemethode gefärbten Wolle erbringen, so haben sie für die Beurteilung dieser Frage wenig Wert, denn ein Anzug wird wohl nie solange getragen werden, bis er allein durch Witterungseinflüsse 20% seiner Reißfestigkeit eingebüßt hat, er ist vorher längst durch mechanische Abreibung verschlissen, worauf v. Kapff immer wieder hingewiesen hat.

Zänker und Meerkötter[3] sind der Meinung, daß die Haltbarkeit beim Tragen nur von dem Einflusse der Luft und der in der Wolle verbleibenden Chemikalien abhängig ist. Wenn unter der Einwirkung der Luft durch zurückgebliebene Säure-

---

[1] Melliand Textilber. 1933, H. 6, 7, 8.
[2] Leipz. Mschr. Textil-Ind. 1933, H. 1—6.
[3] Der Textilchemiker, Colorist. Beil. z. Dtsch. Färber-Ztg.

reste ein bemerkenswerter Dehnungsverlust der Faser festzustellen ist, so kann mit einer geringen Tragfähigkeit des Stoffes gerechnet werden. Versuche zur Prüfung dieser Annahme wurden mit gefärbtem Garn ausgeführt, die Bestimmung der Reißfestigkeit am Faden und an der einzelnen Faser vorgenommen. Eine Partie wurde mit 1% Schwefelsäure, 10% Glaubersalz und 3% Anthrazengelb NB gefärbt und mit 1½% Chromkali nachchromiert. Eine andere Partie der gleichen Ware wurde mit Helindonfarbstoffen in der Ammoniak-Leim-Küpe gefärbt. Ein Teil der Chromentwicklungsfärbung wurde mit Soda behandelt, um die Schwefelsäure zu entfernen, nachher gründlich gespült. Ein Teil der Küpenfärbung wurde in einem Bad mit 2 g Schwefelsäure im Liter behandelt, um evtl. zurückgebliebenes Alkali zu neutralisieren, auch hier wurde wieder gut gespült, dann wurden die so behandelten Garne am Dynamometer geprüft und 3 Monate dem Wetter ausgesetzt. Dabei stellte sich heraus, daß das bewetterte Garn eine Verfilzung erfahren hatte, die beim küpenfarbigen nur gering, bei der nachchromierten Probe aber sehr stark war. Entsprechend dieser verschiedenen Verfilzung hatte die Küpenfärbung 3—4%, die Chromfärbung aber eine um 40—50% höhere Reißfestigkeit erhalten. Die Verfilzung des chromierten Garnes schätzen Zänker und Meerkötter um 14—25mal größer ein; durch die Neutralisation dieses Garnes wird die Verfilzung auf ungefähr 10% verringert. Die Steigerung der Reißkraft kann aber für die Haltbarkeit der Ware beim Tragen nicht maßgebend sein, dieses entscheide nur die Elastizität der Wolle, die aber wegen der Verfilzung nicht am Faden, sondern an der Einzelfaser bestimmt werden müsse, wo jede Verfilzung außer Betracht komme. Die Abnahme der Dehnung der chromierten Faser war nach dreimonatiger Bewetterung sehr groß, nämlich 6,4%, bei der mit Küpenfarbstoff gefärbten Faser betrug sie aber nur 0,48%. Bei der mit Soda neutralisierten Chromfärbung wurde eine Abnahme von 2,4%, bei der mit Säure nachbehandelten Küpenfärbung eine solche von 5,2% ermittelt. Die Autoren ziehen aus ihren Versuchen den Schluß, daß 1. zur Bestimmung der Tragfähigkeit einer Ware die Elastizität der Einzelfaser maßgebend sei, daß 2. nach dem Färben mit Chromentwicklungs-Farbstoffen ohne nachfolgende Neutralisation eine Verminderung der Elastizität und somit der Tragfähigkeit der Ware einträte. Beim Färben von Küpenfarbstoffen würde dieser Nachteil vermieden und 3. sei der atmosphärische Einfluß auf die mit Küpenfarbstoffen gefärbte Wolle weniger stark als bei den mit Säure kochend gefärbten Chromentwicklungsfarbstoffen.

Der Schlußfolgerung 2 wäre entgegenzuhalten, daß bei Küpenfärbungen auf Wolle die maximale Echtheit erst nach einer Behandlung mit Säure nahe dem Kochpunkt erreicht wird. Danach sind hier dieselben Voraussetzungen wie bei der sauren Färbung vorhanden, was ja auch aus der größeren Abnahme der Dehnung bei dem entsprechenden Versuch hervorgeht. Wäre statt der Schwefelsäure die nicht auf die Wollsubstanz einwirkende Essigsäure verwendet worden, so hätte der Versuch wohl ein günstigeres Resultat ergeben. Gleichfalls günstigere Ergebnisse werden dann aber auch bei Nachchromierungs-Farbstoffen gezeitigt werden, wenn mit solchen Produkten gefärbt wird, die ganz ohne Schwefelsäure genügend stark ausziehen. Alle die vielen umfangreichen und mühevollen Arbeiten über die schädigenden Einflüsse beim Färben der wertvollen, aber auch äußerst empfindlichen Wollfaser haben zu der Erkenntnis geführt, daß zurückgebliebene Schwefelsäure auf die Dauer schädigt und daß bei Anwendung von Schwefelsäure in der Chromierungsfärberei die dabei frei werdende Chromsäure stärker auf die Faser einwirkt, als wenn weniger aggresive Säuren verwendet werden. Die Wasserstoffionen-Konzentration der Nachchromierungsflotte hat jedenfalls erheblichen Einfluß auf die Tragfähigkeit der gefärbten Wollstoffe.

Nach den von H. Sommer[1] durchgeführten Untersuchungen über den Einfluß

---

[1] Sommer, H.: Melliand Textilber. 1936 S. 338.

des Färbeverfahrens auf die Tragfähigkeit von Uniformtuchen wird diese durch die
im Gebrauch auftretende Wollschädigung, hervorgerufen durch Witterungseinflüsse, mitbedingt, die um so größer ist, je geringer der Lichtschutz ist, den die
Farbtiefe und die Farbechtheit ausüben. Ein Einfluß des Färbeverfahrens auf die
Tragfähigkeit wirkt sich nur bei marineblauen Tuchen aus, die bei Küpenfärbung
am günstigsten, bei Nachchromierungsfärbung am ungünstigsten ist. Sommer ist
der Ansicht, daß der um 8% geringere Gebrauchswert chromgefärbter Marineblau-
tuche vermutlich verbessert wird, wenn das hervorragend lichtechte Metachrombrillantblau BL beim Färben zur Anwendung kommt.

C. Das Färben der Baumwolle in Apparaten.

Die Farbstoffklassen der Baumwollfärberei. Für das Färben der Baumwolle in den verschiedenen Verarbeitungsformen kommen die basischen,
die substantiven, Schwefel-, Küpen- und Indigosolfarbstoffe, sowie die
auf der Faser erzeugten Entwicklungsfarben (Naphthole) in Anwendung.
Die basischen Farbstoffe werden nur für solche Artikel verwendet, bei
welchen es auf Lebhaftigkeit der Farben ankommt, sonst haben sie
keine Bedeutung mehr. Die substantiven Farbstoffe, die eine Zeitlang
das Gebiet der Baumwollfärberei in Apparaten stark beherrschten, sind
inzwischen durch die echteren Schwefelfarbstoffe mehr und mehr verdrängt worden und diese wieder durch die noch echteren Küpen- und
Entwicklungsfarben, denn auch für den billigsten Waschartikel werden
heute die echtesten Färbungen verlangt. Die Indigosole, als jüngste
Erzeugnisse der Farbenchemie, haben noch geringe Bedeutung, sind aber
für Sonderfälle sehr wertvolle Produkte.

Färben mit basischen Farbstoffen. Das Färben mit basischen Farbstoffen kann auf Apparaten sowohl im Packsystem, wie auch im Aufstecksystem vorgenommen werden. Das Aufstecksystem verdient den Vorzug
bei Kreuzspulen und Kops, wenn helle, klare und fleckenfreie Färbungen
erzielt werden sollen. Naturgemäß müssen dann die Beizbäder der
längeren Flotte wegen stärker angesetzt werden.

Die basischen Farbstoffe haben zur Baumwollfaser infolge molekülar-
disperser Lösung keine Affinität. Erst durch „Beizen" der Faser gelingt
es, die Farbstoffe, die sich mit der Beize verbinden, echt zu fixieren. Als
Beize kommen in Anwendung: gerbstoffhaltige Verbindungen, vorwiegend Tannin, früher auch Sumach. Weil aber die Gerbsäuren schlecht
an der Faser haften und leicht auswaschbar sind, werden sie durch
Metallverbindungen, hauptsächlich Antimonsalzen, in unlösliche Gerb-
säure-Antimonverbindungen übergeführt. Diese ziehen nun die Farbbase
des Farbstoffes an, wodurch ein verhältnismäßig fest haftender Farblack
entsteht.

Zu dieser seit Bekanntwerden der ersten basischen Farbstoffe gebräuchlichen Tanninbeize hat sich seit einer Reihe von Jahren das Katanol O oder
ON der I. G. Farbenindustrie gesellt, das ebenfalls als Beize für basische

Farbstoffe dient. Katanol ist ein Schmelzprodukt von Phenolen mit Schwefel und Alkali und hat die Eigenschaft, wie ein direkter Farbstoff, aber farblos auf die Baumwolle zu ziehen und sich mit dem basischen Farbstoff zu noch echteren Farblacken als mit der Tannin-Antimonbeize zu verbinden. Katanol ist im Gegensatz zu Tannin nicht eisenempfindlich und deshalb auch in eisernen Apparaten anwendbar. Für Tanninbeizen sind nur Apparate aus Holz, Nickelin, Kupfer oder rostfreiem Stahl zu verwenden, weil in Eisenapparaten der sich bildende Tannin-Eisenlack die Farbtöne stark trübt. Schon die Notwendigkeit der teuren Apparate hat den basischen Farbstoffen in der Apparatefärberei keine große Verwendungsmöglichkeit geschaffen.

Die Echtheit der basischen Färbungen sind im allgemeinen sehr gering. Dies trifft ganz besonders für die Lichtechtheit zu, die allerdings durch eine Nachbehandlung mit Auxamin B von der I. G. Farbenindustrie A.-G. verbessert werden kann. Durch starkes Beizen und ein evtl. Nachtannieren mit nachfolgenden heißen Seifen kann die Waschechtheit sehr gut werden. Die mit Katanol gebeizten Färbungen sind in der Waschechtheit den tanningebeizten überlegen. Wegen ihrer geringen Echtheit haben sie als Selbstfarbe kaum noch Verwendung, zum Schönen trüber substantiver oder Schwefelfarben genießen sie noch einige Bedeutung.

Die Färbeweise ist folgende: Man tanniert mit 3—6% Tannin, geht bei Siedetemperatur ein und läßt bei abgestelltem Dampf etwa 1 bis 2 Stunden laufen. Hierauf drückt man die Tanninflotte zur Weiterverwendung in ein Flottenreservoir zurück, befreit das Material von der überschüssigen Flotte durch Schleudern oder Absaugen; dann fixiert man mit 1,5—3% Brechweinstein oder milchsaurem Antimon (Antimonin) etwa $\frac{1}{2}$ Stunde bei gewöhnlicher Temperatur, spült gut, schleudert oder entwässert durch Absaugen.

Da die mit Tannin-Antimon gebeizte Baumwolle eine bedeutende Affinität zu basischen Farbstoffen besitzt, besteht die Gefahr, daß die Farbstoffe von den äußeren Partien des Färbegutes stärker aufgenommen werden als von den inneren Teilen. Um dies zu verhindern und gleichmäßige Färbungen zu erzielen, setzt man dem Färbebade, das zunächst kalt ist, solche Mittel zu, welche verzögernd und somit egalisierend auf die Farbstoffaufnahme einwirken. Als solche Mittel kommen seit altersher Essigsäure und Ameisensäure in Anwendung, diese genügen aber in der Apparatefärberei in den meisten Fällen nicht. Bedeutend bessere Resultate werden mit Sulfitzellulose-Ablauge (Protektol) erzielt, man braucht davon nur 1—2 g pro Liter Flotte zuzusetzen, um das Aufziehen der Farbstoffe ganz bedeutend zu verlangsamen. Ein zu großer Zusatz dieses Mittels verhindert das Aufziehen fast völlig. Auch Peregal der I. G. Farbenindustrie leistet gute Dienste zum Egalisieren der basischen Farbstoffe. Man läßt zunächst das Bad ohne Farbstoff, nur mit der Säure und den Hilfsstoffen durch die Ware zirkulieren und setzt dann in 2 oder 3 Anteilen den gut gelösten Farbstoff zu. Ganz besondere Sorgfalt muß dem Lösen der basischen Farbstoffe zugewendet werden. Man verfährt dabei am besten so, daß man den Farbstoff mit wenig Essigsäure oder mit anderen lösungsfördernden Mitteln wie Alkohol, Azetin zu einem gleichmäßigen Brei anrührt, dann mit kochendem Kondenswasser übergießt und gut verrührt. Der gut gelöste Farbstoff wird sodann durch ein feines Haarsieb dem Färbebade zugeführt, und zwar gibt man nicht eher einen neuen Farbstoffzusatz, bis der vorhergehende ziemlich aufgezogen ist. Ist die Nuance des Musters annähernd erreicht, so kann man zur völligen Erschöpfung des Farbbades langsam auf 60—70° erwärmen; nach dem Färben wird gespült.

Eine größere Sicherheit im Egal- und Durchfärben bietet die Vorbeize mit Katanol O oder ON, weil die Farbstoffe bedeutend langsamer aufziehen. Das Katanol wird mit der Hälfte seines Gewichtes an kalz. Soda kochend heiß gelöst; bleibt dabei die Flüssigkeit noch trübe, so gibt man vorsichtig noch etwas Soda zu, bis Klärung eintritt. Gebeizt wird die Baumwolle, je nach Tiefe der Färbung, mit 2—6% Katanol in einem Bade von 70° C. Weil die Affinität des Katanols zur Faser sehr gering ist, setzt man dem Bade 50% Kochsalz zu. Nachdem das Bad etwa zwei Stunden zirkuliert hat, wird gespült und wie bei der Tanninbeize angegeben gefärbt, weil eine Fixierung der Katanolbeize mit Antimonsalzen nicht erforderlich ist.

Durch Nachbehandlung mit Auxanin B (I. G.) kann bei vielen basischen Farbstoffen eine wesentliche Verbesserung der Lichtechtheit erhalten werden. Die gespülten Färbungen werden auf frischem Bade mit

$$\left. \begin{array}{l} 1\text{—}\ 2\%\ \text{Auxanin B (vom Gewicht der Ware)} \\ 20\text{—}25\ \text{g}\ \text{Kochsalz und} \\ 7\text{—}10\ \text{cm}^3\ \text{Essigsäure 30 proz.} \end{array} \right\}\ \text{im Liter}$$

½ bis ¾ Stunde bei 25—30° behandelt und ohne zu spülen entwässert und getrocknet.

Färben mit substantiven Farbstoffen. Mit den 1884—86 bekanntgewordenen Kongorot, Benzopurpurin, Benzoarurin G und B erhielt die Baumwollfärberei zum ersten Male solche Farbstoffe, mit welchen sie ihre Materialien ohne jede Vorbeize direkt aus wäßriger Lösung färben konnte. Diesen ersten substantiven Farbstoffen schlossen sich in unheimlich rascher Folge andere in allen Farbtönen an und bedeuteten eine gewaltige Umwälzung in der bis dahin sehr umständlichen Baumwollfärberei mit Beizen, Farbhölzern und basischen Farbstoffen. Die einfache und billige Färbeweise, das gute Egalisierungs- und Durchfärbevermögen, sowie die Eigenschaft, dem gefärbten Material seine ursprüngliche Weichheit, Spinnfähigkeit, Glanz usw. zu erhalten, haben sie zu den wichtigsten

Farbstoffen für pflanzliche Fasern gemacht und ganz besonders hat diese Farbstoffgruppe fördernd auf die Entwicklung der Apparatefärberei eingewirkt.

Echtheitseigenschaften. Die substantiven Farbstoffe sind im allgemeinen gut reibecht, aber weniger gut wasch- und wasserecht und haben deshalb für Waschartikel keine Bedeutung. Überall dort, wo bei billiger Färbeweise lichtechte Färbungen verlangt, an die aber keine Ansprüche an Waschechtheit gestellt werden, wie für Möbel-Dekorationsstoffe u. ä., finden die lichtechten Produkte dieser Gruppe ausgedehnte Anwendung. Sie sind als Siriuslicht- und Siriusfarbstoffe (I. G.), Chlorantinlicht- (Ciba), Solar- (Sandoz) und Diphenylechtfarben (Geigy) im Handel.

Lösen der Farbstoffe. Zum Lösen der Farbstoffe ist kochendes Weichwasser zu verwenden, am besten geeignet ist Kondens- und Permutitwasser. Man übergießt den Farbstoff damit und bringt ihn unter gutem Umrühren in Lösung. Bei Zugabe zum Färbebad sollte der aufgelöste Farbstoff stets durch ein feines Haarsieb oder Baumwolltuch filtriert werden.

Netzen. Die zu färbenden Materialien werden, sofern sie wegen der Nuance nicht in besonderen Apparaten vorgebleicht werden, im Färbeapparat selbst oder in einfacheren Vorbehandlungsapparaten eingenetzt. Dies geschieht am einfachsten mit einem guten Netzmittel (Avirol AH extra, Böhme Fettchemie G. m. b. H., Chemnitz); Nekal BX (I. G. Farbenindustrie), die schon bei mittleren Temperaturen gute Netzkraft besitzen. Beim Färben loser Baumwolle und Kardenband für die Feinspinnerei sind die Netzmittel, deren Hauptbestandteil Türkischrotöl ist, zu vermeiden, weil sie ein Verkleben der Faser und dadurch erschwertes Arbeiten in der Spinnerei verursachen, für solche Materialien ist Nekal BX oder ein Netzmittel, dessen Grundlage ein Fettalkoholsulfonat darstellt, besser geeignet. Zur Netzkraft der Netzmittel gesellt sich eine gewisse Dispergierwirkung, die auf die Gleichmäßigkeit der Färbung günstigen Einfluß ausübt. Darum kann man in vielen Fällen mit dem trockenen Material in das mit Netzmittel und Farbstoff beschickte Bad eingehen und erreicht mit einem Arbeitsgang Netzen und Färben mit oft besserem Erfolg in Durchfärbung harter Garne und Spulen, als wenn vorgenetzt und dann erst Farbstoff ins Bad gegeben wird. Bei dieser Arbeitsweise ist jedoch zu beachten, daß die Verunreinigungen der Faser ins Färbebad gelangen, wo sie, besonders in der heißen Jahreszeit, durch ihren Eiweißcharakter eine Fäulnisgärung hervorrufen, welche die Farbstoffe zerstört und die Bäder unbrauchbar macht. Wird Wert darauf gelegt, längere Zeit auf alten Färbebädern zu arbeiten, so ist ein Vornetzen in besonderer Flotte vorzuziehen.

Der Ansatz des Farbbades geschieht zweckmäßig in dem mit dem Färbeapparat verbundenen Flottenansatzbehälter, in welchen die Netzflotte zurückgepumpt wird. Bei vielen modernen Apparaten dient der Flottenansatzbehälter auch als Expansionsgefäß, durch das während des Färbens ein Teil der Flotte strömt. In dieses Gefäß erfolgen auch die Nachsätze an Farbstoff und Chemikalien.

Das Wasser des Färbebades soll möglichst weich sein, weil die Härtebildner störend auf die Gleichmäßigkeit der Färbung wirken und sich auch als Niederschlag auf die Faser legen, was besonders bei loser Baumwolle und Kardenband sehr hinderlich in der Spinnerei werden kann.

Der Vorgang der Färbung beruht auf Adsorbtion. Der Lösungszustand der Farbstoffe im Färbebad kann durch Veränderung der Temperatur, durch Zusatz von Salzen (Kochsalz, Glaubersalz) oder Schutzkolloiden wie Ölen, Seifen u. dgl. verändert und somit auch die Farbstoffaufnahme in gewissen Grenzen reguliert werden. Es ist Sache der Erfahrung, die für jede Färbung günstigsten Bedingungen zur Erzielung einer einwandfreien Färbung zu wählen, z. B. durch Regelung der Temperatur, Art und Menge der Zusätze.

Temperatur und Färbedauer. Die Anfangstemperatur beim Färben richtet sich einerseits nach der Tiefe des Farbtones, andererseits nach dem Egalisierungsvermögen der Farbstoffe, sie bewegt sich etwa zwischen 40° C und kochend heiß. Bei hellen Farben wählt man die Anfangstemperatur tiefer und steigert allmählich auf 70—80° C. Bei mittleren Farbtönen kann die Anfangstemperatur höher sein, bei dunklen Farben und schwarz direkt kochend heiß. In letzterem Falle hält man das Bad etwa ¾ Stunde nahe der Kochtemperatur, ein eigentliches Kochen, wie bei Wollfärbungen, ist zwecklos, stellt dann den Dampf ab und läßt dann noch etwa ½ bis ¾ Stunde in dem erkaltenden Bade nachziehen.

Zusätze. Das Aufnahmevermögen der Baumwolle für substantive Farbstoffe ist abhängig vom Dispersitätsgrad der Farbstofflösung. Weil die Farbstoffe in verschiedener Dispersität in Lösung sind, kann man, wenn man in wäßriger Lösung allein arbeiten wollte, die Feststellung machen, daß nach Verlauf einer gewissen Zeit keine Vertiefung des Farbtones mehr eintritt, obwohl noch große Mengen Farbstoff in der Flotte vorhanden sind. Setzt man nun dem Bade ein Natriumsalz zu, in der Färbereipraxis kommen Kochsalz und Glaubersalz dafür in Anwendung, so werden die Farbstoffteile, die infolge ihrer höheren Dispersität am Färbeprozeß noch nicht teilnehmen konnten, so verändert, daß sie einen niederen Dispersitätsgrad annehmen und die Färbung dadurch vertiefen. Bei dem oft sehr kurzen Flottenverhältnis in der Apparatefärberei ist das leichter lösliche kristallisierte Glaubersalz dem Kochsalz vorzuziehen. Man rechnet gewöhnlich 5—40 g dieses Salzes auf ein Liter Flotte, und zwar ist die Menge abhängig von der Tiefe der Färbung. Bei hellen Tönen unterläßt man am besten den Salzzusatz und gibt höchstens von Anfang an 1—2% Natriumphosphat, mit welchem die hellen Töne rein und klar zu erzielen sind. Die Zugabe von Salz erfolgt vorteilhaft erst nachdem die Flotte einige Zeit durch das Material zirkuliert und schon einen Teil des Farbstoffes an das Fasergut abgegeben hat. Größere Salzmengen werden zweckmäßig in mehreren Anteilen zugesetzt, um ein allmähliches Aufziehen der Farbstoffe zu erreichen. Zu große Salzmengen dürfen jedoch nicht gegeben werden, weil dadurch der Farbstoff so grobdispers würde, daß er sich auf der Oberfläche der Faser ablagert und dadurch ungleichmäßige, bronzige und abreibende Färbungen hervorruft.

Ein Sodazusatz ist für die meisten Farbstoffe notwendig. Die Soda hält das Bad alkalisch und wirkt lösungsfördernd auf die Farbstoffe ein. 1—3% dieses Salzes ist der übliche Zusatz, in größeren Mengen dem Bade zugesetzt, ist die Wirkung, wie beim Glaubersalz, aussalzend.

Verzögernd auf das Aufziehen und somit egalisierend wirken Seife und sulfurierte Öle. Diese Mittel ergeben aber nur bei wirklich weichem Wasser gute Resultate, in hartem Wasser, selbst wenn es nur wenige Härtegrade hat, scheiden sich Kalkverbindungen aus, die unter Umständen sehr nachteilig für das Färbegut sein können; dies trifft besonders für unversponnene Faser zu. Bei hartem Wasser ergeben Nekal BX oder die härtebeständigen hochsulfurierten Öle und die Fettalkoholsulfonate die gleiche egalisierende Wirkung der Seife mit dem Unterschied, daß keine Kalkfettverbindungen ausgeschieden werden.

Von wesentlichem Einfluß auf ein schnelles und gleichmäßiges Durchfärben ist die Löslichkeit der Farbstoffe, man soll in der Apparatefärberei nur leicht lösliche Farbstoffe verwenden und dies ganz besonders bei hellen und mittleren Kombinationsfärbungen berücksichtigen. Farbstoffe im einzelnen hier anzugeben, würde zu weit führen. In den Musterkarten der Farbenfabriken sind die für Apparatefärberei geeigneten Farbstoffe aufgeführt. In Fällen, wo es auf genaues Nuancieren ankommt und man genötigt ist, Farbstoffe nachzusetzen, verzichte man lieber auf gutes Erschöpfen der Bäder und verwende etwas weniger Salz, weil man nur dann die Gewißheit hat, daß auch die Nachsätze gut egal aufziehen.

Auch die Konstruktion und Wirkungsweise des zur Verwendung kommenden Färbeapparates ist für die Erzielung gleichmäßiger Färbungen von Wichtigkeit. Besitzt dieser eine intensive Flottenzirkulation und steht das Material beispielsweise unter wechselseitigem Druck der Flotte von innen nach außen und umgekehrt, wie dies in geschlossenen Apparaten der Fall ist, so sind bei einiger Vorsicht bestegale Färbungen zu erwarten. Diese Voraussetzung trifft nicht nur für die substantiven Färbungen, sondern in noch höherem Maße für die Schwefel- und Küpenfarbstoff-Färbungen zu.

Von den zu färbenden Materialien erfordert die lose Baumwolle weniger Aufmerksamkeit in bezug auf egales Anfärben, da hier etwa entstehende Ungleichheiten durch den Spinnprozeß wieder ausgeglichen werden. Kreuzspulen egalisieren besser als Kops, für diese kommt außerdem noch in Betracht, daß diese Wickel im Aufstecksystem leichter egalisieren als im Packsystem. Am schwierigsten gestaltet sich das Färben von Stranggarn im Packsystem, letzteres ist daher nur für Stapelnuancen, für die ein Nuancieren nicht in Frage kommt, zu empfehlen. Beim Nuancieren, ganz gleich um welches Material es sich dabei handelt, bringt man wegen des kurzen Flottenverhältnisses das Färbebad am besten in den Flottenansatzbehälter zurück, setzt dort die Farbstoffnachsätze zu und läßt die Flotte wieder in den Apparat einströmen. Werden nur geringe Farbstoffnachsätze zum Färben nach Muster benötigt, so kann man diese durch eine geeignete Vorrichtung, welche an allen Apparaten vorhanden ist, direkt dem Färbebad im Apparat zuführen. Man läßt die Färbeflotte nach den Farbstoffzusätzen 10 Minuten schwach kochen und weitere 10 Minuten bei abgestelltem Dampf durchströmen und kann dann von neuem mustern.

Färben auf alter Flotte. Für helle und mittlere Farbtöne werden die Färbebäder bei jeder Partie am besten frisch angesetzt, nur für dunkle Farben empfiehlt sich der Farbstoffausnutzung wegen ein Weiterarbeiten auf altem Bade, wobei je nach Flottenverhältnis und Salzgehalt etwa $\frac{1}{4}$ bis $\frac{1}{3}$ der anfangs verwendeten Farbstoffmenge benötigt wird. Um eine Anreicherung von Soda und Salz zu vermeiden, verringert man diese Zusätze auf ungefähr $\frac{1}{4}$ oder $\frac{1}{5}$ der Anfangsmengen und prüft von Zeit zu Zeit mit dem Aräometer das spez. Gewicht der Bäder. Das erkaltete Bad soll bei dunklen Nuancen nicht mehr als 4° Bé spindeln. Weitere Salzzusätze sind dann zu unterlassen. Was die Farbstoffzusätze beim Weiterfärben auf alten Bädern betrifft, so richten sich diese einerseits nach dem Ausziehvermögen der Farbstoffe, andererseits nach der Länge der Flotte; es lassen sich daher allgemein gültige Normen dafür nicht aufstellen. Der geübte Färber wird durch praktische Versuche bald heraus haben, welche Farbstoffnachsätze zu geben sind. Bei Kombinationen verschiedener Farbstoffe verwendet man solche Produkte, die möglichst gleichmäßig aufziehen, da es sonst beim Weiterfärben auf laufenden Bädern äußerst schwierig ist, die richtige Menge des einen oder anderen Farbstoffes genau nachzugeben.

Die Benutzung alter Farbflotten hat aber ihre Grenzen, denn die substantiven Farbstoffe enthalten in ihrer Lösung auch solche Farbstoffanteile, die wirkungslos sind und am Färbeprozeß nicht teilnehmen. Wenn diese Farbstoffteilchen durch lange Weiterbenutzung des Bades sich zu sehr anreichern, wirken sie hindernd auf die zum Färben geeigneten Farbstoffteile und können selbst frisch zugesetzte Farbstofflösungen für den Färbeprozeß unbrauchbar machen. In solchen Fällen muß dann das Bad erneuert werden, allerdings kommt diese Erscheinung in der Apparatefärberei weniger oft vor als beim Färben auf der Wanne, denn besonders bei Packapparaten bleibt viel mehr Flotte im Material zurück als in der Wannenfärberei und das erste Spülwasser, das noch reichlich Farbstoffanteile enthält, wird zum Auffüllen der Färbeflotten in den Vorratsbehälter gepumpt. Auf diese Weise erhält das Färbebad nach jeder Partie eine Auffrischung durch Wasser.

Nachbehandlung substantiver Färbungen. Die Echtheit mancher substantiver Farbstoffe kann durch eine entsprechende Nachbehandlung erhöht werden. Dabei erleiden die Farbstoffe eine chemische Veränderung, die auch auf ihren Farbton einwirkt, was das „Nachmusterfärben" erschwert und während des Färbens berücksichtigt werden muß. Man unterscheidet vier Arten der Nachbehandlung: 1. Nachbehandlung mit Metallsalzen; 2. Kupplen; 3. Nachbehandlung mit Formaldehyd; 4. Diazotieren und Entwickeln.

1. Nachbehandlung mit Metallsalzen. Hierfür kommen Kupfer- und Chromsalze in Betracht; letztere als Chromoxyd- als auch als chromsaure Salze. Kupfersalze, in der Färberei meist Kupfervitriol, verbessert die Lichtechtheit, Chromsalze die Waschechtheit und beide gleichzeitig erhöhen die Licht- und Waschechtheit.

Nachbehandlung mit Kupfervitriol: Das gut gespülte Färbegut gelangt in ein 60° C warmes Bad mit 1—3% Kupfervitriol und 1,5—3% Essigsäure 30proz.

An Stelle der Essigsäure kann Ameisensäure verwendet werden. Das Bad muß absolut klar zur Anwendung kommen. Trübungen sind durch Zusatz von etwas Säure aufzuheben. Nach 20 Minuten Einwirkungsdauer läßt man das Bad ab oder fängt es in besonderen Behältern auf und spült darauf das Material.

Das Kupfer bildet wahrscheinlich mit dem Farbstoffmolekül eine Komplexverbindung, die lichtbeständig ist.

Von Farbstoffen, welche durch eine Nachbehandlung mit Kupfervitriol nicht nur in der Lichtechtheit, sondern auch in der Waschechtheit eine Verbesserung erfahren, verdienen die Benzoechtkupferfarben der I. G. Farbenindustrie wie Benzoechtkupferbraun 3 GL, Benzoechtkupferblau B und GL und Benzoechtkupferviolett B und BB besonders hervorgehoben zu werden.

Nachbehandlung mit Chromsalzen: Die hierfür meist gebrauchte Chromverbindung ist das Kaliumbichromat. Flourchrom oder Chromalaun finden seltener Anwendung.

Man bestellt das Bad mit 2—3% Kalium- oder Natriumbichromat und 2—3% Essigsäure 30proz., oder 2—4% Flourchrom oder Chromalaun, 2—3% Essigsäure 30proz. und behandelt 20—30 Minuten auf wenigstens 60° C warmem Bad. Danach wird gespült.

Scheinbar bildet das Chrom mit dem Molekül des Farbstoffes einen unlöslichen Chromlack.

Nachbehandlung mit Chromkali und Kupfervitriol. Durch die häufig angewandte Nachbehandlung beider Salze in Mischung erzielt man höhere

Wasch- und Lichtechtheit. Man bestellt das Bad mit 1—3% Chromkali, 1—3% Kupfervitriol, 2—4% Essigsäure 30proz. und behandelt auch hier 20—30 Minuten im 60° C warmen Bade, worauf gespült wird.

Die Nachbehandlung mit Metallsalzen in Apparaten muß eine Einschränkung erfahren, weil die Behandlung mit Kupfervitriol oder mit Chromkali und Kupfervitriol in eisernen Apparaten nicht ausführbar ist. Es entstehen dabei chemische Reaktionen zwischen dem Kupfer und dem Eisen der Apparate, indem Eisen in Lösung geht und Kupfer sich auf den Wandungen der Apparate niederschlägt. Die Behandlung mit Chromkali allein kann ohne Nachteil in eisernen Apparaten erfolgen. Für die Chromkupfer-Nachbehandlung muß man jedoch Apparate aus Holz oder Nickelin verwenden. Um bei Eisenapparaten das Rosten zu verhindern, ist nach beendeter Behandlung die Entfernung der Essigsäurespuren durch Nachspülen mit Sodalösung empfehlenswert.

2. Kuppeln mit diazotiertem Paranitranilin. Das Kuppeln substantiver Färbungen mit diazotiertem Paranitranilin, wie solches als Nitrazol CF oder Nitrosaminrot Teig in den Handel kommt, kann in allen Apparaten erfolgen unter der Voraussetzung, daß die Kuppler in vollständig klarer Lösung zur Anwendung kommen. Die praktische Ausführung dieser Nachbehandlung ist sehr einfach, indem man die klare Lösung von 3—5% Nitrazol CF mit 1—2% essigsaurem Natron in einem kalten Bade versetzt und dieses während ½ Stunde durch das gefärbte und gespülte Material zirkulieren läßt. Darauf wird zunächst mit kaltem Wasser und dann mit einer lauwarmen schwachen Sodalösung gespült, wodurch erreicht wird, daß die gekuppelten Färbungen beim Lagern nicht gelblich sublimieren. Durch das Kuppeln erfolgt die Aufnahme des diazotierten Paranitranilins in das Molekül des Farbstoffes, daß dadurch vergrößert und schwerer löslich gemacht wird, was eine Verbesserung der Waschechtheit zur Folge hat.

3. Nachbehandlung mit Formaldehyd. Die Formaldehyd-Nachbehandlung erhöht die Wasch- und Wasserechtheit, besonders von Schwarzfärbungen. Wahrscheinlich wird durch das Formaldehyd der Farbstoff in der Faser zu größeren Komplexen kondensiert und durch die dadurch entstehende Schwerlöslichkeit die Waschechtheit erhöht. Man färbt wie sonst üblich und behandelt die gespülte Baumwolle mit etwa 2% Formaldehyd ½ Stunde bei 60° C nach, zum Schluß wird wieder gespült. Diese Nachbehandlung kann, weil völlig neutral, in allen Apparaten vorgenommen werden.

4. Diazotieren und Entwickeln. Das Diazotieren und Entwickeln substantiver Färbungen wird am vorteilhaftesten auf Apparaten aus Holz mit Nickelinarmatur vorgenommen. Apparate aus Eisen und Kupfer sind deshalb nicht zu empfehlen, weil die Metalle leicht angegriffen und eine größere Anzahl der Farbstoffe gegen Kupfer und Eisen

empfindlich ist. Ist ein Arbeiten in eisernen oder kupfernen Apparaten nicht zu umgehen, so verwendet man besser Schwefelsäure, da diese das Metall weniger leicht angreift als Salzsäure.

Das gefärbte und bis zur völligen Abkühlung gespülte Material wird in einem kalten Bade, dem je nach Tiefe der Färbung 1,5—2,5% Nitrit zugesetzt wurde, 5—10 Minuten lang behandelt, setzt dann die mit kaltem Wasser verdünnte Salz- bzw. Schwefelsäure zu, und zwar von ersterer 4—7%, von letzterer 2—4%. Nach einer Einwirkungsdauer von 15—20 Minuten wird die Diazotierungsflotte abgelassen bzw. in einen Vorratsbehälter gepumpt und ein kurzes Spülbad gegeben. Unmittelbar darauf wird im frischen kalten Bade während 20 Minuten entwickelt, wofür die gebräuchlichen Entwickler benutzt werden. Es ist darauf zu achten, daß die Entwickler in klarer Lösung zur Anwendung kommen.

Die wichtigsten Entwickler sind:

Betanaphthol
 Lösen: mit der gleichen Menge Natronlauge 40° Bé ansteigen, mit heißem
   Wasser übergießen.
Entwickler A ist Betanaphtholnatrium, in heißem Wasser löslich.
Entwickler H ist Meta-Toluylendiamin.
 Lösen: mit einem Drittel vom Gewicht des Entwicklers Soda kalz. versetzen,
   mit heißem Wasser übergießen.
Entwickler Z ist Phenylmethylpyrazalon, in heißem Wasser löslich.
Entwickler F ist Resorzinnatrium, in heißem Wasser löslich.
Entwickler J ist Phenolnatrium, in heißem Wasser löslich.

Durch das Diazotieren und Entwickeln entsteht Vergrößerung und Unlöslichkeit des Farbstoffmoleküls. Die Erhöhung der Waschechtheit ist allen anderen Nachbehandlungsmethoden überlegen.

Bei den lichtechten Produkten der substantiven Farbstoffe können die genannten Nachbehandlungsmethoden zur Erhöhung einer Wasser- oder Waschechtheit leider keine Anwendung finden, weil die Farbstoffe mit den betreffenden Chemikalien nicht reagieren. Manchmal ist aber bei diesen Färbungen eine bessere Wasserechtheit sehr erwünscht, z.B. für Dekorationsstoffe. Diese Verbesserung der Wasserechtheit kann erreicht werden durch eine Nachbehandlung mit Körpern organischer Natur, die als Solidogen B (I. G.), Sapamin KW (Ciba), Sandofix (Sandoz) in den Handel kommen. Man behandelt mit 1% dieser Substanzen im höchstens 30° C warmen Bade, darf aber nachher nicht spülen. Obwohl dadurch die Wasserechtheit und auch die Überfärbeechtheit gesteigert wird, geht leider bei manchen Farbstoffen die Lichtechtheit etwas zurück.

Im allgemeinen empfiehlt es sich, schon der Rentabilität wegen, Nachbehandlungen auf Apparaten nur da auszuführen, wo es sich um größere Aufträge für bestimmte Farben handelt, und man also einen Apparat ständig für das Färben in Gang halten kann, während auf einem zweiten, danebenstehenden Apparat das Spülen und Nachbehandeln besorgt wird. Kops- und Kreuzspulen bleiben auf denselben Materialträgern während des ganzen Färbe- und Nachbehandlungsprozesses stecken. Man läßt sie der Reihe nach die verschiedenen Flotten passieren und sorgt durch Beschickung mehrerer Materialträger für ununterbrochenen Betrieb. Vor allem spart man bei dieser Arbeitsweise das lästige und zeitraubende Reinigen bei Benutzung nur eines Apparates für alle Arbeitsvorgänge.

Beim Diazotieren und Entwickeln ist es des Kostenpunktes wegen zweckmäßig, einen Apparat aus Eisen zum Färben zu benutzen und einen zweiten Apparat aus Holz mit Nickelinarmatur für das Diazotieren und Entwickeln zu verwenden. Die Materialträger müssen hierbei allerdings aus Nickelin gefertigt sein, da sie der Reihe nach alle Bäder passieren müssen.

Das Färben mit Schwefelfarben. Allgemeines über die Schwefelfarbstoffe. Mit dem von Vidal 1893 erfundenen Vidalschwarz erschien der erste Schwefelfarbstoff auf dem Markt, der allerdings in einem Braun, dem Cachou de Laval, einen wenig gebrauchten Vorläufer hatte. 1897 folgten die ersten Immedialfarbstoffe der Firma L. Cassella in Frankfurt a. M., deren Färbeweise bahnbrechend für alle Schwefelfarbstoffe wurde. Weil diese Farbstoffe in Wasser schwer oder gar nicht löslich sind, besitzen sie auch keine Affinität zur Faser, sie müssen daher in besonderer Weise gelöst werden, um von der Faser aufgenommen werden zu können. Dieses Lösen geschieht in heißer Schwefelnatriumlösung, welche den Farbstoff durch eine Art Verküpung in eine Leukoverbindung (in ähnlicher Weise wie bei den Küpenfarbstoffen) überführt, die in dem starken Alkali des Schwefelnatriums löslich ist. Diese Leukoverbindung wird von der Baumwollfaser adsorbiert, wo sie nach beendetem Färben entweder durch den Sauerstoff der Luft oder durch sonstige Oxydationsmittel wieder in den Farbstoff zurückgebildet wird.

Echtheitseigenschaften. Es ist einleuchtend, daß der nun auf der Faser befindliche Farbstoff genau so schwer- oder unlöslich ist, wie er vorher in Substanz war, daraus erklärt sich denn auch die gute Waschechtheit der Schwefelfarbstoff-Färbungen. Manche derselben, besonders die der schwarzen und braunen, sind auch ziemlich beständig gegen kochende Seifenlösungen, sie bluten nur ganz wenig aus. Bei öfterem Waschen werden aber die Schwefelfärbungen allmählich immer heller, bis sie nach vielmaligem Waschen ganz verblaßt sind. Auch gegenüber den modernen sauerstoffhaltigen Waschmitteln besitzen die Schwefelfärbungen nur geringe Beständigkeit. Ihre Licht- und Wetterechtheit ist bei den meisten Produkten als gut zu bezeichnen, auch die Überfärbeechtheit läßt nichts zu wünschen übrig, so daß sie sich einer vielseitigen Verwendung erfreuen.

Die Farbtöne der Schwefelfarbstoffe sind mit einigen Ausnahmen wenig lebhaft; Orange und Rot fehlen ganz. Je röter die Farbstoffe sind, z.B. bei Braun, desto geringer ist ihre Echtheit. Bei allen sonst guten Eigenschaften der Schwefelfarbstoffe darf ihre geringe Beständigkeit gegenüber chlorhaltigen Bleichlaugen nicht verschwiegen werden, sie sind direkt chlorempfindlich und werden beim Bleichen schneller zerstört als Färbungen substantiver Farbstoffe. Nur wenige Ausnahmen besitzen eine etwas bessere Chlorechtheit, diese Farbstoffe sind dann an einem „CL" bei der Markenbezeichnung zu erkennen.

Die leichte Lösbarkeit und die nicht allzu starke Affinität zur Baumwollfaser, sowie das Färben bei höherer Temperatur ermöglichen ein verhältnismäßig gutes Egalisieren und machen infolgedessen die Schwefelfarbstoffe für die Apparatefärberei sehr geeignet, zumal sie auf eisernen Apparaten gefärbt werden. Kupferne Apparate, sowie alle Armaturen aus Kupfer, Bronze oder Messing sind für Schwefelfarben absolut ungeeignet, da diese Metalle von Schwefelalkali angegriffen werden und die Zersetzungsprodukte nachteilig auf Farbstoff und Färbung einwirken.

Die Schwefelfarbstoffe, die unter den Namen Immedial- (I. G. Farbenindustrie), Pyrogen (Ciba, Basel) Eclips (Geigy, Basel) Thional (Sandoz, Basel) Farbstoffe und noch verschiedenen anderen Namen im Handel sind, neigen, wenn sie Gelegenheit haben, beim Lagern Feuchtigkeit anzuziehen, zu Selbstzersetzung, indem allmählich Schwefelsäure entsteht. Man erkennt dies daran, wenn beim Übergießen mit Wasser das Gemisch aufschäumt und der wäßrige Auszug gegen Lackmuspapier sauer reagiert. Um die Schwefelfarbstoffe vor Verderben zu bewahren, lagert man sie am besten in trockenen Räumen auf und sorgt auch dafür, daß ihre Lagerzeit nicht zu lange dauert. Schon etwas verdorbener Farbstoff sind durch einen höheren Sodazusatz oder etwas Natronlauge beim Lösen mit Schwefelnatrium doch in Lösung zu bringen, ihre Farbkraft ist aber geschwächt.

Das Lösen der Schwefelfarbstoffe. Dem Lösen der Schwefelfarbstoffe ist besondere Aufmerksamkeit zu schenken und geschieht am besten in eisernen Gefäßen, welche mit einem am Boden angebrachten Abflußhahn versehen und so beim Färbeapparat aufgestellt sind, daß die Farbstofflösung sofort in den Flottenansatzbehälter fließen kann. Für kleinere Farbstoffmengen genügt auch ein gewöhnlicher Eimer aus Eisen oder die äußerst stabilen Eimer aus rostfreiem Stahl. In einem solchen Gefäß wird der zum Färben erforderliche Farbstoff mit etwas Türkischrotöl und wenig heißem Wasser angeteigt, dann das zum Lösen notwendige Schwefelnatrium und Soda zugegeben, mit heißem Wasser übergossen und mittels eingesetzter Dampfschlange aufgekocht. Gutes Kochen, am besten mit indirektem Dampf, verbürgt gute, restlose Lösung und bewahrt vor manchem Mißerfolg beim Färben. Die Farbstofflösung läßt man durch ein feines Drahtsieb (nicht Messingdraht) oder Baumwolltuch in den mit heißem Weichwasser beschickten Flottenansatzbehälter fließen, fügt je nach Bedarf Glaubersalz zu und läßt die Flotte in den Apparat einlaufen. Nie darf das Lösen des Farbstoffes im

Färbebad selbst erfolgen, weil die Konzentration des Schwefelnatriums zu schwach wäre, um den Farbstoff völlig in Lösung zu bringen.

Die zum Lösen der Schwefelfarbstoffe nötige Menge Schwefelnatrium schwankt zwischen der gleichen bis 1,5—2fachen Menge des kristallisierten Schwefelnatriums oder der Hälfte des Schwefelnatriums kalz. vom Farbstoffgewicht und ist abhängig vom verwendeten Farbstoff. Die Farbenfabriken haben in ihren Musterkarten darüber genaue Angaben gemacht. Weil das gewöhnliche Schwefelnatrium stark durch unlösliche Verbindungen verunreinigt ist, in der Apparatefärberei aber nur klare Lösungen zur Anwendung kommen dürfen, ist es erforderlich, die Schwefelnatriumlösung vorher zu klären. Zu diesem Zweck löst man in einem unten spitz zulaufenden Eisenbehälter ein für etwas 2 Tage reichendes Quantum Schwefelnatrium in der doppelten Menge heißem Wasser auf, läßt zum Absitzen des Unlöslichen einige Zeit stehen und hebert die klare Flüssigkeit vom Bodensatz ab. Das im Handel zu habende weiße Schwefelnatrium ist frei von Verunreinigungen und kann ohne diese Vorsichtsmaßregel sofort verwendet werden.

Ein geringer Überschuß an Schwefelnatrium erhöht die Löslichkeit und fördert das Egalisieren, ist auch vorteilhaft, weil ein Teil des Schwefelnatriums sich während des Färbens oxydiert und unwirksam wird. Bei den Angaben der Farbenfabriken über die zu verwendende Schwefelnatriummenge ist dieser Überschuß schon berücksichtigt, bei hellen Färbungen kann aber diese Menge noch um ein Drittel erhöht werden. Zuviel Schwefelnatrium im Bad hält den Farbstoff zurück und verhindert das kräftige Aufziehen. Ein Zuwenig dagegen bewirkt Farbstoffausscheidungen, welche in der Apparatefärberei unter allen Umständen verhindert werden müssen. Um sich über den Stand des Bades zu vergewissern, bringt man einige Tropfen desselben auf Filtrierpapier. Läuft der Tropfen mit farbigem Rand aus, so ist das ein Zeichen, daß der Farbstoff gut gelöst ist; läuft er jedoch mit ungefärbtem Rand aus und zeigen sich Farbstoffpartikelchen, so fehlt dem Bad Schwefelnatrium. Diese Erscheinung tritt besonders dann auf, wenn durch anhaltendes Kochen oder längeres unbenutztes Stehen der Bäder das Schwefelnatrium durch Oxydation verbraucht wird. Durch Zusatz von 1—2 g Schwefelnatrium pro Liter zum heißen Bad geht der Farbstoff in Lösung und erhält man auf diese Weise wieder ein brauchbares Färbebad. Fördernd auf die Lösung der Schwefelfarbstoffe wirkt in allen Fällen ein Sodazusatz, von dem die Hälfte der verwendeten Farbstoffmenge zur Anwendung kommt.

Zur Verhütung leichter Inkrustationen der Faseroberflächen durch nicht vollkommen gelöste Farbstoffteilchen, die für lose Faser und namentlich Kardenband unangenehm sein können, empfiehlt es sich, dem Bade ganz wenig Hydrosulfit konz., etwa 0,25 g pro Liter Bad, zuzusetzen, welches auch die letzten Reste schwer löslichen Farbstoffs glatt auflöst.

Das Färben der Schwefelfarbstoffe. Der Färbevorgang bei den Schwefelfarbstoffen ist, wie bei den substantiven Farbstoffen, eine Adsorption, nur mit dem Unterschied, daß sie geringere Affinität zur Faser besitzen als diese. Aus diesem Grunde werden den Bädern reichliche Salzmengen zugesetzt, um die Vertiefung des Farbtones sowie das Ausziehen der Farbstoffe zu fördern. Die Salzmenge richtet sich nach der Farbtiefe und dem Flottenverhältnis und kann bis zu 50% Glaubersalz krist. betragen. Da man in der Apparatefärberei mit sehr kurzen Flotten arbeitet, kann als ungefähre Norm dienen, daß man bei einem Flottenverhältnis 1 : 4 selbst bei dunklen Farben gar kein Salz, bei einem Flottenverhältnis 1 : 10 im Ansatzbad 15% Glaubersalz krist. gibt und in den nachfolgenden Bädern 3—0%. Beim Aufstecksystem sind die Flottenverhältnisse größer, hier ist bei einem Verhältnis 1 : 15 ein Zusatz von 25% Glaubersalz krist. im ersten Bade, 5% im zweiten und 3—0% in den folgenden Bädern angebracht, während bei einem Flottenverhältnis 1 : 30 eine Zugabe von 50% im ersten, 10% im zweiten, 5% im dritten und 3—0% in den weiteren Bädern erforderlich sind. Diese Angaben gelten für dunkle Farben, beispielsweise Schwarz, für mittlere Farben verringert sich der Salzzusatz entsprechend. Helle Färbungen werden am besten ganz ohne Salz, selbst auf langer Flotte, gefärbt. Zweckmäßig ist es, den Salzgehalt gebrauchter Bäder mit dem Aräometer zu kontrollieren. Für mittlere Farben soll die Flotte nach dem Erkalten nicht mehr als 3—4° Bé, für dunkle nicht mehr als 5—6° Bé zeigen. Ist diese Dichte erreicht, so unterläßt man den Salzzusatz für die nächsten Partien.

Die meisten Schwefelfarben werden nahe bei Kochhitze gefärbt, man läßt die aufgekochte Flotte auf das trocken in den Apparat eingepackte Material fließen und während ¼ Stunde kochend einwirken, stellt dann den Dampf ab und läßt das langsam sich abkühlende Bad noch etwa ¾ Stunde durch das Material zirkulieren. Helle und zarte Nuancen geben bei mittleren Temperaturen von etwa 60° C klarere Farbtöne, bei solchen Färbungen ist ein gutes Vornetzen des Materials erforderlich. Dasselbe gilt für alle rötlich färbenden Schwefelfarbstoffe wie Immedial-Rotbraun, -Marron, -Bordo, die ebenfalls bei 40—50° C unter Zusatz von etwas Leim oder Dextrin lebhaftere Farben ergeben. Auch einige Blaumarken werden bei einer Färbetemperatur von 50—60° C schöner und frischer als nahe der Kochtemperatur; hierbei ist auch ein Zusatz von Traubenzucker, gleiche Menge wie Farbstoff, sehr zweckmäßig, die Färbungen werden gleichmäßiger und haben auch geringere Neigung zum Bronzieren.

Bilden sich während des Färbens Ausscheidungen von Farbstoff oder scheiden sich Häutchen von Schwefel an der Oberfläche der Farbflotte ab, so sind diese vor Herausnahme der Materialträger aus dem Färbebade sorgfältig abzuschöpfen, damit sie sich nicht auf dem Material ablagern und zur Fleckenbildung Anlaß geben.

Nach dem Färben muß das Material möglichst schnell von der überschüssigen Flotte befreit und für eine gleichmäßige Oxydation der von der Faser aufgenommenen Farbstoffanteile gesorgt werden. Weil bei dunklen Schwefelfärbungen verhältnismäßig viel Farbstoff im Bad zurückbleibt, kann die überschüssig am Material haftende Flotte zu Farbstoffausscheidungen führen, was bronzige und abrußende Färbungen hervorruft. Besonders beim Färben in Packapparaten bietet dieser Umstand einige Schwierigkeiten. Vor allem müssen die Färbeapparate derart eingerichtet sein, daß eine rasche Entfernung der Farbflotte unmittelbar nach beendetem Färbeprozeß möglich ist, und zwar entweder durch Zurückpumpen oder Abdrücken mittels Druckluft. Hierauf gibt man weiches Wasser in den Apparat, bis das Material eben damit bedeckt ist und läßt dieses kurze Spülbad etwa 10 Minuten zirkulieren. Für solche Farbstoffe, welche stark zum Bronzieren neigen, das sind hauptsächlich blaue in dunkler Ausfärbung, empfiehlt es sich, dem ersten Spülwasser 2 cm³ Natronlauge 40° Bé und 1 g Schwefelnatrium krist. pro Liter zuzusetzen; die Färbungen fallen dadurch wohl etwas heller, aber auch blumiger aus. Dieses erste Spülwasser, welches bei dunklen Farben noch viel Farbstoff enthält, wird der aufbewahrten Farbflotte zugeführt.

Sehr zu empfehlen sind für Schwefelfarben, welche zur Entwicklung einer Luftoxydation bedürfen und stark zum Bronzieren neigen, solche Packapparate, die ein Ausschleudern des Materials ohne Auspacken ermöglichen (s. Obermaier-Apparat S. 126). Nach dem ersten Spülen wird das Material anschließend sofort mindestens 15 Minuten geschleudert, wodurch eine Luftzirkulation bewirkt wird, die zur Entwicklung des Farbstoffs auf der Faser notwendig ist. Nach beendeter Oxydation wird im Apparat oder bei Garn auf dem Bottich fertig gespült. Bei weniger empfindlichen Farbstoffen, z. B. Braun oder Schwarz und den nicht bronzierenden Blau kann nach dem ersten Spülen mit Laugen- und Schwefelnatriumzusatz im Apparat sofort weiter gespült werden; man läßt dabei das frische, weiche Wasser ständig von der einen Seite aus durch das Material strömen und auf der anderen Seite direkt abfließen, und zwar solange, bis es klar abläuft. Die vollständige Oxydation erfolgt dann während des Schleuderns und Trocknens in der feuchtwarmen Luft der Trockenapparate.

Zum Färben mit Schwefelfarbstoffen im Packsystem eignen sich in der Hauptsache loses Material, Kardenband, ferner auch Stranggarn, Kops und Kreuzspulen, sofern es sich um Stapelfarben handelt, denn ein Nuancieren führt zu keinen befriedigenden Resultaten. Überhaupt sind Schwefelfärbungen in bezug auf mustergetreues Färben die schwierigsten, denn durch ihre chemische Konstitution neigen sie zu einer langsamen

Nachoxydation, welche den Farbton nach beendetem Färben immer noch verändert, indem dieser lebhafter wird, es sei denn, daß die ganze Partie durch Nachbehandlung mit Oxydationsmitteln zur völligen Entwicklung und endgültigen Nuance gebracht wird.

Für das Färben der Kops, Kreuzspulen und Kettbäume in Aufsteck-apparaten sind die Schwefelfarbstoffe vorzüglich geeignet, sofern die Apparate es ermöglichen, das Material nach beendigtem Färben schnell von dem Flottenüberschuß zu befreien, evtl. kurz zu spülen, und dann Luft durch-zusaugen. Hauptbedingung ist hierbei genaues Arbeiten nach den auf den betreffenden Apparaten aufgestellten Re-zepten unter Einhaltung der Tempera-tur, des Flottenverhältnisses und der Zusätze.

Bei hellen Farben lohnt sich die Auf-bewahrung der Färbebäder meist nicht, deshalb kann zur Vermeidung unegaler Oberflächen sofort gespült werden ohne das Material mit der Luft in Berüh-rung kommen zu lassen. Man drückt mit der Pumpe ständig frisches Wasser von innen nach außen durch das Färbe-gut und läßt in dem Maße, wie das Wasser zufließt, die Flotte ablaufen bis zum Schluß klares Wasser abläuft. Man kann aber auch so arbeiten, daß man in den Färbebehälter von oben frisches Wasser zu und das Bad unten im glei-chen Maße abfließen läßt, während man durch die Garnwickel von innen nach außen Druckluft bläst. Wird Wert darauf gelegt, auf laufendem Bad wei-terzuarbeiten, so drückt oder saugt man die Farbflotte nach dem Färben in den

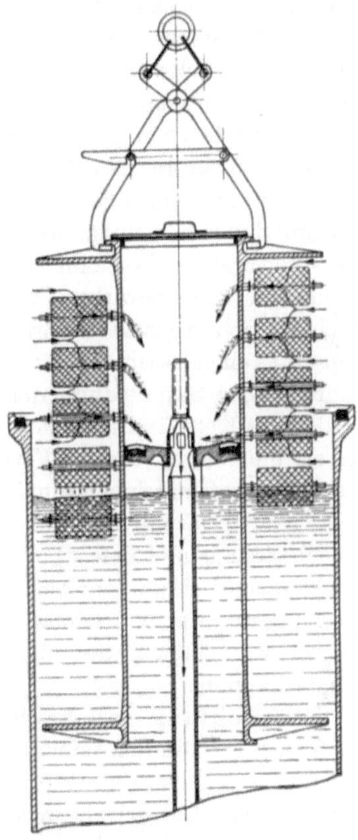

Abb. 129. Färbeigel zum sofortigen Absaugen der Kreuzspulen beim Verlassen des Färbebades.
(Obermaier & Cie., Neustadt a. H.)

Vorratsbehälter zurück, füllt den Apparat möglichst schnell mit frischem, weichem Wasser, dem man 1—2 g Schwefelnatrium krist. pro Liter bei-fügt, läßt etwa 10 Minuten zirkulieren und saugt nach Ablaufen des Spülwassers Luft durch. Ein Färbeapparat bzw. „Färbeigel“, welcher der raschen Entfernung der Farbflotte Rechnung trägt, wird von der Firma Obermaier & Cie. in Neustadt gebaut und ist in der Abb. 129 dargestellt. Die Spulen werden in dem Augenblick, wo sie aus der Flotte auftauchen, abgesaugt, so daß der anhaftende Flottenüberschuß gar nicht erst oxydieren und fleckige Garnwickel hervorrufen kann.

Die an Kops und Kreuzspulen sich manchmal, namentlich bei hellen Farben, störend bemerkbar machende etwas dunklere Oberfläche, die meist von mechanisch anhaftenden Verunreinigungen herstammt, kann durch ein heißes Nachseifen entfernt werden. Man läßt aber die Seifenflotte nicht durch die Wickel gehen, sondern wippt den Materialträger mit dem Hebewerk einige Male auf und nieder. Für das Seifenbad ist selbstverständlich völlig kalkfreies Wasser zu verwenden, um Kalkseifenausscheidungen vom Material fernzuhalten.

Beim Färben von Kettbäumen mit Schwefelfarben bringt man die Bäume trocken in den Apparat und läßt die Farbflotte ¼ Stunde lang unter schwachem Kochen zirkulieren, in welcher Zeit die Strömungsrichtung der Flotte einige Male gewechselt wird. Darauf wir der Dampf abgestellt und die Flottenbewegung während weiterer ¾ Stunde nur von innen nach außen bewirkt. Dieses gilt aber nur für offene Apparate. Bei geschlossenen Apparaten wird die heiße Flotte durch Entlüftung des Apparates eingelassen, die dann in regelmäßigen Abständen wechselseitig während einer Stunde durch das Material geht. Nach beendetem Färben werden die Kettbäume durch kräftiges Absaugen vom Flottenüberschuß befreit und dann, je nach Farbstoff, zunächst unter Verwendung von etwas Schwefelnatrium gespült und anschließend daran mit frischem Wasser fertig gespült, oder man läßt die Bäume, speziell bei Dunkelblau, zur Vertiefung und Befestigung der Färbung, etwa 6 Stunden in einem feuchtwarmen Raum, am besten in der Färberei selbst, liegen und spült sie erst dann. Ein evtl. Bronzieren der Außenseite schadet insofern nicht, als bei Kettbäumen die oberste Garnlage von etwa 2 m sowieso in Wegfall kommt.

Entwicklung und Nachbehandlung der Schwefelfarbstofffärbungen. Die Schwefelfarbstoffe oxydieren fast alle sehr langsam, besonders viele blaue Farbstoffe brauchen sehr lange Zeit dazu. Um die festen harten Garnwickel in kurzer Zeit oxydieren oder entwickeln zu können, bläst man nach dem Fertigspülen einen Dampfstrom durch das Material, dessen Wirkung noch erhöht werden kann durch Beimischung von Luft mittels Injektor. Die modernen Apparate der Firmen B. Thies, Obermaier & Cie. und H. Krantz haben alle Einrichtung zum Dämpfen der Garnträger entweder im Färbeapparat selbst oder am Absaugegestell oder in den Schnelltrockenapparaten, die von den beiden letztgenannten Firmen für das Trocknen der Kreuzspulen gebaut werden.

In Apparaten ohne Dämpfeinrichtung kann man die Oxydation der Färbungen durch Anwendung von Sauerstoff abgebenden Chemikalien, wie Chromkali oder Natriumperborat beschleunigen.

Im allgemeinen ist eine Nachbehandlung der Schwefelfärbungen mit Metallsalzen zur Verbesserung der Echtheit nicht erforderlich, da die Färbungen schon an und für sich einen hohen Echtheitsgrad besitzen. Es dürfte daher nur in solchen Fällen eine Nachbehandlung in Frage kommen, wo es sich um die Herstellung ganz besonders wasch- und wetterechter Färbungen handelt. Die Ausführung der Nachbehandlung ist dieselbe wie bei den substantiven Farbstoffen auf S. 255. Außer der Erhöhung der Waschechtheit hat die Nachbehandlung mit Chromkali im schwach essigsauren Bad bei 60° C noch den Vorteil der schnellen Oxydation mancher Blaufärbungen. Allerdings wird dabei der Farbton mehr nach der grünen Seite verändert. Durch diese Nachbehandlung wird auch das Bronzieren der Färbung erheblich vermindert, besonders dann, wenn nach beendetem Färben sofort kurz mit Schwefelnatrium gespült wurde.

Dem gleichen Zweck der schnellen und völligen Entwicklung dient das Natriumperborat; weil bei diesem Salz nur reiner Sauerstoff in Reaktion tritt und eine Metallverbindung vom Farbstoff bzw. Faser nicht aufgenommen werden kann, ist der erzielte Farbton reiner und klarer und schlägt vor allen Dingen nicht nach Grün um. Man verwendet 1—2% Natriumperborat in 60—80° C warmer Flotte und läßt etwa 20 Minuten zirkulieren. Neben der schnellen Entwicklung der Nuance hat diese Nachbehandlung auch noch den Vorteil der geringeren Bronzebildung, wenn auch nicht in dem Maße, wie bei der Chromkali-Nachbehandlung. Welche Art der Nachbehandlung zur Entwicklung und Bronzierungsverhütung zur Anwendung kommen soll, entscheidet der Farbton der Vorlage und der verwendete Farbstoff und kommt praktisch nur für Blau in Betracht.

Die gelben Schwefelfarbstoffe und solche mit rötlicher Nuance, wie Rotbraun, Violett, Bordo, sind durch eine Nachbehandlung mit Essigsäure viel klarer und lebhafter herauszubringen. Das durch alleiniges Spülen mit Wasser nicht vollständig aus der Faser zu bringende Alkali trübt den Farbton; schon die Kohlensäure der Luft wirkt verschönernd auf ihn ein. Diese unkontrollierbare Einwirkung wird man deshalb durch Behandlung mit wenig Essigsäure in die gewünschten Bahnen lenken.

Verhütung des Bronzierens der Schwefelfarbstoff-Färbungen. Das verschiedentlich schon erwähnte Bronzieren der Schwefelfarben ist ein recht unangenehm wirkender Nachteil namentlich der blauen; bei Schwarz tritt er auch, wenn auch in geringerem Maße auf und läßt sich durch Auswahl solcher Produkte, die wenig Neigung zum Bronzieren zeigen, wie z.B. Immedialschwarz NNG, Immedialschwarz AWL extra, ziemlich zurückdrängen und kann durch eine Nachbehandlung mit Ölemulsion ganz behoben werden. Beim Färben dunkelblauer Schwefelfarben sind aber die Bronzen schwer zu verhindern und noch schwerer wieder zu entfernen. Besonders bei Verwendung stehender Bäder macht sich diese Erscheinung äußerst unangenehm bemerkbar, wobei nicht gesagt sein soll, daß auf stets frischen Bädern das Bronzieren nicht eintritt, ganz abgesehen davon, daß schon wirtschaftliche Gründe dazu zwingen, auf stehenden Bädern zu arbeiten. Zusätze von Schutzkolloiden wie Leim, Sulfitzelluloseablauge, Monopolseife, Tetracarnit, Peregal vermindern wohl etwas, geben aber keinen 100proz. Erfolg bei allen dunkelblauen Schwefelfärbungen; als bestes Mittel im Färbebad selbst hat sich noch das Eulysin A der I. G. Farbenindustrie erwiesen. Eine Nachbehandlung mit 2 g Tannin im Liter bei 60° C läßt ebenfalls nicht mit voller Sicherheit diesen Fehler beseitigen. Es ist auch empfohlen worden, vom verwendeten Farbstoffgewicht 10% eines Schwefelgrüns zuzusetzen, wodurch gute Resultate erzielt werden sollen. Der beste Erfolg wird aber erreicht, wenn das Färbebad möglichst schnell vom Material entfernt und durch Spülwasser, dem 1—2 g Schwefelnatrium krist. pro Liter zugesetzt wurden, ersetzt wird, dann, ohne das Material mit der Luft in Berührung kommen zu lassen, mit Wasser klar spülen und mit Chromkali und Essigsäure bei 60° C oder mit Perborat bei 60—80° C nachbehandeln.

Bronzeerscheinungen sind Übersättigung der Faser mit Farbstoff und zeigen sich zumeist an der Oberfläche des Färbegutes. Bei losem Material und Kardenband ist der Fehler nicht so verhängnisvoll, weil er durch den Spinnprozeß verwischt wird, am unangenehmsten zeigt er sich bei Kops und Kreuzspulen. Durch die schon geschilderten Maßregeln kann das Bronzieren zum Teil verhütet werden, manchmal führen aber alle angewendeten Kunstkniffe nicht zum gewünschten Resultat. Der Färber muß dann eine Partie abliefern, die trotz aller aufgewendeten Sorgfalt seine volle Befriedigung nicht findet. Man kann die Ablagerung gröber disperser Farbstoffanteile auf der Faser durch ein blindes, heißes Färbebad, d. h. durch ein Schwefelnatriumbad ohne Farbstoffzusatz, entfernen, dabei wird aber der Gesamtton der Färbung heller, ist man nun aber gezwungen, wieder auf Muster zu färben, so wird durch den neuen Farbstoffzusatz die gleiche Bronzierung wieder hervorgerufen.

Die grob dispersen bronzierenden Farbstoffanteile auf der Faser erleiden durch eine Behandlung mit Fett oder Öl eine Veränderung in der Art, daß sie in feinerer Verteilung in dem Öl aufgehen und durch die vergrößerte Oberfläche den richtigen Farbton annehmen. Es ist ja auch seit der Einführung der Schwefelfarbstoffe bekannt, daß durch eine Nachbehandlung mit Ölemulsion, bestehend aus 2% Seife und 2% Öl oder Fett, die vorher in konzentrierter Lösung gut zusammen verkocht wurden, eine wesentliche Verminderung der Bronze erzielt werden kann, die noch erhöht wird durch eine Zugabe von 1—2 g Leim pro Liter zu diesem Bad. An Stelle der Emulsion aus Seife und Öl kann eine solche aus Öl und Nekal AEM oder Öl und Emulphor FM (beide von der I. G. Farbenindustrie) verwendet werden. Eine Verkochung von 2—4% Kartoffelstärke mit 1—2% Schmalz, Talg oder Kokosfett im 80° C warmen Bad ist ein ausgezeichnetes Mittel, um bei Färbungen auf Stranggarn, die im Packapparat gefärbt und gespült wurden, die Bronzierung zu entfernen, wenn diese Nachbehandlung auf der Barke erfolgt. Schwarz z. B., das zur Erzielung einer sehr tiefen Färbung mit einer großen Menge Farbstoff gefärbt wurde und das ohne Nachbehandlung eine rotbraune Bronze zeigt, wird auf dem Stärkefettbad ein blumiges, volles Blauschwarz, ohne daß das Garn dabei hart wird. Leider ist diese Nachbehandlung im Apparat selbst nicht anwendbar, weil die stärkehaltige Flotte nicht durch das Material gefördert werden kann. Fetthaltige Schlichten und Appreturmassen führen aber ebenso die dispersoide Veränderung der bronzigen Farbstoffanteile herbei und machen mit verarbeitete Bronzeflecken im fertigen Stoff unsichtbar.

Immedialleukofarbstoffe. Eine Untergruppe der Schwefelfarbstoffe wird seit kurzer Zeit von der I. G. Farbenindustrie A.-G, unter dem Namen Immedialleukofarben in den Handel gebracht. Es handelt sich dabei um bisher 11 Produkte verschiedenster Tönung, welche Leukoverbindungen der betreffenden Immedialfarbstoffe darstellen. Sie sind beim Lösen viel einfacher zu behandeln, weil ein Kochen mit Schwefelnatrium zur Überführung in die lösliche Leukoverbindung überflüssig ist. Schon durch einfaches Anrühren mit der zehnfachen Menge lauwarmen Wasser unter Zugabe von 2—4% Soda kalz. gehen sie vollkommen in Lösung und ziehen aus kalten Bädern gut auf die Baumwolle. Ein Salzzusatz, der je nach Tiefe der Färbung bis zu 50% vom Warengewicht betragen kann, fördert auch bei diesen Farbstoffen das Erschöpfen der Bäder.

Die Nachbehandlungsart der Immedialleukofarben entspricht den zugrunde liegenden Immedialfarbstoffen. Der größeren Verwendung dieser Farbstoffe in der Baumwollfärberei dürften die höheren Färbekosten im Wege sein; für die Halbwollfärberei (s. S. 306) bieten sie wegen des geringeren Alkaligehaltes der Bäder und des damit verbundenen Wollschutzes größeres Interesse.

Schädigung der Baumwolle durch Schwefelschwarzfärbungen. Die gewöhnlichen schwarzen Schwefelfarbstoffe neigen dazu, einen Teil des in ihrem Molekül vorhandenen Schwefels abzuspalten, der dann durch Selbstoxydation in Schwefelsäure übergeht. Schon bei lange gelagerten Farbstoffen kann die saure Reaktion festgestellt werden. Tritt diese Schwefelsäurebildung aber durch längeres Lagern oder beim heißen Kalandrieren der fertigen Färbung auf, so wirkt sie verhängnisvoll auf die Baumwolle ein, indem diese unter Umständen ganz morsch wird. Sind die Schwarzfärbungen noch mit Chromkali oder Chromkali und Kupfervitriol nachbehandelt, so wirken diese Metalle als Katalysatoren beschleunigend auf die Schwefelsäurebildung ein, selbst eine Nachbehandlung mit schwacher Essigsäure fördert die Bildung der Schwefelsäure aus dem Schwefelschwarz.

Zänker und Weyrich[1] haben über die Bildung der Schwefelsäure auf Schwefelschwarzfärbungen umfangreiche Versuche angestellt und gefunden, daß etwa ein Drittel des im Farbstoff vorhandenen Schwefels in einer zur Selbstoxydation neigenden Form vorliegt. Diese Oxydation geht unter allen Umständen vor sich, nur dauert sie nach den vorhandenen Bedingungen mehr oder weniger lang. Die schädigende Wirkung der entstehenden Schwefelsäure kann nur dadurch behoben werden, daß man dem Färbegut alkalische Salze, z. B. Soda, essig- oder ameisensaures Natron einverleibt, an welcher sich die Schwefelsäure neutralisiert und dadurch ihre zerstörende Wirkung verliert. Dem letzten Spülwasser werden darum 3—5 g dieser Salze pro Liter Bad zugefügt. Auf keinen Fall dürfen diese Schutzsalze wieder ausgewaschen werden, da sonst die schädigende Reaktion noch schneller verläuft, worauf Kerteß[2] hinweist. Falls Garne nach dem Färben ohne vorheriges Trocknen geschlichtet werden, sind die Salze, meist die billigere Soda, der Schlichtflotte zuzugeben. Bei solchen Waren, die im späteren Verarbeitungszustande gefärbt oder sonst mit wäßrigen Lösungen behandelt werden müssen, erhalten die letzten Bäder dieser Behandlung den Zusatz der Schutzsalze.

Die Unvollkommenheit der Schwefelschwarzmarken in bezug auf Lagerbeständigkeit der damit erzeugten Färbungen ist bei den Indokarbonmarken der I. G. Farbenindustrie behoben. Diese Farbstoffe bedürfen keiner alkalischen Nachbehandlung, weil sie durch ihren chemischen Aufbau keinen oxydierbaren Schwefel abspalten. Sie sind im Gegensatz zu dem chlorempfindlichen Schwefelschwarz chlorecht; die mit CL bezeichneten Marken können sogar für den Buntbleichartikel Verwendung finden, wenn beim Bleichen Chlorsoda, an Stelle von Chlorkalk, zur Anwendung kommt. Die übrigen Echtheitseigenschaften der Indokarbonschwarz-Färbungen sind derart günstig, daß sie in das Indanthrensortiment aufgenommen wurden, also den Indanthrenfarben gleichwertig sind. Sie finden überall dort Verwendung, wo bei den gewöhnlichen Schwefelschwarzmarken die Notwendigkeit der alkalischen Nachbehandlung störend wirkt, namentlich für Nähgarn und Baumwollketten in Halbwollwaren, die später sauer gefärbt werden müssen, sind diese Farbstoffe ausgezeichnete Produkte.

Indokarbon SN ist zum Färben in Apparaten nicht geeignet, weil es zu schnell

---

[1] Zänker und Weyrich: Färber-Ztg. 1913 S. 479; 1915 S. 337; 1916 S. 131, 273.

[2] Kerteß: Melliand Textilber. 1927 S. 56.

aufzieht. Indokarbon CL und CLG können dagegen in normaler Weise in allen
Apparaten gefärbt werden. Die Marke CL hat allerdings eine etwas rötliche Nuance,
die durch Zusatz von Immedialgelbolive 5 G zum Färbebad behoben werden kann.
Beide Marken neigen auch stark zum Bronzieren, besonders satte Färbungen dürfen
damit nicht ausgeführt werden. Brillantindokarbon BL ist durch seine geringere
Neigung zur Bronzebildung ein bedeutend angenehmer zu färbender Farbstoff.

Färben der Baumwolle mit Küpenfarbstoffen. Allgemeines über die
Küpenfarbstoffe auf Baumwolle. Auf die Verschiedenartigkeit der
Küpenfarbstoffe im chemischen Aufbau wurde schon früher hingewiesen
(S. 219). Die zur Lösung viel Alkali benötigenden Vertreter dieser Farb-
stoffklasse sind ganz allgemein mit hervorragenden Echtheitseigenschaften
ausgestattet und die Unempfindlichkeit pflanzlicher Fasern gegenüber
größeren Alkalimengen macht darum diese Farbstoffe für die Zwecke der
Baumwollfärberei ausgezeichnet verwendbar. Aber auch die zur Lösung
wenig Alkali verbrauchenden indigoiden Küpenfarbstoffe finden in der
Baumwollfärberei viel Anwendung, obwohl ihre Lichtechtheit auf dieser
Faser von der auf Wolle bedeutend übertroffen wird und auch hinter der
Lichtechtheit der Anthrachinon-Küpenfarbstoffe auf Baumwolle im Allgemeinen zurücksteht.

Färbereitechnisch kommt die Verschiedenheit der indigoiden- und
Anthrachinon-Küpenfarbstoffe in veränderter Färbeweise auf Baumwolle
und in der abweichenden Reoxydierbarkeit der Leukoverbindung auf der
Faser zum Ausdruck.

Während die indigoiden Farbstoffe zur Oxydation eine längere Belüftung erfordern, können die meisten Anthrachinon-Küpenfarbstoffe
durch längeres Spülen mit Wasser durch den darin enthaltenen Sauerstoff so weit oxydiert werden, daß eine Belüftung überflüssig ist. Die
Verbindung der Faser mit dem Leukofarbstoff ist hier schon so fest, daß
durch das Spülen keine hellere oder fleckige Färbung verursacht wird.
Die Leuko-Indigoidenfarbstoffe haften etwas weniger fest an der Faser,
sie würden durch ein sofortiges Spülen teilweise abgewaschen, außerdem
oxydiert der Farbstoff beim Durchsaugen von Luft in dem mit kaltem
Spülwasser abgekühlten Material bedeutend langsamer und unvoll-
kommener, als wenn die Luft durch das vom Färbebad noch warme
Material gesaugt wird. Indigoide Farbstoffe erfordern demnach nach
beendetem Färben ein sofortiges Absaugen mit einem kräftigen Luftstrom,
auf den bei den Anthrachinon-Küpenfarbstoffen verzichtet werden kann,
obwohl es auch hierbei zur Erzielung reibechter, dunkler Färbungen ratsam ist, nach dem ersten Spülbad einen Luftstrom durchzusaugen.

Durch ihre völlige Unlöslichkeit in Wasser und alkalischen Lösungen
haben die Küpenfarbstoffe mit den Schwefelfarbstoffen die gemeinsame
Eigenschaft, keine direkte Affinität zur Faser zu besitzen, sie müssen erst
in eine der Adsorption durch die Faser günstige Form übergeführt werden.

Diese Überführung in die lösliche Form geschieht durch Reduktionsmittel, und zwar stets durch Hydrosulfit in Gegenwart von Natronlauge.

Der Färbevorgang bei den Küpenfarbstoffen ist genau wie bei den substantiven und Schwefelfarbstoffen ein Adsorptionsvorgang; die in kolloidaler Form in der Küpe vorhandene Leukoverbindung wird vom Fasermaterial adsorbiert und haftet schon sehr fest auf der Faser. Aber erst bei der nachfolgenden Oxydation und Rückbildung des unlöslichen Farbstoffes erreicht die Färbung ihre höchsten Echtheitseigenschaften.

Die Küpenfarbstoffe kommen in Form von Teig oder als Pulver in den Handel. Die Teigmarken sind beim Lagern dem Eintrocknen unterworfen, was Schwankungen in der Konzentration hervorruft und zu Fehlfärbungen führen kann. Die Pulvermarken haben den Vorteil der stets gleichbleibenden Konzentration und bieten somit in der Dosierung größere Sicherheit als die Teigmarken. Vor Gebrauch sind sie mit einem Netzmittel, Türkischrotöl, Monopolseife, Seifenlösung, denaturiertem Spiritus od. dgl. sorgfältig zu einem Brei anzurühren, der dann mit heißem Wasser langsam verdünnt wird.

Die Lösung der Küpenfarbstoffe erfolgt in Gegenwart von Natronlauge durch Zusatz von Hydrosulfit, meistens bei erhöhter Temperatur. Jeder einzelne Farbstoff zeigt dabei charakteristische Merkmale, die berücksichtigt werden müssen, um alle die in ihm steckenden wertvollen Eigenschaften herauszuholen. Es ist unbedingt erforderlich, die von den Farbenfabriken für die einzelnen Produkte angegebenen Lösungsvorschriften einzuhalten, da anderenfalls chemische Zersetzung der Farbstoffe eintreten kann, die ganz bestimmt zu Mißerfolgen in der Färberei führt. Alle die Lösungsvorschriften der vielen verschiedenen Farbstoffe hier anzugeben, würde zu weit führen, es sei deshalb auf die Musterkarten der Farbenfabriken hingewiesen. Nur das sei noch erwähnt, das ein „Färben aus dem Handgelenk" bei Küpenfarben im allgemeinen und im besonderen in der Apparatefärberei nicht am Platze ist. Auch ein langsames „nach Muster färben" ist hier nicht angebracht; die Färbungen sollen möglichst von Anfang an nahe an das Muster herankommen und, wenn erforderlich, mit ein bis zwei Nachsätzen nach Muster sein. In Zweifelsfällen mache man lieber eine Probefärbung in einem kleinen Versuchsapparat mit demselben Material oder, wenn es das Flottenverhältnis zuläßt, im Färbebecher. Auf alle Fälle müssen die Versuche im gleichen Flottenverhältnis und unter sonst gleichen Bedingungen durchgeführt werden, wie man sie später im Apparat anwenden will.

Bei Kombinationen führt das Zusammenfärben von im Farbton weit auseinander liegenden Farbstoffen in den allermeisten Fällen zu unbefriedigenden Resultaten in bezug auf Gleichmäßigkeit. Bei substantiven Farbstoffen, die leicht egalisieren, kann z. B. ein lebhaftes Blau mit einem Orange abgestumpft werden; ziehen die Farbstoffe unegal auf, hat man es in der Hand, durch geeignete Gegenmaßnahmen das Egalisieren herbeizuführen. Hat aber bei einer Kombination aus Küpenblau und -orange letzteres ungleichmäßig aufgezogen, so ist mit Gegenmaßnahmen so gut wie nichts zu erreichen, und weil es sich bei der Kombination um komplementäre Farben handelt, treten die Farbunterschiede äußerst kraß in Erscheinung. Werden aber lebhafte Farbstoffe mit einem Grau, beispielsweise mit Indanthrengrau BG oder mit dem färbereitechnisch sich gut verhaltendem Indanthrenolive R abgestumpft, so wird eine evtl. auftretende Ungleichmäßigkeit der Färbung vom Auge längst nicht so scharf empfunden. Berücksichtigt man bei der Farbstoffmischung diesen Gesichtspunkt, so macht das Treffen bestimmter Nuancen dem einigermaßen mit der Materie vertrauten Färber keine allzu großen Schwierigkeiten. Nachnuancieren mit substantiven Farbstoffen sollte grundsätzlich vermieden werden, denn auch geringe Mengen übersetzter unechter Farbstoffe können in mitgewaschenes Weiß ausbluten und so die ganze Echtfärbung illusorisch machen.

Die Eigenschaften der Küpenfarbstoffe auf Baumwolle. Die echtesten Produkte der gesamten Küpenfarbstoffe sind die Indanthren-, Cibanon-, Tinonchlorfarbstoffe, in der weitaus größten Zahl Abkömmlinge des Anthrachinons, trotzdem sind aber die verschiedenen Echtheiten nicht bei allen gleich. Es ist daher erforderlich, sich bei der Auswahl der Farbstoffe von dem Verwendungszweck des gefärbten Materials leiten zu lassen. In der Lichtechtheit sind die Unterschiede der einzelnen Farbstoffe schon recht erheblich, so sind die gelben Farbstoffe im allgemeinen weniger lichtecht als die braunen und blauen.

Die Waschechtheit ist bei allen diesen Farbstoffen sehr gut, einer sachgemäßen Wäsche mit Seife, Seifenpulver usw. widerstehen die Färbungen anstandslos. Oft wird aber durch die Hauswäsche doch ein Ausbluten der Farben herbeigeführt, wenn in vollgepfropften Waschkesseln stärkehaltige Wäsche mitgekocht wird; die Stärke wirkt in diesem Falle als Reduktionsmittel und durch das Alkali der Seife bzw. des Seifenpulvers tritt Lösung des reduzierten Farbstoffes ein, der dann ausblutet und Flecken auf der Wäsche verursacht. Sauerstoffhaltige Waschmittel verhüten durch ihre Oxydationswirkung dieses Ausbluten.

Die Sodakochechtheit ist dann von Wichtigkeit, wenn in Verbindung mit der Chlorechtheit die Verwendung eines Farbstoffes für den Buntbleichartikel in Frage kommt. Dies ist wohl die höchste Anforderung, die an eine Färbung gestellt werden kann, und weil nicht alle Küpenfarbstoffe für den Buntbleichartikel gleich gut geeignet sind, so ist sorgfältige Auswahl der Farbstoffe ein Haupterfordernis, um sich vor Mißerfolgen und Schaden zu schützen. Die Indanthrenblau z.B. sind nicht besonders gut chlorecht, ihre Nuance schlägt beim Chloren nach Grün um. Sie sind aber hervorragend sodakochecht und finden deshalb doch für den Buntbleichartikel Anwendung, denn wenn die gebleichte Ware zum Schluß mit einer kalten, 0,15 g Hydrosulfit im Liter enthaltene Flotte behandelt wird, kehrt der ursprüngliche Farbton fast vollständig wieder. Die Färbetemperatur der blauen Farbstoffe darf aber 50° C nicht überschreiten, anderenfalls wird die Chlorechtheit erheblich herabgesetzt.

Die übrigen Echtheitseigenschaften, wie Überfärbe-, Merzerisier-, Vulkanisier-, Alkali-, Säure- usw. Echtheit sind bei allen Produkten vorzüglich.

Die in ihren Echtheitseigenschaften etwas zurückstehenden Küpenfarbstoffe, die mit der Bezeichnung Algol, Ciba, Tinon usw. in den Handel kommen, haben im allgemeinen eine geringere Lichtechtheit als die vorher genannten. In der Waschechtheit sind sie diesen gleichzustellen und für die Buntbleiche auch eine große Anzahl dieser Produkte zu verwenden. Überall da, wo es nicht auf besonders gute Lichtechtheit ankommt, können sie Anwendung finden.

Die Färbemethoden der Küpenfarbstoffe. Das Färben selbst geschieht nach drei Hauptverfahren, die sich durch den Laugengehalt der Flotte, durch Färbetemperatur und dem Salzzusatz voneinander unterscheiden.

1. Verfahren IN (Indanthren normal).

Verfahren CI bei den Cibanonfarbstoffen:

> stark alkalische Bäder; 14—24 cm³ Natronlauge 38° Bé je nach Flottenverhältnis und Tiefe der Färbung.
> Kein Salzzusatz.
> Färbetemperatur 50—60° C.

2. Verfahren IW (Indanthren warm).

Verfahren CII bei den Cibanonfarbstoffen:

> mittelstark alkalische Bäder; 5—12 cm³ Natronlauge 38° Bé je nach Flottenverhältnis und Tiefe der Färbung.
> Mit Salzzusatz; 0—30 g Glaubersalz krist. pro Liter.
> Färbetemperatur 40—50° C.

3. Verfahren IK (Indanthren kalt).

Verfahren CIII bei den Cibanonfarbstoffen:

> mittelstark alkalische Bäder; 5—12 cm³ Natronlauge 38° Bé je nach Flottenverhältnis und Tiefe der Färbung.
> Mit Salzzusatz 0—30 g Glaubersalz krist.
> Färbetemperatur 20—25° C.

Nach diesen drei Hauptverfahren werden auch eine Anzahl Algolfarbstoffe gefärbt. Der Hauptteil der Algolfarbstoffe und die Cibafarbstoffe, die indigoiden Charakter haben, werden nach Spezialvorschriften, die in den Musterkarten der Farbenfabriken angegeben sind, gefärbt.

Bei Kombinationsfärbungen ist auf die verschiedene Färbeweise Rücksicht zu nehmen. Farbstoffe verschiedener Gruppen zusammen zu verwenden, führt in den meisten Fällen zu Mißerfolgen, kaltfärbende Farbstoffe ziehen in den Bädern der IN-Gruppe schlecht und umgekehrt tritt meist der Fall ein, daß die Farbstoffe der IN-Gruppe in den kalten, wenig Lauge enthaltenen Bädern entweder ausfallen oder sehr schnell aufziehen. Es gibt wohl eine kleine Anzahl solcher Farbstoffe, die nach allen Methoden gefärbt werden können, ihr optimales Aufziehvermögen reiht sie aber doch in eine bestimmte Gruppe ein. Hier sei erwähnt, daß die nach mehreren Methoden anwendbaren Farbstoffe wegen ihres vorzüglichen Egalisierungsvermögens färbereitechnisch recht angenehme Produkte sind.

Das Lösen der Küpenfarbstoffe. Das Lösen der Farbstoffe erfolgt entweder im Färbebad oder in einer Stammlösung. Weil in dem kalten Bad der IK-Gruppe die Lösung unvollkommen erfolgt, werden die dieser Gruppe angehörenden Farbstoffe bis auf einzelne Ausnahmen in der Stammlösung gelöst, ebenso erfolgt das Lösen der indigoiden Farbstoffe in konzentrierter Stammküpe. Die der IN- und IW-Gruppe angehörenden Produkte können im Färbebad selbst unter Zusatz der nötigen Lauge und Hydrosulfitmengen zur Lösung gebracht werden. Man gibt zunächst die Lauge, dann das Hydrosulfit in das entsprechend vorgewärmte Bad und zuletzt durch ein feines Tuch oder Sieb den mit heißem Wasser angerührten Farbstoff. Nach Verlauf von 10—15 Minuten ist die Lösung eingetreten, was am Umschlag des Farbtons der Flotte und an einer eingetauchten Glasscheibe, an der keine Farbstoffpartikelchen mehr sichtbar sein dürfen, erkannt werden kann. Befürchtet man Egalisierungsschwierigkeiten und will man zu deren Verhütung bei niedrigerer Temperatur mit dem Färben beginnen, so verküpt man den Farbstoff in der Hälfte des Bades bei vorgeschriebener Temperatur und füllt nach vollendeter Lösung mit kaltem Wasser auf das erforderliche Volumen auf.

Egalisierungsschwierigkeiten und ihre Behebung. Die Affinität der Küpenfarbstoffe zur Baumwollfaser ist sehr unterschiedlich, bei denen der IN-Gruppe ist sie am stärksten ausgeprägt. Einige Produkte dieser Gruppe ziehen so außerordentlich schnell, daß es nur unter Anwendung größter Vorsichtsmaßnahmen möglich ist, egale Färbungen damit zu erreichen, z. B. Indanthrenbrillantviolett R und RR. Die Farbstoffe der IK-Gruppe besitzen die geringste Affinität, sie egalisieren deshalb vorzüglich, besonders dann, wenn zunächst ohne Salz gefärbt und dieses nach einiger Zeit in kleineren Anteilen zugesetzt wird. Die Produkte der IW-Gruppe besitzen mittlere Affinität zur Faser, auch hier dürften selbst bei hellen Tönen keine Schwierigkeiten im Egalisieren eintreten, wenn bei etwa 30° C mit dem Färben begonnen und dann die Temperatur auf 50° C allmählich gesteigert wird und man außerdem noch die Vorsicht walten läßt, bei hellen Farben überhaupt kein Salz und bei mittleren und dunkleren Tönen das Salz erst nach einiger Zeit dem Färbebad zuzugeben. Ist aber den Bädern schon die erforderliche Salzmenge zugesetzt worden, so besteht die Gefahr, daß die zwecks Nuancierung nachgesetzten Farbstoffe nicht mehr egal aufziehen. Wenn es auf genaues Mustern und beste Egalität ankommt, halte man mit dem Salzzusatz lieber etwas zurück. Nach einiger Übung hat man es bald heraus, nach dem Stand des Bades beurteilen zu können, ob zur Erreichung der Mustergetreuheit noch Farbstoff nachgesetzt werden muß oder ob die noch fehlende Farbtonvertiefung durch einen Salznachsatz erreicht werden kann.

Bei den äußerst schnell ziehenden Farbstoffen der IN-Gruppe ist man oftmals gezwungen, dem Bade solche Mittel zuzusetzen, welche das Aufziehen verlangsamen und gleichmäßigere Färbungen gewährleisten. Solche Mittel sind die Sulfitzelluloseablauge (Dekol), von der 20 g pro Liter Bad genommen werden, und der Leim, der als Tischlerleim oder Flockenleim in Mengen von 1—3 g pro Liter zur Anwendung kommt. Ein dem Leim nahestehender Körper ist das Lamepon der Chemischen Fabrik Grünau, das aus einem Fettalkoholsulfonat und Eiweißspaltprodukt besteht. Die Vereinigung beider Körper hat gute Eigenschaften für das Egalisieren schnell ziehender Küpenfarbstoffe. Das Aufziehen kann ferner noch dadurch verlangsamt werden, wenn unterhalb der Temperatur, bei welcher die Farbstoffe die größte Affinität zur Faser entwickeln, mit dem Färben begonnen wird, also etwa bei 30° C. Nachdem das Bad einige Zeit durch die Ware zirkuliert hat, wird die Temperatur langsam auf 50—60° C erhöht. Ist diese erreicht, so ist zum Nuancieren ein Nachsatz schnell ziehender Farbstoffe zu vermeiden, weil die bis dahin egale Färbung dann mit großer Sicherheit mißlingen wird. Bei ganz lichten Blautönen oder auch bei hellen bleicheechten Violetttönen aus Indanthrenbrillantviolett R, RR oder 3B haben trotz Anwendung oben genannter Schutzkolloide und das vorsichtige Anfärben nicht immer zu einwandfrei egalen Färbungen geführt. Diese allzu hohe Affinität auf das gewünschte Maß abzuschwächen und auch in diesen schwierigen Fällen egale Färbungen zu erreichen, gelingt bei Verwendung von Peregal O der I. G. Farbenindustrie. Das Peregal O bringt anscheinend die Dispersität der gelösten Farbstoffe zu einem solch hohen Grad, daß das Aufziehvermögen derselben stark vermindert ist. Allerdings ist die Wirkung dieses Mittels abhängig von dem zur Verwendung kommenden Farbstoff und bei den einzelnen Produkten durchaus nicht gleichmäßig, bei einigen wirkt es stark zurückhaltend, z. B. Indanthrenblaugrün FFB, Indanthrenbrillantgrün B, GG; andere wieder werden weniger beeinflußt. Indanthrenblau BCS geht mit dem Peregal O eine schwerlösliche Verbindung ein, die im Bade ausfällt, so daß der Farbstoff fast nicht mehr zieht. Man muß deshalb bei diesem Farbstoff die Laugenmenge bis auf 30 cm³ pro Liter erhöhen, um das Ausfallen zu verhindern. Peregal ist ein ausgezeichnetes Mittel zur Erzielung egaler heller Farbtöne, für mittlere oder gar dunklere Nuancen, die im allgemeinen keine großen Schwierigkeiten in der Egalität bereiten, würde unter Umständen zu viel Farbstoff zurückgehalten und die Färbung dadurch wesentlich verteuert.

Eine andere wertvolle Eigenschaft besitzt das Peregal O darin, daß es dank seines ausgezeichneten Dispergiervermögens die Küpenflotte stabilisiert. Dadurch ergibt sich die Möglichkeit, einige Tage auf laufendem Bad zu färben. In der Küpenfärberei ist es allerdings wenig gebräuchlich, auf alten Bädern weiter zu färben, denn bei hellen Farbtönen wird die Flotte nahezu erschöpft und auch das evtl. noch vorhandene Hydrosulfit wird rasch verändert und unwirksam. Hohe Küpenkonzentrationen ziehen zwar unvollkommen aus, sind aber nur mit Vorsicht weiter zu gebrauchen, da sie nicht erkalten dürfen, ohne daß der Farbstoff in einer Form ausfällt, in welcher er nur schwer oder gar nicht mehr gelöst werden kann. Ein Peregalzusatz zu solchen Bädern führt aber bei längerem Stehenlassen der Küpen zu Farbstoffausfällungen so fein disperser Art, daß durch einen Hydrosulfitnachsatz und langsames Erwärmen auf die Verküpungstemperatur ohne Schwierigkeiten eine Regenerierung der Küpen erfolgen kann.

Auch das Albatex PO[1] der Gesellschaft für chemische Industrie in Basel wirkt stark zurückhaltend auf die Küpenfarbstoffe ein und erleichtert das Egalisieren der sehr schnell ziehenden Farbstoffe. Beide Produkte beeinflussen bei einer ganzen Reihe von Küpenfarbstoffen die Nuance, so daß man nicht ohne weiteres die Rezeptur, die mit Leim oder Sulfitablauge eingestellt war, nun mit einem der genannten Mittel zur Anwendung bringen kann.

Eine weitere Möglichkeit in der Erzielung egaler Färbungen besteht darin, oberhalb der vorgeschriebenen Färbetemperaturen zu färben. Allerdings führt bei den Küpenfarbstoffen die Erhöhung der Farbflotte auf Kochtemperatur, wie sie bei den substantiven und Schwefelfarben üblich ist, nicht zu dem gewünschten Ziel. Die meisten Küpenfarbstoffe vertragen eine solch hohe Temperatur nicht, weil sie durch Überreduktion teilweise zerstört und im Farbton stark verändert werden, besonders bei einem Peregalzusatz verändern sehr viele Farbstoffe bei höherer Temperatur den Farbton. Ferner ist zu berücksichtigen, daß das Hydrosulfit oberhalb 50° C sich stark zu zersetzen beginnt und schnell unwirksam wird, ein gewisser Überschuß an Hydrosulfit muß aber ständig in der Küpe vorhanden sein, deshalb ist es unzweckmäßig, oberhalb 60° C zu färben. Will man aus irgendwelchen Gründen höhere Temperaturen anwenden, so sollte man wenigstens 80° C nicht überschreiten und dem Bad pro Liter 2 g Glukose zusetzen. Die Glukose hat die Eigenschaft, mit dem Hydrosulfitüberschuß eine Verbindung einzugehen, welche die Reduktionskraft nicht so scharf zum Ausdruck kommen läßt und eine Überreduktion der Farbstoffe verhütet und auch das Hydrosulfit vor allzu schneller Zersetzung schützt.

Der Reduktionsstand der Färbeküpen. Die Reduktionskraft

---

[1] Landolt, A.: Albatex PO in der Küpenfärberei. Melliand Textilber. 1936 S. 650.

der Küpe von Zeit zu Zeit zu kontrollieren ist sehr empfehlenswert. Stellt sich durch Zerfall des Hydrosulfits ein Mangel daran ein, so fällt der Farbstoff aus, was in der Apparatefärberei unbedingt vermieden werden muß. Eine einfache Methode zur Prüfung auf den Hydrosulfit-gehalt ist das Eintauchen von mit Indanthrengelb gefärbtem Reagenz-papier in das Bad. Nimmt das Papier nach 3 Sekunden eintauchen eine intensiv blaue Färbung an, so ist noch genügend Hydrosulfit vorhanden. Erfordert der Umschlag nach Blau aber längere Zeit oder ist er nicht scharf ausgeprägt, so ist Hydrosulfit nachzusetzen, um die alte Re-duktionskraft wieder herzustellen.

G. Durst und H. Roth[1] fanden bei ihren Untersuchungen über den Hydro-sulfitverlust in Färbeküpen, daß bei ein-stündigem ruhigen Stehen eine Flotte von 55° C folgende Mengen Hydrosulfit verliert:

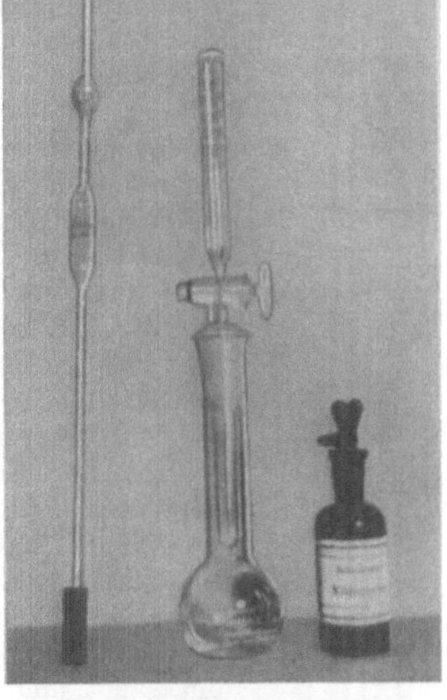

Abb. 130. Küpometer der Chem. Fabrik „Pyrgos", Dresden-Radebeul.

bei 25 g im Liter Flotte 25%
„ 5 g „ „ „ 15,4%
„ 0,5 g „ „ „ 39%.

Bei bewegter Flotte ist der Verlust, wenn 5 g Hydrosulfit im Liter enthalten sind, 29%, also fast doppelt so groß. Den Einfluß der Temperatur auf die Oxy-dation des Hydrosulfits fanden sie da-hingehend, daß

12 g Hydrosulfit im Liter bei 55° C 25%
12 g „ „ „ „ 20° C 11,7%
5 g „ „ „ „ 55° C 15,4%
5 g „ „ „ „ 20° C 11,7%

verlieren. Zu große Hydrosulfitmengen führen demnach zu unnötigen Verlusten, daher ist es empfehlenswert, die in den Angaben der Farbenfabriken vorgeschriebenen Mengen mög-lichst einzuhalten. Hydrosulfitverlust bedeutet gleichzeitig auch Na-tronlaugeverbrauch, da Hydrosulfit bei der Oxydation sauer reagierende Produkte liefert, und zwar bindet 1 kg Hydrosulfit bei völliger Oxy-dation genau 460 g Ätznatron oder 952 cm³ chemisch reine Natronlauge 40° Bé, praktisch bedingt also jedes Kilogramm Hydrosulfit einen Verbrauch von 1 Liter Natronlauge 40° Bé. Bei ihren Studien über die Indanthrenfarbstoffärberei haben Durst und Roth auch eine Me-thode zur genauen Bestimmung des Hydrosulfitgehaltes in den Färbe-küpen ausgearbeitet, die besonders beim Arbeiten auf laufenden Bä-

[1] Durst, G. und Roth, H.: Melliand Textilber. 1927 S. 785.

dern sehr wertvoll ist. Hier sei jedoch nur auf die Literaturstelle verwiesen [1].

Ein einfacher Apparat zur Bestimmung der Reduktionskraft einer Küpenflotte ist das Küpometer [2], das auch in ungeübter Hand bald gute Resultate zeitigt. Das Küpometer besteht aus einem Kölbchen und Aufsatz, letzterer wieder aus dem Skalenrohr mit Hahn, der Erweiterung mit dem Glasschliff, der, sich verengend, in eine Ampulle ausläuft, die oben mit einem kleinen Loch versehen ist. Vom Hahn aus führt ein Röhrchen bis zum Boden der Ampulle. Die Skala ist mit Teilstrichen von 0 oben bis 10 unten versehen. Diese Zahlen bedeuten die Anzahl Gramme Hydrosulfit pro 1 Liter Küpe (s. Abb. 130 u. 131).

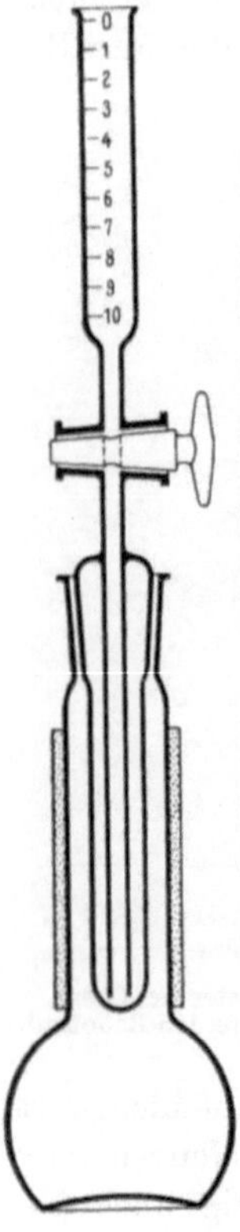

Zum Schutze gegen die Handwärme ist der Hals des Kölbchens mit Kork umgeben· Zum Abmessen der zu untersuchenden Küpe wird eine 10 cm³ fassende Pipette benutzt, die an der Spitze mit einem Gummistück verschließbar ist, um die Küpenprobe bequem am fließenden Wasser abkühlen zu können, ohne daß sie durch Berührung mit der Luft an Reduktionswert einbüßt. Diese abgekühlten 10 cm³ Küpenflotte bringt man in das Küpometerkölbchen, wobei die Spitze der Pipette den Boden des Kölbchens berühren soll. Dann setzt man den Aufsatz in den Kolbenhals ein, füllt bei geöffnetem Hahn das Skalenrohr bis zur Nullmarke mit Wasser und schließt dann den Hahn. Nun gießt man das Wasser wieder aus und schüttelt den Apparat kräftig, dabei Sorge tragend, daß der Aufsatz nicht aus dem Kölbchen herausgeschleudert wird. Das Schütteln wird eingestellt, sobald die Küpe nach 1—2 Minuten oxydiert ist. Dies erkennt man am Umschlag des Farbtones, wenn der Farbton der Küpe von dem des Farbstoffs abweicht. Haben Küpe und Farbstoff gleiche Farbe, so ist die Oxydation daran zu erkennen, daß der Farbstoff als ungelöste Teilchen in der Flüssigkeit suspendiert ist. Jetzt füllt man das Skalenrohr wieder bis zur Nullmarke mit Wasser und öffnet den Hahn. Infolge des Sauerstoffverbrauchs wird das Wasser in die Ampulle eingesaugt und das Niveau im Skalenrohr sinkt, bleibt aber plötzlich stehen. Der zu diesem Punkt gehörige Wert zeigt den Reduktionswert der Küpe an.

Die Genauigkeit der Bestimmung der Reduktionskraft von Küpen mit diesem Apparat ist für die Praxis genügend, trotzdem weder Temperatur noch Barometerstand berücksichtigt werden. Es hat sich gezeigt, daß der dadurch begangene Fehler praktisch ohne Einfluß ist.

Abb. 131. Küpometer (Querschnitt) (Chem. Fabrik „Pyrgos" Dresden-Radebeul).

Die Reoxydation der Küpenfärbungen. Die Oxydation nach beendetem Färben wird in der Apparatefärberei je nach dem verwendeten Farbstoff und dem Apparattyp auf verschiedene Weise durchgeführt. Die indigoiden Farbstoffe und auch dunkle Färbungen mit Anthrachinon-Küpenfarbstoffe werden zweckmäßig abgesaugt, weil dadurch die Farbtöne voller

---

[1] Durst und Roth: Melliand Textilber. 1925 S. 837; 1927 S. 158, 362. Mschr. Textilind. 1926 S. 392.

[2] Chem. Fabrik Pyrgos G.m.b.H., Radebeul b. Dresden.

und echter ausfallen. Nach völliger Oxydation durch den Luftstrom wird gespült, evtl. schwach abgesäuert, wieder gespült und durch eine Heißbehandlung entwickelt. Steht eine Vakuumanlage nicht zur Verfügung, so wird rasch mit frischem Weichwasser gespült, bis dieses klar abfließt.

Die Anthrachinon-Küpenfarbstoffe werden auf Apparaten meist sofort mit einem Strom frischen Weichwassers gut gespült, darauf evtl. gesäuert, gespült und durch die Heißbehandlung entwickelt.

Die Heißbehandlung nach dem Färben ist zur vollständigen Entwicklung des Farbtones und vor allem der Echtheit unerläßlich, ganz besonders wird dadurch die Lichtechtheit günstig beeinflußt. Die Nachbehandlung geschieht durch mindestens halbstündiges Kochen in einer Flotte, die 3 g Seife und 1 g Soda im Liter enthält. Zur Verhütung von Kalkseifenausscheidungen wird in der Apparatefärberei auf die Anwendung der Seife gern verzichtet, weil aber in schwach alkalischen Bädern die Entwicklung vollkommener vor sich geht, arbeitet man mit Soda allein oder setzt dem Bade 0,5—1 g Natriumphosphat zu. Die neueren kalkbeständigen Färbereihilfsmittel, wie Igepon, Gardinol usw. leisten bei den Nachbehandlungen der Küpenfärbungen vorzügliche Dienste. Die in manchen Färbereien übliche Methode, der heißen Entwicklungsflotte an Stelle der alkalischen Körper etwas Essigsäure zuzugeben, zeitigt nicht so gute Echtheitseigenschaften als sie die schwach alkalische Entwicklung ergibt.

Die Beschleunigung der Oxydation nach dem Färben kann auch mit einem Kaliumbichromat und Essigsäure enthaltenen Bade von etwa 60°C vorgenommen werden, doch wird dadurch bei einigen Farbstoffen der Farbton nicht gerade vorteilhaft verbesssert. Diesen evtl. Nuancenumschlag vermeidet Perborat, von dem man 1—2%, vom Gewicht der Ware gerechnet, anwendet. Setzt man diesem Bade, das nach der ersten energischen Spülung gegeben und dessen Temperatur im Anfang etwa 40° C beträgt und allmählich zum Kochen getrieben wird, eins der kalkbeständigen Mittel wie Igepon od. dgl. zu, so hat man Oxydation und Entwicklung zugleich in einem Bade. Für denselben Zweck ist auch Ondal der Firma Böhme Fettchemie G.m.b.H., Chemnitz, empfehlenswert. Das Mittel enthält an organische Körper gebundenen Sauerstoff, die diesen ganz allmählich oxydativ abgeben; durch den gleichzeitigen Gehalt an oberflächenaktiven Mitteln wird die volle Entwicklung der Färbung erreicht.

Ein Spülen nach der heißen Nachbehandlung ist nicht erforderlich, ja unzweckmäßig, denn die im Material zurückbleibenden Reste der Entwicklungsflotte geben der Faser eine Weichheit und Geschmeidigkeit, die in der ganzen Weiterverarbeitung nur von Vorteil ist, außerdem läßt sich das heiße Material durch Abschleudern oder Absaugen zu einem höheren Effekt entwässern als ein kalt gespültes Färbegut.

Färben mit Hydronfarbstoffen. Nach ihrer chemischen Zusammensetzung und nach ihrem färberischen Verhalten bilden die Hydronfarben den Übergang von den Schwefel- zu den Küpenfarbstoffen. Sie können, wie die Küpenfarbstoffe, mit Hydrosulfit und Natronlauge, aber auch in einer gemischten schwefelnatrium-hydrosulfithaltigen Flotte gefärbt werden. In ihrer Gesamtechtheit stehen sie den Küpenfarbstoffen nach, sind aber dem Indigo, dessen schärfster Konkurrent sie geworden sind, überlegen. Durch ihre einfache Färbeweise sind sie besonders zur Herstellung solcher Marine-Dunkelblau- und Olivetöne auf Baumwolle in jedem Verarbeitungsstadium geeignet, bei welchen es auf niedrige Gestehungskosten bei guter Wasch-, Licht- und Reibechtheit ankommt. Sie finden deshalb in erster Linie für Berufskleiderstoffe Anwendung.

Die Farbstoffe, die in Teigform und auch als Pulver im Handel sind, werden im Färbebad selbst gelöst. Die Pulvermarken werden zuvor mit Wasser und geringen Mengen Netzmittel angeteigt und dann, wie die Teigmarken, mit Wasser verdünnt. Diese Farbstoffaufschlämmung wird durch ein feines Sieb in das auf 60—70° C erwärmte Bad gegeben, darauf erfolgt der Zusatz der nötigen Menge Natronlauge bzw. Schwefelnatrium und zuletzt wird das Hydrosulfit in Pulver langsam unter Umrühren der Flotte eingestreut. Nach etwa 10 Minuten ist das Bad goldgelb geworden, was ein Zeichen dafür ist, daß der Farbstoff sich in Lösung befindet. Für die Zwecke der Apparatefärberei ist das Hydrosulfit-Natronlauge-Verfahren besser geeignet, es ergibt klarere Bäder und auch etwas lebhaftere Färbungen. Das gemischte Schwefelnatrium-Hydrosulfit-Verfahren ist dagegen billiger, weil dabei am teuren Hydrosulfit gespart werden kann und läßt sich je nach den an die Färbung gestellten Ansprüche in der Apparatefärberei ebenfalls verwenden, nur muß auch hier dafür gesorgt werden, daß das Schwefelnatrium frei von unlöslichen Verunreinigungen ist, man verwende deshalb, wie bei den Schwefelfarbstoffen, abgeklärte Lösungen.

Nachdem der Farbstoff gelöst ist, wird die Färbeflotte auf das vorher gut eingenetzte Material gelassen und 3/4 bis 1 Stunde bei 60—70° C durchgepumpt, und zwar je nach Apparattyp mit doppelseitiger oder einseitiger Flottenströmung.

Wie bei allen Reduktionsfarbstoffen, die aus der überschüssigen Flotte Farbstoff auf die Oberfläche des Färbegutes abscheiden können, muß auch bei den Hydronfarben darauf gesehen werden, daß nach beendetem Färben möglichst schnell die überschüssige Flotte aus dem Material herausgebracht wird, damit diese keine Gelegenheit findet, an der Oberfläche zu oxydieren und bronzige Färbungen hervorzurufen. Weil die Hydronblau sich vorzüglich dazu eignen, auf laufenden Bädern gefärbt zu werden und dies in der Praxis bei mittleren und dunkleren Tönen auch immer durchgeführt wird, kann man nicht die Flotte durch

Wasser verdrängen, sondern muß sie, wie bei den Packapparaten, mit der Pumpe absaugen und in ein Reservoire drücken, worauf das Material schnell mit kaltem und anschließend daran mit warmem Wasser gespült wird. Sind die Apparate mit Zentrifugen verbunden, gibt man zunächst ein kaltes Spülbad, schleudert und spült dann fertig. Die Packapparate eignen sich bei Hydronblau nur für lose Baumwolle und Kardenband. Stranggarn, Kops und Kreuzspulen ergeben darin keine befriedigenden Färbungen.

Für die Garnwickel und auch Kettbäume sind die Aufstecksysteme auch hier entschieden zweckmäßiger. In diesen Apparaten wird die Flotte am besten durch Absaugen mit Vakuum entfernt, hernach gespült. Steht keine Vakuumstation zur Verfügung oder kann nicht genügend stark abgesaugt werden, wird die Flotte mit der Pumpe entfernt und hierauf die Ware so rasch als möglich unter Wasser gesetzt, damit die äußeren Schichten sich nicht oxydieren; dem ersten Spülwasser kann etwas Hydrosulfit gegeben werden, was zur Verhütung bronziger Oberflächen dienlich ist. Das weitere Spülen erfolgt solange, bis das Spülwasser klar abläuft. Zum Schluß wird etwa 60° C warm gespült, wodurch die Oxydation im Innern der Materialschicht beschleunigt wird.

Schnelle und gründliche Oxydation der Hydronblaufärbungen ist, wenn keine Luftstation zur Verfügung steht, zu erreichen durch Zusatz von 2—3% Chromkali und ebensoviel Essigsäure 30% zum warmen Spülwasser. Oder man verwendet anstelle des Chromkalis und der Essigsäure 1% Natriumperborat, das die blauen Farbtöne besonders rein entwickelt, allerdings unter geringer Verminderung der Waschechtheit.

Einfluß der Belichtung auf küpenfarbige Baumwolle. Die hervorragende Lichtechtheit vieler Küpenfarbstoffe hat die Gebrauchsdauer der damit gefärbten Textilstoffe ganz bedeutend verlängert, namentlich Vorhangstoffe erhielten durch die fast unzerstörbaren Farben eine Lebensdauer, die vorher gänzlich unbekannt war. Das hatte zur Folge, daß mit der Zeit ein Übel auftrat, das bis dahin ebenfalls nicht bekannt war. Es war nämlich von verschiedenen Seiten darauf aufmerksam gemacht worden, daß bei langer Belichtung die in gewissen Farbtönen, besonders in Gelb und Orange, eingefärbten Fäden eines Gewebes viel früher geschwächt werden, als die im gleichen Gewebe mit verarbeiteten blau, braun, grün usw. gefärbten Fasern. Die vorzeitige Faserschwächung mit Küpenfarbstoffen gelb und orange gefärbter Baumwolle war zunächst sehr überraschend und wurde Gegenstand eingehender Untersuchung. Zwar wird auch ungefärbte Baumwollzellulose durch längere Belichtung mit Sonnenstrahlen geschädigt, man braucht nur Gardinen, die etwa ein Jahr an einem sonnenbeschienenen Fenster gehangen haben, anzufassen, um sich von der eingetretenen Faserschädigung zu überzeugen. Nach P. Heermann[1] ist dies auf die Wirkung der ultravioletten Strahlen zurückzuführen. R. Haller[2] fand bei einer Untersuchung über die Veränderung der Färbungen am Licht, daß solche mit Anthraflavon und Immedialgelb GG bei Dauerbelichtung das Gewebe durch starke Oxyzellulosebildung schädigen. Später konnte Haller,

---

[1] Heermann, P.: Melliand Textilber. 1924 S. 745.
[2] Haller, R.: Melliand Textilber. 1924 S. 541.

Hackl und Frankfurter[1] beschleunigte Faserschädigung auch bei Indigo-
färbungen nach Dauerbelichtung nachweisen. Scholefield[2], der sich mit der
schädigenden Wirkung der Lichtstrahlen auf Küpenfärbungen beschäftigte, fand,
daß eine ganze Reihe gelber und oranger Küpenfarbstoffe schon während des
Färbeprozesses eine Faserschwächung hervorrufen können, wenn die mit der Küpenflotte getränkte Faser von Sonnenstrahlen getroffen wird. A. Landolt[3] hat Schole-
fields Angaben nachgeprüft und im großen und ganzen bestätigt, er fand aber auch,
daß außer Faserschädigung bei einigen Farbstoffen auch eine Zerstörung der Leukoverbindung eintritt, wenn direktes Sonnenlicht auf die damit getränkte Baumwolle
fällt. Dies konnte allerdings nur bei indigoiden Farbstoffen beobachtet werden,
wobei die Faser selbst nie geschwächt wurde. Dieser Fehler, der beim Färben von
Textilien auf offener Kufe durch direkte Sonnenbestrahlung hervorgerufen werden
kann, ist in der Apparatefärberei nicht zu befürchten, da das Material sich ständig
unter der Flotte befindet, er könnte nur dann eintreten, wenn beim Absaugen auf
einem besonderen, offenen Absaugegestell Sonnenstrahlen durch ein nahes Fenster
auf das Färbegut fallen. Bei Aufstellung der Apparate wäre diesem Umstande
Rechnung zu tragen.

Für den praktischen Färber von größerer Wichtigkeit ist das Verhalten der
gefärbten Materialien bei einer Dauerbelichtung. Scholefield & Goodyear[4],
Landolt[5] und R. Haller und Wyszewianski[6] haben diese äußerst wichtige Frage
einer sehr eingehenden Prüfung unterzogen. Nach den Ergebnissen dieser Untersuchung besitzt die Grundsubstanz der anthrachinoiden Küpenfarbstoffe, das
Anthrachinon, typische Eigenschaften eines Oxydationskatalysators, der besonders
bei Einwirkung kurzwelliger blauer und ultravioletter Strahlen wirksam ist. Aus
diesem Grunde können nur solche Farbstoffe als Faserschädiger in Frage kommen,
welche blaue und ultraviolette Strahlen absorbieren, das sind, nach Landolt, alle
gelben, orangen, roten, rotvioletten und grünen Farbstoffe, die je nach ihrem chemischen Aufbau mehr oder weniger wirken. Vornehmlich sind es aber gewisse
gelbe und orange Farbstoffe, welche eine Schädigung herbeiführen können, die
schädigende Kraft kann bei einigen sogar so weit gehen, daß blaue Farbstoffe, die
für sich allein gefärbt unübertroffen lichtecht sind, in Kombination mit diesen
gelben und orangen Farbstoffen bei Dauerbelichtung völlig ausgebleicht werden.
Schutzmittel gegen diese Wirkung gibt es bis jetzt nicht. Landolt hält als bestes
Mittel, die Faserschädigung zu verhindern, für alle Artikel, welche einer langdauern-
den Belichtung unterworfen werden, z. B. Vorhang- und Markisenstoffe, nur solche
Farbstoffe zu verwenden, die als nicht schädigend anzusehen sind, dazu gehören
folgende:

Cibanongelb GN,	Indanthrenorange F3R,
Cibanonrot B,	Indanthrenrot GG, RK, BK,
Cibanonrot 4 B,	Indanthrenscharlach GG, R,
Cibanonrot RR,	Indanthrenrosa B,
Cibanonbraun GR, B, BG, V, 2 G,	Indanthrenbrillantrosa BBL,
Indanthrengelb G,	Indanthrengelbbraun 3G,
Indanthrengoldorange 3G,	Indanthrenbraun BB, G, GG, FFR, R,
Indanthrenbrillantorange GK,	3GT,

---

[1] Melliand Textilber. 1928 S. 415.

[2] Scholefield: J. Soc. Dyers & Col. 1928 S. 268.

[3] Landolt, A.: Melliand Textilber. 1929 S. 533.

[4] Scholefield & Goodyear: Melliand Textilber. 1929 S. 867.

[5] Landolt, A.: Melliand Textilber. 1930 S. 937; 1933 S. 32.

[6] Haller, R. und Wyszewianski: Melliand Textilber. 1936 S. 45, 138, 217.

Indanthrenrotbraun R, 5RF,
Indanthrenkorinth RK,
Indanthrenolive R,
Indanthrenbrillantviolett 3B, RR, 4R,
   RK,
alle Indanthrenblaumarken,

Indanthrengrün BB,
Indanthrenblaugrün FFB, B,
Indanthrenbrillantgrün B, FFB, GG, 4G,
Indanthrenolivegrün B,
alle Indanthrenschwarzmarken.

Schädigung küpenfarbiger Effektfäden in der Hypochloritbleiche. Es wurde beobachtet, daß beim sog. Buntbleichartikel, der küpenfarbige Effekte enthält, durch die Bleiche gelegentlich eine Schwächung der Effektfäden eintritt. Die Aufklärung dieser Erscheinung, die hauptsächlich von englischen Forschern durchgeführt wurde[1], ergab, daß sehr viele Küpenfarbstoffe in Hypochloritbädern eine geringe Faserschwächung herbeiführen, während erhebliche Faserzerstörungen nur bei gewissen roten, orangen und gelben Küpenfarbstoffen beobachtet werden konnten. Der Grad der Schädigung ist abhängig von der Menge des aufgefärbten Farbstoffes und in ganz besonderem Maße vom pH-Wert des Hypochloritbades. Je mehr sich die Reaktion des Bades von der alkalischen Seite nach dem Neutralpunkt nähert, desto größer wird die Faserschwächung.

Als Ursache der Schädigung ist eine auf Katalytwirkung beruhende energischere Sauerstoffentwicklung an den gefärbten Fäden anzusehen, welche die Bildung von Oxyzellulose einleitet. Konstitutionelle Komplexe machen gewisse Küpenfarbstoffe zu Oxydationskatalysatoren, die schon im vorhergehenden Abschnitt erwähnt wurden.

Färben der Baumwolle mit Indigosolen. Die Indigosole haben in der Apparatefärberei pflanzlicher Fasern nur für die Herstellung heller und hellster Farbtöne einige Bedeutung, die in gleich guter Egalität mit den, den Indigosolen zugrunde liegenden Küpenfarbstoffen nicht erreichbar wären. Ihre geringe Verwandtschaft zur Faser läßt sie durch dicke, feste Fasermassen gleichmäßig durchdringen und macht sie deshalb für das Färben in Packapparaten wie keine andere Farbstoffklasse geeignet. Das sehr kurze Flottenverhältnis dieser Apparate ist für die Niedrighaltung der Färbekosten von besonderem Wert, denn wegen der geringen Substantivität werden diese Farbstoffe nicht auf das Warengewicht, sondern stets nach der Flottenmenge berechnet, wobei X g Farbstoff in Anwendung kommen. Man kann selbstverständlich auch in Aufsteckapparaten arbeiten, doch verteuert das große Flottenverhältnis dieser Apparate die Färbekosten recht erheblich, es sei denn, daß auf laufender Flotte weiter gearbeitet wird, die nach jeder Benutzung mit frischer Farbstofflösung aufzubessern ist.

Die Affinität der einzelnen Indigosole zu pflanzlicher Faser ist sehr verschieden. Neben Farbstoffen mit gutem Aufziehvermögen, wie

Indigosolgrün IB, AB,
Indigosolviolett ABBF,
Indigosolgoldgelb IRK,
   IGK,

Indigosol 06B, 04B, AZG,
Indigosolgrau IBL,
Indigosololivgrün IB,
Indigosolbraun IBG

---

[1] Scholefield, F. und Patel, C. K.: Soc. Dyers and Color. Bd. 45 (1929) S. 175. Scholefield, F., Turner, H. A. und Naber, G. M.: Soc. Dyers and Color. Bd. 51 (1935) S. 5.

gibt es solche, deren Verwandtschaft zur Faser sehr gering ist, zu diesen gehören:

<table>
<tr><td>Indigosolgelb HGC,</td><td>Indigosolviolett ARR,</td></tr>
<tr><td>Indigosolorange HR,</td><td>Indigosoldruckblau IB,</td></tr>
<tr><td>Indigosolscharlach IB,</td><td>Indigosolblau AGG, IBC Teig.</td></tr>
<tr><td>Indigosolrot HR,</td><td></td></tr>
</table>

Zur Vertiefung des Farbtones benötigen die Farbstoffe der letzten Gruppe bis 100 g Glaubersalz kalz. pro Liter Bad, bei einer Farbstoffkonzentration von 1,5 g im Liter, während man bei den Produkten der ersten Gruppe mit 5—25 g Glaubersalz kalz. auskommt.

Bei allen Indigosolen bewirkt die Erhöhung der Färbetemperatur eine Herabsetzung des Aufziehvermögens, die Herabsetzung der Färbetemperatur eine Erhöhung der Affinität. Man beginnt deshalb in der Praxis der Apparatefärberei mit einer Temperatur von mindestens 50°C und läßt die Temperatur auf etwa 35° C, bei den Marken ohne eigenes Aufziehvermögen bis etwa 25° C absinken.

Für die Brauchbarkeit der Indigosole in der Apparatefärberei ist nicht allein ihre Affinität zur Faser, sondern die Oxydierbarkeit des auf der Faser befindlichen Farbstoffes ausschlaggebend. Nach ihrer Oxydierbarkeit kann man die Indigosole unterscheiden in leicht und in schwer entwickelbare. Die Durchführung der für diese letzteren nötigen Entwicklungsbedingungen stößt in der Praxis der Apparatefärberei auf Schwierigkeiten, so namentlich die kurze Entwicklungsdauer von 5 bis 15 Sekunden, die keinesfalls überschritten werden darf, da sonst Überoxydation und dadurch Farbstoffzerstörung eintritt.

Für die Apparatefärberei kommen daher nur die untenstehenden leicht zu entwickelnden Indigosole in Betracht:

<table>
<tr><td>Indigosolgoldgelb IGK, IRK,</td><td>Indigosolgrün IB [1],</td></tr>
<tr><td>Indigosolorange HR,</td><td>Indigosololivgrün IB [1],</td></tr>
<tr><td>Indigosolscharlach IB,</td><td>Indigosolbraun IRRD,</td></tr>
<tr><td>Indigosolblau IBC [1],</td><td>Indigosolbraun IBR,</td></tr>
<tr><td>Indigosolgrün AB,</td><td>Indigosolgrau IBL.</td></tr>
</table>

Lösen der Farbstoffe. Die Indigosole werden durch Übergießen mit heißem Wasser leicht gelöst, ein Aufkochen mit direktem Dampf ist zu vermeiden. Eine Ausnahme macht Indigosolgrün IB, welches unter Zusatz von 30% Hydrosulfit konz. + 15% Soda kalz. (gerechnet auf das Gewicht des Farbstoffes) kaltgelöst werden muß.

---

[1] Den Färbebädern dieser Farbstoffe gibt man außer den normalen Zusätzen noch 2 g Soda kalz. pro Liter Flotte zu.

Die Vorfärbung:

Farbstoff . . . . g
Säurebeständiges Netzmittel [1] . .   1 „
Natriumnitrit [2] . . . .   3—5 „

—   ¼ Std. bei 60° C. Zusatz:

Glaubersalz (gelöst) . . . . . .   25 g

¼ Std. im langsam erkaltenden Bad. Zusatz:

Glaubersalz (gelöst) . . . . . .   25 g

¼ Std. im langsam erkaltenden Bad.

Danach wird die Flotte abgelassen (oder in ein Reservoir gepumpt) und keinesfalls gespült.

Erfolgt das Färben in einem Packapparat mit schleuderbarem Materialträger, so wird nach dem Färben gut ausgeschleudert.

Entwicklung: Das Oxydationsbad enthält 20 cm³ konz. Schwefelsäure pro Liter und ist 70° C warm. Die Entwicklung muß solange durchgeführt werden, bis die Materialschicht auch in den tiefsten Stellen durchgefärbt ist, was etwa 15—20 Minuten in Anspruch nimmt. Danach wird gut gespült, mit Soda neutralisiert und kochend geseift, wie beim Färben mit Küpenfarbstoffen auf Pflanzenfasern allgemein üblich.

Die hohe Schwefelsäurekonzentration des Entwicklungsbades wirkt sehr stark zerstörend auf die Apparate ein. Es kommen daher nur best säurebeständige Werkstoffe, wie V4A-Stahl, Haveg, Steinzeug oder mit Hartgummi überzogene Gußteile für die Apparate in Betracht. Man kann aber auch so vorgehen, daß man in einem gewöhnlichen Apparat färbt, dann das Material schleudert oder absaugt und ungespült in einen hölzernen Bottich einlegt. Die Oxydationsflotte wird nun in diesen Bottich gelassen und 1 Stunde zirkuliert. Danach wird gespült und wie oben beschrieben fertiggestellt.

Entwicklung mit Oxalsäure. Es ist möglich, die oben angeführten Indigosole statt mit Schwefelsäure auch mit der für Eisen weniger schädlichen Oxalsäure zu entwickeln. Eisenapparate, auf welchen zum erstenmal mit Indigosolen gearbeitet werden soll, kocht man vorteilhaft zunächst mit 3 g Oxalsäure im Liter aus und erreicht dadurch auf der Metalloberfläche eine Schicht, die das Eisen vor weiterem Angriff schützt.

---

[1] Nekal BX, Igepon T (I. G. Farbenindustrie), Melioran D/12 Spez. (Chem. Fabrik Oranienburg), Brillantovirol L 142 konz. (Böhme Fettchemie G. m. b. H., Chemnitz).

[2] Die Nitritzugabe ist von der Farbstoffkonzentration des Bades abhängig nach folgender Tabelle:

Farbstoff Gramm pro Liter 0,5/3 g Nitrit
1 /4 „ „
3 /5 „ „

Entwickelt wird mit 10 g Oxalsäure im Liter während 15—20 Minuten bei 35—40° C. Nur Indigosolblau IBC und Indigosololivgrün IB, sowie Mischungen, die diese beiden Farbstoffe enthalten, dürfen nicht über 20° C entwickelt werden. Die Fertigstellung der Färbung erfolgt in der normalen Weise durch Spülen, Entsäuerung und kochenden Seifen.

Erzeugung von Farbstoffen auf der Faser mit Naphthol AS. Allgemeines über die Naphthol-AS-Färberei. Die Erzeugung unlöslicher Azofarbstoffe zerfällt in zwei getrennte Operationen:

1. Grundierung des Materials mit der Lösung eines Naphthols, und

2. Entwicklung der Grundierung mit der Lösung einer diazotierten Base.

Die Färbungen, die mit den Naphtholen der Naphthol-AS-Reihe ausgeführt werden, hatten im Pararot einen Vorläufer, das aber in der Apparatefärberei zu keiner Bedeutung gelangte, weil zwischen der Grundierung mit Betanaphthol und der Entwicklung mit diazotiertem Paranitranilin eine Trocknung erfolgen mußte, die für die Zwecke der Apparatefärberei sehr zeitraubend und technisch nicht leicht durchführbar war. Zudem war wegen der schlechten Ausnutzung der Bäder die Färbung nur für solche Betriebe wirtschaftlich zu gestalten, die fortlaufend größere Mengen Material zu färben hatten.

Das im Jahre 1912 von den Farbwerken Griesheim Elektron (jetzt Werk der I. G. Farbenindustrie) in den Handel gebrachte Naphthol AS brachte gegenüber dem Betanaphthol den Vorteil, daß vor dem Entwickeln nicht mehr getrocknet werden mußte. Die mit der Naphthol-AS-Lösung imprägnierte Baumwolle kann ausgeschleudert zur Entwicklung gelangen, und zwar beruht dies auf einer größeren Affinität des Naphthol AS zur Faser als beim Betanaphthol. Diese Affinität, die ein Erschöpfen der Bäder verursacht, ist bei den einzelnen Vertretern dieser Gruppe verschieden, beim Naphthol AS am wenigsten, beim Naphthol AS-LB, AS-BR und AS-SW am stärksten ausgeprägt. Wie bei allen direktfärbenden Baumwollfarbstoffen die Affinität vom Dispersitätsgrad ihrer Lösung abhängig ist, so beruht auch bei den Naphtholen das Aufziehvermögen auf den verschiedenen Dispersitätsgrad ihrer Lösungen, der wiederum abhängig ist von der Molekülargröße des betreffenden Naphthols. Je größer das Molekül, um so niedriger dispers zeigt sich die Lösung der Naphthole[1].

Zusätze von Salzen zur Lösung bewirken, wie bei anderen Baumwollfarbstoffen, stärkeres Aufziehen der gelösten Naphthole; Erhöhung der Temperatur der Grundierungsbäder hat ein schwächeres Aufziehen zur Folge. Zusätze von Schutzkolloiden, wie Türkischrotöl, kalkfreie Sulfitzelluloseablauge, Leim usw. verhindern die Dispersitätsverringerung, die

---

[1] Haller-Glafey: Chem. Techn. der Baumwolle. Berlin: Julius Springer. S. 155.

ohne diese Zusätze bis zur Zusammenballung und Ausflockung der Naphthole bei längerem Stehen der Bäder führen kann.

Durch einen Zusatz von Formaldehyd zur Lösung der Naphthole wird diese stabilisiert. Nach K. Brass[1] scheidet die schwach-alkalische Lösung von Naphthol AS ohne Formaldehyd nach 2 Tagen ein graues Produkt ab, dessen Menge mit der Zeit größer wird und nicht mehr in Lösung gebracht werden kann, während eine mit Formaldehyd versetzte Lösung sich nach 2 Tagen erst schwach trübt, nach 4 Tagen auszuscheiden beginnt in einer Form, die auch nach 14 tägigem Stehen in Wasser wieder vollkommen löslich ist. Dies trifft jedoch nicht für alle Vertreter der Naphthol-AS-Reihe zu, so ist z.B. das Naphthol AS-ITR mit 40 g im Liter ohne Formaldehyd länger haltbar als in einer 20 g-Lösung mit Formaldehyd.

Die Wirkung des Formaldehyds ist nach Brass eine Kondensation zweier Moleküle Naphthole mit Formaldehyd als Bindeglied. Dadurch erhält die ganze Substanz die technisch wichtige größere Luftbeständigkeit; sie wird dem Einfluß der in der Luft enthaltenen Kohlensäure gegenüber beständiger, indem sich kein freies, wesentlich schwächer kuppelndes Naphthol aus dem Natriumnaphtholat bilden kann, was unbedingt zu fleckigen Färbungen führt. Nur bei den Naphtholen AS-BR, AS-GR, AS-L3G und AS-LG erübrigt sich ein Formaldehydzusatz, weil sie ohne weiteres luftbeständig sind. Auch das Naphthol AS-L4G, das jedoch für die Apparatefärberei weniger in Betracht kommt, ist ohne Formaldehydzusatz zu verwenden. Naphthol AS-G wird durch einen Formaldehydzusatz ausgefällt, dabei entsteht ein unlösliches Kondensationsprodukt, das keine Färbekraft mehr besitzt.

Von den bis jetzt im Handel befindlichen Naphtholen und Basen können durch Kupplung untereinander über 600 verschiedene Farbstoffe kombiniert werden. Da jedoch viele davon im Farbton übereinstimmen oder ihre Echtheitseigenschaften nur geringeren Grades sind, haben nur gewisse Kombinationen eine färbereitechnische Bedeutung erlangt. Außer der Kupplung eines Naphthols mit jeweils einer Base können aber auch noch die Naphthole untereinander gemischt werden, wobei allerdings nur die Mischungen wertvoll sind, die mit der verwendeten Base gleichwertig echte Färbungen ergeben. Gemische aus verschiedenen Diazolösungen auf einheitliche Naphtholgrundierungen einwirken zu lassen, ist nicht empfehlenswert, weil durch die evtl. vorhandene verschiedene Kupplungsgeschwindigkeit der verwendeten Basen ungleiche Färbungen entstehen.

Echtheitseigenschaften. Die Echtheiten der Naphthol-AS-Färbungen sind, weil die Farbstoffe in unlöslicher Form auf der Faser entstehen, namentlich was Wasch-, Seif- und Sodakochechtheit anbelangt,

---

[1] Brass, K.: Mschr. Textilind. 1928 S. 213.

vorzüglich. Eine Anzahl von Kombinationen widersteht selbst einem Abkochprozeß mit Natronlauge im offenen Kessel, andere wieder halten sogar eine Druckbeuche aus. Ein Ausbluten der Farben bei der Hauswäsche in Gegenwart von Stärke und Alkali, wie sie bei Indanthrenfärbungen eintreten kann, erfolgt bei den Naphthol-AS-Färbungen nicht, weil es sich um Azofarbstoffe handelt, die keine löslichen Leukoverbindungen, wie die Küpenfarbstoffe, bilden. Die schwache Reduktionswirkung aus Stärke und Alkali in heißen Waschflotten hat in keiner Weise irgendwelchen Einfluß auf die Färbung.

Die Chlorechtheit der meisten Naphthol-AS-Kombinationen ist sehr gut und macht sie deshalb für die Buntbleiche geeignet. Die Superoxydbleiche dagegen halten nur einige Blau-, Violett-, Braun-, Schwarz- sowie sämtliche Gelbfärbungen aus. Bei einer Chlor-Superoxydbleiche sind je nach dem Grad der Sauerstoffbehandlung wieder eine größere Anzahl Kombinationen verwendbar.

Die Lichtechtheit der gebräuchlichen Naphthol-Kombinationen bewegt sich zwischen gut und sehr gut, so daß eine ganze Anzahl in das Indanthrensortiment Aufnahme gefunden hat. Die übrigen Echtheiten wie Alkali-, Säureechtheit sind vorzüglich und auch die Merzerisierechtheit ist mit ganz wenigen Ausnahmen sehr gut.

Einzig die Reibechtheit der Naphthol-AS-Färbungen hat immer recht viel zu wünschen übrig gelassen. Färber und Farbstoffchemiker haben unablässig an der Verbesserung dieser Echtheit gearbeitet, so daß man jetzt wohl sagen kann, daß auch dieses Problem gelöst ist. Die dabei einzuschlagenden Arbeitsmethoden sind wegen ihrer außerordentlichen Wichtigkeit in einem besonderen Abschnitt zusammengefaßt.

Das Lösen der Naphthole. Für das Lösen der Naphthole sind zwei Verfahren gebräuchlich. Nach dem älteren Verfahren werden die Naphthole mit Türkischrotöl und Natronlauge angeteigt, dabei bilden sich die Natriumnaphtholate, die dann beim Übergießen mit heißem Wasser mit intensiv gelber Farbe in Lösung gehen. Nachdem die Lösung mit dem erforderlichen Quantum Wasser verdünnt ist, wird das Formaldehyd zugesetzt. Diese Lösemethode ergibt nicht in allen Fällen eine leicht durchführbare glatte Lösung, oftmals muß durch Kochenlassen nachgeholfen werden oder das Gemisch von Naphthol, Türkischrotöl und Natronlauge muß angewärmt über Nacht stehenbleiben, um die Naphtholatbildung quantitativ herbeizuführen, trotzdem ist die Lösung manchmal so unvollkommen, daß von der Bereitung eines klaren Grundierungsbades keine Rede sein kann.

Das andere sog. Kaltlöseverfahren ergibt auch bei schwerlöslichen Produkten in einfacher Weise schnell klare Lösungen. Das Prinzip dieses Verfahrens besteht darin, die Naphthole mit einer alkoholischen Natronlauge anzurühren, die bedeutend wirkungsvoller reagiert als die wäßrige

Lauge, und die entstandenen Naphtholate meist schon sofort, bestimmt aber auf Zusatz von etwas kaltem Wasser klar löst. Man bedient sich dabei des denaturierten Spiritus. Der konzentrierten, klaren Naphthollösung wird dann die nötige Menge Formaldehyd zugesetzt. Nach Verlauf einiger Zeit, die bei den einzelnen Naphtholen nicht gleichlang ist, ist die Kondensation der Naphthole mit Formaldehyd erfolgt. (Die Einwirkungsdauer des Formaldehyds ist in den von der I. G. Farbenindustrie herausgebrachten Lösungsvorschriften angegeben und muß genau eingehalten werden. Bei längerer Einwirkung entstehen sehr leicht Trübungen.) Nach Ablauf der vorgeschriebenen Zeit muß die Naphthollösung in das mit Natronlauge und einem Schutzkolloid versetzte Bad gegeben werden.

Die genauen Lösungsvorschriften für die einzelnen Naphthole und auch für das Diazotieren der verschiedenen Färbebasen sind in den Musterkarten und Anwendungsvorschriften der Naphthol-AS-Farben[1] ausführlich angegeben. Um sich vor Mißerfolgen beim Färben zu schützen, sind diese Vorschriften peinlich genau durchzuführen, denn die sich dabei abspielenden Vorgänge verlaufen nach chemischen Gesetzmäßigkeiten, über die man sich nicht leichtfertig hinwegsetzen darf.

Für Färber, die sich nicht gern mit dem Diazotieren der Basen befassen, werden diese von der Farbenfabrik in fertig diazotierter haltbarer Form als Färbesalze in den Handel gebracht. Ihre Konzentration ist in den meisten Fällen 20proz. Das Arbeiten damit ist sehr einfach, man braucht sie nur mit viel kaltem Wasser zu übergießen, wobei sie schnell in Lösung gehen, im Verbrauch stellen sie sich aber teurer.

Die Grundierung. Die Grundierungstemperatur beträgt im allgemeinen 25—30° C. Bei unausgekochtem Material kann die Temperatur des Bades, der besseren Netzwirkung wegen, auf 35—40° C erhöht werden, über 45° C darf man aber die Temperatur nicht steigern, weil dann die Naphthol-Formaldehydverbindung schwerer löslich wird und dadurch zu helleren Ausfärbungen führt. Viele Naphthole sind für verschiedene Grundierungstemperaturen nicht sehr empfindlich. Nur bei Naphthol AS-SW, das in der Apparatefärberei wegen seiner großen Substantivität viel Anwendung findet, hat die Änderung der Grundierungstemperatur merkbaren Einfluß auf die Stärke der Färbung, weshalb hier bei möglichst gleichmäßiger Temperatur gearbeitet werden muß.

Wenn größere Materialmengen mit der gleichen Kombination zu färben sind, ist es aus wirtschaftlichen Gründen geboten, die Naphtholbäder weiter zu benutzen. Die jeweils nachzusetzende Naphtholmenge ist abhängig von dem verwendeten Naphthol, der Flottenstärke, dem Flottenverhältnis und dem evtl. Salzzusatz. Genaue Angaben darüber befinden sich in den Anwendungsvorschriften über die Naphtholfärberei der Farbenfabriken. Bei den stark substantiven Naphtholen AS-SW, AS-BR, AS-LB, AS-LG, AS-L3G erreicht man durch einen Kochsalzzusatz eine fast vollständige Erschöpfung des Bades, hat man daher bei

---

[1] I. G. Farbenindustrie A.-G.

diesen Naphtholen nur wenige Partien zu färben, so kann man, ohne unwirtschaftlich zu werden, vom laufenden Arbeiten absehen und für jede Partie ein frisches Bad ansetzen. Naphthol AS-SG, AS-SR und AS-GR ziehen auch ohne Zusatz von Kochsalz nahezu restlos aus, so daß für diese Naphthole sich ein Salzzusatz erübrigt.

Praktische Durchführung der Naphthol-AS-Färberei in Apparaten auf verschiedenen Materialien. Die warme Grundierungsflotte kann durch ihren Gehalt an Lauge und Schutzkolloiden mit Leichtigkeit durch dicke Materialschichten gefördert werden und weil die Naphthole nicht allzu schnell auf die Baumwolle aufziehen, werden leicht egale Grundierungen erreicht. Aus diesem Grunde wird vielfach in Packapparaten grundiert, und zwar sowohl lose Faser und Kardenband wie auch Stranggarn und Kreuzspulen. Die Packapparate mit ihren kurzen Flottenverhältnissen gewährleisten eine weitgehende Ausnutzung der Bäder, sie müssen aber eine Schleuder besitzen, wenn die Färbung wirklich wirtschaftlich durchgeführt werden soll. Im Packapparat grundiertes Stranggarn wird nach dem Ausschleudern entweder auf der Garnpassiermaschine oder auf der Wanne entwickelt und fertiggestellt. Lose Baumwolle und Kardenband werden im gleichen Apparat auch entwickelt bzw. man grundiert auf einem Apparat, schleudert aus und geht mit dem Materialträger zur Entwicklung in einen zweiten Apparat, wo man die Entwicklungsflotte 30—40 Minuten durch den Materialblock von innen nach außen zirkulieren läßt. Um die im Färbebad sich bildenden unlöslichen Farbstoffteile von der Materialoberfläche fernzuhalten, füllt man zweckmäßig den beim Schleudern entstandenen leeren Raum zwischen Material und dem inneren Zylinder des Materialträgers mit Abfallbaumwolle aus, die alle Verunreinigungen abfiltriert.

Kreuzspulen werden wegen des kurzen Flottenverhältnisses und der Entwässerungsmöglichkeit ohne Umpacken gern in Packapparaten naphtholiert. In die Papierhülsen muß aber ein Holzstäbchen gesteckt werden, um das Flachdrücken derselben beim Schleudern zu verhüten, denn zu ihrer Entwicklung werden sie entweder auf die Spindeln der Kreuzspul-Kontinuefärbemaschine (s. Abb. 132) oder eines Färbeigels gesteckt. Die weitere Fertigstellung der Spulen erfolgt dann in Aufsteckapparaten.

Die eben geschilderte Färbeweise der Kreuzspulen erfordert sehr viel Handarbeit durch das mehrmalige Aufstecken und Wiederabnehmen, wirtschaftlicher ist deshalb das Arbeiten in Apparaten mit schleuderbarem Aufsteckigel, wie sie die Zittauer Maschinenfabrik baut (Abb. 154). Das Flottenverhältnis ist bei diesen Apparaten verhältnismäßig klein; auf alle Fälle wiegen die dabei erreichten Ersparnisse an Arbeitslohn die höheren Unkosten an Chemikalien auf.

Für Kettbäume, auf die neuerdings auch Kardenband mit Naphthol-

AS-Farben mit sehr gutem Erfolg gefärbt wird, eignen sich die geschlossenen Apparate besser als die offenen. In offenen Apparaten gleichmäßig zu grundieren macht keine besonderen Schwierigkeiten, weil die alkalische Grundierungsflotte leicht durch das Material zu fördern ist. Die kalte schwachsaure Diazoflotte findet jedoch im Material einen bedeutend größeren Widerstand und dringt deshalb in offenen Apparaten nicht immer gleichmäßig durch den Baum. Im geschlossenen Apparat, in welchem die Flotte beidseitig unter Druck steht, wird dagegen eine vollkommenere Durchfärbung erzielt. Man läßt zweckmäßig die Entwicklungsflotte von außen nach innen gehen. Dabei wird die im ersten Teil des Bades enthaltene Diazoverbindung vollständig zur Farbstoffbildung verbraucht. Die diazofreie Flotte löst vom inneren Teil des Materials etwas Naphthol ab, das beim Rückfließen in die Farbflotte Farbstoff bildet. Dieser Farbstoffschlamm setzt sich auf das Fasergut ab und verschlechtert die Reibechtheit; dies läßt sich vermeiden, wenn man den ersten Teil der Diazoflotte durch einen Hahn abläßt, der erst wieder geschlossen wird, wenn kuppelnde Diazolösung abfließt, was mit Naphthollösung getränktem Filtrierpapier festgestellt werden kann. Dann läßt man etwa ½ Stunde zirkulieren, spült und stellt fertig.

Bei offenen Kettbaum-Färbeapparaten wird vielfach nur die Grundierung im Apparat vorgenommen. Nach dem Ausschleudern des Baumes erfolgt die Entwicklung zweckmäßig auf einer Umbäummaschine, bei welcher das Garn des Baumes, der sich in einem Trog mit Diazolösung dreht, auf einen zweiten Kettbaum aufgebäumt wird. Die Fertigstellung der Färbung durch Spülen und Seifen geschieht dann wieder im Apparat. Dieses Verfahren erfordert wohl einen größeren Aufwand an Arbeit, ergibt aber völlig gleichmäßig gefärbte Kettbäume und ist aus diesem Grunde mancherorts sehr beliebt.

Arbeitsbedingungen zur Verbesserung der Reibechtheit der Naphthol-AS-Färbungen. Zum Verständnis der Entstehung reibunechter Färbung mit Naphthol AS und deren Verhütung sei folgendes hervorgehoben. Die Naphthole sind an sich unlösliche Körper; um mit ihnen eine Färbung hervorzubringen, müssen sie in Lösung gebracht werden. Zu diesem Zwecke bringt man sie mit Natronlauge zusammen, wodurch ihre Natriumsalze, die sog. Naphtholate, entstehen, die in ihrer Lösung zur Baumwolle eine mehr oder minder ausgeprägte Affinität besitzen. Wenn nun eine mit Naphtholat grundierte Baumwolle zur Kupplung in die Lösung der diazotierten Base gebracht wird, bildet sich der Farbstoff nicht nur in der Faser, sondern auch die von der Faser nicht fixierten Naphtholanteile auf der Oberfläche des Fadens kuppeln zum Farbstoff, der sich in grob disperser Form auf die Faser absetzt und so die Reibunechtheit verursacht.

Lösungszustand der Naphthole und Konzentration der Grundierungs-

flotten. Als zweite Ursache reibunechter Färbungen sind Grundierungsflotten anzusehen, in denen das Naphthol nicht vollständig klar gelöst
zur Anwendung kommt. Die Flotten brauchen nicht einmal getrübt zu
sein, sondern es genügt schon, wenn die Naphtholate in einer nieder
dispersen Form in der Flotte vorhanden sind, die sich dann oberflächlich
auf die Faser absetzen, wo sie mit der Diazolösung zu gröberen Farbstoff-
anteilen kuppeln, die ebenfalls stark abreiben.

Die Einflüsse, die in der Naphtholflotte zu weniger dispersen Lösungen
oder sogar zu leichten Trübungen führen können, seien kurz erwähnt.
Die durch den Formaldehydzusatz bei der Lösung bewirkte doppelmole-
kulare Kondensation der Naphthole hat zur Folge, daß diese Konden-
sationsprodukte in einem nur mit Natronlauge versetzten Wasser leicht
ausfallen, was aber durch Zugabe eines Schutzkolloides verhindert wird.
Als solches Schutzkolloid hat sich das Türkischrotöl bestens bewährt, die
Formaldehyd-Naphtholverbindung bleibt kolloidal in Lösung. Nach
H. Gerstner[1] sind die gewöhnlichen niedrig sulfurierten Rizinusöle den
hochsulfurierten vorzuziehen, weil diese eine geringere Schutzkolloid-
wirkung auf die Naphthole ausüben. Die gewöhnlichen Türkischrotöle,
also die niedrig sulfurierten Rizinusöle, sind aber nicht kalkbeständig,
und weil auch einige Naphthole der AS-Reihe mehr oder weniger kalk-
empfindlich sind, ist unbedingt vollständig enthärtetes Permutitwasser
für die Naphtholbäder zu verwenden, denn selbst Wässer mit 2—4°
d. H., wie sie die Kalksoda-Enthärtungsapparate ergeben, enthalten noch
soviel Kalk, daß die stärker empfindlichen Naphthole damit schwer lösliche Salze bilden, die von der Faser abfiltriert und so stark abreibende
Färbungen hervorrufen. Aber auch die Türkischrotöle selbst geben mit
dem Kalk des Wassers schwer lösliche, schmierende Verbindungen, die
von der Faser festgehalten werden und Ursache zur Verminderung der
Reibechtheit sind.

Die gewöhnlichen Türkischrotöle sind aber auch deshalb noch keine
idealen Hilfsmittel in der Naphtholfärberei auf Apparaten, weil sie durch
die sauren Entwicklungsbäder leicht zu freier Rizinolsäure gespalten
werden, die, an der Faser kleben bleibend, den in der Flotte sich bildenden Farbstoff an sich reißt und Verstopfungen hervorruft, was unegal
gekuppelte Färbungen zur Folge haben kann. Weil die hoch sulfurierten
Rizinusöle, denen sonst eine hervorragende Kalk- und Säurebeständigkeit zukommt, auf die Naphthole in geringerem Maße lösend einwirken,
sind Mittel zur Anwendung gekommen, die äußerst kalkbeständig sind,
ein vorzügliches Dispergiervermögen für die Naphtholate besitzen und
die als fettsäurefreie Verbindungen auch in der sauren Diazoflotte keine
Fettsäure auf das Fasermaterial ausscheiden. Als solche Mittel sind für

---

[1] Gerstner, H.: Leipz. Mschr. Textilind. 1931, III. Fachheft, S. 99. Mschr.
Seide u. Kunsts. 1933 S. 463.

die Naphtholgrundierung „Acorit"[1] und „Eunaphthol AS"[2] empfohlen worden, die den Bädern je nach Flottenverhältnis zugesetzt werden, und zwar nach den Angaben der Firmen 3—5 cm³ Acorit bzw. 10—15 cm³ Eunaphthol AS pro Liter Flotte. Diese Schutzkolloide halten das Naphtol auch bei Gegenwart von etwas Kalk in äußerst feiner Form in Lösung und verhüten die sonst durch Naphtholausscheidungen zu befürchtende Reibunechtheit.

Ist nun die Grundierung mit der klaren Naphthollösung erfolgt, dann muß dafür gesorgt werden, daß, bevor die Diazolösung zur Einwirkung kommt, möglichst wenig unfixiertes Naphthol im Material zurückbleibt, denn dieses kuppelt mit der Base zum unfixierten Farbstoff, welcher der Faser lose anhaftet und abreibt. In der Stranggarn- bzw. Stückfärberei geschieht die Entwässerung durch intensives Ausschleudern, bzw. bei Stückware durch Zwischentrocknen oder Abquetschen der naphtholierten Ware, trotzdem bleibt z. B. nach dem Ausschleudern bei den weniger substantiven Naphtholen soviel unfixierte Naphtholgrundierung zurück, daß eine wenig reibechte Färbung entsteht. Erst durch ein heißes Seifen auf Maschinen, die das Material auch mechanisch durch Rollen und Walzen bearbeiten, werden die lose anhaftenden Farbstoffteile durch die Emulsionswirkung der Seife und die mechanische Bearbeitung von der Faser, wenn auch nicht restlos, so doch soweit entfernt, daß die Färbung einigermaßen reibecht wird. In der Apparatefärberei ist diese Arbeitsmethode nicht durchführbar. Bei schleuderbaren Materialträgern wird zwar das Material weitgehend entwässert, doch sind die von der Faser nicht gebundenen Farbstoffteile durch die Seife nicht zu entfernen, weil sie immer wieder vom Material anfiltriert werden und die mechanische Bearbeitung überhaupt nicht durchführbar ist. Um die Bildung des Farbstoffschlammes in größeren Materialblocks zu umgehen, baut die Zittauer Maschinenfabrik für das Färben von Kreuzspulen mit Naphtholen einen Apparat, der in einer Art Kontinuéverfahren arbeitet (Abb. 132). Die Färbespindeln befinden sich auf einer Hohlachse, die sich innerhalb einer Minute einmal im Färbetrog umdreht. Da fortwährend neue Kreuzspulen auf die Färbespindeln aufgesteckt und andere wieder abgenommen werden, so erfolgt das Färben der Spulen gewissermaßen einzeln nach dem Prinzip der Bündelgarn-Imprägnierung auf der Passiermaschine oder der Terrine.

Mit Hilfe einer Pumpe wird zunächst die Flotte mit großer Geschwindigkeit von innen nach außen durch die Spulen gedrückt, um die darin vorhandene Luft zu entfernen. Dann geht durch Saugwirkung die Flotte von außen nach innen. Sobald die Spule aus der Flotte emportaucht, wird der Flottenüberschuß abgesaugt.

---

[1] Böhme Fettchemie-Gesellschaft m. b. H., Chemnitz.
[2] I. G. Farbenindustrie A.-G.

Auf der Maschine können in der Stunde etwa 800 zylindrische Kreuzspulen behandelt werden. Der von den Spulen aus dem Bad genommene Anteil an Grundierung ist durch eine entsprechend eingestellte Nachbesserungsflotte wieder zu ergänzen.

Zur gründlichen Entwässerung der Spulen ist aber ein nachfolgendes Schleudern nicht zu umgehen.

Wenn auch bei dieser Einzelbehandlung der Spulen relativ wenig Farbstoffschlamm gebildet wird, so ergibt das Verfahren auch noch keine reibechten Färbungen.

Dieser Nachteil der ersten Naphthole, welche der Aufnahme dieser Produkte in die Apparatefärberei hindernd im Wege stand, wurde wesentlich behoben, als mit dem Naphthol AS-SW ein Naphthol im Handel erschien, das stark substantive Eigenschaften hat. Von diesem Naphthol zieht bei einem Flottenverhältnis 1 : 10 etwa 70 % aus der Lösung auf die Faser, während bei der alten Marke

Abb. 132. Kontinué-Färbemaschine für Naphthol-AS-Färbungen
auf Kreuzspulen (Zittauer Maschinenfabrik A.-G., Zittau).

Naphthol AS nur etwa 20 % ausgezogen werden. Das bedeutet, daß man mit viel geringeren Naphtholkonzentrationen satte Färbungen erreichen kann und daß die erreichte Endkonzentration des gebrauchten Bades noch um ein vielfaches geringer ist. Nach der Entwässerung durch Schleudern ist die im Garn zurückbleibende, nicht fixierte Menge Naphthol AS-SW ganz bedeutend geringer als bei Naphthol AS und somit auch die Menge des locker auf der Faser liegenden Farbstoffes, so daß die Färbung mit Naphthol AS-SW in Reibechtheit den anderen, minder substantiven Naphtholen weit überlegen ist.

Eine weitere Möglichkeit, die Bildung ungebundenen Farbstoffes auf der Faser zu verringern, kann dadurch erreicht werden, daß nach der Grundierung gespült wird. Zwar eignen sich dafür nur die stark substan-

tiven Naphthole, die von der Faser so fest gehalten werden, daß mit einer
natronlaugehaltigen Kochsalzlösung nachgewaschen werden kann ohne
befürchten zu müssen, daß das fixierte Naphthol abgespült und somit
schwächere Färbungen entstehen. Als Spülflotte hat sich ein kaltes
Bad, das pro Liter 10 g Kochsalz und 7,5 cm³ Natronlauge 38° Bé enthält, als zweckmäßig erwiesen. Das Kochsalz ist erforderlich, um das
Ablösen des Naphtholates von der Faser, die im alkalischen Wasser doch
erfolgte, zu verhindern, während die Natronlauge eine hydrolytische
Spaltung des Naphtholates verhütet, die ohne Alkali in der Spülflotte
eintritt. Die Spülung, die entweder unmittelbar an die Grundierung anschließt oder, wenn Wert auf die Zurückgewinnung der im Material
sitzenden Flotte gelegt wird, nach der Entwässerung erfolgt, entfernt
die der Faser mechanisch anhaftende Naphthollösung und ersetzt diese
durch die alkalische Kochsalzlösung. Auf alle Fälle muß nach dem Spülen gut entwässert werden, damit die für die Entwicklungsflotte schädliche Natronlauge weitgehend entfernt wird. Die auf diese Weise erzielte
Reibechtheit der Färbungen ist schon als sehr gut anzusprechen.

Bei den Naphtholen mittlerer und geringerer Substantivität kann,
soweit es deren Löslichkeit erlaubt, durch Zusatz von Kochsalz zu den
Grundierungsbädern die Affinität ganz beträchlich gesteigert werden,
so daß auch hier die Ansatzkonzentrationen ziemlich herabgesetzt werden
können und in gleicher Weise, wie bei den stark substantiven Naphtholen,
die Menge des unfixierten Anteiles im Material wesentlich vermindert
wird. Dieses Arbeiten mit Kochsalz in den Grundierungsbädern ist in der
Apparatefärberei dort zu empfehlen, wo man zur Anwendung von Naphtholen geringerer Affinität wie AS, AS-D, AS-OL, AS-BG gezwungen ist.
Hierbei ist jedoch auf eine Zwischenspülung mit alkalischer Kochsalzlösung zu verzichten, weil von diesen Naphtholen erhebliche Mengen von
der Faser abgelöst würden. Auf gründliche Entwässerung ist dann großer
Wert zu legen. Diese Entwässerung erfolgt am zweckmäßigsten durch
Schleudern, denn der erzielte Effekt geht bis zu 60% Wassergehalt vom
Gewicht der Ware herunter, während er beim Absaugen nur bis auf
80—100% kommt.

Alkalibindungsmittel in den Entwicklungsbädern. Zur Bindung der
aus der Grundierungsflotte stammenden Natronlauge, welche eine glatte
Kupplung mit den diazotierten Basen verhindert, ist den Entwicklungsbädern ein Alkalibindungsmittel zuzusetzen. In der Garn- und Stückfärberei kommen dazu sauerreagierende Salze, wie Aluminium- oder
Zinksulfat oder auch Magnesiumsulfat zur Anwendung. In der Apparatefärberei sind diese Substanzen aber gänzlich unbrauchbar. Besonders für ungesponnenes Material kommen sie nicht in Frage, weil
durch die chemische Umsetzung zwischen Alkali und Türkischrotöl der
Grundierung mit diesen Metallsalzen Ausscheidungen auftreten, die

erstens die Faser verkleben und unverspinnbar machen und zweitens auch den nicht gebundenen Farbstoff aus den Entwicklungsbädern mitreißen und dadurch die Reibechtheit bedeutend herabsetzen. In der Apparatefärberei ist an Stelle der oben genannten Alkalibindemittel nur die Essigsäure zu verwenden, deren Dissoziation bei Basen mit geringer Kupplungsenergie verzögernd auf die Farbstoffkupplung einwirkt. Wird aber durch einen Zusatz von 5—10 g essigsaurem Natron pro Liter Bad die Wasserstoffionen-Konzentration der Essigsäure zurückgedrängt, so wird die Kupplungsgeschwindigkeit auch in solchen Fällen wesentlich gesteigert.

Starkes Seifen nach dem Färben. Zur Entwicklung der vollen Echtheit der Naphtholfarben ist eine Nachbehandlung mit heißen Bädern erforderlich. In der Strang- und Stückfärberei erfolgt diese, wie schon gesagt, durch kochendes Seifen. Ein Seifen der Naphthol-AS-Farben hat aber nur dann einen Wert, wenn gleichzeitig zur Erzielung besserer Reibechtheit eine mechanische Bearbeitung des Materials durchgeführt werden kann. Da dies in der Apparatefärberei aber nicht möglich ist, hat das Seifen auch keinen Zweck, kann unter Umständen sogar nachteilig wirken, weil ausgeschiedene Kalkseifen die Fasern verkleben. Nun hat sich aber gezeigt[1], daß der der Faser anhaftende, nicht fixierte Farbstoff durch kochende konzentrierte Seifenbäder, etwa 8—10 g im Liter, kolloid gelöst wird und das Seifenbad stark anfärbt. Der Farbstoff bleibt bei Kochtemperatur in kolloidaler Lösung und wird durch heiße Spülbäder aus dem Material entfernt. Diese starken Seifenbäder, für die ganz härtefreies Wasser zu verwenden ist, scheiden keine Kalkseifen aus. Zur Sicherheit kann etwas von einem der modernen Hilfsmittel (Igepon od. dgl.) dem Seifenbad zugesetzt werden. Zum Ausspülen der Seifenflotte kommt ebenfalls kochendes Weichwasser in Anwendung, das etwas Igepon oder ähnliches enthält. Die Färbungen dürfen aber nach beendeter Kupplung nur kalt bis zum Klarwerden des Spülwassers gespült werden; das heiße Spülbad, das bisher zwischen kaltem Spülen und heißem Seifen üblich war, wirkt ungünstig, weil es offenbar eine Vergröberung der Farbstoffteilchen herbeiführt, die durch die starke Seifenflotte nicht so leicht emulgiert werden wie die fein verteilten Farbstoffanteile, die unmittelbar nach der Entwicklung auf der Faser vorhanden sind. Durch die Arbeiten von R. Haller und A. Ruperti[2] ist bekannt geworden, daß in der Faser abgelagerte unlösliche Farbstoffteilchen durch heiße Nachbehandlung zu größeren Aggregaten sich zusammenballen und bei Anwendung von Druck zu größeren Kristallbildungen in das

---

[1] Christ, W.: Das Problem der Reibechtheit in der Naphthol-AS-Färberei. Melliand Textilber. 1932 S. 368.

[2] Haller, R.: Beiträge zur Kenntnis der Färbevorgänge. Melliand Textilber. 1925 S. 669.

Innere der Faser wandern. E. Kayser[1] und A. Ruperti[2] haben bei den Naphthol-AS-Kombinationen die Zusammenballung der Farbstoffteilchen bei schwach alkalischer heißer Nachbehandlung, sowie auch die Wanderung derselben in das Faserinnere feststellen können. Die Wanderung der vergrößerten Farbstoffpartikelchen geht aber nicht nur in das Innere der Faser hinein, sondern aus den äußeren Faserschichten an die Oberfläche der Faser selbst, wo sie Reibunechtheit verursachen bzw. schon vorhandene noch vergrößern.

Eine praktisch Folgeerscheinung der heißen Seifennachbehandlung ist die günstige Beeinflussung der Lichtechtheit, auf die Löscher[3] und Kayser[1] hinweisen. Eine kochend heiß nachbehandelte Färbung ist ganz bedeutend lichtechter als eine nicht oder nur ungenügend nachbehandelte. Diese Verschiedenheit läßt sich durch die Wanderungserscheinung erklären und durch die Vergröberung der Farbstoffteilchen, deren Oberfläche dadurch verkleidert wird und so den zerstörenden Einflüssen der Lichtwirkung geringere Angriffspunkte bietet.

Dispersitätserhöhung des unfixierten Farbstoffanteiles zur Verbesserung der Reibechtheit. Die Bestrebungen zur Verbesserung der Reibechtheit durch die Entfernung der auf der Faser entstandenen, nicht fixierten Farbstoffanteile führten nicht in allen Fällen den erwartenden Erfolg herbei, die Verfahren gaben nicht die absolute Sicherheit, stets gut reibechte Färbungen damit zu erlangen. Erst als es gelang, durch Zusatz geeigneter Mittel zur Entwicklungsflotte den nicht fixierten Farbstoff in einer kolloidal löslichen Form abzuscheiden und auch in Lösung zu halten, war bei vielen Naphtholkombinationen die Frage der Reibechtheit gelöst. Als ein solches Mittel hat sich das „Diazopon A" der I. G. Farbenindustrie in der Praxis bewährt, von dem 1—2 cm^3 dem Diazobad zugesetzt werden. Der jetzt im Entwicklungsbad und auf der Faser aus nicht fixiertem Naphthol und Diazolösung sich bildende Farbstoff wird dadurch in eine solch feine Form übergeführt, daß er das Entwicklungsbad, das sonst immer klar aussieht, stark anfärbt, aber für spätere Partien doch nicht unbrauchbar macht. Nach beendeter Kupplung ist es erforderlich, das gefärbte Material so lange zu spülen, bis das Spülwasser klar abfließt, damit der kolloidal gelöste Farbstoff auch vollständig aus dem Material entfernt wird.

---

[1] Kayser, E.: Einfluß der Nachbehandlung auf die Lichtechtheit der Naphthol-AS-Kombinationen. Melliand Textilber. 1926 S. 437.

[2] Ruperti, A.: Beiträge zur Kenntnis der Einwirkung feuchter Hitze auf Eisfärbungen mit besonderer Berücksichtigung der Naphthol-AS-Farben. Melliand Textilber. 1927 S. 942.

[3] Löscher: Über die Lichtechtheit der Naphthol-AS-Kombinationen. Melliand Textilber. 1926 S. 243.

Die Entwicklungsbäder erhalten im allgemeinen einen Zusatz größerer Mengen Koch- oder Glaubersalz, um das Ablösen der Naphtholgrundierung von der Faser vor der Farbstoffbildung zu verhüten. Diese Salzzusätze wirken aber auch aussalzend auf den kolloid gelösten Farbstoff und heben die Wirkung des Diazopons teilweise wieder auf. Darum ist es zweckmäßiger, bei Anwendung des Diazopons mit dem Salzzusatz auf die Hälfte bis ein Drittel zurückzugehen, bei stark substantiven Naphtholen kann er sogar ganz unterbleiben.

Die geringen Mengen unfixierten Farbstoffes, die nach der Entwicklung mit Diazopon im Entwicklungsbade und nachfolgender Spülung noch im Färbegut zurückbleiben, besitzen so feine Dispersität, daß sie durch die Emulgierwirkung kochender Seifenflotten mit 8—10 g Seife im Liter bis auf geringe Spuren aus dem Material entfernt werden. Es darf aber zwischen kaltem Spülen und heißem Seifenbad nicht mit heißem Wasser oder heißer Sodalösung gespült werden, da hierdurch nur eine Vergröberung des fein dispers ausgefallenen Farbstoffes stattfinden würde. Es muß also anschließend an das kalte Spülen sofort kochend heiß geseift und zur Entfernung der Seife heiß gespült werden. Aus Ersparnisgründen werden die konzentrierten Seifenflotten laufend weiter gebraucht. Sind sie durch abgelösten Farbstoff stärker angefärbt, so kann man sie durch Zusatz von etwas Hydrosulfit und anschließendem Aufkochen wieder entfärben.

Neutralentwicklung. Die Bildung eines kolloidal löslichen, leicht von der Faser entfernbaren Farbstoffüberschusses ist abgängig von der Reaktion des Entwicklungsbades, und zwar kann der Farbstoff am leichtesten in der Schwebe gehalten werden, wenn das Bad neutral bzw. mit Natriumbikarbonat ganz schwach alkalisch eingestellt ist[1]. Ganz besonders trifft dies für Echtblau BB- und Echtblau RR-Base zu, die in essigsaurer Diazolösung keine kolloidal löslichen Farblacke mehr bilden, während die Rotkombinationen auch noch in essigsaurer Lösung diese ermöglichen. Die beiden genannten Blaubasen müssen daher zur Erzielung einer guten Reibechtheit in neutralen Bädern angewandt werden, wobei aber auch gleichzeitig Diazopon A zuzusetzen ist, damit die Farbstoffe auch in Lösung bleiben. Dasselbe gilt für die Braunkombinationen aus Naphthol AS-LB.

Bei der Neutralentwicklung müssen aber doch solche Körper zugegen sein, welche die aus der Grundierung stammende Natronlauge zu binden vermögen, denn in einer durch Natronlauge alkalisch werdenden Diazoflotte wird die Diazoverbindung der Base zersetzt und unvollkommene Färbung dadurch hervorgerufen. Als solche Alkalibindemittel kommen zur Anwendung: Natriumbikarbonat[1] oder ein Gemisch von Chlor-

---

[1] Christ, W.: Zit. a. S. 294.

ammonium und Formaldehyd[1] oder beides zusammen. Die Natronlauge aus der Grundierung bildet mit dem Natriumbikarbonat Soda und wird dadurch ihrer stark alkalischen Wirkung etwas beraubt. Bei Anwendung des Gemisches von Chlorammonium und Formaldehyd entsteht zunächst durch die Einwirkung der Natronlauge auf das Chlorammonium Ammoniak, das durch den Formaldehyd in neutrales Hexamethylentetramin übergeführt wird nach der Gleichung

$$NaOH + NH_4Cl = NH_3 + NaCl + H_2O \quad \text{und}$$
$$4 NH_3 + 6 H \cdot COH = (CH_2)_6N_4 + 6 H_2O.$$

Die Neutralentwicklung bietet außerdem noch den Vorteil, daß die Konzentration der Färbebäder soweit herabgesetzt werden kann, daß es sich nicht mehr lohnt, auf stehenden Bädern weiter zu arbeiten. Bei der sauren Kupplung müssen die Bäder konzentrierter gehalten werden, um bei der verlangsamten Kupplungsreaktion eine vollständige Überführung des in der Faser befindlichen Naphthols in den Farbstoff zu erreichen. Bei der neutralen Entwicklung ist die Kupplungsenergie der meisten Basen so stark, daß ein Basenüberschuß nicht mehr notwendig ist. Die gesamte dem Bade zugesetzte Basenmenge, die bis nahe auf den theoretisch erforderlichen Verbrauch reduziert werden kann, tritt in Reaktion. Dies bedeutet, besonders in den Fällen, wo eine Färbung nur einmal auszuführen ist, eine wesentliche Ersparnis an Base; die Erzielung satter, echter Färbungen wird demnach durch die Neutralentwicklung erheblich verbilligt.

Die notwendige Basenmenge bei der neutralen Färbeweise ist aus den Tabellen für die Basen nach sätze in der sauren Entwicklungsfärberei, die in den von der I. G. Farbenindustrie herausgegebenen Anwendungsvorschriften für die Naphthol-AS-Färberei ausführlich angegeben sind und auf die hier besonders verwiesen sei, zu entnehmen. Diese dort gefundene Menge wird dann noch um etwa 15% erhöht. Wenn z. B. eine Partie von 100 kg Kreuzspulen zu entwickeln ist, welche aus der Grundierungsflotte insgesamt 1,6 kg Naphthol AS-SW aufgenommen hat, so setzt sich die erforderliche Menge Echtrot KB-Base zusammen aus

$$1,6 \cdot 0,85 = 1,36 \text{ kg} + 15\% = 1,57 \text{ kg}.$$

Diese errechnete Basenmenge wird genau nach der Vorschrift diazotiert und dann in ein Bad filtriert, welches pro Liter Flotte 0,5 cm³ Diazopon A, 10—20 g Kochsalz und Natriumbikarbonat enthält. Die Menge des zur Anwendung kommenden Natriumbikarbonats ist immer die doppelte Menge des zum diazotieren verwendeten Natriumnitrits. Man entwickelt in der üblichen Art durch 30 Minuten langes Zirkulierenlassen der Flotte und stellt dann fertig.

---

[1] Jäger, H.: Neutrale Entwicklung bei Naphthol-AS-Färbungen. Melliand Textilber. 1933 S. 401.

Die neutrale Entwicklung hat sich bei Kops- und Kreuzspulen im Aufstecksystem gut bewährt, da es gelingt, die dünne Materialschicht mit der Basenflotte rasch genug zu durchdringen. Bei dickeren Materialschichten, wie sie in Packapparaten und stärkeren Kettbäumen vorliegen, die von der Flotte nicht so schnell durchströmt werden können, liegt die Gefahr eines Alkalischwerdens und somit Mißlingen der Färbung vor, was jedoch verhütet werden kann, wenn gleichzeitig Chlorammonium und Formaldehyd zugesetzt wird, welche die im Material vorhandene Natronlauge der Grundierung sofort binden. Die erforderlichen Mengen sind je nach Flottenverhältnis 1—2 g Chlorammonium und 5—6 cm³ Formaldehyd pro Liter Flotte.

Leider kann die Neutralentwicklung nicht für alle Basen Verwendung finden, ausgeschlossen davon sind:

Echtrot 3 GL-Base,	Echtrotsalz AL,
Echtrot GG-Base,	Echtschwarzsalz K,
Echtrot ITR-Base,	Echtschwarzsalz D,

die in neutralen Bädern in eine Form übergehen, die sie zur Kupplung ungeeignet machen. Für diese Basen ist die saure Entwicklung besser geeignet.

Werden alle die Möglichkeiten, welche die Bildung überschüssigen, schwer entfernbaren Farbstoffes auf der Faser verhindern, bei Ausführung der Färbungen eingehend berücksichtigt, wie Anwendung möglichst substantiver Naphthole, klare Grundierungsflotten, starke Entwässerung, Neutralentwicklung, Ausschaltung des heißen Spülwassers zwischen kalter Spülung und heißer Seife, sondern direkt kochendheißes Seifen und heiße Spülwässer nach der Seife, so resultieren Färbungen, die den größten Anforderungen Genüge leisten.

D. Färben von Fasermischungen.

Fasergemische, bestehend aus Baumwolle und Kunstfaser kommen als Garn in die Apparatefärberei und sind in Form von Stranggarn und Kreuzspulen in den für diese Aufmachungen bestimmten Apparaten zu färben. Weil beide Fasern pflanzlichen Ursprungs sind, ist die Technik der Färberei wie bei der Baumwolle. Bei Küpenfarbstoffen ist eine gleiche Anfärbung beider Fasern nicht immer zu erwarten, weil die Kunstseide zu den Farbstoffen größere Affinität zeigt. Auch beim Färben substantiver und Schwefelfarbstoffe ist auf diesen Umstand Rücksicht zu nehmen und die Färbetemperatur entsprechend einzuhalten. Im allgemeinen ziehen die Farbstoffe bei höheren Temperaturen besser auf die Kunstfaser als auf Baumwolle, die mittlere Temperatur von 50—60° C ist darum für die meisten Farbstoffe die beste für das fasergleiche Anfärben.

Von größerer Wichtigkeit für die Textilindustrie sind die Mischfasern aus Wolle und Baumwolle (Halbwolle), Wolle und Viskosekunstfaser (Wollstra), Wolle und Kupferkunstfaser, und auch aus Wolle und Azetatkunstfaser.

Während die Halbwolle eine schon längst bekannte Fasermischung ist, sind die letztgenannten Mischungen Produkte der letzten Jahre. Handelspolitische Gründe haben die Länder mit hoch entwickelter Textilindustrie veranlaßt, dem aus fremden Ländern einzuführenden Rohstoff Produkte der eigenen Erzeugung beizumischen; das sind dann immer Kunstspinnfasern.

Wenn es sich darum handelt, in diesen Mischfasern die Wolle allein zu färben, so kommen dieselben Färbeverfahren in Anwendung, die bei reiner Wolle üblich sind. Nur müssen solche Farbstoffe gewählt werden, welche die Fremdfasern auch nicht nur spurenweise anfärben. Hierüber findet man ganz genaue Angaben in den Musterkarten der Farbenfabriken. Man sollte diese Mischmaterialien nie mit den sauren Egalisierungsfarbstoffen färben, denn deren Verbindung mit der Wolle ist so lose, daß bei einer nicht ganz sachgemäßen Hauswäsche durch das Alkali der Seife die Verbindung Wolle—Farbstoff so gelockert wird, daß der Farbstoff beim Trocknen durch Kapillarwirkung in die Kunstseide zieht und diese kräftig, wenn auch unecht, anfärbt. Hier sind echtere Färbungen unbedingt am Platze, hellere Töne mit den Supraminen der I. G. Farbenindustrie, dunklere Farben mit schwach sauer zu färbenden Wollfarbstoffen oder den Neolan- bzw. Palatinechtfarbstoffen oder sogar mit Chromentwicklungsfarben. Wird in schwefelsaurem Bade gearbeitet, so ist nachher gut zu spülen, evtl. mit essigsaurem Natron im letzten Spülwasser die Schwefelsäure in der Faser unschädlich zu machen, um eine Schädigung der pflanzlichen Faser durch Säurewirkung zu verhindern.

Sind beide Fasern im gleichen Ton anzufärben, so sind größere färbereitechnische Schwierigkeiten zu überwinden, insbesondere dann, wenn es sich um die Erzielung echter Färbungen handelt. In den meisten Fällen sind die aus den Mischfasern gefertigten Textilfabrikate Gegenstände des täglichen Gebrauches, an die hohe Echtheitsforderungen gestellt werden.

Nicht jeder Farbton läßt sich auf Mischmaterial in der gleichen Echtheit wie auf Wolle oder Baumwolle erzielen. Es müssen hier gewisse Zugeständnisse in der Echtheitsfrage gemacht werden.

Am einfachsten ist die Echtheitsfrage zu lösen, wenn Wolle und Kunstfaser vor dem Verspinnen getrennt gefärbt werden, sei es als lose Faser oder in Kammzügen, denn hier liegt ohne weiteres die Möglichkeit vor, jede Faser mit den jeweils echtesten Farbstoffen zu färben, die Wolle mit Nachchromierungsfarben, die Zellulosefasern in hellen und mittleren Tönen mit Küpenfarbstoffen, die dunklen Farben auch mit Schwefelfarben und gewisse Rottöne mit den Naphthol-AS-Produkten.

Neutrales Einbadverfahren. Die einfachste Methode, die genannten Mischfasern „uni" zu färben, ist die mit substantiven Farbstoffen unter Zuhilfenahme solcher sauren Wollfarbstoffe, welche im neutralen Glaubersalzbad auf die Wolle ziehen. Fertige Farbstoffmischungen aus substantiven und Wollfarbstoffen sind als „Halbwollfarbstoffe" im Handel. Diese Einbadmethode hat große Bedeutung, sie gibt in hellen und mittleren Tönen befriedigende Echtheiten. Die sog. Halbwollechtfarbstoffe haben solche substantiven Farbstoffe zur Grundlage, die sich durch eine gute Lichtechtheit auszeichnen. Gegenüber Naßbehandlungen, wie Wäsche, Walke oder Schweiß, zeigen alle diese Halbwollfärbungen sehr wenig Widerstand, denn es handelt sich bei den pflanzlichen Fasern nur um gewöhnliche substantive Färbungen, die bekanntlich sehr wenig echt sind.

Die im Handel befindlichen substantiven Farbstoffe sind nicht alle gleich gut für Mischfasern zu verwenden. Eine große Zahl färbt Baumwolle und Wolle fast gleich an und ziehen auf Kunstfaser stärker als auf Wolle. Wieder andere Farbstoffe zeigen größere Affinität zur Wolle, diese sind besonders zu empfehlen für Mischungen aus Wolle und Kunstseide, da beide Fasern fast gleich anfärben. Für Halbwolle sind sie weniger gut geeignet. Eine dritte Gruppe von substantiven Farbstoffen zieht auf Baumwolle mehr als auf Wolle; diese sind die geeignetsten für Halbwolle, denn das Arbeiten wird sehr erleichtert, wenn man die Baumwolle von vornherein dunkler halten kann. Man hat es dann in der Hand, mit neutralziehenden Säurefarbstoffen die Wolle auf den Ton der Baumwolle zu bringen. Umgekehrt ist es schwieriger, heller gefärbte Pflanzenfaser auf den Ton der dunkleren Wolle zu färben. Zufolge ihrer glatteren Oberfläche reflektieren Pflanzenfasern das auffallende Licht in stärkerem Maße als die Wolle und erscheinen schon deshalb in der Färbung heller.

Durch richtige Anwendung der Färbetemperatur ist die Färbung der verschiedenen Fasern sehr stark zu beeinflussen. Kochen läßt die Farbstoffe mehr auf die Wolle ziehen, während Färben unter der Siedetemperatur die Farbstoffe mehr an die Zellulosefaser bringt. Die Mischfaserfärberei setzt viel praktische Erfahrung des Ausführenden voraus, der über genaue Kenntnisse der verwendeten Farbstoffe in ihrem Verhalten bei verschiedenen Temperaturen gegenüber den einzelnen Fasern verfügen muß.

Außer den geringen Echtheitsgraden haftet dem neutralen Färben der Halbwolle im Glaubersalzbad der große Fehler an, daß die Ware an Griff und Glanz verliert. Hervorgerufen wird die Änderung des Fasercharakters durch den starken hydrolytischen Abbau der Wolle in den kochenden Glaubersalzbädern. Glaubersalz ist in den seltensten Fällen ganz rein, es hat sehr oft eine schwach alkalische Reaktion. Auch viele substantive Farbstoffe erhalten bei der Farbstoffeinstellung einen Sodazusatz. Ferner enthält das Wasser, wenn es gereinigt ist, einen schwachen Alkaligehalt. Durch diese, wenn auch geringen Alkalimengen, erhält das Bad eine schwach alkalische Reaktion, das dann beim Kochen auf den Abbau der Wolle einwirkt, so daß diese teilweise in Lösung geht. Gelöste Wollsubstanz und Spuren Alkali wirken gemeinsam auf die Farbstoffe reduzierend ein. Es ist manchmal unmöglich, den richtigen Farbton zu treffen, weil immer wieder der Farbstoff „verkocht" (reduziert) wird.

Die Arbeitsweise nach dem Einbadverfahren ist etwa folgende: In das Bad gibt man je nach Farbtiefe 15—30% Glaubersalz krist. (man überzeuge sich von seiner Reaktion) und den vorher gut gelösten Farbstoff. Geht dann mit dem Material bei 50—60° C ein und treibt in ungefähr 20 Minuten bis nahe zum Kochen und färbt $\frac{1}{2}$—$\frac{3}{4}$ Stunde. Bleibt hierbei die Wolle zu hell, so bringt man das Bad zum Kochen, wobei gleichzeitig mit neutralziehenden Wollfarbstoffen nuanciert werden kann.

Hierauf wird zur genügenden Deckung der Baumwolle bei abgestelltem Dampf noch $\frac{1}{2}$—1 Stunde im erkaltenden Bad weiter gefärbt, evtl. gleichzeitig mit den die Wolle nicht oder nur wenig anfärbenden substantiven Farbstoffen abgetönt. Nach dem Färben wird gut gespült.

Um die unvorteilhaften Einflüsse des einbadigen Färbens auf das Material zu vermeiden, kann man in zwei Bädern jede Faser getrennt färben, und zwar zuerst die Wolle mit Säurefarbstoffen in der für Wolle üblichen Weise und dann die Baumwolle in kalten oder lauwarmen Bädern nachdenken. Damit nun die Wolle nichts von diesen Farbstoffen nachzieht und dunkler wird, setzt man dem Bade 2—3% Katanol W oder WL zu, ferner 30—50% Glaubersalz krist. und arbeitet bei einer Temperatur von 50—70° C.

Wenn nicht auf stehenden Bädern gearbeitet werden kann, ist diese Methode recht kostspielig, denn die Bäder zum Nachdecken der Baumwolle erfordern verhältnismäßig große Farbstoffmengen. Die erreichbaren Echtheiten sind nicht besser als nach der Einbadmethode, eher sogar noch schlechter.

Saures Einbadverfahren. Das neutrale Einbadverfahren verleiht den Mischfasern sehr gern einen harten Griff und bringt das Material in dieser Beziehung der Baumwolle näher als der Wolle. Durch die Streckung der Wolle mit den vegetabilischen Fasern bezweckt man aber eine möglichst weiche wollähnliche Mischung zu erhalten. Darum muß auch beim Färben großer Wert auf die Erhaltung der guten Eigenschaften gelegt werden. Wenn man nun die Bäder der Einbadfärbemethode etwas unter dem pH-Wert von 7 hält, wird die nachteilige Wirkung des Glaubersalzes aufgehoben und es resultiert eine Faser mit weichem, kernigem Griff, der das Material nur schwer von reiner Wolle unterscheiden läßt.

Der Zusatz einer Säure zum Färbebad hat jedoch bei vielen substantiven Farbstoffen ein Ausfallen zur Folge, so daß sich die Zahl der brauchbaren Produkte stark verringert. Überhaupt ist der Säurezusatz etwas gefährlich, da leicht zuviel angewendet wird und sich der pH-Wert zu weit von der Neutralzone entfernt; dann ist die Färbung bestimmt verloren. Diesen möglichen Fehler schließen die Ammonsalze, vornehmlich das Ammonsulfat, aus. (Das Irgasalz PA von Geigy ist auch ein Ammonsalz und für die Halbwollfärberei empfohlen.) Essigsaures Ammoniak des Handels hat schon zuviel freie Säure und gibt nicht die Sicherheit bei der Arbeit wie das schwefelsaure Ammoniak. Die Ammonsalze wirken als Puffer gegenüber dem evtl. vorhandenen Alkali und geben beim Kochen Säure an die Wolle ab (s. S. 205), wodurch das Färben im schwach sauren Medium stattfindet, ohne daß die Säure selbst auf die Farbstoffe zur Wirkung kommt. Auch bei Anwendung von Ammonsulfat ist die Auswahl der brauchbaren Farbstoffe beschränkt. Dabei ist aber auch noch zu berücksichtigen, daß die meisten Direktfarbstoffe bei Gegenwart von Ammonsulfat stärker, zum mindesten bei längerem Kochen, auf die Wolle ziehen und die Baumwolle heller lassen. Nun wurde aber durch die Farbenfabriken vorm. Friedr. Bayer & Co. in Leverkusen (jetzt I. G.-Werk) im Jahre 1908 bekannt, daß eine Anzahl substantiver Farbstoffe bei gleichzeitiger Gegenwart von Chromkali selbst bei längerem und stärkerem Kochen gute und genügend tiefe Deckung der Baumwolle ergibt. Die genannte Firma entwickelte darauf ihr Halbwollchromverfahren und nannte eine Anzahl gut brauchbarer substantiver Farbstoffe, die, welche durch Chromieren wasch- und walkechter werden, wesentlich echtere Färbungen auf Mischfasern ergeben, als sie sonst nach der Einbadmethode erreichbar sind.

Derartige Farbstoffe sind z. B.

Benzochrombraun B, G, R,	Benzokupferblau B, BB,
Benzochromschwarzblau B,	Benzoechtkupferblau GL,
Diamineralblau CVB, R,	Benzoechtkupferbraun 3 GL,
Diaminechtrot F,	Benzoechtkupferrot RL,
Diaminechtgelb A,	Benzoechtkupfergelb RL,

alle Farbstoffe von der I. G. Farbenindustrie und, um noch andere zu nennen:

von Geigy, Basel:

> Diphenylchlorgelb FF,
> Diphenylbraun GRI,
> Diphenylscharlach RS,
> Diphenylblau BT konz.,
> Diphenylchromblauschwarz B supra,
> Diphenylbraun BVV, BGN supra, BBN extra;

von Sandoz, Basel:

Solargelb B.
Solarorange 2 RN,
Solarbrillantblau A,
Solargrün BL,
Solargrau 2 BL,
Trisulfonblau FO,
Trisulfonbraun BP.

für hellere bis mittlere Färbungen mit sehr guter Lichtechtheit.

Zum Abtönen der Wollfaser im Ansatzbad kommen in erster Linie die Metachromfarbstoffe in Betracht, die mit den oben angeführten Farbstoffen vorzüglich echte Färbungen ergeben. Aber auch die aus neutralen Bädern aufziehenden chrombeständigen Säurefarbstoffe sind zum Abtönen der Wolle beim Halbwollchromverfahren gut zu verwenden, wobei die lebhaften, schwach sauer zu färbenden Produkte, wie Supranolrot, Polarrot, Brillantindocyanin, Walkgelb usw., ausgezeichnete Dienste leisten, wenn es gilt, echte Färbungen herzustellen und die an und für sich etwas stumpfen Töne der geeigneten substantiven Farbstoffe zu beleben. Für Marineblau mit schöner blumiger Übersicht ist z. B. eine Kombination aus 4—5% Benzochromschwarzblau B oder Trisulfonblau FO und 1—2% einer Sulfoncyanin-Marke sehr beliebt.

Ein Nuancieren der Baumwolle ist mit den genannten Farbstoffen im heißen Bade sehr gut möglich, während man zum Abtönen der Wolle die chrombeständigen Säurefarbstoffe wählt. Sind größere Farbdifferenzen auszugleichen, so muß man allerdings so verfahren, wie bei den Chromfarbstoffen allgemein üblich und das Bad auf 50—60° C abkühlen, damit der Nachsatz gleichmäßig aufzieht.

Werden besonders hohe Ansprüche an die Fabrikations- und Tragechtheit gestellt, so wähle man die Benzoechtkupferfarben, die durch eine Nachbehandlung mit Kupfervitriol im essigsauren Bade bei 60 bis 70° C besonders in der Lichtechtheit, aber auch in ihren übrigen Echtheitseigenschaften, bedeutend verbessert werden.

Das Färben nach der Halbwollchrommethode gestaltet sich etwa wie folgt: In das möglichst kurze Bad gibt man

20% Glaubersalz krist.,
3—5% Metachrombeize,
2—3% schwefelsaures Ammoniak,

oder

20% Glaubersalz krist.,
0,25—1% Chromkali,
3—5% schwefelsaures Ammoniak,

geht mit dem Färbegut bei 60—70° C ein, treibt zum Kochen, kocht ½—¾ Stunde, stellt den Dampf ab und läßt ¾—1 Stunde nachziehen.

Zur Nachbehandlung mit Kupfervitriol werden die Färbungen nach dem Spülen auf frischem Bade mit

1—3% Kupfervitriol   und
0,5—1,5% Essigsäure 30%

während ½ Stunde bei 60—70° C nachbehandelt, worauf nochmals gespült werden muß.

Das Halbwollchromverfahren erlaubt die Herstellung gut echter sog. Modetöne, wie Grau, Beige, Braun, Marine und ähnlichen Farben. Farbstoffe für Orange, Rot, Bordo, Grün und lebhaftere Blau fehlen, bzw. mit den vorhandenen Farbstoffen ist keine bessere Echtheit zu erreichen, als nach dem gewöhnlichen Einbadverfahren, weil die Farbstoffe durch eine Chrombehandlung in der Echtheit nicht beeinflußt werden.

Um lebhaftere Farben mit guter Echtheit auf Mischfasern zu färben, müssen die Fasern jede für sich in getrennten Bädern behandelt werden. Man kann nun dabei so vorgehen, daß man zuerst die Wolle mit echten Farbstoffen, beispielsweise mit Chromfarben, vorfärbt und dann die Baumwolle in besonderen Bädern nachdeckt. Besser ist es aber umgekehrt, erst die Baumwolle und danach die Wolle zu färben. Für Orange, Rot, Bordo und ähnliche Farben wählt man solche Farbstoffe, die durch Diazotieren und Entwickeln nachzubehandeln sind. Man färbt in möglichst kurzer Flotte unter Zusatz von 25—50% Glaubersalz krist. bei etwa 85° C, spült nach Verlauf von 1—1½ Stunden, diazotiert und entwickelt wie bei der Baumwolle auf S. 256 näher angegeben. Als Entwickler kommt meist Betanaphthol bzw. Entwickler A zur Anwendung.

Weil die Diazotierungsfarbstoffe nach dieser Färbeweise die Baumwolle kräftiger anfärben als die Wolle, ist diese in besonderen Bädern nach den Methoden der Wollfärberei nachzufärben, wobei man sich solcher Farbstoffe bedient, welche die nötige Echtheit aufweisen, z. B. Supranolrot (I. G.), Polarrot (Geigy), Tuchechtrot (Ciba).

Die Methode des Vorfärbens der Baumwolle mit Diazotierungsfarbstoffen läßt sich selbstverständlich auch auf andere Farbtöne anwenden, doch ergibt die viel zeitraubendere Arbeitsweise nicht viel echtere Färbungen als das einfacher auszuführende Halbwollchromverfahren.

Auch die bei der Baumwolle in Anwendung kommende Nachbehandlung mit Formaldehyd zur Erhöhung der Waschechtheit zeitigt auf Wollmischfasern bei entsprechenden Farbstoffen ähnliche Ergebnisse. So werden z. B. die für die Nachbehandlung geeigneten Schwarzmarken in der Waschechtheit genau so verbessert wie andere Färbung durch Diazotieren und Entwickeln, so daß bei Schwarz die einfachere Methode der Formaldehyd-Nachbehandlung zum gleichen Ziele führt.

Färben der Mischfasern mit Schwefelfarbstoffen. In Fällen, wo besonders hohe Walkechtheit verlangt wird, reicht die Echtheit der Halb-

wollchrom- oder der auf irgendeine Weise nachbehandelten Direktfärbungen nicht aus. Für solche Zwecke sind die Schwefelfarbstoffe geeignetere Produkte. Diese ziehen, wie bekannt, in Form ihrer Leukoverbindung auf die Zellulosefaser auf und lassen die Wolle erheblich heller,
die dann in besonderen Bädern mit echten Farbstoffen nach den Methoden der Wollechtfärberei einzufärben ist. Man kann nun derart arbeiten,
daß man zuerst die Baumwolle mit Schwefelfarbstoffen und dann die
Wolle mit Chromentwicklungsfarben färbt. Oder man verfährt umgekehrt, indem man erst die Wolle und dann die Baumwolle mit den genannten Farbstoffen behandelt. Nach letzterer Arbeitsweise ist es jedoch schwieriger, die Nuance mustergetreu zu treffen, da beim Überfärben der Baumwolle die Wolle nachdunkelt, worauf beim Färben der
Wolle Rücksicht zu nehmen wäre.

Das beim Lösen der Schwefelfarbstoffe erforderliche Schwefelnatrium
wirkt durch seinen starken Gehalt an OH-Ionen sehr ungünstig auf die
Wollfaser ein, weshalb die Schwefelfarbstoffe nur wenig und zwar hauptsächlich nur für dunkle Stapelnuancen, wie Marine, Braun und Schwarz,
auf Mischfasermaterial zur Anwendung gelangen.

Die schädigende Wirkung des Schwefelalkalis muß unter allen Umständen zurückgedämmt werden. Zu diesem Zweck war der Zusatz
von Schutzkolloiden häufig Gegenstand von Patentanmeldungen und
Abhandlungen in den Fachzeitschriften. Als solche Schutzmittel wurden
empfohlen: Dextrin, Glukose, Leim, Tannin, Sulfitzelluloseablauge, deren
Schutzwirkung vermutlich auf einer Umhüllung der Fasern beruht, die
dann vor der direkten Einwirkung des Alkalis bewahrt ist. Die Wirkung
dieser Mittel ist für helle und mittlere Färbungen ausreichend, bei tiefen,
viel Schwefelnatrium erfordernden Färbungen vermögen sie selbst bei
sehr großen Zugaben keinen genügenden Schutz zu gewähren.

Eine zweite Gruppe von Schutzmitteln bindet durch ihren schwach
sauren Charakter die OH-Ionen des Schwefelalkalis und zwar sind dies
Natriumbisulfit, Natriumbikarbonat und in geringerem Maße auch
Dinatriumphosphat. Der Zusatz dieser Mittel darf natürlich nicht willkürlich geschehen, sondern ist abhängig von der nach chemischen Gesetzen verlaufenden Reaktion, die sich beim Natriumbisulfit wie nachstehend abspielt

$$Na_2S \;+\; NaHSO_3 \;=\; Na_2SO_3 \;+\; NaSH$$

Schwefel-   Natrium-   Natrium-   Natrium-
natrium   bisulfit   sulfit   sulfhydrat

Auf 1 kg Schwefelnatrium kommen ungefähr 0,4 kg Natriumbisulfit
krist. Wird zuviel von diesen Schutzsalzen zugesetzt, erfolgt Ausfällung
der Farbstoffe und Schwefelwasserstoff-Abspaltung.

Verwendet man Natriumbikarbonat, so ist das Salz in die fertige
Farbflotte einzustreuen und keinesfalls durch Aufkochen zu lösen, weil

es dadurch in Soda übergeht, die keine Schutzwirkung ausübt. Ferner ist Ammoniumsulfat als Alkalibindungsmittel viel in Anwendung; seine Wirkung erlaubt die Bäder auf einen möglichst geringen OH-Ionengehalt einzustellen, ohne befürchten zu müssen, daß die Farbstoffe im Bade ausfallen.

Die Lösung der Schwefelfarbstoffe kann auch mit Hydrosulfit und Soda erfolgen, man erhält dadurch Färbebäder, deren Alkaliwirkung geringer ist als bei Schwefelnatrium und die durch Zusatz von Sulfitzelluloseablauge (Protektol) noch weiter gemildert werden kann.

Man verrührt die erforderliche Farbstoffmenge mit der doppelten Menge Soda kalz. und der 10fachen Wassermenge von 70° C und streut dann die gleiche Menge Hydrosulfit konz. Plv. (vom Farbstoffgewicht) ein. Man läßt die so angesetzte Stammküpe 15—20 Minuten stehen, worauf sie dem mit 0,20 g Soda kalz., 0,10 g Hydrosulfit, 10 g Kochsalz und 10 g Protektol IIN pro Liter versetztem Färbebade zugesetzt wird.

Man färbt bei niedriger Temperatur während 20—30 Minuten, worauf sofort gespült und zuletzt mit etwas Essigsäure abgesäuert werden muß. Weil eine ganze Reihe von Schwefelfarbstoffen nach diesem Verfahren zum Ausfallen neigt, sind nur wenige dafür geeignet. Es sei diesbezüglich auf die Angaben der Farbenfabriken verwiesen.

Gefärbt werden die Schwefelfarbstoffe in Apparaten, welche keine Kupfer- oder Bronzeteile besitzen. Am besten eignen sich solche aus Eisen, die der jeweiligen Faseraufmachung angepaßt sind. Loses Material nicht in Übergangsapparaten, weil hier das Bad zu sehr der Luftoxydation ausgesetzt ist; die mechanischen Küpenfärbeapparate sind zweckentsprechender. Kreuzspulen färbt man in den üblichen Apparaten der Wolle (wenn ohne Kupfer und Bronze) oder Baumwolle. Auf Küpenapparaten muß das Material nach dem Färben bzw. Abquetschen sofort gespült werden und soll nicht zur Oxydation an der Luft liegen bleiben.

Trotz aller Vorsichtsmaßnahmen schließt die Färberei wollhaltigen Fasermaterials mit Schwefelfarbstoffen immer noch eine gewisse Unsicherheit in bezug auf Faserschutz ein. Sie blieb aus diesem Grunde mehr dem Färben von wollhaltigem Altmaterial vorbehalten, bei welcher eine evtl. eintretende Schädigung der Wolle nicht die Rolle spielt, wie bei Neumaterial, das in den letzten Jahren z.B. als Wollstra immer mehr zur Färberei gelangt und das, weil zur Streckung der Wollvorräte dienend, sehr häufig dieselben Echtheitseigenschaften aufweisen muß als reine Wolle.

Färben mit Immedialleuko-Farbstoffen. In der Färberei des Neumaterials wollener Mischfasern füllen die vor einiger Zeit von der I. G. Farbenindustrie in den Handel gebrachten Immedialleuko-Farbstoffe eine stark empfundene Lücke aus. Wenn auch erst 11 Vertreter dieser neuen Farbstoffgruppe vorhanden sind, so umspannen ihre, den Schwefelfarbstoffen gemeinsame Nuancen doch den ganzen Farbenkreis und ermöglichen die Herstellung fast aller gedeckten Färbtöne.

Die Farbstoffe stellen, wie der Name schon sagt, Leukoverbindungen der betreffenden Schwefelfarbstoffe dar und brauchen zur Lösung kein Schwefelnatrium; durch einfaches Übergießen mit warmem Wasser lösen sie sich leicht und färben Zellulosefasern unter Zusatz von Koch- oder Glaubersalz aus kalten Bädern kräftig an. Sie enthalten noch etwas Schwefelnatrium, das teils an das Farbstoffmolekül gebunden, teils zur Stabilisierung der Lösung beigemischt ist. Zum Schutz der Wolle ist darum das Färben unter Zuhilfenahme von Schutzmitteln durchzuführen, für das bei helleren und mittleren Farben 5—15 g Protektol IIN pro Liter Bad zur Anwendung kommt, während für dunkle Farben und Schwarz das Arbeiten unter Zusatz von Ammonsulfat vorzuziehen ist. Der Schutz der Wolle ist hierbei weitergehend und die Ausnutzung der Färbebäder etwas besser.

Um eine vorzeitige Oxydation der Färbeflotte bei unruhigem Flottenlauf zu verhindern, ist es zweckmäßig, den Bädern, auf die Färbedauer von einer Stunde verteilt, 2—4 g Hydrosulfit konz. Plv. pro Liter zuzugeben. Dabei bildet sich aber der sehr unangenehm riechende Schwefelwasserstoff, was durch einen Zusatz von 1—3 g Dizyandiamid im Liter eingeschränkt werden kann; doch bedeutet dieser Zusatz eine unliebsame Verteuerung der Färbung, die ohnehin durch die Verwendung von schwefelsaurem Ammoniak und der doppelten Färbung nicht billig zu stehen kommt.

Zur Ausführung der Färbung teigt man den Immedialleuko-Farbstoff mit wenig Wasser von etwa 30° C sorgfältig an, übergießt ihn mit der 10—20fachen Menge Wasser gleicher Temperatur und läßt die Lösung nach gutem Umrühren 10—20 Minuten stehen, bis eine vollkommene Verküpung eingetreten ist. Der so gelöste Farbstoff wird dem Färbebad zugegeben, das für helle Farben mit

> 2% Soda kalz.,
> 5% Ammoniak konz.,
> 5—10 g Protektol IIN im Liter
> 20% Glaubersalz krist.

oder für dunkle Farben

> 4% Soda kalz.,
> 5% Ammoniak konz.
> 20% Ammonsulfat

bestellt ist. Hierauf geht man mit dem vorher gut genetzten und wieder abgekühlten Material in das 20° C warme Bad ein und färbt eine Stunde bei dieser Temperatur. Sollte das Bad die Färbung des Leukofarbstoffes verlieren und dunkler werden, so streut man langsam etwas Hydrosulfit konz. Plv. ein. Nach dem Färben wird gründlich gespült und die Wolle zweckmäßig nach dem Metachromverfahren überfärbt. Es ist dabei zu beachten, daß ein stärkeres Kochen vermieden wird, da dies ein Hellerwerden der Zellulosefärbung mit sich bringen kann. Man arbeite daher am besten bei 90—95° C.

Eine Schwarzmarke steht bei den Immedialleukofarben noch nicht zur Verfügung; im Immedialschwarz MO extra stark ist aber ein Farbstoff vorhanden, der ebenfalls ohne Schwefelnatriumzusatz zu färben ist, der also in der gleichen Weise wie die Immedialleukofarben gefärbt werden kann.

Die Immedialleuko-Farbstoffe benötigen zum Färben ziemlich hohe Prozentsätze, die ein Arbeiten auf stehenden Bädern aus wirtschaftlichen Gründen sehr zweckdienlich machen. Beim Weiterfärben auf alten Flotten sind etwa zwei Drittel bis drei Viertel der ursprünglich angewendeten Farbstoffmenge nachzusetzen.

Färben mit Küpenfarbstoffen. Zur Herstellung besonders echter Färbungen auf Fasermischungen aus Wolle und Baumwolle bzw. Kunstfaser sind für helle Töne einige Helindon- und Indanthrenfarbstoffe geeignet. Die Farbstoffe, die in der 50fachen Wassermenge mit Natronlauge und Hydrosulfit verküpt werden, gibt man in das 50—60° C warme Färbebad, das zuvor mit

> 2% Leim (frisch gelöst) als Faserschutz,
> 2% Ammoniak 25%,
> 2% Hydrosulfit konz. Plv.

vorgeschärft wurde. Nach ½stündiger Färbedauer wird ein Zusatz von 25% Glaubersalz krist. gegeben und noch ½ Stunde weiter gearbeitet. Hierauf wird durch Zulauf kalten Wassers und gleichzeitigem Weglassen der gleichen Menge Färbeflotte bis auf 25° C abgekühlt, dann oxydiert und in einem frischen Bade mit 3% Essigsäure 30% 10 Minuten bei 80° C abgesäuert.

Farbstoffe, die bei diesem Verfahren Wolle und pflanzliche Faser ziemlich gleichmäßig anfärben sind

Helindonorange R Plv.,	Indanthrenbrillantrosa R,
Helindongrün B Plv.,	Indanthrenrot RK,
Helindonblau 3 G Plv.,	Indanthrenscharlach B,
Indigo MLB/BB, MLB/4 B Plv.,	Indanthrenoliv R, 3 G,
Indanthrenbraun G, GG, 3 GT,	Indanthrenkorinth RK,
Indanthrenbrillantgrün B, GG, 4 G,	Indanthrenbrillantviolett RK, BBK,
Indanthrengelb 5 GK,	Indanthrenbrillantorange GK.

E. Färben von Altmaterialien (Reißwolle).

Abgetragene Kleidungsstücke, Abfälle aus Schneidereien, Webereien usw. werden, sofern sie wollhaltig sind, der Textilfabrikation wieder zugeführt. Ihre Wollfasern werden durch mechanische, teils auch durch chemische Prozesse isoliert und dann erneut zu Garn versponnen, das wieder zur Herstellung von Textilfabrikaten dient. Man hat das auf diese Weise zurückgewonnene Textilmaterial früher allgemein als Kunstwolle bezeichnet. Weil es sich dabei aber nicht um ein künstliches Produkt handelt, wie es etwa die Kunstseide darstellt, wendet man in der neueren Zeit die Bezeichnung „Reißwolle" an und bringt damit zum Ausdruck, daß das Altmaterial im ersten Arbeitsprozeß der Faserrückgewinnung auf Reißmaschinen zerrissen wird.

Nach der Art des Materials und der Stoffgattung, von welcher die Reißwolle stammt, unterscheidet man Shoddy, Mungo und Alpaka.

Shoddy wird aus reinwollenen, ungewalkten Stoffen, Tüchern, Schals, Wirk- und Strickwaren gewonnen, die sich leicht auflösen und zerfasern lassen, daher Spinnfasern von 30 mm Länge und darüber ergeben, die für sich allein, oder auch mit reiner Wolle gemischt, versponnen werden.

Mungo wird durch Reißen reinwollener, gewalkter, tuchartiger, verfilzter Stoffe gewonnen, die sich schwer zerfasern lassen und infolgedessen kurze, 5 bis höchstens 20 mm lange, vielfach verletzte Spinnfasern ergeben, die mit etwas Neuwolle, oft auch mit Baumwolle zu groben Fäden versponnen werden.

Alpaka oder Extrakt ist das Produkt, welches man durch Zerreißen gemischter Textilien aus Wolle und Baumwolle erhält. Sehr oft wird die Baumwolle durch Karbonisation der Lumpen entfernt, wenn man es nicht aus Billigkeitsgründen vorzieht, das Material als „Reißhalbwolle" weiter zu verarbeiten.

Karbonisation. Das Prinzip der Karbonisation beruht darauf, die pflanzlichen Fasern durch Einwirkung starker Säuren bei höherer Temperatur zu zerstören, das teils durch völlige Verkohlung der Zellulose, teils durch Überführung derselben in die mürbe, leicht zerreibliche Hydratzellulose gelingt.

Von den in der Praxis gebräuchlichen Karbonisierungsmitteln sind die Schwefelsäure und die Salzsäure die wichtigsten. Das Karbonisieren mit Schwefelsäure geschieht wie folgt: In ein 3—5° Bé starkes Bad, dem man pro Liter 1 g eines säurebeständigen Netzmittels, wie Leonil SB (I. G.), Sapamin CH (Ciba), Neomerpin N, Oranit u. ä. pro Liter zusetzt, wird mit der Ware eingegangen und unter mehrmaligem Umwenden ½—1 Stunde darin belassen. Dann wird nach dem Herausnehmen und Abtropfenlassen in verbleiten Zentrifugen geschleudert, wobei die ablaufende Säure aufgefangen und wieder verwendet wird. Das feuchte Material gelangt nun in den Karbonisierofen, wo es bei einer Temperatur von 90—100° C 1—3 Stunden verbleibt.

Wird mit Salzsäure gearbeitet, so erfolgt die Karbonisation in rotierenden Trommeln mit gasförmiger Salzsäure.

Nach dem Karbonisieren werden die Lumpen durch Klopfen auf dem Klopfwolf von den zerstörten vegetabilischen Fasern befreit. Dann wird das Material gewaschen, mit Sodalösung von 2° Bé kalt neutralisiert und wieder gespült. Geht die Ware sogleich zum Färben, so wird oft nicht neutralisiert, in welchem Falle in der Färberei auf noch anhaftende Säure Rücksicht zu nehmen ist.

Das Abziehen der Reißwolle. In der Praxis der Reißwollfabrikation werden meist die ungerissenen Lumpen abgezogen. Obwohl die Abfälle bei der Sortierung nicht nur in alte und neue, gewalkte und ungewalkte, gestrickte und gewebte, sondern, was für das spätere Färben sehr wichtig ist, nach Farbton und, wenn möglich, auch noch nach Art der Färbung in vermutlich sauer gefärbte leichte Damenstoffe, beizen- oder küpenfarbige Anzug-, Mantel- und Lieferungstuche getrennt werden, bleiben sie doch ein vielfarbiges Material, aus welchem der Färber eine möglichst gleichmäßig gefärbte Ware herstellen muß. In manchen Fällen wird die Sortierung so sorgfältig durchgeführt, daß nach dem Verspinnen ein in der Farbe genügend einheitliches Garn entsteht, das Material also nicht gefärbt zu werden braucht. Die meisten Lumpen werden aber der Färberei zugeführt, welche die alte Farbe zunächst abzuziehen hat und zwar entweder, um auf dunkleren Farben hellere Farbtöne anzubringen oder um eine unechte Färbung des Rohmaterials zu zerstören und so zu verhindern, daß diese nicht zu Klagen Anlaß gibt, wenn die Neufärbung echt sein muß.

Bevor man eine größere Partie Lumpen dem Abziehen unterwirft, ist es empfehlenswert, sich durch Vorproben über die anzuwendende Abziehmethode zu orientieren. Das Probenehmen für den Vorversuch hat mit großer Aufmerksamkeit zu geschehen, da sonst bedeutende Abweichungen beim Abziehen der Partie eintreten können, weil bei den Lumpen in einer Partie echte und unechte Färbungen, wenn auch in gleicher Farbe, vereinigt sind.

Gelingt es nachzuweisen, mit welchen Farbstoffklassen die Lumpen gefärbt sind, so wird dadurch die Wahl des Abziehmittels sehr erleichtert.

Abziehen mit Alkalien. Liegen saure Färbungen vor, so wird man das Abziehen mit Soda oder Ammoniak vornehmen. Weil Wolle alkaliempfindlich ist, sind höhere Temperaturen zu vermeiden. Man behandelt die Lumpen ½ bis 1 Stunde bei 45—50° C mit

5—10% Soda kalz.　　oder　　3—5% Ammoniak 25%

und setzt zur Schonung der Faser 1—2% Sulfitzelluloseablauge (Protektol) zu. Nach dieser Behandlung muß dann gründlich gespült und gesäuert werden.

Abziehen mit Chromkali und Schwefelsäure. Durch Alkali nicht abziehbare Farben, wie Indigo, viele Alizarine, werden durch $\frac{1}{2}$—1stündiges Kochen mit

3—6% Chromkali　　und　　6—12% Schwefelsäure 66° Bé,

die bei karbonisierten und nicht entsäuerten Lumpen wegbleiben kann, abgezogen. Die nach dieser Methode abgezogene Reißwolle kann direkt mit Alizarinfarbstoffen gefärbt werden, da hier das Abziehen mit dem sonst üblichen „Ansieden" zusammenfällt. Durch das Abziehen mit dem Chromsäuregemisch bekommt die Ware einen gelblichen Stich, der für manche Farben belanglos ist. Wo er aber störend wirkt, gelingt es durch teilweisen Ersatz der Schwefelsäure mit Oxalsäure die Gelbstichigkeit auf ein Minimum zu reduzieren.

Durch einen Zusatz von Sulfitzelluloseablauge (Protektol) zum Abziehbade erhält man einen weicheren geschmeidigeren Griff, höhere Elastizität und bessere Spinnfähigkeit des Reißwollmaterials.

Abziehen mit Hydrosulfit-Präparaten. Tritt durch die Behandlung mit Alkalien oder Chromkali und Schwefelsäure nicht der gewünschte Erfolg ein, so wird man durch die Verwendung von Hydrosulfit-Präparaten den nötigen Effekt sicher erreichen. Als bestgeeignet für diesen Zweck haben sich die Zinkformaldehyd-Hydrosulfite erwiesen, die unter den Namen

Decrolin
Decrolin AZA   } I. G. Farbenindustrie
Decrolin lösl. konz.
Hydrosulfit BZ, Ciba
Hydrosulfit BZ wasserlöslich, Ciba
Hydrosulfit Z
Hydrosulfit Z wasserlöslich } Geigy

im Handel sind. Die nicht mit „wasserlöslich" bezeichneten Produkte sind in Wasser unlösliche Verbindungen, welche erst auf Zusatz von Säuren, und zwar Ameisen- oder Schwefelsäure, in Lösung gehen.

Alle Produkte sind in ihrer Wirkung fast gleichwertig. Die anzuwendende Menge richtet sich nach Tiefe und Echtheit der abzuziehenden Farben einerseits und nach dem Grade der gewünschten Entfärbung andererseits, was von Fall zu Fall durch kleine Vorversuche festgestellt wird.

3—4% der genannten Hydrosulfitpräparate
1½—4% Ameisensäure 85proz. oder
1½—4% Schwefelsäure 66° Bé

werden in den meisten Fällen genügen.

Karbonisiertes Material, welches nicht neutralisiert wurde, kann ohne oder mit verringertem Säurezusatz abgezogen werden. Zur vollständigen Ausnutzung des Abziehmittels muß darauf geachtet werden, daß das Abziehbad bis zum Schluß genügend sauer bleibt (blaues Lackmuspapier muß deutlich gerötet werden), anderenfalls setzt man noch etwas Säure nach und behandelt noch einige Zeit.

Das Abziehen geschieht am besten in Holzkufen, da Kupfer leicht Fleckenbildung hervorruft. Arbeitet man in mechanischen Apparaten, so kommen nur solche Packapparate in Frage, bei welchen die Flotte nicht zuviel mit der Luft in Berührung kommt. Übergußapparate sind deshalb nicht zu gebrauchen. Das vorher mit Soda gereinigte Material wird in das 40° C warme Bad gebracht, das langsam zum Kochen getrieben und solange kochend gehalten wird, bis die Zerstörung des Farbstoffes erreicht ist, was in ungefähr ½stündiger Kochdauer eintritt. Nach beendetem Abziehen muß einmal warm und dann kalt gespült werden.

In manchen Fällen wird man dem Abziehen mit Hydrosulfit noch eine lauwarme Behandlung mit Soda folgen lassen müssen, weil eine ganze Anzahl von Säurefarbstoffen durch die genannten Hydrosulfite nicht genügend zerstört werden.

Auch im alkalischen Bade können mit Hilfe des zum Färben von Küpenfarbstoffen gebräuchlichen Hydrosulfit konz. namentlich küpenfarbige Lumpen, aber auch alle stark fetthaltigen Materialien, wie beispielsweise Reißwollkreuzspulen, abgezogen werden. Der Abzieheffekt steht, wenn es sich nicht um Küpenfärbungen handelt, hinter dem im sauren Bade erreichbaren etwas zurück.

Das 70° C warme Bad wird zunächst mit 5—8% Soda kalz. bestellt und erhält zum Schutz der Wolle 1—2% Protektol und schließlich 4% Hydrosulfit konz. Plv. Man läßt dieses Bad ¾ Stunde einwirken, worauf gespült und nachfolgend schwach abgesäuert wird.

Färben der Reißwolle. Reißwolle, die in Form von ungerissenen oder gerissenen Lumpen oder auch schon zu fertig versponnenem Garn als Kreuzspule zur Färberei gelangt, wird nach den allgemeingültigen Regeln der Wollfärberei bzw. Halbwollfärberei gefärbt.

Die Farbstoffe werden entsprechend den für den jeweils herzustellenden Artikel geforderten Echtheitseigenschaften gewählt. An die Licht- und Walkechtheit dieser Färbungen kann jedoch nicht immer der gleiche Anspruch gestellt werden wie bei Neuwolle, da häufig der Untergrund der Reißwolle die Echtheit mehr oder weniger beeinflußt.

Reißhalbwolle in loser Form, gerissen oder ungerissen, kommt nur dann zum Färben, wenn es sich um Herstellung von halbwollenen Walkwaren handelt; aus dieser Verwendungsweise ergibt sich die Bedingung einer möglichst walkechten Färbung, die nach dem Halbwollchromverfahren oder durch Vorfärben der Baumwolle mit Schwefelfarbstoffen und Nachfärben der Wolle mit Chromierungsfarbstoffen vorzunehmen ist. Das Färben selbst erfolgt in den gleichen Apparaten, wie sie für die betreffende Aufmachungsform für Neumaterial gebräuchlich sind.

F. Färben bei künstlichem Licht.

Das Tageslicht. An dem Zustandekommen der Farbe als Empfindung sind eine Anzahl objektiver und subjektiver Momente beteiligt. Eines der objektiven Momente ist die Beleuchtung, bei welcher die Farbe betrachtet wird.

Gemeinhin wird das Tageslicht als das „richtige Licht" bezeichnet, bei welchem Farben verglichen werden können und doch ist das Tageslicht für den Färber in dieser Beziehung nicht immer sehr verläßlich. Das Sonnenlicht setzt sich bekanntlich aus verschiedenfarbigen Lichtstrahlen zusammen. Die verschiedene Farbe dieser Lichtstrahlen entsteht dadurch, daß die Wellenlängen, die für jede Farbe verschieden, für diese aber konstant ist, im menschlichen Auge die jeweiligen Farbenempfindungen hervorrufen.

Das Tageslicht wird in seiner Zusammensetzung von unserem Auge als weiß empfunden, daß es aber aus Lichtstrahlen verschiedener Wellenlänge besteht, ist deutlich im Regenbogen zu erkennen, der auf einer Brechung der Lichtstrahlen im Wassertropfen beruht, wobei die Lichtstrahlen verschiedener Wellenlänge unter verschiedenen Winkeln gebrochen und damit voneinander getrennt werden.

Von den gesamten Strahlen des Tageslichtes, die auf einen farbigen Körper fallen, wird der Teil, der dem Farbton des Körpers nicht entspricht, verschluckt und in Wärme oder chemische Energie umgesetzt, die Strahlen aber, die der Farbe des Gegenstandes entsprechen, werden zurückgeworfen. Dieser zurückgeworfene Teil der Strahlen löst im Auge die Farbenempfindung aus. Würde etwa ein Licht nur rote Strahlen enthalten, so könnten mangels anderer Strahlen nur rote zurückgeworfen werden, alle Körper würden rot erscheinen, bzw. diejenigen, die rotes Licht nicht reflektieren, schwarz aussehen, blaue und grüne Töne wären somit unmöglich.

Auf die Beugung der Lichtstrahlen durch den atmosphärischen Dunst, ähnlich wie beim Regenbogen, beruht z.T. die schwankende Zusammensetzung des Tageslichtes im Ablauf eines Tages. An sonnigen Tagen ist das Licht morgens gelber als während der Tagesmitte, wo es mehr blaue Strahlen enthält und gegen Abend sind wieder mehr rote Strahlen vorhanden. An klaren Sonnentagen hat das Tageslicht eine andere Zusammensetzung als bei bedecktem Himmel. Selbst zur gleichen Tageszeit hat das in ein nach Norden gehendes Fenster einfallende Licht mehr blaue Strahlen als bei einem nach Süden zeigenden Fenster. Diese verhältnismäßig geringen Schwankungen in der spektralen Zusammensetzung des Tageslichtes erschweren ungemein die Arbeit des Färbers, wenn er genau nach Muster zu färben hat, weil die Farbvergleiche immer verschieden ausfallen, ob man sie bei klarem oder trübem Wetter oder an einem Süd- oder Nordfenster vornimmt.

Einfluß künstlichen Lichtes auf die Beurteilung der Farben. Noch krasser werden die Farbunterschiede bei künstlichem Licht. Fast alle künstlichen Lichtquellen haben mehr rote und gelbe Strahlen und einen Mangel an blauen.

Eine Farbe stimmt mit dem Muster auch bei wechselnder Beleuchtung nur dann überein, wenn sie mit genau denselben Farbstoffen gefärbt wurde, die auch beim Muster Verwendung fanden, woraus sich natürlich auch ergibt, daß die Mengenverhältnisse bei beiden die gleichen sein müssen. Dies trifft aber in den allerwenigsten Fällen zu und ist nur dann wahrscheinlich, wenn das Muster der gleichen Färberei entstammt. Meist erhält der Färber eine Farbvorlage, von welcher er nicht weiß, mit welchen Farbstoffen sie gefärbt wurde. Ihm ist es bei der Ausführung des Auftrages überlassen, die Farbstoffe auszuwählen, er wird sich dabei nach den gestellten Echtheitsansprüchen richten und sich sonst von wirtschaftlichen und färbereitechnischen Erwägungen leiten lassen. Wenn er es aber unterläßt, die Farbvorlage mit ähnlichen Farbtönen seiner eigenen Ausfärbung bei künstlichem Licht zu betrachten und bei Differenzen in der Nuancenbeurteilung vor Inangriffnahme der Färbung die Auswahl der Farbstoffe danach einzustellen, so wird er beim Färben sehr bald feststellen müssen, daß das gute Treffen des Tones der Vorlage kaum gelingen will. Der Färber wird in solchen Fällen allzu leicht dazu verleitet, eine im Tageslicht gut stimmende Partie infolge wechselnder Beleuchtung für nicht nach Muster zu halten und unnötig lange daran herumfärben, ohne jedoch zu einem besseren Ergebnis zu gelangen.

Eine Färbung kann bei einer gewissen Tagesbeleuchtung mit der Vorlage gut übereinstimmen, gehen beide aber bei künstlichem Licht auseinander, so stimmen sie auch bei wechselndem Tageslicht nicht überein.

Metamerie der Farben. Farben, die bei gleichem Aussehen im Tageslicht bei künstlicher Beleuchtung differenzieren, nennt W. Ostwald „metamer". Metamerie ist bei r e i n e n Farbtönen nur in seltenen Fällen zu beobachten, dagegen aber sehr häufig bei den durch Schwarz- bzw. Graubeimischung entstehenden trüben Farbtönen. Nach Ostwald entsteht ein Farbeneindruck in der Weise, daß nicht allein das zu ihm gehörende Licht seines Spektralbereiches zurückgeworfen wird, sondern daß auch die Lichter der rechts und links benachbarten, bis zur Hälfte des Farbenkreises sich ausdehnenden Lichter daran beteiligt sind, wogegen die Lichter der gegenüberliegenden Hälfte des Farbenkreises geschluckt werden. Wenn aber eine Fläche von allen auf sie fallenden Lichtstrahlen einen gleichen Bruchteil zurücksendet und den Rest verschluckt, so wirkt diese Fläche für das Farbenempfinden grau.

Mischt der Färber zwei im Farbkreis sich gegenüberliegende Farbstoffe im richtigen Verhältnis miteinander und färbt sie aus, so ist die entstehende Farbe ein Grau, denn die Lichter beider Farbenhälften werden in gleichen Anteilen zurückgeworfen. Man kann am Tageslicht gleichwertige Grau färben, z.B. durch Mischen von Rot mit Grün, oder Gelb mit Violett und ferner durch Mischen von Blau mit Orange. Bei künstlicher Beleuchtung weichen diese Grau aber alle stark voneinander ab. Das erste enthält nichts von den Lichtstrahlen, die im künstlichen Licht fehlen, seine Lichter sind ziemlich alle im künstlichen Licht vorhanden und selbstverständlich auch im Tageslicht. Dieses Grau ist bei Tage und am Abend, bei Licht betrachtet, ziemlich gleich.

Das zweite Grau dagegen enthält durch das Violett die Lichter, die das künstliche Licht nicht hat. Es fehlen dem Lampenlicht die Strahlen, die das Gelb der Färbung zu Grau aufheben, weshalb die Farbtönung im Vergleich mit dem ersten Grau bedeutend röter erscheint.

Das dritte Grau ist bei künstlichem Licht viel grüner, weil die wenigen blauen Strahlen des künstlichen Lichtes nicht ausreichen, das Orange der Färbung zu decken. Das zurückgeworfene Licht muß deshalb wegen der Vorherrschaft des Orange grünlicher erscheinen.

Färberisch richtiger ist es, das Grau nicht mit zwei, sondern mit drei Farbstoffen zu mischen und zwar mit einem Gelb, einem Rot und einem Blau, die möglichst gleichmäßig über den Ostwaldschen Farbenkreis verteilt sind. Das daraus entstehende Grau wird sich bei einer künstlichen Lichtquelle im Vergleich zum Tageslicht nicht sehr verschieden verhalten, wenn die Rückstrahlungsgebiete der drei Farbstoffe sehr breit sind und sich womöglich überdecken. Ostwald geht sogar so weit, daß er mindestens fünf Farbstoffe, die sich gleichmäßig über den ganzen Farbenkreis verteilen, für eine Graumischung verwendet wissen will, weil nur auf diese Weise ein ideales Grau herzustellen sei. Ferner hat Ostwald auch vorgeschlagen, möglichst trübe Farben zu wählen, die infolge ihres Schwarzgehaltes viele Lichter aus dem Gegenfarbenhalb mitbringen. Bei den substantiven Schwefel-Küpen- und Chromierungsfarben trifft dies auch zu, denn ihre Färbungen sind nicht in dem Maße der Veränderung bei künstlichem Licht unterworfen, wie die aus reinem Rot, Gelb und Blau erzeugten Farbtöne.

Wegen der guten Egalisierungseigenschaften werden in der Wollfärberei mit sauren Farbstoffen die reinen Grundfarben fast immer zur Farbenmischung gebraucht. Dabei wird aber oft der Fehler begangen und Farbstoffe verwendet, die im

Farbenkreis ziemlich benachbart sind, die den Farbenkreis nicht schließen und Lücken freilassen, die nicht von Lichtern ausgefüllt sind. Aber auch, wenn bei sonst richtiger Mischung von Gelb, Rot und Blau mit einem Farbstoff nuanciert wird, der im richtigen Aufbau der Farbe nicht hineingehört, entstehen sofort Unterschiede in der Übereinstimmung bei wechselnder Beleuchtung. Wurde z.B. ein Orange statt Gelb und Rot zum Nuancieren benutzt, so wird die Farbe bei Licht viel grüner und andererseits röter, wenn ein Violett, statt Rot und Blau, zum Nuancieren genommen wurde.

Die auf diese Weise entstehenden Probleme der Farbenübereinstimmung bzw. Differenzierung sind so mannigfaltig und oft derart kompliziert, daß es hier zu weit führen würde, die Frage des mustergetreuen Färbens eingehend zu erörtern. Zur Farbenbegutachtung sind ja nicht allein die objektiven Momente der Farbstoffwahl und Beleuchtung usw., sondern auch die subjektiven des relativen Farbensehens, das bei den verschiedenen Menschen durchaus nicht gleich ist, von bestimmender Bedeutung.

Leuchtgeräte mit tageslichtähnlichem Licht. Obige Beispiele der Farbenmischung sollen darauf hinweisen, wie außerordentlich wichtig und notwendig es ist, sich beim Arbeiten in der Färberei an den tageslichtarmen Tagen der Winterszeit und selbstverständlich auch an dunklen Regentagen der übrigen Jahreszeiten einer Lichtquelle zu bedienen, welche der spektralen Zusammensetzung des Tageslichtes gleich oder möglichst so nahe kommt, daß auch in schwierigen Fällen die Farben so in Übereinstimmung mit der Vorlage gebracht werden können, daß sie auch am Tageslicht stimmen.

Für diesen Zweck wurden von der Industrie eine Anzahl von Leuchtkörpern entwickelt, deren Prinzip darauf beruht, die im künstlichen Licht zuviel enthaltenen roten und gelben Strahlen herauszufiltrieren. Es wurden Leuchtgeräte mit abgestimmten bläulichen und grünlichen Scheiben versehen, die durch ihre gerillte oder geritzte Oberfläche gleichzeitig ein zerstreutes Licht erzeugen, das bei der Musterung durchaus wünschenswert ist, um sich bei glänzenden Proben nicht durch übermäßiges Glanzlicht täuschen zu lassen. Die spektrale Zusammensetzung des Lichtes dieser Tageslichtlampen ist dem Tageslicht aber nicht ganz gleichwertig, bei Farbenmetamerie versagen sie, eine bei dieser Lichtquelle genau auf Muster gefärbte Partie stimmt am Tageslicht ganz und gar nicht mit der Vorlage überein. Nur in solchen Fällen, wo Färbung und Muster mit denselben Farbstoffen erzeugt wurden, kommt man zu guten Resultaten mit solchen Tageslichtlampen.

Ein anderes Tageslichtgerät ist die sog. Lumina-Tageslichtbrille der Lumina-Gesellschaft für Lichttechnik in Wien, die, weil nur die Brillengläser aus farbigen Filtern bestehen, recht preiswert sind. (Im Prinzip ist es ja gleichgültig, wo die Korrektur der Strahlenzusammensetzung stattfindet.) Auch dieses Gerät ist trotz seiner genau auf Dicke geschliffenen Gläser, die auf den Strahlendurchgang fein abgestimmt sind, kein so vollwertiger Ersatz für das Tageslicht, daß es auch in schwierigen Fällen der Abmusterung brauchbar wäre.

Alle diese auf Filterwirkung beruhenden Tageslichtlampen verschieben nur die gelblichrote Lichtfarbe der Leuchten nach Weiß, sie vermögen nicht das Tageslicht herzustellen, schon deshalb nicht, weil dem Kunstlicht Strahlen fehlen, die das Tageslicht besitzt.

Anders verhält sich das Moore-Licht, dessen spektrale Zusammensetzung mit einem winzigen Plus an grünen Strahlen dem Tageslicht gleichwertig ist.

Während die gewöhnlichen Kunstlichtquellen auf Temperaturstrahlung beruhen, d.h. darauf, daß Körper auf eine sehr hohe Temperatur erhitzt und damit leuchtend werden, beruht das Moore-Licht auf dem sog. Lumineszenzleuchten. Das Licht entsteht beim Durchgang eines hochgespannten Wechselstromes durch eine luftleer gemachte Röhre. Indem in diese Röhren Spuren von verschiedenen Gasen eingefüllt werden, wird die Leuchtfarbe bestimmt. Füllt man beispielsweise das Edelgas Neon ein, so entsteht ein intensiv rotes Licht. Bei einer Stickstoff-Füllung ist das Licht gelbrosa und bei Kohlensäure rein Weiß, und zwar genau so Weiß wie das Tageslicht. Abb. 133 zeigt ein Spektogramm der Kohlensäureentladung im

Abb. 133. Spektrogramm der Kohlensäureentladung (oben) und des Tageslichtes (unten). (Entnommen der ETZ 1925 S. 451, Aufsatz von C. Samson.)

Vergleich zum Tageslichtspektrum. Wenn auch die Abbildung nicht die quantitativen Verhältnisse erkennen läßt, so gibt sie doch immerhin ein gutes Bild von der erreichten Annäherung.

Eine Gegenüberstellung des Moore-Lichtes mit dem natürlichen Tageslicht und den gebräuchlichen Lichtquellen zeigt Abb. 134. Wie daraus zu erkennen, ist die Leuchtfarbe der Kohlensäureröhre bis auf das geringe Mehr von 1% an grünen Strahlen mit dem normalen Tageslicht des bedeckten Himmels übereinstimmend.

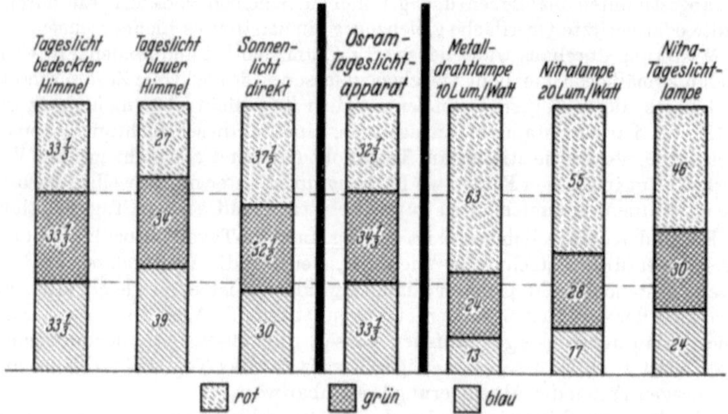

Abb. 134. Vergleich des Osram-Tageslicht-Apparates mit anderen Lichtquellen. (Die Farbanteile sind für Tageslicht bedeckten Himmel 33 ½ % gesetzt.) (Osram G. m. b. H., Berlin.)

Eine sehr praktische Form eines Moore-Lichtgerätes ist der Osram-Tageslicht-Apparat, der so wenig Raum beansprucht, daß er im kleinsten Musterzimmer einer Färberei gut unterzubringen ist.

Der Apparat, den die Abb. 135 verbildlicht, besteht im wesentlichen aus einer Gasentladungsröhre, die mit einer Mischung von Kohlensäure und etwas Helium unter geringem Druck gefüllt ist. Zur steten Erneuerung der Kohlensäure dient ein

in die Glasröhre eingeschlossener elektrisch erwärmter Karbonatstab. Die von
diesem gelieferte Gasmenge ist genau dem Verbrauch in der Leuchtröhre angepaßt.

Die Leuchtröhre ist schlangenförmig gebogen und in einem Lichtfenster befestigt. Dieses ist nach allen Seiten kipp- und schwenkbar und gestattet den Beleuchtungswinkel beliebig einzustellen.

Das Lichtfenster ist durch ein Rohrgestänge mit dem Unterbau des Gerätes verbunden, der die elektrische Einrichtung, insbesondere den Transformator, enthält.

Der Apparat kann mit einem Stecker an jedes Wechselstromnetz angeschlossen werden. Bei Gleichstrom muß eine vorherige Umformung in Wechselstrom stattfinden.

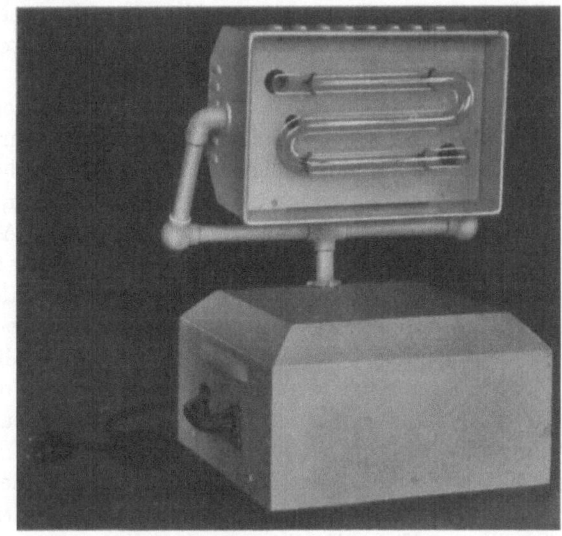

Abb. 135. Leuchtgerät für künstl. Tageslicht.
(Osram G. m. b. H., Berlin.)

Dieses Tageslichtgerät leistet vorzügliche Dienste beim Abmustern der Farben und führt nur im
grünen Bereich bei starker Metamerie zu etwas unsicherem Beurteilen der Farbtöne.

G. Trocknen.

Bevor die gefärbten Textilien einer Weiterverarbeitung unterworfen
werden können, müssen sie getrocknet werden. Nur das auf Kettbäumen
gefärbte Garn macht darin in vielen Fällen eine Ausnahme, weil es beim
Schlichten mit der Schlichtflotte oder beim Glänzen der Fäden für die
Nähfadenherstellung mit der Fadenappretur wieder benetzt wird, eine
vorauffolgende Trocknung demnach unnötig ist.

Grundbedingung für ein wirtschaftliches Trocknen ist die möglichst
vollständige Entwässerung des gebleichten oder gefärbten Materials,
denn jedes Kilogramm zuviel zurückgebliebenes Wasser erfordert kostspieligen Wärmeaufwand beim Trocknen.

Entwässerung durch Absaugen. Im Aufstecksystem gefärbte Kops
werden zweckmäßig mittels der den betreffenden Apparaten angegliederten Vakuumeinrichtungen entwässert, ebenso Kettbäume, die, wie
schon früher gesagt, durch die Heißevakuierung bis auf 55% Wassergehalt entwässert werden können. Ein für das Trocknen genügendes
Entwässern von Kreuzspulen ist jedoch durch Absaugen allein nicht
durchführbar, da die Durchlässigkeit dieser Wickel für Luft zu groß ist

und infolgedessen beim Absaugen zu wenig Flüssigkeit mitgerissen wird. Es ist daher angebracht, auch die im Aufstecksystem gefärbten Kreuzspulen vor dem Trocknen zu schleudern. Desgleichen bedient man sich zum Entwässern aller im Packsystem gebleichten oder gefärbten Materialien der Zentrifuge.

Entwässerung durch Ausschleudern. Die früher gebräuchliche Zentrifuge, deren Kesselachse in starren Lagern geführt und von oben durch Friktionsscheibe angetrieben wurde, ist schon längst durch die durch Pufferführung elastisch gelagerte Konstruktion, deren Antrieb durch Riemen von unten erfolgt, verdrängt worden. Aber auch diese Zentrifugenbauart wird neuerdings bei Neuanfertigung nicht mehr ausgeführt, denn die Pufferlagerung war bei ungleicher Beschickung des Zentrifugenkessels so empfindlich, daß die ganze Maschine in bedenkliches Schwanken geriet und zur Korrektur der Massenverteilung stillgestellt werden mußte. Derartige Zentrifugen benötigten recht viel Zeit, denn abgesehen von der außergewöhnlichen Empfindlichkeit ist die Anlauf- und Bremszeit oft länger als die eigentliche Schleuderzeit.

Mit der Hänge- oder Pendelzentrifuge sind die vielerlei Nachteile der puffergelagerten Unterbetriebszentrifuge beseitigt worden. Bei den Pendelzentrifugen ist die ganze Maschine an drei Punkten mit Stangen, die in aufgesetzte Halbkugeln oder Federn auslaufen, aufgehängt, wodurch die Zentrifuge in die Lage versetzt ist, auch bei ungleichmäßiger Beladung um die Schwerachse zu rotieren. In diesen drei Aufhängepunkten wird der Schwung so gedämpft, daß die Zentrifuge nicht ins Schwanken oder Hüpfen kommt, es entsteht lediglich eine leichte Vibration, die sich nicht auf die Fundamente übertragen kann, also auch nicht die Gebäude erschüttert, wie man es bei den Zentrifugen alter Konstruktion gewohnt war.

Der Antrieb des Schleuderkessels erfolgt bei den Pendelzentrifugen am zweckmäßigsten durch einen auf die Kesselachse gebauten Motor. Man findet wohl auch Konstruktionen, bei welchen der Motor außen am Zentrifugenmantel angebaut ist, der Antrieb erfolgt dabei durch Riemenübertragung. Man hat diese Bauart aber nur deshalb ausgeführt, um bei evtl. Störungen am Motor sofort eingreifen zu können. Die Elektromotorentechnik hat in den letzten Jahren aber solche Motore herausgebracht, die selbst in den ewig nassen Betrieben der Färberei bei einiger Pflege auch nach Jahren nicht versagen und die darum, unbeschadet aller Befeuchtung von außen, unterhalb des Zentrifugenkessels direkt auf die Kesselachse gebaut werden können.

Die schönste Anordnung des Motors auf die Kesselachse ist die ohne Kupplung, indem das fertiggenietete Ständerblechpaket in eine hutartige Erhöhung des Zentrifugenkessels eingebaut wird, der dann gleichzeitig als Gehäuse dient, während das Ankerblechpaket auf die Zentrifugenachse aufgeschoben wird. Durch den Wegfall von Kupplung und Gehäuse wird eine für die Beschickung sehr bequeme niedrige Bauhöhe der Zentrifuge erreicht (s. Abb. 136a u. b). Im Kesselinnern beansprucht der eingebaute Motor wohl etwas Laderaum, doch ist dieser so gering, daß er kaum in Betracht zu ziehen ist. Wünscht man den Motor nicht in den Kessel eingebaut, so muß der Motor durch Kupplung mit der Kesselachse verbunden werden; dies bedingt aber eine Bodengrube, welche wegen der Wasser- und Unratansammlung eine ständige Gefahr für den Motor bedeutet. Solche Bodengruben geben, wenn sie nicht mit der Kanalisation in Verbindung stehen, ewig An-

Abb. 136a. Pendelzentrifuge. (H. Krantz, Aachen.)

laß zu Mißhelligkeiten und sind deshalb möglichst zu vermeiden.

Die Anlaufzeit derartiger Zentrifugen ist dank des eingebauten kurzgeschlossenen Asynchronmotors sehr kurz, in längstens einer Minute ist beispielsweise eine Zentrifuge mit 1000 mm Kesseldurchmesser auf voller Umlaufzahl. Der Anker des Motors hat eine Schleifringwicklung, um hohes Anlaufmoment zu erreichen, wird aber wie ein Kurzschlußläufer angeschlossen und betrieben unter Vorschaltung eines festen Anlaufwiderstandes, der mit der Welle umläuft, also Schleifringe entbehrlich macht und die Anlaßwärme aus dem Läufer herauszieht. Gebremst werden kann die Zentrifuge elektrisch im Gegenstrom oder elektromechanisch oder ganz mechanisch, wobei eine Bandbremse direkt auf einen auf den Kesselboden angegossenen Bremsring von großem Durchmesser einwirkt. Diese Bremsen wirken sehr schnell, in 10—20 Sekunden kommt die Zentrifuge damit zum Stillstand.

Abb. 136b. Schnitt durch eine Pendelzentrifuge mit eingebautem Elektromotor. (H. Krantz, Maschinenfabrik, Aachen.)

Für Betriebe mit vielen Zentrifugen ist die selbsttätige Steuerung sehr am Platze, weil mit Hilfe einer Schaltuhr das Anlassen, das Schleudern während einer einstellbaren Dauer und schließlich das Bremsen und Ausschalten selbsttätig abgewickelt wird, so daß eine Person mehrere Zentrifugen bedienen kann.

Obwohl die Pendelzentrifuge in der Lage ist, erhebliche Ungleichmäßigkeit in der Beladung auszugleichen, soll sie jedoch möglichst gleichmäßig beladen werden, was ihre Lebensdauer wesentlich verlängert.

Zum Zentrifugieren von im Packsystem gefärbten oder gebleichten Kops werden diese in entsprechend geformte, an der Außenseite perforierte Kästen eingeschichtet, die in den Zentrifugenkessel eingesetzt werden.

Zum Schleudern des in Packapparaten mit ringförmigem Materialraum gefärbten Fasergutes kann, wie bereits auf S. 126 erwähnt, eine

Abb. 137. Liegende Kettbaumschleuder, (Zittauer Maschinenfabrik A.-G., Zittau.)

Zentrifuge Verwendung finden, in welche die Materialbehälter des Apparates ohne Umpacken eingesetzt werden können. Diese Einrichtung ist sehr praktisch und sollte eigentlich bei keinem derartigen Färbeapparat fehlen.

Die Entwässerung der Kettbäume kann auf allen Färbeapparaten durch Saug- oder Druckluft erfolgen, wobei aber in den meisten Fällen eine Entwässerung von höchstens 100% erreicht wird. Für die Fertigstellung nach erfolgter Naßbehandlung genügt dieser Entwässerungseffekt nicht in allen Fällen, weshalb man auch hier besonders konstruierte Zentrifugen anwendet. In der Naphtholfärberei, wo es wegen der guten Reibechtheit auf möglichst völlige Entfernung der anhaftenden Grundierungsflotte ankommt, ist Ausschleudern unerläßlich.

Wenn die Kettbäume in liegenden Apparaten gefärbt wurden, bedient man sich zur Entwässerung auch einer liegenden Kettbaumschleuder. Die Abb. 137 verbildlicht eine solche Schleuder der Zittauer Maschinenfabrik A.-G., die auch pendelnd gelagert ist und sich durch stoßfreien Gang auszeichnet. Der Antrieb erfolgt durch direkt gekuppelten Motor. Durch den Kettbaum selbst wird während des Schleuderns ein Versteifungsrohr gesteckt, was eine Bruchgefahr ausschließt. Während des Schleuderns wird der Kettbaum mit einer leicht aufklappbaren Haube überdeckt, welche die herausgeschleuderte Flüssigkeit auffängt.

Die Färberei stehender Kettbäume bedient sich auch stehender Kettbaumschleudern, die, wie die Pendelzentrifugen, an drei Punkten pendelnd aufgehängt sind. Die hohe Bauart bedingt aber eine Grube, die, um Wasseransammlungen darin zu verhüten, an das Kanalnetz angeschlossen sein soll. Die Abb. 138 zeigt die stehende Kettbaumschleuder der Firma Obermaier & Cie., die in fast gleicher Ausführung auch andere Maschinenfabriken bauen. Bei allen diesen Zentrifugen erfolgt der Antrieb, wie bei den Pendelzentrifugen allgemein, durch einen unten auf die Schleuderachse angebrachten Motor. Die Kettbaumschleuder der Zittauer Maschinen-

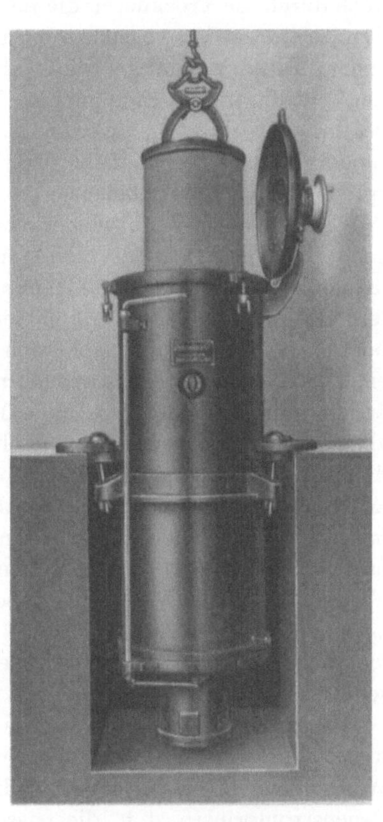

Abb. 138. Stehende Kettbaumschleuder.
(Obermaier & Cie., Neustadt a. H.)

fabrik kann auch zur Entwässerung der nach dem Schleuderaufstecksystem gefärbten Kreuzspulen dienen, in diesem Falle ist sie als Heißluftschleuder ausgebildet und entwässert die Spulen bis auf 25 bis 30 % Wassergehalt.

Grundsätzliches zum Trocknen der Textilfasern[1]. Das möglichst weitgehend entwässerte Material wird nun der eigentlichen Trocknung unter-

---

[1] Reyscher, K.: Die Lehre vom Trocknen. 2. Aufl. Berlin: Julius Springer 1927. Hirsch, M.: Die Trockentechnik. 2. Aufl. Berlin: Julius Springer 1932.

worfen. Dabei wird sehr häufig der Fehler begangen, daß in möglichst kurzer Zeit mit großer Hitze viel Material getrocknet werden soll. Sehr oft sind in den Betrieben die Trockeneinrichtungen zu klein bemessen und zwar entweder durch falsche Berechnung von vornherein, oder die Trockeneinrichtung wurde nicht in dem Maße mit erweitert, wie die Färbereianlage vergrößert wurde. Die höhere Produktion muß aber doch durch die Trocknerei, die nun ihrerseits durch Anwendung höherer Temperaturen den vermehrten Anfall des Trockengutes zu bewältigen sucht. Diese Maßnahme wirkt aber auf die wertvollen Eigenschaften der Textilfaser nur schädlich ein. Trockene Hitze ist für die Fasern viel gefährlicher als z. B. die Kochtemperatur in Färbebädern. Ganz besonders bei unversponnenem Material macht die trockene Hitze die Faser spröde und hart, die dabei ihre Geschmeidigkeit verliert, die sie auch durch Wiederbefeuchtung nie wieder voll erreicht. Ein übertrocknetes, ausgedörrtes Fasermaterial bleibt immer spröde und kann wegen der mangelnden Geschmeidigkeit nur äußerst schwer versponnen werden und ergibt stets Garne mit härterem und rauherem Griff. Aber auch bei fertigen Gespinsten macht sich das zu scharfe Trocknen sofort durch einen rauheren Griff bemerkbar, namentlich feine Wollgarne reagieren äußerst empfindlich auf zu hohe Trockentemperaturen. Darum sollten alle Trockeneinrichtungen möglichst groß, lieber zu groß als zu klein dimensioniert sein, damit nicht durch hohe Temperaturen der Mangel an Trockenraum ausgeglichen werden muß. Lieber in großen Apparaten mit niedrigeren Temperaturen länger trocknen als umgekehrt zu verfahren. Die aufzuwendende Wärmemenge zur Verdampfung des in der Faser befindlichen Wassers ist dabei nicht größer und schließlich kommt es ja auch nicht so sehr darauf an, mit möglichst wenig Wärmeaufwand viel und schnell zu trocknen, sondern den Fasern ihre wertvollen Eigenschaften auch beim Trocknen zu erhalten[1].

Die modernen Trockenanlagen arbeiten alle mit starker Luftbewegung, was für die schnelle Trocknung bei gelinden Temperaturen von größter Wichtigkeit ist. Auch arbeiten die meisten Einrichtungen nach dem Gegenstromprinzip, d. h. die nasseste Ware kommt mit der nassesten heißen Luft zuerst in Berührung. Dadurch wird zunächst das Material erwärmt ohne sehr viel an Feuchtigkeit abzugeben. Kommt es nun in der nächsten Trockenstufe mit der weniger feuchten Luft in Berührung, so erfolgt hier Trocknung, die nun von Stufe zu Stufe langsam zunimmt. In der letzten Trockenstufe darf aber nie ganz trockene Luft auf das schon sehr weit getrocknete Material einwirken. Die

---

[1] Löscher, M.: Betrachtungen über das Trocknen der Textilien. Melliand Textilber. 1928 S. 981. Zusätzliches hierzu: Brüggemann, H.: Melliand Textilber. 1929 S. 362. — Beckers, P.: Die textilen Trockenanlagen. Klepzigs Textil-Z. 1936 S. 624.

Trockenapparate müssen deshalb so gebaut sein, daß sie in der letzten Trockenstufe neben der erwärmten Frischluft auch etwas feuchte Abluft aus der feuchtesten Zone erhalten. Dadurch erfolgt die letzte Trocknung nicht ausdörrend in der fast wasserfreien erwärmten Frischluft, sondern in einer dunsthaltigen angefeuchteten Luft, die den Textilfasern immer noch eine gewisse Feuchtigkeit läßt.

Wiederbefeuchtung. Die Trocknung in Apparaten kann praktisch nicht so geleitet werden, daß den Textilien nicht Feuchtigkeit über ihren natürlichen Gehalt hinaus entzogen wird. Aus Gründen des Handels muß dieses zuviel entfernte Wasser jedoch wieder ersetzt werden, was entweder durch Naturbefeuchtung oder in besonderen Befeuchtungszonen der Trockeneinrichtung erfolgt. Läßt man den Textilien nach dem Trocknen genügend Zeit, so nehmen sie aus der sie umgebenden Luft die Feuchtigkeit wieder auf und gewinnen mit der Erreichung des natürlichen Wassergehaltes, der bei der Baumwolle 18,5% und bei der Wolle 17 und 18% handelsüblich beträgt, ihre wertvollen Eigenschaften wieder zurück.

Die natürliche Wiederbefeuchtung ist zwar immer noch die beste, doch bedingt sie ein mehrstündiges Lagern oder Hängen der Ware an der Luft, was technisch nicht immer durchführbar ist, vor allem aber wegen der längeren Dauer für einen kontinuierlichen Fabrikationsgang nicht zweckdienlich ist. Man ist deshalb fast allgemein dazu übergegangen, das Trockengut nach erfolgter Trocknung durch eine Feuchtkammer gehen zu lassen, in welcher mit Wasser gesättigte Luft zirkuliert. Bevor das Trockengut in diese Kammer gelangt, ist es abzukühlen, würde man es heiß in die Feuchtzone bringen, würde sich die Luft erwärmen, deren Feuchtigkeitsgehalt abnehmen, was eine längere Befeuchtungsdauer nach sich zieht. Aus dem gleichen Grunde ist auch das Wiederbefeuchten mit Dampf weniger empfehlenswert als mit vernebeltem Wasser, denn durch die Dampfbefeuchtung wird das Fasermaterial wieder ziemlich erwärmt. Kommt es dann später in den Arbeitsraum, gibt es mit der Wärme auch die Feuchtigkeit zum Teil wieder ab. Darum sind Befeuchtungsanlagen, in welchen Wasser durch Düsen vernebelt wird, oder in welchen die Luft über nasse Tonringe oder ähnlichen sperrigen Materialien zur Wasseraufnahme streichen muß, den Dampfbefeuchtungsvorrichtungen vorzuziehen.

Die Trockenapparate. Die Trockeneinrichtungen sind je nach dem Verarbeitungszustand der Textilien in sehr verschiedenen Ausführungen gebräuchlich. Wohl sind in der Praxis Trockenapparate anzutreffen, in welchen sozusagen alles getrocknet wird, wie loses Material, Kardenband, Stranggarne, Spulen usw. Diese Arbeitsweise ist aber im höchsten Maße unwirtschaftlich, weil durch die unterschiedlichen Trockenzeiten der verschiedenen Materialien die Reihenfolge der Trockenstufe willkürlich durcheinander gemacht werden muß. Die Apparate arbeiten aber nur dann mit kleinstem Wärmeaufwand, wenn die Stufenfolge genau eingehalten wird.

Wenn es sich darum handelt, große Mengen einheitlichen Materials zu trocknen, sollte dieses immer in besonders dafür bestimmten Apparaten erfolgen.

Die alten Trockenkammern, in welchen die Luft durch Heizröhren erwärmt, aber gewöhnlich nur ganz ungenügend bewegt wird, brauchen sehr viel Dampf für jedes zu verdampfende Kilogramm Wasser, sind deshalb sehr unwirtschaftlich und kommen höchstens für ganz kleine Betriebe noch in Frage.

Abb. 139a. Zupfwolf (Ansicht).
(Zittauer Maschinenfabrik A.-G., Zittau.)

Die anderen Trockeneinrichtungen sind entweder Band-, Kammer-, Kanal- und Etagentrockner, dazu kommen noch einige Spezialkonstruktionen für besondere Zwecke.

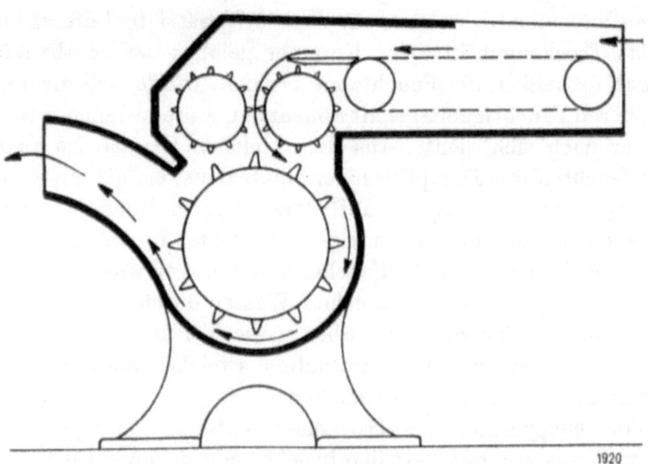

Abb. 139b. Zupfwolf (Schnitt). (Zittauer Maschinenfabrik A.-G., Zittau.)

Trocknen loser Fasern. Für das Trocknen loser Textilfasern sind die Bandtrockner ganz besonders gut geeignet. Durch die Naßbehandlung und das Ausschleudern werden lose Fasern stark verdichtet und bieten in dieser Form dem Durchdringen der Trockenluft großen Widerstand. Die äußeren Faseranteile der dichten Ballen sind längst schon trocken, sogar schon übertrocknet, während die inneren Anteile noch ganz naß sind. Diese enorme Ungleichmäßigkeit der Trocknung muß unbedingt verhütet werden durch Auflockerung der Fasermassen. Man bedient sich zu diesem Zweck der sog. Zupfmaschinen. Diese kommen entweder als solche zur Anwendung oder sind den Bandtrocknern direkt vorgebaut und bestehen im wesentlichen aus einem, von einem endlosen Lattentuch gespeisten, gezahnten Zuführerwalzenpaar, welchem eine Nasen- oder Schlägertrommel folgt, die das aus den Zuführwalzen austretende Fasergut in kleinen Flocken abzupft und aufgelockert auswirft. Die Abb. 139a und 139b zeigen einen Zupfwolf in Ansicht und Schnitt.

In dem Bandtrockner wird das Fasergut in dünner Schicht mittels endloser, in Abständen parallel übereinander und versetzt zueinander angeordneter Förderbänder durch die Trockenzone geleitet. Die Trockner sind am Boden mit Heizkörper und im Oberteil mit Ventilatoren ausgestattet, welche die an den Heizkörpern erwärmte Frischluft von unten

Abb. 140. Bandtrockner für lose Fasern. (Friedrich Haas, Maschinenfabrik, Lennep.)

nach oben durch das Trockengut bewegen. Das zu trocknende Material wird dem obersten Förderband, wie Abb. 140 erkennen läßt, durch einen sog. Selbstaufleger zugeführt. Auf dem obersten Förderband wandert das Fasergut von rechts nach links, fällt dann auf das nächstfolgende tieferliegende Förderband und wird dabei gewendet. Mit ihm geht es von links nach rechts und kommt dann wieder unter Wenden auf das dritte Förderband, durch das es wieder von rechts nach links gebracht wird usw. Das unterste Förderband übergibt das Fasergut einem Auswurfförderband. Der ganze Trockenvorgang spielt sich also nach dem Gegenstromprinzip ab und dauert etwa 30 Minuten.

Trocknen der losen Faser auf laufendem Band in dünner Schicht erfolgt auch bei dem Turbinentrockner der Firma Büttner-Werke A.-G. in Ürdingen. Um eine große, aus Rollen gebildete Trommel läuft ein luftdurchlässiges endloses Band. Ein zweites endloses Band, ebenfalls um die Trommel geführt, läuft mit. Beim Beschicken des Trockners

mit der Ware kommt diese zwischen die Bänder zu liegen und wird so
um die Trommel geführt. Innerhalb der großen Trommel läuft unmittelbar unter der Trocknungsfläche ein
Turbinenschaufelrad, welches kleine,
kreisende Luftwellen erzeugt, die
das Material unterhalb und oberhalb
umspülen (s. Abb. 141 a u. b).

Die an der Austrittsstelle des
Trockengutes eintretende Frischluft
bewegt sich in spiralkreisender Wäl-
zung bis zu ihrer Austrittsstelle, d. h.
bis zur Eintrittsstelle des Trockengutes. Dabei erwärmt sich die Luft
an den mit Abstufung in den Kreislauf eingeschalteten Heizelementen,
von der Eintrittsstelle allmählich
steigend bis zur höchsten Temperatur an der Austrittsstelle, wo sie hoch-
gesättigt ins Freie abgeführt wird.

Durch die wirbelnde, schnell
wechselnde Bespülung der Trocknungsfläche wird sehr gute Wärme-

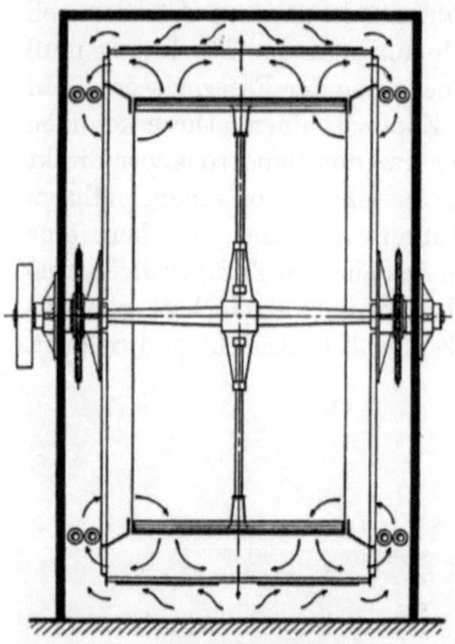

Abb. 141 a. Querschnitt und Belüftungsschema
des Turbinentrockners. (Büttner-Werke A.-G.,
Ürdingen a. Rh.)

überleitung auf das Trockengut erreicht und auf diese Weise sehr kurze
Trocknungszeiten unter größter Schonung der Faser erzielt.

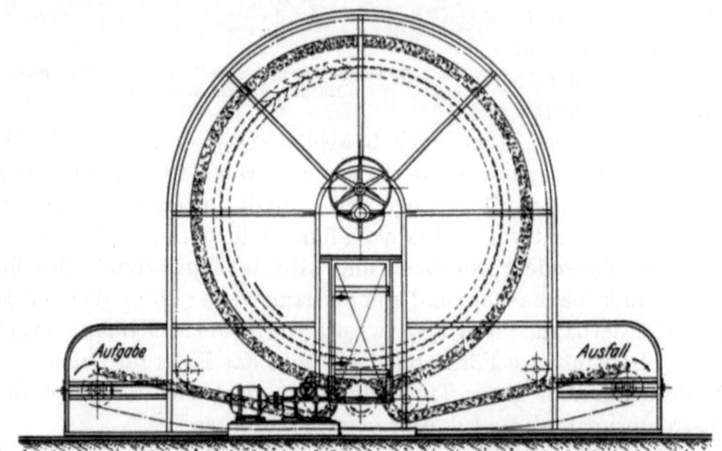

Abb. 141 b. Schema des Warenganges bei losem Material im Turbinentrockner der
Büttner-Werke A.-G., Ürdingen a. Rh.

Die Warenführung um die Trommel läßt das Schema der Abb. 141 b
erkennen. Die ganze Einrichtung ist in einem gut wärmeisolierten

Gehäuse untergebracht, das dem Trockner ein gefälliges Aussehen verleiht.

Außer in Bandtrocknern kann loses Material auch in Kammer- und Kanaltrocknern getrocknet werden, die auf S. 332 näher beschrieben sind.

Trocknen von Faserbädern. a) *Kardenband* richtig zu trocknen war immer ein schwieriges Problem der ganzen Kardenbandfärberei. Die Hauptursache der viel beklagten schlechten Verspinnbarkeit der gefärbten und gebleichten Bänder liegt in den allermeisten Fällen im falschen Trockenprozeß. Die im Packsystem behandelten Bandpakete müssen selbstverständlich vor dem Trocknen weitgehend aufgelockert werden, damit die Trockenluft überhaupt durchdringen kann, anderenfalls benötigen die Wickel tagelange Einwirkung der Trockentemperatur. Bis die inneren Schichten trocken sind, sind die äußeren längst schon ausgedörrt und das ganze Material deshalb nicht mehr zu verspinnen. Wohl kann die Auflockerung der Wickel durch vorsichtiges Auseinanderklopfen der Bänder erfolgen, die dann in Horden liegend getrocknet werden, doch gibt diese Methode sehr unbefriedigende Resultate. Besser ist es schon, die Auflockerung der Bandpakete in der Weise vorzunehmen, daß man mehrere Bänder gemeinsam um ein aufrecht stehendes Rohr von geringem Durchmesser in Windungen herumlegt, so daß ein strangartiges

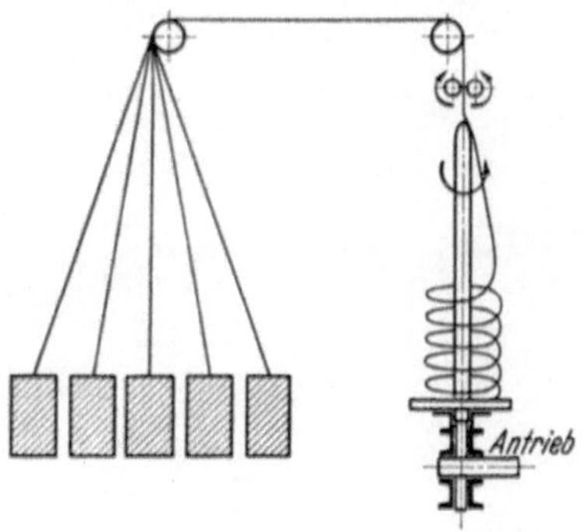

Abb. 142. Vorbereitung der Kardenbänder zum Trocknen in Kammertrocknern.

Gebilde entsteht. Die einfache Vorrichtung, die jeder Betrieb selbst herstellen kann, ist in der Abb. 142 skizziert. Ist das Rohr bis zu einer gewissen Höhe mit den Windungen umgeben, wird es mit diesen abgehoben, mit einem Ende über einen in der Wand befestigten kurzen Stab geschoben, so daß die Bänder, ähnlich wie Stranggarn, über dem Rohr hängen. Nun wird in das freie Ende des Rohres ein Stab des Trockenapparates gesteckt und die Kardenbandschleifen auf diesen Stab geschoben, der dann in den Stabhalter der Trockeneinrichtung eingelegt wird. Diese Vorbereitung der Bänder für das Trocknen ist zwar zeitraubend und auch nicht besonders vorteilhaft für das wenig haltbare Faserband, doch ermöglicht sie eine Trocknung in Trockenkammern oder -kanälen, die bei richtiger Einhaltung von Zeit und Temperatur gute Resultate zeitigt.

Die zweckmäßigste Trocknung der Kardenbänder wird jedoch dann erzielt, wenn die einzelnen Bänder, bzw. mehrere nebeneinander, durch Trockenzonen geführt werden. Ein Trockenapparat für Kardenband mit dieser Bandführung wurde zuerst von Spinnereidirektor **Franz**

Werner konstruiert, der von der Firma Karl Fleißner & Sohn, Asch in Böhmen, gebaut wird. Durch diesen Trockner wurden die bisherigen Schwierigkeiten der Buntspinnerei, die im falschen Trocknen der Bänder ihre Ursache hatten, überwunden, wodurch die Kardenbandfärberei und -bleicherei erst zu einem lohnenden Industriezweig werden konnte.

Der Werner-Fleißnersche Apparat, der bis zu 100 Kardenbänder und darüber gleichzeitig nebeneinander zu trocknen vermag, besteht aus dem Einlauftisch, der eigentlichen Trockenkammer und dem Auslauf mit Wickelapparat oder Streckwerk.

Der Einlauf besteht aus einem gegen das Ende spitz zulaufenden Tisch, unter dem die gefärbten und ausgeschleuderten Kardenband-wickel aufgestellt werden. Von den Wickeln laufen die Bänder über Einzugwalzen auf den Tisch und über diesen in die Trockenkammer. Damit die Kardenbandringel, die sich durch Zusammenkleben einzelner Bänder beim Pressen und Färben bilden, nicht auf den Tisch gelangen, sind unter den Einzugswalzen Schläger angebracht, die durch

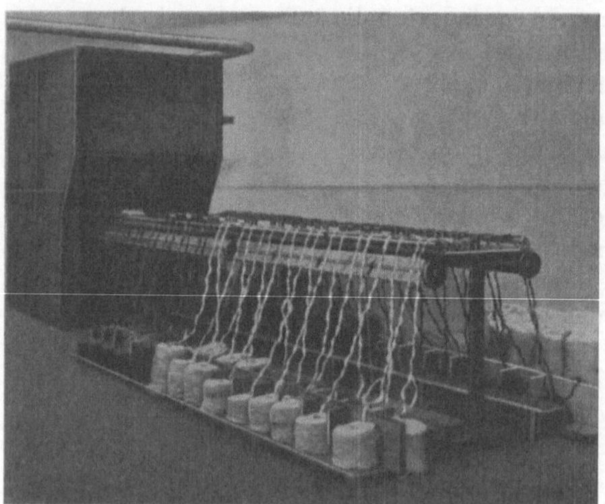

Abb. 143. Kardenbandtrockner. Einlauf in Tischform für 60 Kardenbandpakete. (Karl Fleißner & Sohn, Maschinenfabrik, Asch in Böhmen.)

ihre Schwingungen die Kardenbänder ständig in eine zitternde Bewegung versetzen, so daß zusammenhaftende Bänder getrennt werden. Damit die Bänder sich nicht verwirren können, werden sie durch Rechen oder Rechenwalzen am Ende des Tisches geführt.

Die Anordnung des Bandeinlaufs in den Fleißnerschen Kardenbandtrockner ist aus der Abb. 143 unschwer ersichtlich.

Wesentlich einfacher und schöner gestaltet sich die Arbeit des Trocknens der Kardenbänder, wenn diese auf dem Baum nach der auf S. 130 beschriebenen Methode der Firma B. Thies in Coesfeld gefärbt oder gebleicht wurden. Mehrere solcher mit Band versehenen Bäume werden dem Trockner vorgelegt, von welchen sie alle ganz gleichmäßig ablaufen, wobei eine Verwirrung so gut wie ausgeschlossen ist.

Zur Bewegung der Kardenbänder in der Kammer sind große Siebtrommeln vorgesehen, auf deren Umfang die Bänder eng nebeneinanderliegend durch den Apparat geleitet werden. Die Trommeln sind derart angeordnet, daß der Umfang derselben von den Bändern weit umschlungen wird und die Trommeln beim Bandübergang ganz nahe aneinanderstehen, so daß sie sich fast berühren.

Die Luftbewegung innerhalb des Trockners erfolgt nach dem Gegenstromprinzip. Dort, wo die Bänder austreten, tritt die Frischluft ein. Eine Anzahl von Ventilatoren saugt nun die Luft aus dem Innern der Siebtrommeln durch die Faserbänder und führt sie in den Trockenraum wieder zurück, nachdem sie über Heizelemente weiter erwärmt wurde. Die Frischluft wird bei der letzten Siebtrommel durch die trockenen

Abb. 144. Gesamtansicht eines Kardenbandtrocken-Apparates mit Bäumen als Vorlage und Wickelapparat beim Auslauf. (Karl Fleißner & Sohn, Maschinenfabrik, Asch in Böhmen.)

Bänder gesaugt, diese dabei abkühlend, dann geht sie über ein Heizelement so in den Trockenraum, daß sie von dem Ventilator der nächsten Siebtrommel angesaugt wird. Auf diese Weise erfolgt die stufenweise Erwärmung der Luft bis zum Eintritt der Kardenbänder, wo sie mit Wasser gesättigt den Apparat verläßt. Die Luftführung von außen her durch die Bandschicht und die Trommeln begünstigt die Führung der Bänder, die durch die Saugwirkung auf den Trommeln festgehalten werden; selbst gerissene Bänder werden mitgenommen, ohne daß die Enden herabfallen.

Die Anlage arbeitet durch die große Zahl der Ventilatoren mit viel Luft, wodurch die Trocknung bei verhältnismäßig niedrigen Temperaturen, die keine Übertrocknung herbeiführen, in sehr kurzer Zeit erfolgt. Die Bänder brauchen zum Durchlauf der Kammer ungefähr 1½ Minute.

Einige im Apparat eingebaute Thermometer und ein Hygrometer im Luftaustrittskanal erlauben eine ständige Kontrolle der Trocknung und Ausnutzung der zugeführten Wärmemenge. Nach den Angaben des Hygrometers soll die Luftmenge an der Ein- und Austrittsstelle durch Klappen geregelt werden, während nach den Angaben der Thermometer die zugeführte Wärmemenge bemessen wird.

Nach dem Verlassen der Trockenkammer werden die Kardenbänder auf Wickelapparaten, die in der Abb. 144 ersichtlich sind, zu festen Preßwickeln aufgewickelt, die sich leicht transportieren lassen und beim nachfolgenden Streckwerk schön ablaufen. Die Bänder können aber

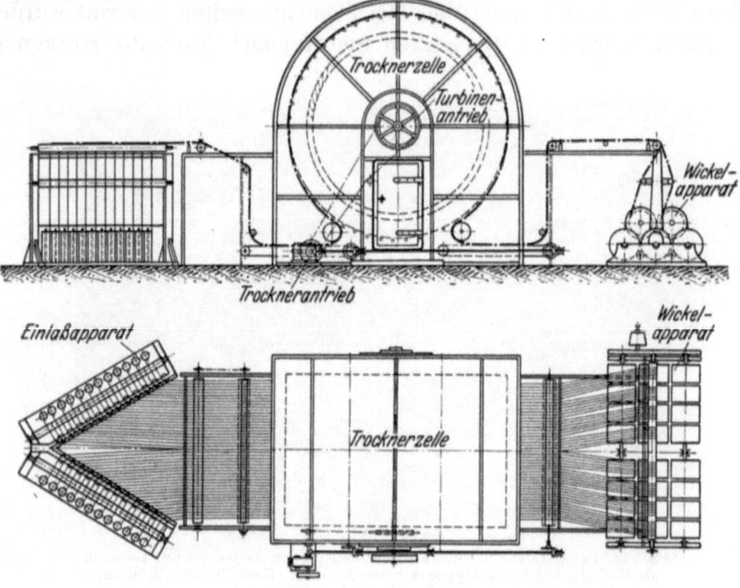

Abb. 145. Trocknen von Kardenband im Turbinentrockner (oben: Schnitt, unten: Aufriß).
(Büttner-Werke, Ürdingen a. Rh.)

auch beim Verlassen der Kammer sofort ein Streckwerk passieren, das mehrere Bänder gemeinsam verstreckt und in Drehkannen sammelt.

Der schon genannte Turbinentrockner der Büttner-Werke A.-G. in Ürdingen a. Rh. kann ebenfalls für das Trocknen der Kardenbänder verwendet werden. Er erhält zu diesem Zweck einen Einlaßtisch und am Auslauf einen Wickelapparat. Die Bänder werden viele nebeneinander um die große Trommel geführt, wobei die Trocknung in derselben Weise erfolgt, wie sie beim losen Material auf S. 326 erwähnt ist. In Abb. 145 ist der Büttner-Turbinentrockner für das Trocknen von Kardenband schematisch dargestellt.

b) *Kammzug*. Die Trocknung des naßbehandelten Kammzuges geschieht auf sog. Lisseusen oder Plättmaschinen, welchen Waschbottiche vorgebaut sind, in welchen die Kammzüge von anhaftenden Verunreinigungen, schlecht fixierten Farbstoffen usw. gereinigt, die aber auch zum Zwecke besonderer Effekte, z. B. zum Imprägnieren, benutzt werden können.

Es gibt im wesentlichen zwei Plättmaschinensysteme verschiedener Bauart.

1. Das sog. kontinentale System, vertreten bisher durch die Maschinen elsässischer und französischer Herkunft, bei dem die Trockenwirkung durch Anwendung heißer, zylindrischer, ungelochter Flächen erzielt wird. Diese Flächen (Hohlzylinder) werden durchweg mit Dampf, direkt oder indirekt, geheizt.

2. Das sog. englische System, bei welchem als Trockenelement heiße Luft verwendet, die durch die feuchten Faserbänder hindurchgetrieben wird und gleichzeitig außen an ihnen vorbeistreicht. Als Träger der Faserbänder dienen gelochte Hohlzylinder, durch welche die warme Trockenluft von innen geblasen oder herausgesaugt wird. Bei diesen Maschinen wird außerdem häufig das Umluftsystem angewandt.

Die Wirkung der beiden Systeme ist entsprechend der Verschiedenheit der bei ihnen angewandten Trockenprinzipe eine verschiedene. Die Plättmaschinen nach dem kontinentalen System trocknen die Faserbänder nicht nur, sondern üben auch gleichzeitig einen Bügeleffekt aus, d. h. die Wollfasern werden mehr oder weniger entkräuselt und geglättet, das Faserband bekommt Glanz.

Die Maschinen nach dem englischen System trocknen die Bänder nur, während der Plätteffekt kaum hervortritt. Das Wollhaar bleibt mehr oder weniger gekräuselt, die Faserbänder bleiben daher bis zu einem gewissen Grade rauh und ihr Aussehen ist matt und stumpf.

Es besteht nun keine einheitliche Ansicht darüber, welche von den beiden erwähnten Wirkungsweisen für die weitere Verarbeitung der Wolle die zweckmäßigere ist. Die Entscheidung dieser Frage wird auch durch die Natur der zu behandelnden Wolle beeinflußt.

Die Abb. 146 verbildlicht im Schnitt eine Kammzug-Wasch- und -Plättmaschine der Firma F. Bernhardt in Leisnig. Sie besteht aus dem Ablaufgestell, das die gefärbten Kammzugbobinen auf drehbaren Tellern stehend abrollt. Ferner aus 2—3 Bädern mit Walzenquetschwerken und dem eigentlichen Trockengestell, dessen heizbare Hohlzylinder so angeordnet sind, daß die Bandführung in verschiedenster Art erfolgen kann. Je nach Wahl der Bandführung umschließt das Kammzugband die Heizwalzen in größerem oder kleinerem Umfang. Es können zwischen einer Serie Heizwalzen größere Strecken eingeschaltet werden, in welchen das Band frei durch die Luft geführt wird. Infolge der rechtwinkligen und senkrecht übereinander angeordneten Heizwalzen bilden

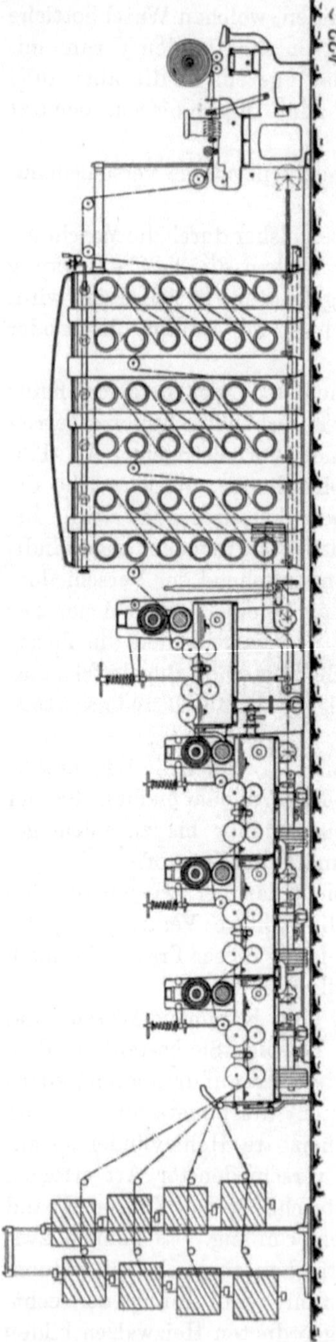

Abb. 146. Kammzug-Wasch- und -Plättmaschine, Lisseuse. (L. Bernhardt in Leisnig.)

sich während des Betriebes der Maschine in den senkrechten Zwischenräumen nach oben steigende Luftströme, welche die Bänder zwischen den Walzen ständig umspülen.

Kammertrockenapparate. Arbeitsgut, das sich durch seine Form nicht zum Trocknen auf laufendem Band oder als selbstlaufendes Band eignet, wie Kops, Kreuzspulen und Stranggarn, wird in Horden liegend oder auf Stäben hängend dem Trockenluftstrom ausgesetzt. Diese Horden oder Kästen werden außerhalb der Trockeneinrichtung gefüllt und dann in diese eingeführt. Als Trockner dienen in diesem Falle Kammer-, Kanal- und Schachttrockner. Alle diese Trockner arbeiten nach dem Gegenstromprinzip, d. h. die nasse Ware wird zuerst der höchsten Temperatur ausgesetzt und sobald sie trockner geworden ist, entsprechend niedrigeren Temperaturen unterworfen.

Die Kammertrockner bestehen, wie schon der Name sagt, aus mehreren, in ein eisernes, gegen Wärmeverluste isoliertes Rahmengestell eingebaute Kammern, deren Zahl sich nach der gewollten Leistung richtet. Für die Beschickung ist vor den Kammern ein Gleis angeordnet, auf welchem mit Material beschickte Wagen bewegt werden können.

Neben bzw. zwischen den Trockenkammern liegen die mit Rippenrohrbatterien versehenen Heizkammern, welche die Luft beim Durchpassieren erwärmen. Die älteren Modelle der Kammertrockner waren mit großen Ventilatoren ausgestattet, welche die Luft durch sämtliche

Kammern hindurchzog, wobei durch besondere Klappen der Luftstrom so gesteuert werden konnte, daß das am weitesten getrocknete Material von der am wenigsten geheizten Luft umspült wurde.

Abb. 147 gibt Aufschluß über Einrichtung und Wirkung des Kammertrockners der Firma Friedr. Haas in Lennep, bei welchem kein Saugventilator vorhanden ist, dafür aber in jeder Heizabteilung sich ein Windrad befindet, welches die Luft aus der Trockenkammer abzieht und in die Heizabteilung hineinbefördert. Neben fortschreitender Luftbewegung findet dabei gleichzeitig kreisende Luftbewegung durch alle Heiz- und Trockenkammern statt, es wird somit eine vielmalige Passage der Trockenluft durch jede Kammer und damit bestmöglichste Ausnutzung der zugeführten Wärmemenge herbeigeführt. Der Trockner besteht aus mehreren Trockenkammern A, B, C, und den zugehörigen Heizabteilungen a, b, c. Die Turbowindräder (W_1, W_2, W_3) über den Heizabteilungen sind auf einer durchgehenden gemeinsamen Welle angeordnet. Jedes Turbowindrad saugt die Luft aus der Trockenkammer an, fördert sie in die zugehörige Heizabteilung und durch eine Verbindungsöffnung am unteren Ende wieder in die Trockenkammer. Eins der Windräder, und zwar stets dasjenige an der mit dem nassesten Material beschickten Trockenkammer, befördert einen Teil der angesaugten Luftmenge durch

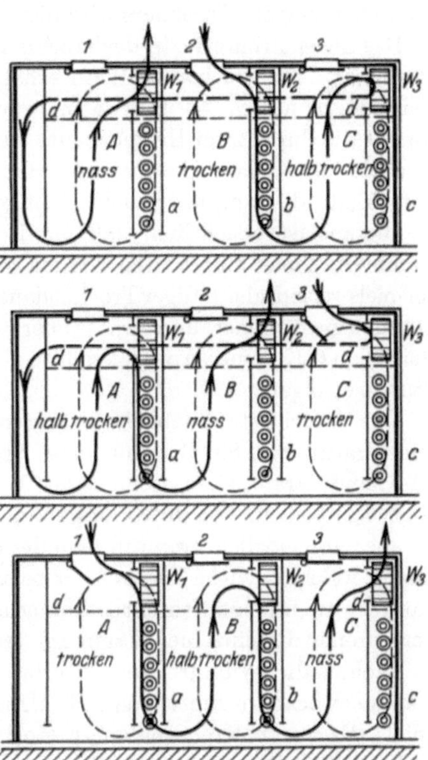

Abb. 147. Schema zum Kammertrockner.
(Friedrich Haas, Lennep a. Rh.)

eine verschließbare Öffnung ins Freie. Jede Heizabteilung hat eine derartige Öffnung, die jedoch nur bei der nassesten Trockenkammer geöffnet ist. Desgleichen hat jede Trockenkammer in der Decke eine Öffnung für den Eintritt der Frischluft, die jeweils an der Kammer mit dem trockensten Material geöffnet wird. Es entsteht eine doppelte Luftbewegung, und zwar einmal eine kreisende aus jeder Trockenkammer in die zugehörige Heizabteilung und zurück in die Trockenkammer, sowie eine fortschreitende Luftbewegung durch die Eintrittsöffnung an der trockensten Kammer (bei *2, 3* oder *1*), alle Heiz- und Trockenabteilungen durchziehend bis zur nassesten Kammer, wo sie (durch die Windräder W_1, W_2, W_3) austritt. Die Widerstände in den einzelnen Trockenkammern sind gering und summieren sich nicht, darum braucht dieser Trockner zum Antrieb nur wenig Kraft. Mit dem Schließen der Trockenkammertüre der jeweils frisch gefüllten Kammer erfolgt auch die selbsttätige Umschaltung der genau ausbalancierten Klappen durch ein Hebelwerk. Die Bedienung des Trockners wird hierdurch vereinfacht und erleichtert.

Das Gegenstromprinzip der Trocknung ist aus der Abb. 147 deutlich erkennbar. Die trockenste Ware erhält die Frischluft, die über einer Heizbatterie auf ca. 40° C erwärmt wurde. Die halbtrockene Ware bekommt die durch zwei Heizelemente auf ca. 60° C erwärmte Luft, während die nasse Ware die über drei Heizelemente auf ca. 80° C erhitzte Luft erhält, die dann mit Feuchtigkeit gesättigt ins Freie befördert wird.

Hieraus ist ersichtlich, daß die Reihenfolge der Beschickung der Kammern genau eingehalten werden muß. Bei einem Trockengut mit beispielsweise dreistündiger Trockendauer muß bei 3 Kammern nach jeder Stunde eine Kammer, und zwar immer die nächste, neu beschickt werden. Bei einem 6-Kammer-Apparat müßte die Beschickung nach jeder halben Stunde erfolgen.

Das Material steht dabei in der ersten Stunde unter dem Einfluß einer Temperatur von 80° C, dann eine Stunde unter einer solchen von 60° C und darauf ist es, wenn es fast trocken ist, noch eine Stunde lang einer Temperatur von 40° C ausgesetzt. Diese gleichmäßige Abstufung ist aber nur möglich, wenn in jede der drei Kammern sich Material befindet, welches gleiche Trockenzeit beansprucht. Ist dies nicht der Fall, dann ist auch keine Stufentrocknung mehr möglich, sondern die Temperaturen in den einzelnen Kammern wechseln willkürlich durcheinander.

Wohin die willkürliche Unterbrechung der Stufentrocknung in Kammertrocknern führt, zeigt H. Uihlein[1] in einem praktischen Beispiel. Es waren Kreuzspulen zu trocknen. Dem den Trockenapparat bedienenden Mann war aus Sparsamkeitsgründen der Hilfsmann genommen worden. Weil nun der eine Mann mit der Beschickung des Apparates nicht nachkam, stellte er die Spulen nicht sachgemäß auf die Horden, sondern warf sie einfach durch- und übereinander in die Kammer. Diese Beschickung erfolgte bei geöffneten Türen in 2—3 Stunden. Beim Entladen wurde die Umluft abgestellt und die Spulen aus der Kammer herausgeworfen. Der ganze Fahrplan des Trockenprozesses wurde dadurch völlig durcheinandergemacht und für jedes Kilogramm zu verdampfenden Wassers mußten 6,55 kg Dampf aufgewendet werden. Nach

---

[1] Uihlein, H.: Erfahrungen bei Trockenprozessen in der Textilindustrie. Arch. Wärmewirtsch. 1933 S. 203.

richtiger Beschickung der Horden mit den Kreuzspulen außerhalb der
Kammer unmittelbar neben der Schleuder und richtige Bedienung der
einzelnen Trockenkammern nach Ablauf der für die Spulen nötigen
Trockenzeit, also richtige Einhaltung der Stufentrocknung, wurde die
Dampfmenge für jedes Kilo zu verdampfenden Wassers auf 2—3 kg herab-
gesetzt und die Leistung des Apparates um das 2—3fache gesteigert.

Kanaltrockner. Die Kanaltrockner vermeiden die Nachteile der
Kammertrockner und sind ganz besonders zur Bewältigung großer

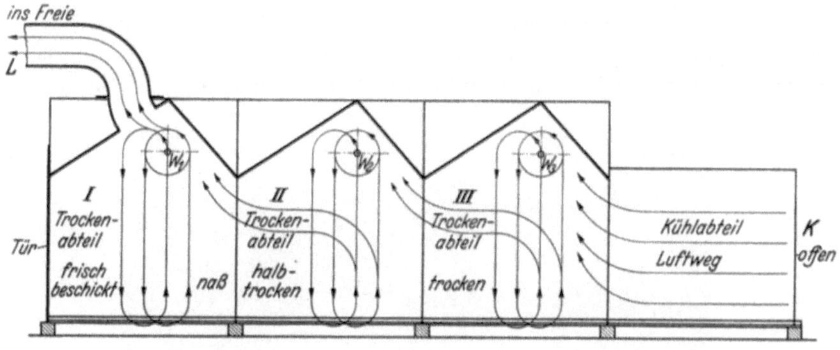

Abb. 148. Schema zum Kanaltrockner.
a) Die Bewegung der Absaugeluft darstellend;
b) die Bewegung der Zirkulationsluft darstellend.
(Zittauer Maschinenfabrik A.-G., Zittau.)

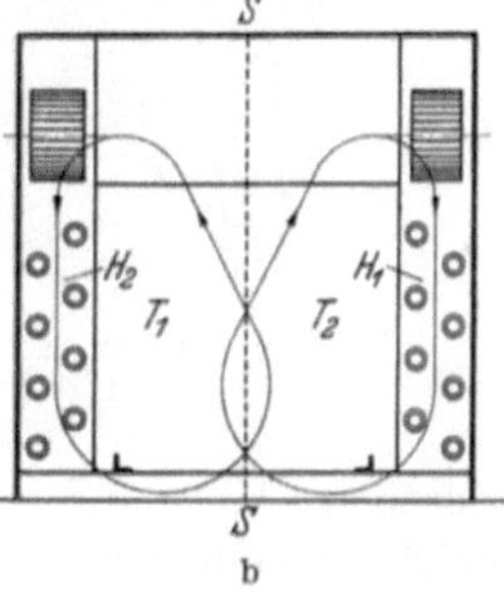

Materialmengen geeignet. In Abb. 148a
und b ist ein Kanaltrockner mit drei Abteilungen und einer Kühlzone im Längs-
schnitt als auch im Querschnitt gezeigt.
Die Abteilungen I, II und III sind nicht,
wie bei Kammertrocknern, voneinander
abgeschlossen, sondern bilden einen durch-
gehenden Kanal, der an der Eingangsseite des Materials durch eine
Schiebetür verschließbar ist, während der Ausgang stets offen bleibt. Zu
beiden Seiten des Kanals befinden sich die Heizkammern (H_1 und H_2),
welche derartig mit Heizkörpern versehen sind, daß die des ersten
Trockenabteils mit der größten und die der Abteile II und III mit
geringeren Heizflächen ausgerüstet sind, so daß in der Zone I die höchste
Temperatur herrscht und in den Zonen II und III abgestuft geringere
Temperaturen vorhanden sind. Jedes Trockenabteil läßt sich außerdem
durch ein Dampfventil auf ganz genaue Temperatur einstellen. Die Bedienung des Apparates ist sehr einfach, da immer nur nach einer bestimmten Zeit ein frisch beladener Wagen in das Abteil I eingefahren

wird, wobei gleichzeitig ein getrockneter Wagen aus der Kühlkammer den Apparat verläßt. Das getrocknete Material steht in der Kühlabteilung unter der Einwirkung der jeweiligen Außenluft und wird dadurch weitgehend abgekühlt.

Soll Material von verschiedener Trockendauer oder von verschiedener Art gleichzeitig getrocknet werden, läßt sich der Trockenkanal durch Einbau einer Wand s—s in zwei Kanäle T_1 und T_2 teilen, von denen jeder unabhängig von dem anderen auf die für das betreffende Material nötigen abgestuften Temperaturen eingestellt werden kann.

Die Luft wird bei den Kanaltrocknern an der dauernd offenen Ausgangsseite angesaugt, durchströmt das Kühlabteil, wird von jedem der beiden Ventilatoren W_3 erfaßt und zwischen Heizkörper und Trockengut

Abb. 149. Kanaltrockner mit Förderketten für Stranggarn.
(Friedrich Haas, Maschinenfabrik, Lennep.)

dauernd im Kreislauf bewegt, wie in dem Querschnitt der Abb. 148b gezeigt. Dieselbe Kreisbewegung wird von den Ventilatoren W_2 und W_1 ausgeführt. Die mit Wasser gesättigte Luft des Abteils I wird vom Ventilator W_1 ins Freie befördert. Die Bewegung der Luft in der Längsrichtung des Apparates wird durch die Abluftklappe reguliert und geht viel langsamer vor sich als die Umwälzung quer zum Apparat. Dadurch wird die Luft mehrmals durch die Heizkörper und das Material gedrückt, bevor sie von einer Kammer in die andere wandert.

Da der Kanaltrockner eine größere Zahl von Ventilatoren besitzt als ein Kammertrockner, so vollzieht sich in ihm die Trocknung durch größere Luftmengen. Die große Leistung wird hier also nicht durch hohe Temperatur, sondern durch große Luftmengen hervorgerufen.

Sind nur Stranggarne zu trocknen, so kann man statt der Wagen, in welchen die Garne auf Stäben hängend den Kanal passieren, sich endloser

Ketten bedienen, in deren Gliedern die Garntragstangen mit ihren Zapfen eingelegt und die dann durch den Trockenkanal hindurchbewegt werden. Die Abb. 149 zeigt einen solchen Kanaltrockner mit Kettenbetrieb für Stranggarn der Firma Friedr. Haas in Lennep.

Von den vorher beschriebenen Kanaltrocknern abweichend gebaut ist der Kanalkammertrockner der Firma Alfred Mohr in Zittau. Der eigentliche Trockner ist ein durchgehender Kanal. Jeder Materialwagen ist aber an einer Längsseite geschlossen. Durch diese Seitenwand wird der Kanal in soviel Kammern eingeteilt, als Wagen eingeschoben sind. Der Luftstrom wird dadurch gezwungen, in jeder Trockenstufe seine

Abb. 150. Kanalkammer-Trocken- und Naturfeuchteanlage.
(Alfred Mohr, Zittau i. S.)

Richtung zu ändern. In den ungeraden Trockenstufen durchdringt die Luft das Trockengut von unten nach oben und in den geraden Stufen von oben nach unten, außerdem wechselt der Luftstrom diagonal die Richtung in jeder Stufe, dadurch wird eine hohe Gleichmäßigkeit der Trocknung erzielt. Erwärmt wird die Luft durch raumsparende Heizelemente, die nach den ungeraden Trockenstufen oberhalb und nach den geraden Trockenstufen unterhalb der Wagen dort angeordnet sind, wo die Trennwand der Wagen eine Kammer bildet. Die stufenweise am meisten erwärmte Luft wird mit dem nassen Material zuerst in Berührung gebracht, während das fast trockene Gut die nur mild erwärmte Mischluft erhält. Die Abb. 150 läßt an den Materialwagen deutlich die geschlossene Seitenwand erkennen.

Schnelltrockner für Kreuzspulen. Das Trocknen der Kreuzspulen, die, in Horden liegend, der Trockenluft in Kammer- oder Kanaltrocknern ausgesetzt sind, ist keineswegs als besonders praktisch und der

Faser zuträglich anzusprechen. Die Trocknung erfolgt langsam von
außen nach innen, die äußeren Schichten der Spulen sind längst schon
trocken, wenn die inneren noch ganz naß sind. Daß dabei die Übertrocknung der äußeren Schichten nachteiligen Einfluß auf die Dehnbarkeit der Fasern ausübt, braucht nicht besonders hervorgehoben zu werden. Außerdem ist das Trocknen der Spulen in Horden liegend mit viel
Handarbeit verbunden, bestehend aus dem Abnehmen der Spulen vom
Materialträger, Transport zur Schleuder, Einpacken in die Schleuder,
Auspacken aus der Schleuder, Transport zur Trocknerei, Einschichten in
die Horden, Auspacken aus den Horden. Alle diese Nachteile des bisherigen Trocknens wurden von allen beteiligten Kreisen stark empfunden
und es hat nicht an Versuchen gefehlt, die Trockenluft radial durch die
Spulenwickel zu führen, um, ähnlich wie beim Färben, durch wechselnde
Strömung eine gleichmäßigere Trocknung der ganzen Schicht herbeizuführen.

So einfach es erscheinen mag, die Lösung dieser Trocknungsart in
technisch einwandfreier Weise zu lösen, so schwierig war die Entwicklung
einer praktisch brauchbaren Einrichtung, die es erlaubte, die Garnwickel, ohne sie von den Materialträgern der Färberei abzunehmen,
der Trocknerei zuzuführen. Mit solchen Einrichtungen wird nicht nur
eine wesentliche Verbesserung des Materials gewonnen, sondern durch
die in erheblich kürzerer Zeit durchzuführende Trocknung die Leistungsfähigkeit der Färberei sehr gesteigert. Die ersten Vorrichtungen dieser
Art litten eines Teils daran, daß sie zum Trocknen sehr viel Dampf
benötigten und auf der anderen Seite war der Kraftbedarf der Luft-
gebläse so groß, daß die erzielten Vorteile der besseren Trocknung durch
den Mehrverbrauch an Dampf und Kraft wieder aufgehoben wurden, die
Anlagen also unwirtschaftlich arbeiteten.

Die Firma H. Krantz in Aachen hat nun einen Schnelltrockner für
Spulen konstruiert, bei welchem die Spulen auf dem Materialträger, auf
dem sie gefärbt wurden, bleiben. Der Trockner besteht aus einem Behälter, der nach Einsetzen des Materialträgers luftdicht geschlossen
wird. Durch Durchpressen eines Dampfstromes wird zunächst bei Kü-
pen- und Schwefelfarbstoffen die Entwicklung der Färbungen herbeigeführt, die eine besondere Nachbehandlung in heißen Seifenbädern
überflüssig macht und der schon einen großen Teil des in den Spulen verbleibenden Wassers ausstößt. Substantive Färbungen, die kein Dämpfen
vertragen, werden mit einem kräftigen Luftstoß vom überschüssigen
Wasser befreit. Ein Gebläse drückt dann erwärmte Luft wechselnd von
innen nach außen und umgekehrt radial durch die Spulen, so daß sich
also das Trocknen in ähnlicher Weise vollzieht wie der Färbevorgang.

Die Stufentrocknung wird erreicht durch einen automatischen Temperaturregler der in das Abzugrohr des Apparates eingebaut ist. Mit

fortschreitender Trocknung der Spulen nimmt die durchstreichende Luft
geringere Feuchtigkeitsmengen auf, ihre Temperatur wird demzufolge
ansteigen. Ohne den Temperaturregler ist eine Übertrocknung gar nicht
zu verhindern, denn die Schnelltrocknung bedingt hohe Anfangstempera-
turen, die, wenn sie bis zur völligen Trocknung einwirken, auf Faser und
Farbton sehr nachteilig einwirken. Die Dauer der Trocknung hängt von
der Art des Materials ab und kann überschlägig mit 90 Minuten angegeben werden.

Die Abb. 151 zeigt den Schnelltrockner der Firma H. Krantz, Aachen,
mit zwei Behältern. Ein Hochdruckgebläse fördert die Luft über Heizkörper, der zwischen Gebläse und Behälter eingebaut ist, durch das

Abb. 151. Schnelltrockner für Kreuzspulen. (H. Krantz, Maschinenfabrik,
Aachen.)

Trockengut in radialer Richtung. Durch Umstellen von Steuerventilen
geht die Luft abwechselnd von innen nach außen und umgekehrt durch
die Spulen.

Der von der Firma Obermaier & Cie. in Neustadt gebaute Schnelltrockner für Garnwickel ist in der Abb. 152 dargestellt, die auch gleichzeitig erkennen läßt, wie in der Spulenfärberei mit Hilfe solcher Trockner
die Fließarbeit möglich ist. Auf der einen Seite der Anlage geht das
Material trocken in den Abkochapparat, passiert darauf den eigentlichen
Färbeapparat, dann den Nachbehandlungsapparat, die Absaugestelle und
wird dann nach dem Trocknen von dem Materialträger abgenommen,
ohne auf dem Weg bis dahin angefaßt worden zu sein. Dabei ist es ganz
gleichgültig, nach welchem System das Material auf die Träger gebracht
und auf diese naß behandelt wird (Igel- oder Säulensystem).

Die Trockeneinrichtung der Obermaierschen Anlage gliedert sich in

zwei Hauptteile, in die Entwässerungs- und in die Trockeneinrichtung;
erstere besteht aus dem Oxydations- oder Absaugetisch, letztere aus einer
oder mehreren Trockenstellen. Dabei wird bei der Entwässerung mit vom
Gebläse angesaugter Kaltluft, bei der Trocknung mit in entgegengesetzter Richtung durchströmender Heißluft gearbeitet, deren Temperatur nach den Erfordernissen regulierbar ist. Die von einem Hochdruckgebläse geförderte Luft wird durch die in der Luftleitung eingebauten Heizelemente erwärmt und geht einseitig von innen nach außen
radial durch die Spulen.

Abb. 152. Färbereianlage mit Schnelltrocknern für Kreuzspulen. (Obermaier & Cie., Neustadt a. d . H.)

Die Trockner sind in solchen Fällen nicht geschlossen, in denen ein
genügend großer Raum zur Aufnahme der Abluft zur Verfügung steht,
immerhin wird in der warmen Jahreszeit die in den Arbeitsraum ein-
strömende Warmluft als lästig empfunden werden. Auch in kleinen
Färbereiräumen wirkt die ständig eindringende Warmluft der Schnelltrockner nach kurzer Zeit recht unangenehm, deshalb können die Trockner auch mit einem Mantel mit aufklappbarem Deckel nebst einem Ab-
luftstutzen versehen werden, um die Abluft ins Freie abführen zu können.
Da als Wärmeträger Luft benutzt wird, die nur einmal erwärmt durch die
Kreuzspulen von innen nach außen geht und die Wärmeaufnahmefähig-
keit der Luft im Verhältnis zum Wasser wesentlich geringer ist, ist der
Anteil der von einem Kubikmeter Luft aufgenommenen Feuchtigkeit
sehr gering. Die Abluft ist demzufolge noch weit von dem Zustand der

Sättigung entfernt. Sie ist infolge ihrer um 10° C höheren Temperatur in der Lage, noch Feuchtigkeitsmengen aus dem Raum aufzunehmen und im Winter als Entnebelung zu wirken.

Der Kraftbedarf aller Schnelltrockenanlagen ist in Anbetracht der zu fördernden großen Luftmengen und des Druckes, mit welchem die Luft durch das Material gepreßt werden muß, ganz bedeutend höher als bei anderen Trockeneinrichtungen. Der Dampfverbrauch für jedes Kilogramm zu verdampfende Wasser ist auch etwas größer als bei Kammertrocknern, auch ist der Entwässerungseffekt der nicht geschleuderten Garnwickel um 30—40% schlechter, so daß größere Wassermengen zu verdampfen sind. Der absolute Wärmeverbrauch pro Wareneinheit ist demnach in den Schnelltrocknern höher. Die Unkosten für Kraft und Wärmeverbrauch sind deshalb bei Schnelltrocknern ungünstiger als bei anderen Trockenapparaten. Wenn man aber bei Ermittlung der Betriebskosten für das Trocknen alle Einzelunkosten, wie Amortisation der Anlage und des Raumes, Kraftbedarf, Dampfverbrauch, Arbeitslöhne usw. berücksichtigt, so wird das Arbeiten mit Schnelltrocknern etwa gleich hoch zu stehen kommen wie in anderen Trocknern, je nach Höhe der Arbeitslöhne und der Stromkosten. Die Unkosten für das Trocknen in Schnelltrocknern können verhältnismäßig niedrig gehalten werden, wenn der Ventilator durch eine direkt gekuppelte kleine Dampfturbine getrieben und deren Abdampf dann zur Beheizung der Heizelemente oder an sonstigen zusätzlichen Wärmeverbrauchsstellen Verwertung findet, da die anfallende Menge den Wärmebedarf für die Heizung mehr als das doppelte übersteigt.

Trocknen von Garnketten auf der Schlichtmaschine. Auf Bäumen gebleichte und gefärbte Ketten werden in der Regel auf Schlichtmaschinen getrocknet, nachdem sie beim Passieren eines Schlichtetroges mit einer Schlichte imprägniert wurden. Das Schlichten hat den Zweck, den Kettfaden gegenüber der Beanspruchung auf Zug und Reibung im Webstuhl widerstandsfähiger zu machen. Dies geschieht durch Erhöhung der Festigkeit und Glätte der Fäden. Man bedient sich dabei Schlichtemassen, deren Grundsubstanz Stärke, vor allem die billige Kartoffelstärke, in aufgeschlossener Form ist und die gewisse Zusätze bekommen, wie Seife, Fette, Öle, Sulfooleate, auch Glyzerin oder Glukose zur Erhaltung einer gewissen Feuchtigkeit. Einzelvorschriften für das Schlichten zu geben, würde hier zu weit führen, weil die Betriebsverhältnisse zu verschieden sind und auch nicht in den Rahmen dieses Buches über Apparatefärberei paßt. Obwohl das Schlichten eigentlich als Schlußbehandlung der veredelten Kettgarne zu betrachten ist, wird es in der Textilindustrie als Vorwerk der Weberei behandelt und von dieser selbst ausgeführt.

Gebleichte und gefärbte Ketten werden am besten in Schlichtmaschinen, die mit erwärmter Luft arbeiten, getrocknet. Dabei bleibt der Faden rund und voll und die Lebhaftigkeit der Färbung wird nicht

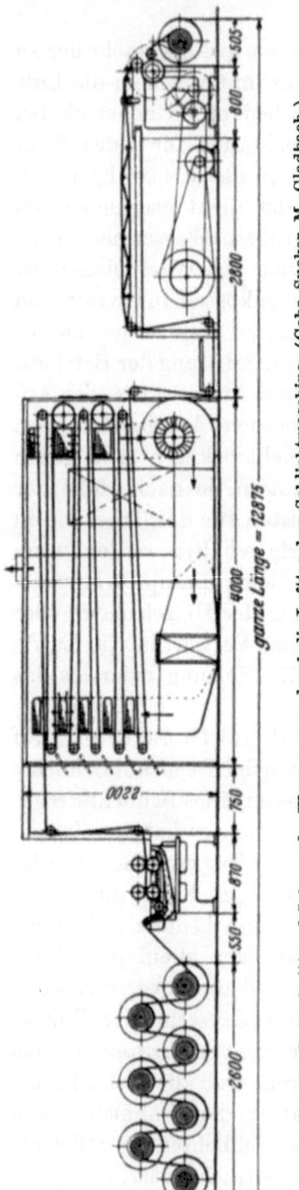

Abb. 153. Querschnitt und Schema des Warenganges durch die Lufttrocken-Schlichtmaschine. (Gebr. Sucker, M.-Gladbach.)

beeinträchtigt. Die Kette wird nach Ablauf von den Kettbäumen im Schlichtetrog imprägniert, durch Quetschwalzen vom Schlichteüberschuß befreit und hierauf in einen geschlossenen Trockenraum geführt, in welchem die von unten eingeblasene Warmluft durch die in mehreren Lagen durch den Raum gehende Kette streicht.

Die Arbeitsweise einer Lufttrocken-Schlichtmaschine der Firma Gebrüder Sucker in M.-Gladbach ist aus der Schnittzeichnung der Abb. 153 ersichtlich.

Für die Fadenappretur von Nähgarn, das als Weiß und Schwarz sehr viel auf Kettbäumen veredelt wird, dienen ähnliche Einrichtungen wie die Schlichtmaschinen. Die vom Baum ablaufenden Fäden, ungefähr 360 nebeneinander, passieren einen Trog zur Aufnahme der Appreturmasse und gehen dann über eine oder mehrere Bürstentrommeln, welche alle abstehenden Fäserchen an den Faden heranstreichen. Das Bürsten erfolgt solange, bis das Garn nahezu trocken ist. Die Bürstwirkung im Verein mit der entsprechend zubereiteten Appreturmasse gibt dem Faden Glanz und Glätte, die er als Nähfaden besitzen muß. Die fertiggeglänzten Fäden leitet man auf 6 Rollen, so daß jede Rolle 60 Fäden aufnimmt. Die 60 fädigen Rollen werden einer 60 spindeligen Spulmaschine vorgelegt, welche jeden der 60 Einzelfäden auf große Spulen wickelt, von welchen der Nähzwirn auf die kleinen Zwirnrollen gebracht wird.

Schlichten von Kreuzspulen.

In diesem Zusammenhang sei erwähnt, daß das Schlichten von Kreuzspulen auch in den Färbeapparaten vorgenommen werden kann. Es kommt dies hauptsächlich in Betracht, wenn die Garne nicht sehr steif zu sein brauchen. Die Kreuzspulen werden nach dem Färben gut gespült, das letzte Spülbad etwas angewärmt und 1—2% Essigsäure zugegeben, um evtl. Seifenspuren zu beseitigen, die der Aufnahmefähigkeit für die Schlichte im Wege sind. Man läßt einige Minuten zirkulieren und entwässert die Ware möglichst gründlich, ehe man sie mit der Schlichte behandelt.

Als Schlichtepräparat kommt nur aufgeschlossene Stärke in Frage, welche in genügend klarer Lösung hergestellt werden kann, um ganz durch die Spulenwickel hindurchzugehen. Solche Stärkepräparate sind eine ganze Menge im Handel; man kann sie sich jedoch auch selbst zubereiten durch Behandlung von Kartoffelstärke mit Diastofor, Natriumperborat, Aktivin oder Peraktivin. Zum Weichmachen kann man der Schlichteflotte etwas Glyzerin, Öl oder Fett zugeben.

Man arbeitet am besten auf besonderen Apparaten und bewahrt die Schlichteflotte zur weiteren Verwendung auf; sie muß dann aber jeweils vorher aufgebessert werden.

Zum Schlichten von 100 kg Kreuzspulen bereitet man z. B. folgende Schlichtmasse:

> 125 kg Kartoffelstärke werden in üblicher Weise mit
> 750 l kaltem Wasser angerührt, dann setzt man
> 1,250 kg Peraktivin zu und treibt unter Rühren zum Kochen.

Man kocht solange, bis die Masse dünnflüssig geworden ist und setzt dann noch evtl. 1—2 l Glyzerin nach.

Beim Schlichten von Schwefelschwarzfärbungen setzt man der Flotte 3—5 g essigsaures Natron pro Liter Bad zu.

Das Schlichten selbst erfordert ca. $\frac{1}{2}$ Stunde bei 60—70° C. Hierauf wird durch Absaugen und Schleudern möglichst gut entwässert und scharf getrocknet. Schnelles und starkes Trocknen ist für den Ausfall wichtig.

Infolge der sehr kurzen, aber doch vorhandenen parallelen Fadenlage an den Stirnseiten der Spulen tritt bei stärkerer Schlichtung eine gewisse Verklebung der Fäden ein, die das schnelle und gleichmäßige Ablaufen der Spulen behindert. Dadurch, daß man kurz vor Verarbeitung der Spulen deren Stirnseiten schwach einfeuchtet, wird die Schlichtemasse aufgeweicht und der ungehemmte Fadenabzug erreicht.

Sachverzeichnis.